“十四五”职业教育河南省规划教材

高职高专土建专业“互联网+”创新规划教材

# 建筑CAD项目教程

## （2018版）（工作手册式）

第二版

主　编◎郭　慧

副主编◎戚小鸽　李亚敏

参　编◎何迎春　鞠　洁

陈　永　申　森

北京大学出版社

PEKING UNIVERSITY PRESS

## 内容简介

本书通过引导读者完成一套建筑结构施工图的绘制工作，并将绘图工作中学到的软件功能和实用技巧总结为工作手册的形式，帮助读者快速理解并掌握 AutoCAD 2018 在实际工程项目的运用方法。 同时本书内含项目热身、特别提示、知识链接、上机指导、章后习题等模块，供读者练习参考。

本书共分为两部分：第一部分为工作任务，包括 AutoCAD 2018 使用入门、建筑施工图平面图的绘制(一)、建筑施工图平面图的绘制(二)、建筑施工图立面图和剖面图的绘制、结构施工图的绘制和三维图形的绘制；第二部分为工作手册，包括常用命令、软件功能和制图方法。

本书可以作为高职高专土建类专业的专业教材，也可作为计算机培训班的辅导教材。对于希望快速掌握 AutoCAD 软件的入门者，本书也是一本不可多得的参考书。

**图书在版编目(CIP)数据**

建筑 CAD 项目教程： 2018 版： 工作手册式/郭慧主编 . —3 版 . —北京： 北京大学出版社， 2023. 11

高职高专土建专业“互联网+ ”创新规划教材

ISBN 978 - 7 - 301 - 34357 - 9

Ⅰ. ①建… Ⅱ. ①郭… Ⅲ. ①建筑设计- 计算机辅助设计- AutoCAD 软件- 高等职业教育- 教材 Ⅳ. ①TU201. 4

中国国家版本馆 CIP 数据核字 （2023） 第 160463 号

**书　　名** 建筑 CAD 项目教程(2018 版) (第三版) (工作手册式)
JIANZHU CAD XIANGMU JIAOCHENG （2018 BAN）（DI - ER BAN）(GONGZUO SHOUCESHI)
**著作责任者** 郭　慧　主　编
**策 划 编 辑** 杨星璐　范超奕
**责 任 编 辑** 范超奕
**数 字 编 辑** 蒙俞材
**标 准 书 号** ISBN 978 - 7 - 301 - 34357 - 9
**出 版 发 行** 北京大学出版社
**地　　址** 北京市海淀区成府路 205 号　100871
**网　　址** http://www. pup. cn　新浪微博：@ 北京大学出版社
**电 子 邮 箱** 编辑部 pup6@ pup. cn　总编室 zpup@ pup. cn
**电　　话** 邮购部 010 - 62752015　发行部 010 - 62750672　编辑部 010 - 62750667
**印 刷 者** 天津中印联印务有限公司
**经 销 者** 新华书店
787 毫米 × 1092 毫米　16 开本　22. 75 印张　552 千字
2012 年 9 月第 1 版　2021 年 1 月第 2 版
2023 年 11 月第 3 版　2023 年 11 月第 1 次印刷 (总第 17 次印刷)
**定　　价** 59. 00 元

# 第三版前言 Preface

AutoCAD 系列软件在建筑设计和装饰设计领域中有着广泛的应用。使用 AutoCAD 绘制建筑和装饰施工图，可以提高绘图精度和速度，缩短设计周期。因此，熟练掌握 AutoCAD 绘图软件已经成为大、中专院校学生和建筑业从业人员的一项基本技能要求。

本书以某宿舍楼的建筑和结构施工图为案例，采用工作手册式教材的编写思路，选用较新版本的 AutoCAD 2018 软件，体现“在做中学”的原则，将 AutoCAD 2018 的基本命令及施工图的专业知识融入案例中进行介绍，这样就避免了由于单一地介绍命令造成学生虽对基本命令很熟悉，但绘制施工图时却无从下手的理论和实践相脱节的问题。本书详细描述了建筑平面图、立面图、剖面图及基础平面图、标准层结构平面图等二维图形和建筑三维图形的绘制命令和技巧，以及 AutoCAD 模板的制作和使用、多重比例的出图、AutoCAD 的注释性功能、打印出图的方法和图形格式的转换等。

本书修订过程中，融入了党的二十大精神。全面贯彻党的教育方针，融入立德树人思想，贯穿思想道德教育、文化知识教育和社会实践教育各个环节。编者结合多年的制图课程教学及 AutoCAD 系列软件使用经验，按照工作手册式教材编写思路，着重对操作命令做出详细描述，专门针对学生难以理解的命令做了总结和分析，强调了在操作过程中对调用命令的快捷键的运用，从而达到提高制图工作效率的目的。同时，本书对操作步骤配以大量的屏幕截图，详尽地展示了各种命令的操作过程及效果。工作手册式教材有利于学生循序渐进地掌握 AutoCAD 2018 的绘图方法和技巧，便于以后在工作实践中活学活用，并且提前养成良好的工作软件使用习惯，满足土建行业对专业人才的技能需求。

本书每章前、后分别增加了项目热身和上机练习，更有针对性地训练该章讲解的绘图命令。本书是“互联网 +”创新规划教材，书中通过二维码的形式链接了各种形式的学习资源，比如操作技巧、习题答案、微课视频等，读者可以通过扫描二维码进行查看和学习。

本书由河南建筑职业技术学院郭慧担任主编，河南建筑职业技术学院戚小鸽、李亚敏担任副主编，河南建筑职业技术学院何迎春、鞠洁、陈永，河南省建设科技和人才发展中心申森参编。其中鞠洁编写第 1 章，郭慧编写第 2 章，李亚敏编写第 3 章，戚小鸽和陈永编写第 4 章，申森编写第 5 章，何迎春编写第 6 章。

为了方便读者学习，本书将电子课件、案例的过程图整理成素材压缩包，可通过扫描下页的二维码进行下载，读者可以利用素材压缩包中文件分阶段自学，教师也可以将案例的过程图作为学生练习的条件图使用。另外，素材压缩包中还收录了模板图，读者可以将其另存到自己安装的 AutoCAD 软件根目录下的 Semple 文件夹中。同时，素材压缩包中也收录了较为完备的 AutoCAD 字体库，希望能给读者带来方便。

本书在编写过程中，参考和引用了国内外大量与 AutoCAD 软件相关的文献资料，吸取了很多宝贵的经验，在此谨向原书作者表示衷心的感谢。

由于编者水平有限，书中的不妥之处在所难免，敬请广大读者批评指正。联系邮箱：guohui_1996@126.com。

编　者

# 本书课程思政元素

本书的课程思政元素从“格物、致知、诚意、正心、修身、齐家、治国、平天下”中国传统文化角度着眼，再结合社会主义核心价值观“富强、民主、文明、和谐、自由、平等、公正、法治、爱国、敬业、诚信、友善”设计出课程思政的主题。然后紧紧围绕“价值塑造、能力培养、知识传授”三位一体的课程建设目标，在课程内容中寻找相关的落脚点，通过案例、知识点等教学素材的设计运用，以润物细无声的方式将正确的价值追求有效地传递给读者。

本书的课程思政元素设计以“习近平新时代中国特色社会主义思想”为指导，运用可以培养大学生理想信念、价值取向、政治信仰、社会责任的题材与内容，全面提高大学生缘事析理、明辨是非的能力，把学生培养成为德才兼备、全面发展的人才。

每个思政元素的教学活动过程都包括内容导引、思考问题等环节。在课程思政教学过程，老师和学生共同参与其中，在课堂教学中教师可结合下表中的内容导引，针对相关的知识点或案例，引导学生进行思考或展开讨论。

| 页码 | 内容导引 | 思考问题 | 课程思政元素 |
|---|---|---|---|
| 004 | CAD技术的发展 | 1. 目前有哪些已经上市的国产CAD软件？<br>2. 了解我国信息产业的发展历史以及《中国制造2025》的战略目标。 | 产业报国<br>工业现代化 |
| 015 | 选择对象的方法 | 通过本节的学习，我们可以掌握多种选择对象的方法，这对我们学习CAD软件有什么启发？ | 格物致知<br>融会贯通<br>专业能力 |
| 028 | 图形的参数 | 1. 为什么在开始绘制前，我们需要对图形的参数进行设置？<br>2. 思考这些设置对后续的绘图有什么样的影响？ | 专业素养<br>逻辑思维 |
| 033 | GB/T 50001—2017《房屋建筑制图统一标准》 | 你知道的在专业学习过程中需要了解的国家规范有哪些？ | 专业能力<br>职业精神 |
| 105 | 图纸内尺寸的标注 | 1. 施工图绘制错误可能会导致怎样的结果？<br>2. 查询由于图纸绘制错误引发工程事故的案例。 | 安全意识<br>职业精神 |

续表

| 页码 | 内容导引 | 思考问题 | 课程思政元素 |
| --- | --- | --- | --- |
| 149 | 插入 Microsoft Office 表格文件 | 1. 你会使用 Microsoft Office 等相关办公软件吗？<br>2. 你自学过哪些软件？ | 专业能力<br>职业规划 |
| 217 | 结构施工图的绘制 | 搜集平法施工图（平面整体设计方法结构施工图）、装配式钢筋混凝土结构施工图、钢结构施工图等其他类型的结构施工图，并尝试对这些专业图纸进行识读和抄绘。 | 专业能力<br>专业素养 |
| 267 | 三维模型的绘制 | 1. 除了 AutoCAD，还有那些可以进行建筑三维模型绘制的软件？<br>2. 了解 BIM 技术。<br>3. BIM 技术对建筑产业信息化发展有什么重要意义？ | 产业升级<br>信息工业化 |

# 目录 Catalog

## 第一部分　工作任务

## 第二部分 工作手册

# 第一部分

## 工作任务

# 绪论 0 AutoCAD 2018 使用入门

思维导图

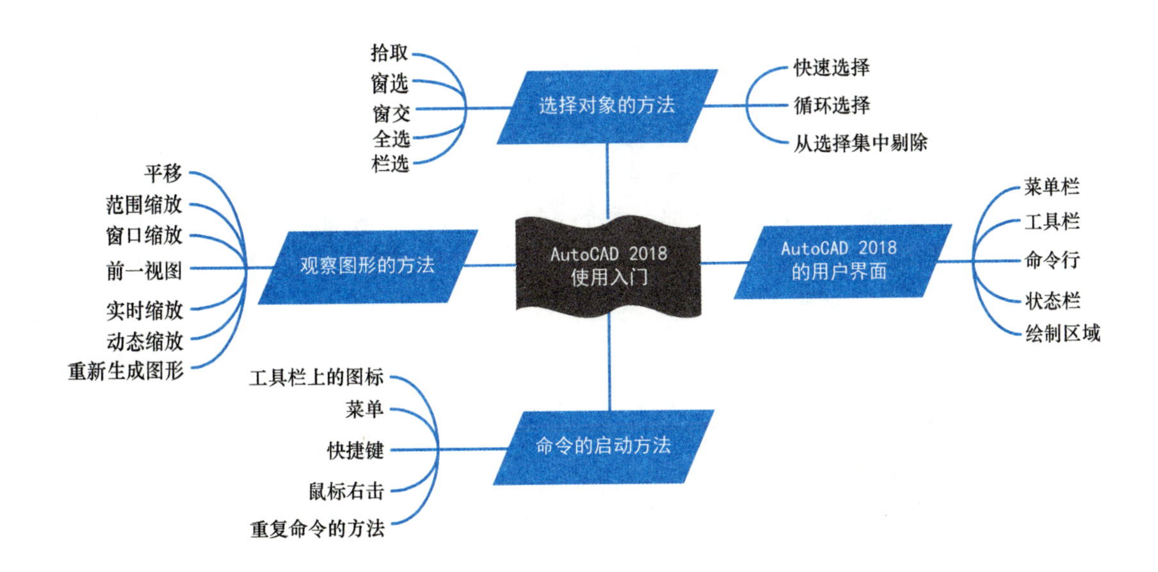

## 0.1 CAD 技术和 AutoCAD 软件

CAD 即计算机辅助设计（Computer Aided Design），是指发挥计算机的潜能，使其在各类工程设计中起辅助设计作用的技术总称，而不单指某个软件。CAD 技术一方面可以在工程设计中协助完成计算、分析、综合、优化和决策等工作；另一方面也可以协助工程技术人员绘制设计图纸，完成一些归纳和统计工作。

AutoCAD 软件是美国 Autodesk 公司推出的通用计算机辅助设计和绘图软件包，是当今世界上应用最为广泛的 CAD 软件。它集二维、三维交互绘图功能于一体，在工程设计领域的使用相当广泛，目前已成功应用到建筑、机械、服装、气象和地理等各个领域。自 1982 年 12 月的 AutoCAD V1.0 版本起，AutoCAD 一共经历了数十次版本升级。

AutoCAD V1.0 版本于 1982 年正式发行。最初的 AutoCAD 软件在功能和操作上都有很多不尽如人意的地方，因此它的出现并没有引起业界的广泛关注。然而，AutoCAD V1.0 的推出却标志着一个新生事物的诞生，是计算机辅助设计的一个新的里程碑。

AutoCAD 发展各阶段版本的大致特点如下。

(1) AutoCAD 2004 及以前的版本为 C 语言编写，安装包体积小，打开速度快，功能比较齐全。

(2) AutoCAD 2005—2009 版本安装体积很大，相同计算机配置，启动速度比 2004 及以前版本慢了很多，其中 2008 版本开始有 Windows 64 位系统专用版本。在功能上，2005—2009 版本增强了三维绘图功能，二维绘图功能没有本质的变化。在操作界面上，2005—2008 版本与之前的版本相比基本没有变化，但 2009 版本的用户界面变化很大，由原来工具条和菜单栏的结构变成了菜单栏和选项卡的结构。

(3) 从 2010 版本开始 AutoCAD 加入了参数化功能。2013 版本增加了 Autodesk 360 功能，2014 版本增加了三维图形转换二维图形的功能。2010—2018 版本的用户界面变化不大，与 2009 版本的用户界面相似。

AutoCAD 是我国建筑设计领域最早接受的 CAD 软件，几乎成为默认的设计软件，主要用于绘制二维建筑图形。由于 AutoCAD 具有易学易用、功能完善、结构开放等特点，因此它已经成为目前最流行的计算机辅助设计软件之一，特别是在建筑设计领域，它极大地提高了建筑设计的质量和工作效率，已经成为工程设计人员不可缺少而且必须掌握的技术工具。本书是以 AutoCAD 2018 版本讲解建筑制图教程。

AutoCAD 2018 是在对以前的版本继承和创新的基础上开发出来的，由于其具有轻松的设计环境，强大的图形组织、绘制和编辑功能以及完整的结构体系，使得 AutoCAD 使用起来更加方便。为了能够使读者系统地掌握 AutoCAD 2018 并为后面的学习打下良好的基础，下面先来学习 AutoCAD 2018 的入门知识。

## 0.2 AutoCAD 2018 的用户界面

AutoCAD 2018 默认有“草图与注释”“三维基础”“三维建模”等工作空间，初次打开 AutoCAD 2018，需要设置初始工作空间，如图 0.1 所示。从 AutoCAD 2015 版开始，

AutoCAD 默认取消了从 AutoCAD R14.0 以来一直延续的“AutoCAD 经典”工作界面。为了方便使用不同版本软件的用户学习，下面我们来学习如何把 AutoCAD 2018 的用户界面改为经典工作空间。

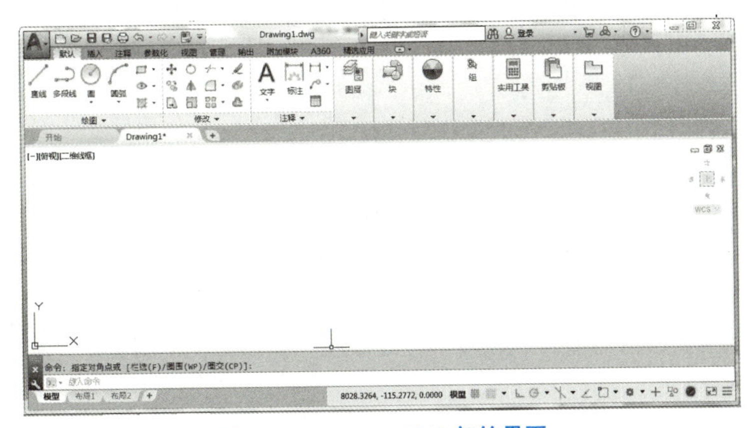


图 0.1　AutoCAD 2018 初始界面

单击窗口左上角下拉箭头，如图 0.2 所示，打开【自定义快速访问工具栏】，单击【显示菜单栏】，结果如图 0.3 所示。

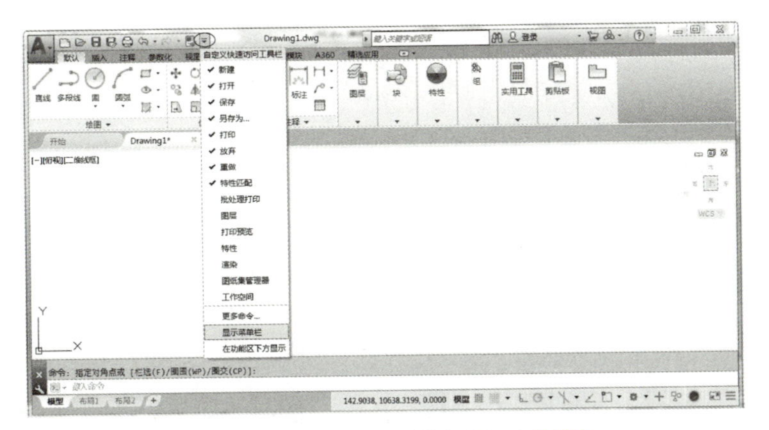


图 0.2　打开【自定义快速访问工具栏】

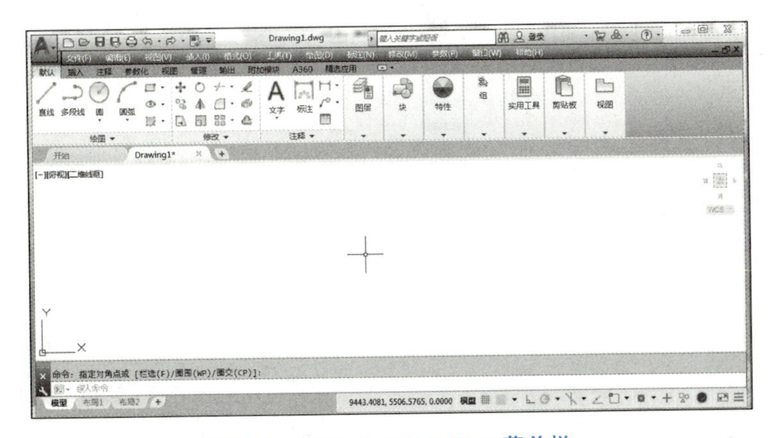


图 0.3　显示 AutoCAD 2018 菜单栏

单击【工具】|【选项板】|【功能区】，如图 0.4 所示，关闭功能区，结果如图 0.5 所示。

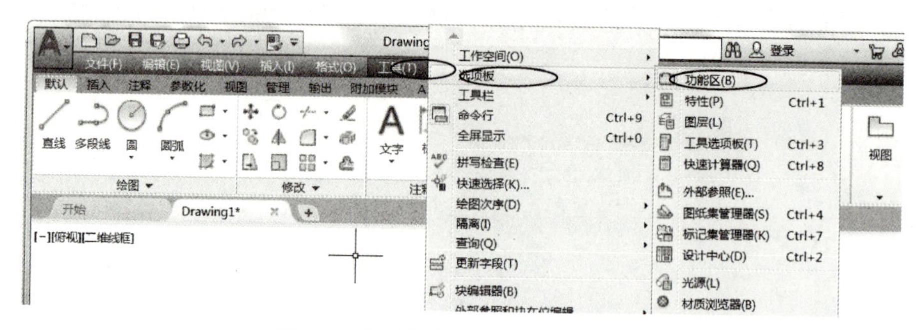


图 0.4 【工具】|【选项板】|【功能区】

用户界面转换

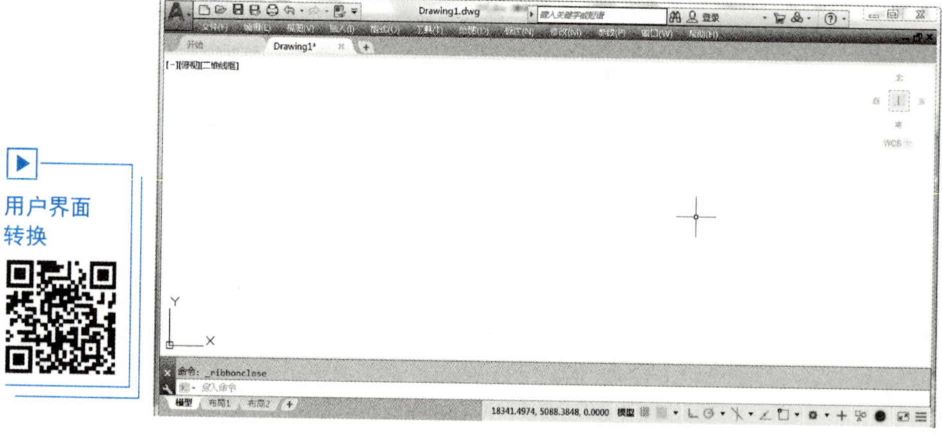


图 0.5 关闭功能区

如图 0.6 所示，单击【工具】|【工具栏】|【AutoCAD】，依次勾选【标准】、【样式】、【图层】、【绘图】、【修改】等，调出这些常用工具栏，结果如图 0.7 所示。

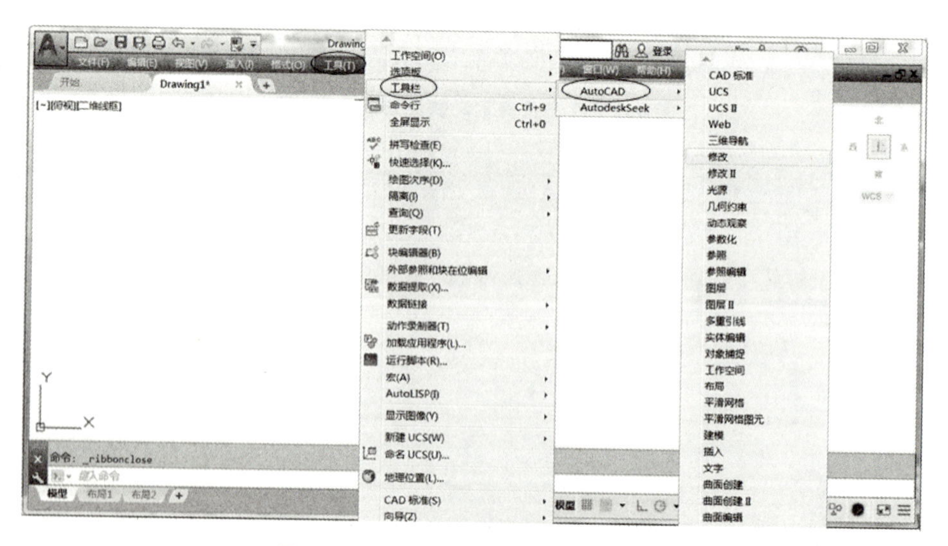


图 0.6 【工具】|【工具栏】|【AutoCAD】

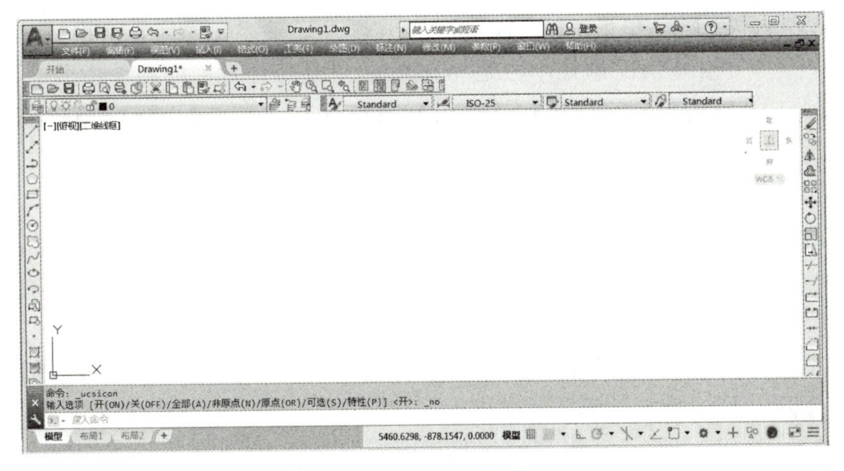

图 0.7　调出工具栏

单击右下角齿轮状图标，选择【将当前工作空间另存为...】，如图 0.8 所示。在弹出的对话框中输入“AutoCAD 经典”，单击【保存】按钮，即可将当前工作空间另存为“AutoCAD 经典”工作空间。这样以后如需要经典用户界面可直接点右下角齿轮状图标进行切换，如图 0.9 所示。

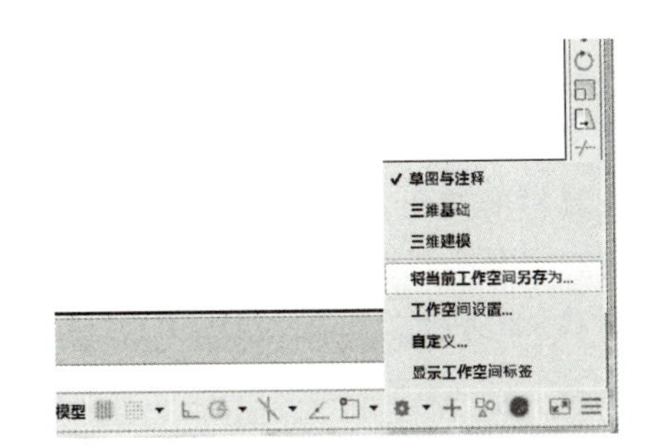


图 0.8　另存为“AutoCAD 经典”工作空间

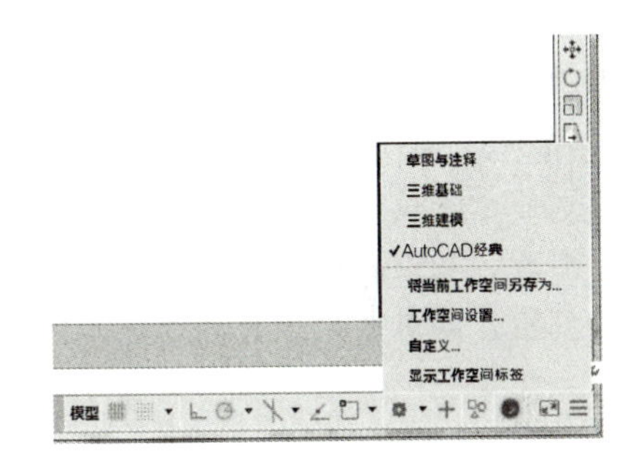


图 0.9　“AutoCAD 经典”切换

“AutoCAD 经典”的用户界面是 Windows 系统的标准工作界面，包括快速访问工具栏、菜单栏、工具栏、命令行、状态栏等元素，如图 0.10 所示。

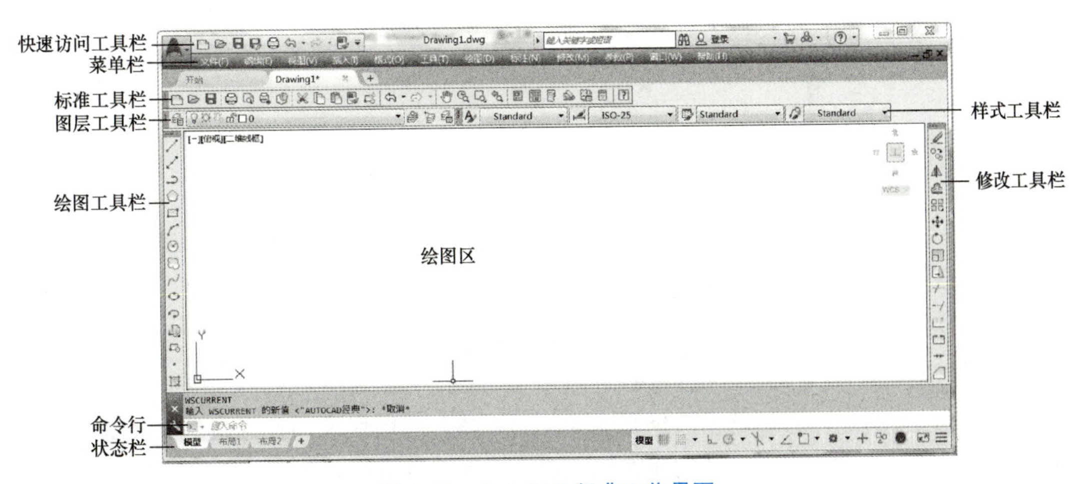


图 0.10　AutoCAD 经典工作界面

AutoCAD经典工作界面

### 1. 菜单栏

AutoCAD 的菜单栏是 Windows 应用程序标准的菜单栏形式，包括【文件】、【编辑】、【视图】、【插入】、【格式】、【工具】、【绘图】、【标注】、【修改】、【参数】、【窗口】和【帮助】菜单。

### 2. 工具栏

工具栏包含的图标代表用于启动命令的工具按钮，这种形象而又直观的图标形式，能方便初学者记住复杂繁多的命令。通过单击工具栏上相应的图标启动命令是初学者常用的方法之一。

一般情况下，AutoCAD 的用户界面显示的工具栏有【标准】、【绘图】、【修改】、【图层】、【样式】等。用户可以对工具栏做如下操作。

图 0.11　工具栏图标的光标提示

1）工具栏图标的光标提示

当想知道工具栏上某个图标的作用时，可以将光标移到这个图标上，此时会出现光标提示，显示出该工具的名称与具体用法，如图 0.11 所示。

2）嵌套式按钮

有些工具按钮旁边带有黑色小三角符号，表示它是由一系列相关命令组成的嵌套式按钮，将光标指向该按钮并按住鼠标左键，便可展开该按钮组，如图 0.12 所示。在嵌套式按钮中，通常把刚刚使用过的工具置顶显示。

3）显示、关闭及锁定、解锁工具栏

（1）显示工具栏：将光标指向屏幕上任意一个工具栏的按钮并右击，将弹出工具选项菜单。注意，在工具选项菜单中带“√”的都是目前在屏幕上已经存在的工具栏，选择所需的工具栏，即可在用户界面上显示该工具栏，如图 0.13 所示。

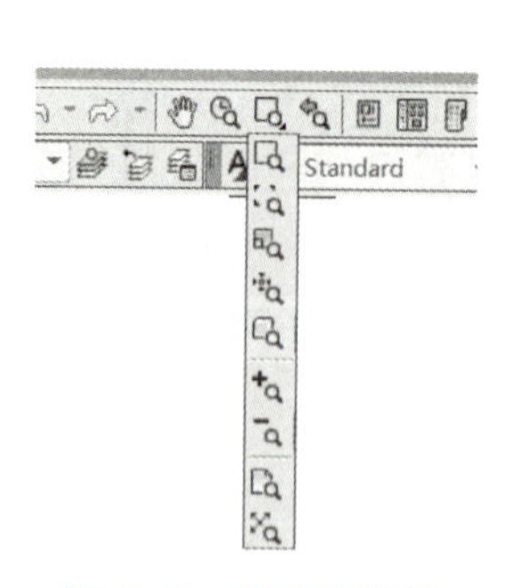


图 0.12　嵌套式按钮

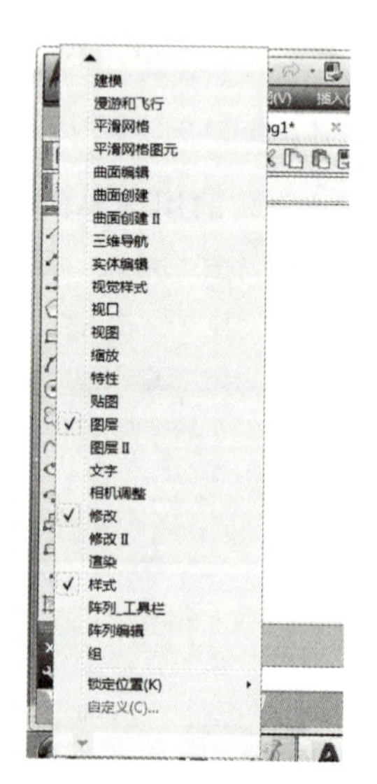


图 0.13　工具选项菜单

（2）关闭工具栏：将屏幕上已经存在的工具栏拖到绘图区域的任意位置，使其变成浮动状态后，单击工具栏右上角的关闭按钮☒即可关闭该工具栏，如图 0.14 所示。

（3）锁定、解锁工具栏：执行菜单栏中的【窗口】|【锁定位置】|【固定工具栏】命令，可以进行工具栏的锁定、解锁操作，如图 0.15 所示。锁定工具栏可以避免初学者由于操作不熟练而经常将工具栏弄丢的现象。

### 3. 命令行

命令行是绘图窗口下端的文本窗口，它的作用主要有两个：一是显示命令的步骤，它会提示用户下一步该干什么，所以在刚开始学习 AutoCAD 时，就要养成看命令行的习惯；二是可以通过命令行的滚动条查询命令的历史记录。

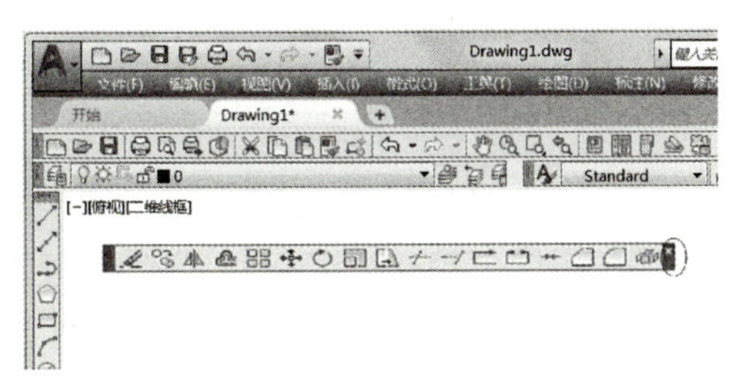


图 0.14　关闭工具栏

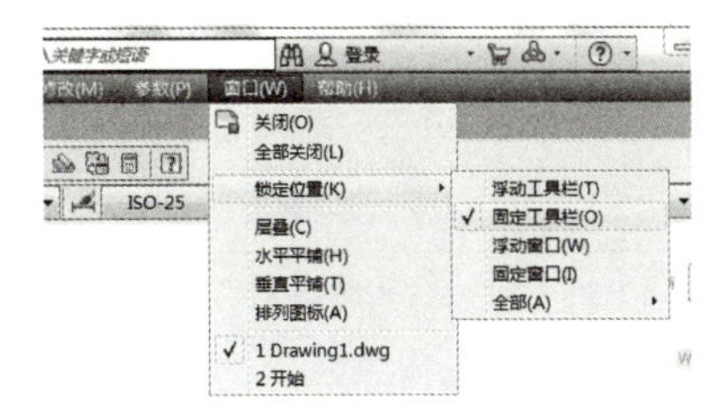


图 0.15　通过【窗口】菜单对工具栏进行锁定或解锁操作

> **特别提示**
>
> 标准的绘图坐姿为左手放在键盘上，右手放在鼠标上，眼睛不断地看命令行。

按 F2 键可将命令文本窗口激活（见图 0.16），可以帮助用户查找更多的信息，更方便查询命令的历史记录。再次按 F2 键，命令文本窗口即消失。

### 4. 状态栏

状态栏位于 AutoCAD 窗口的左下端，显示【正交】、【极轴】、【对象捕捉】、【对象捕捉追踪】、【线宽】等非常重要的作图辅助工具的开关按钮，可以单击自定义按钮，打开自定义菜单，自己设定状态栏上显示的内容，如图 0.17 所示。这些作图辅助工具将在后面的内容中边用边学。

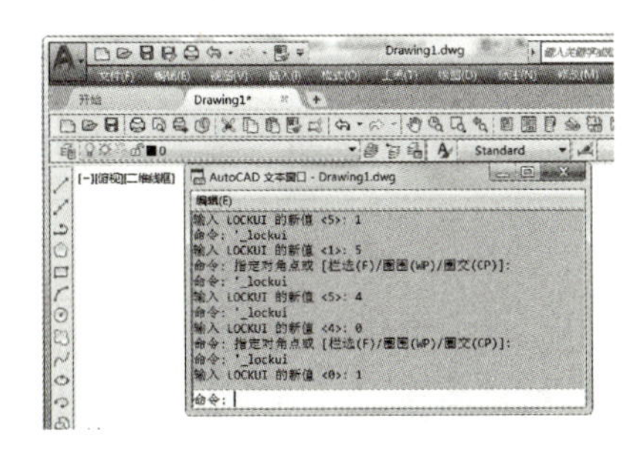


图 0.16　命令文本窗口

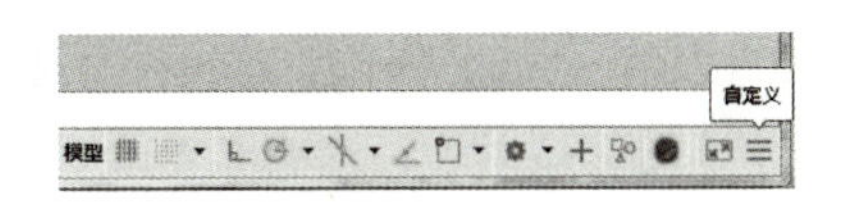


图 0.17　状态栏

> **特别提示**
>
> 状态栏上的【正交】等作图辅助工具高亮显示为打开状态，灰色显示则为关闭状态。

看着状态栏上的【正交】按钮并反复按F8键，会发现【正交】按钮在高亮和灰色状态间切换。也就是说，状态栏上的作图辅助工具的开关状态还可以通过功能键进行操作，F1～F12键的功能见表1-1。

表1-1　F1～F12键功能

| 功能键 | 功能 | 功能键 | 功能 |
|---|---|---|---|
| F1 | 打开AutoCAD的帮助窗口 | F7 | 栅格开关 |
| F2 | 文本窗口开关 | F8 | 正交开关 |
| F3 | 二维对象捕捉开关 | F9 | 捕捉开关 |
| F4 | 三维对象捕捉开关 | F10 | 极轴追踪开关 |
| F5 | 等轴测平面循环切换 | F11 | 对象捕捉追踪开关 |
| F6 | 动态UCS开关 | F12 | 动态输入开关 |

## 0.3　命令的启动方法

下面以绘制矩形为例介绍命令的启动方法。

(1) 单击工具栏上的图标启动命令。

这是最常用的一种方法，绘制矩形时，单击【绘图】工具栏上的▭图标即可启动【矩形】命令。

(2) 通过菜单来启动命令。

执行菜单栏中的【绘图】|【矩形】命令来启动绘制矩形命令。

(3) 在命令行输入快捷键启动命令。

在命令行输入“REC”后按Enter键或空格键即可启动绘制矩形命令。常用命令的快捷键见附录1。

**特别提示**

在命令行输入快捷键时应关闭中文输入法，输入的英文字母不区分大小写。除了在文字输入状态下，一般情况下按空格键与按Enter键的作用相同，按Esc键可中断正在执行的命令。

(4) 重复启动最近使用过的命令的方法。

① 在绘图区内右击，通过快捷菜单来启动最近使用过的命令，如图0.18所示。

**特别提示**

在AutoCAD中右击是非常有意义的操作。AutoCAD对右键的定义是“当你不知道如何进行下一步操作时，请单击鼠标右键，它会帮助你”。

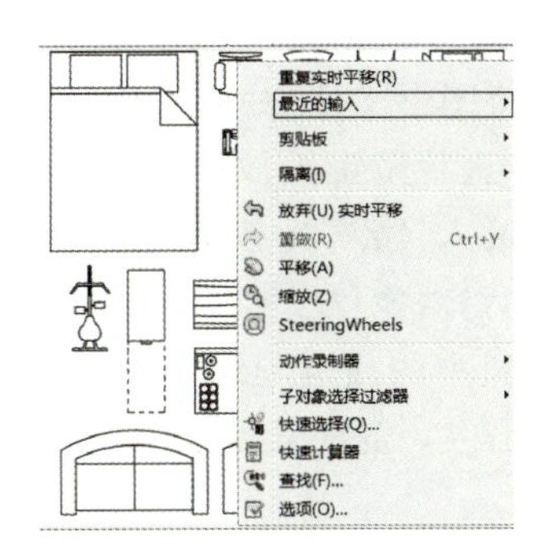


图 0.18 通过快捷菜单来启动最近使用过的命令

② 在命令行无命令的状态下，按 Enter 键或空格键会自动重复执行最近一次输入的命令。例如刚才执行过绘制【矩形】命令，按 Enter 键则会重复执行该命令。

## 0.4 观察图形的方法

在绘制图形的过程中经常会用到视图的缩放、平移等控制图形显示的操作，以便更方便、更准确地绘制图形。AutoCAD 提供了很多观察图形的方法，这里介绍最常用的几种。打开 C:\Program Files\AutoCAD 2018\Sample\zh-cn\DesignCenter\Home-Space Planner 文件，如图 0.19 所示。观察屏幕最下端的状态栏，可看到该文件“栅格”图标呈高亮显示（打开）状态，单击【栅格】按钮，关闭【栅格】功能。

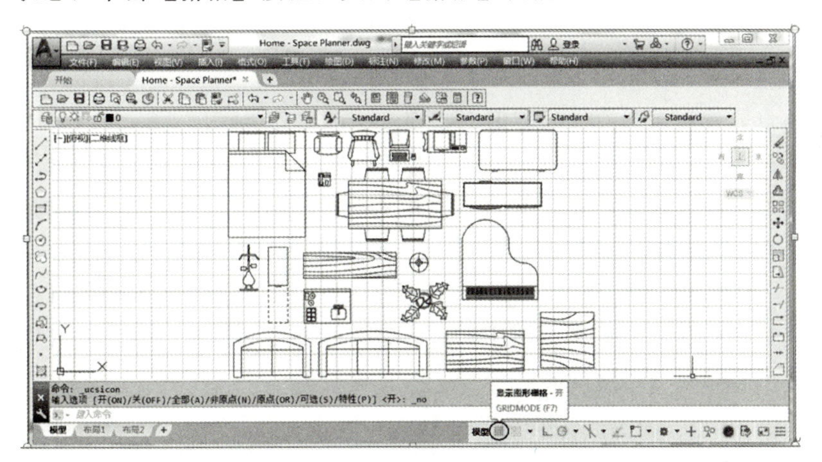


图 0.19 Home-Space Planner 文件

下面将借助 Home-Space Planner 文件来学习观察图形的方法。

### 1. 平移

使用【平移】命令相当于用手将桌子上的图纸上下或左右来回移动。

学习对 Home-Space Planner 进行平移：单击标准工具栏上的 图标或在命令行输入“P”后按 Enter 键，这时光标变成“手”的形状，按住鼠标左键并拖动光标即可上下左右随意移动视图。或直接按住鼠标滚轮拖动鼠标即可上下左右随意移动视图。

### 2. 范围缩放

使用【范围缩放】命令可以将图形文件中所有的图形居中并占满整个屏幕。

学习对 Home-Space Planner 进行范围缩放：前面将视图用【平移】命令做了上下左右随意移动，这时可以在命令行输入“Z”后按 Enter 键，在［全部(A)中心(C)动态(D)范围(E)上一个(P)比例(S)窗口(W)对象(O)］＜实时＞提示下输入“E”后，按 Enter 键，或者单击标准工具栏上嵌套式按钮中的【范围缩放】图标，如图 0.20 所示。也可以直接双击鼠标滚轮执行【范围缩放】命令，此时会发现刚才被移动的图形居中并占满整个绘图区域。

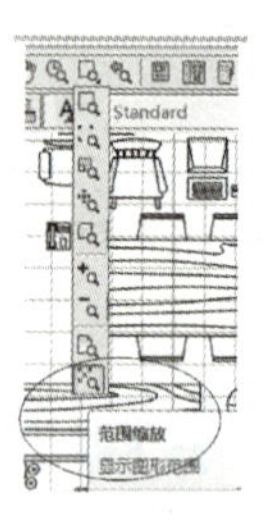


图 0.20　嵌套式按钮中的【范围缩放】图标

**特别提示**

【范围缩放】命令会执行重生成操作，所以对于大型的图形文件，此操作所需时间较长。对于无限长的射线和构造线来说，【范围缩放】命令不起作用。

### 3. 窗口缩放

使用【窗口缩放】命令放大局部图形是很常用的操作。

学习对 Home-Space Planner 进行窗口缩放：前面对图形执行了【范围缩放】命令，单击标准工具栏上的【窗口缩放】图标或在命令行输入“Z”后按 Enter 键，在 ZOOM［全部(A)中心(C)动态(D)范围(E)上一个(P)比例(S)窗口(W)对象(O)］＜实时＞提示下输入“W”后，按 Enter 键。然后在图 0.21 所示的 A 处单击，再将光标向右下角移动并移至 B 处单击，窗口所包含的图形居中并占满整个绘图区域。窗口缩放的对象窗口是由任意一个角点拉向它的对角点形成的。

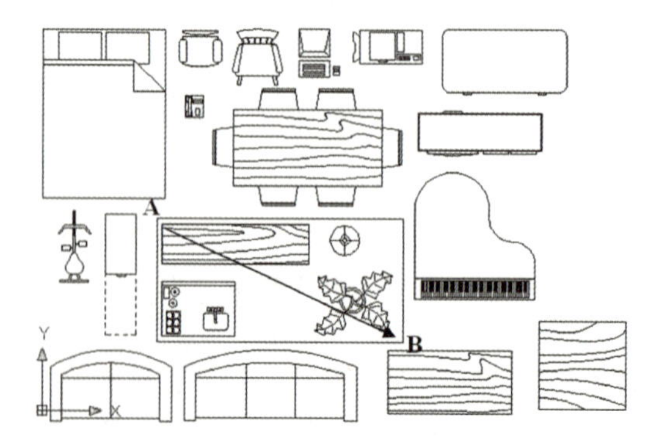


图 0.21　窗口缩放的对象窗口

### 4. 前一视图

使用【前一视图】命令可以使视图回到上一次的视图显示状态。当图形相对复杂时，【前一视图】命令经常和【窗口缩放】命令配合使用，用【窗口缩放】命令放大图形，进行观察或修改后，通过【前一视图】命令返回，然后再用【窗口缩放】命令放大其他部位，观察或修改图形后再返回。

学习将窗口切换到前一视图：在上一步执行了【窗口缩放】命令后，下面单击【标准】工具栏上的【前一视图】图标，就会返回到窗口缩放前的视图。

### 5. 实时缩放

使用【实时缩放】命令可以将图形任意地放大或缩小。

学习对 Home-Space Planner 进行实时缩放：单击【标准】工具栏上的【实时缩放】图标，这时光标变成“放大镜”的形状，按住鼠标左键将鼠标向前推则图形变大，向后拉则图形变小。也可以直接前后滚动鼠标滚轮，使图形在操作窗口放大缩小。

**特别提示**

按住鼠标的滚轮，光标会变成“手”的形状，可执行【平移】命令；前后滚动鼠标的滚轮则执行【实时缩放】命令；双击滚轮则执行【范围缩放】命令。用户应熟练掌握以上操作技巧。

### 6. 动态缩放

执行【动态缩放】命令后，视图中显示出的蓝色虚线框标注的是图形的范围，当前视图所占的区域用绿色的虚线显示，实线黑框是视图控制框，可通过改变视图控制框的大小和位置来实现移动和缩放图形。下面来学习对 Home-Space Planner 进行动态缩放。

（1）在命令行输入“Z”后按 Enter 键，在［全部(A)中心(C)动态(D)范围(E)上一个(P)比例(S)窗口(W)对象(O)］<实时>提示下输入“D”后，按 Enter 键，启动【动态缩放】命令，如图 0.22 所示，蓝色是图形范围所占的区域、黑色是视图控制框。在屏幕上移动光标，黑色的视图框会随着光标的移动而移动。

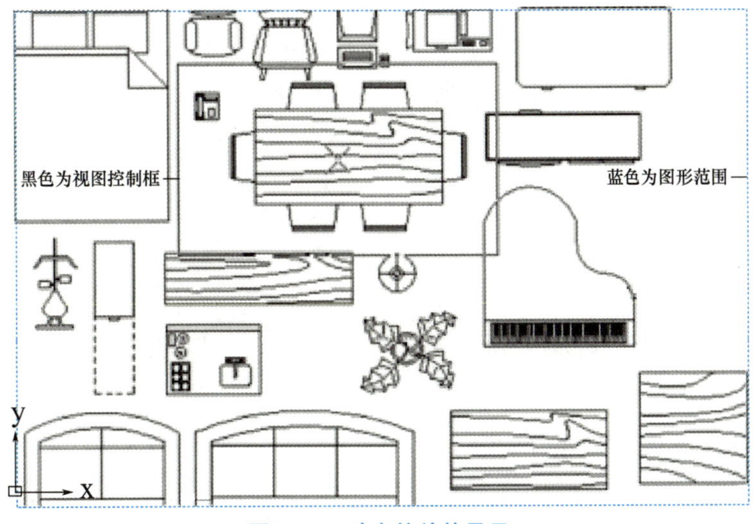


图 0.22　动态缩放的显示

（2）单击，视图框中的“×”变成一个箭头，移动鼠标可以改变视图框的大小，如图0.23所示。

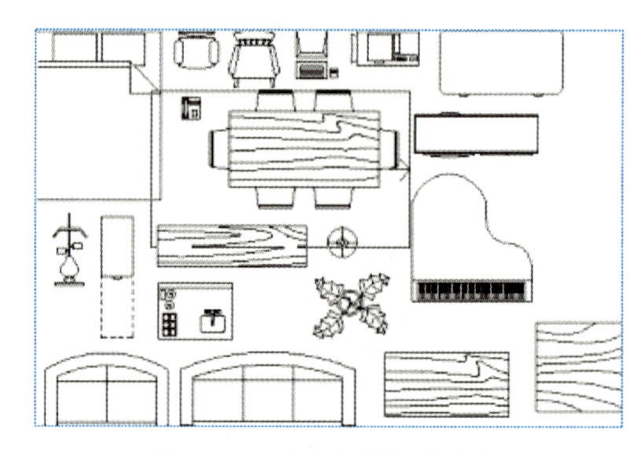

图 0.23　改变视图框的大小

（3）调整视图框的大小后，将其放到将要观察的区域（见图0.24，将视图框放到“餐桌”位置），按Enter键，则视图框所框定的区域占满整个屏幕。

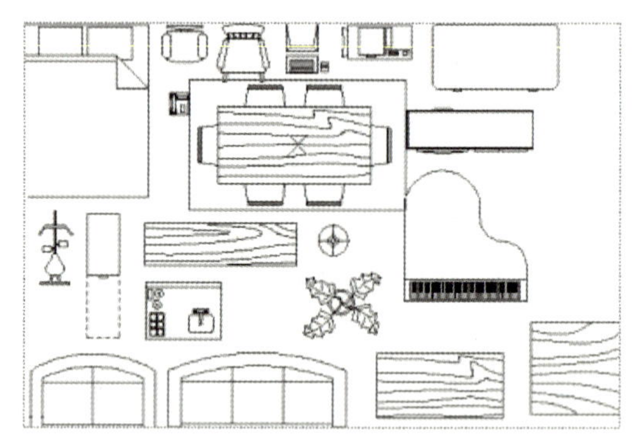

图 0.24　将视图框放到“餐桌”位置

### 7. 重生成

绘图进行一段时间后，绘图区域的某些弧线和曲线会以折线的形式显示，如图0.25所示，这时就需要单击【视图】|【重生成】或在命令行输入“RE”后按Enter键，重新生成图形，并重新计算所有对象的屏幕坐标，使弧线和曲线变得光滑，如图0.26所示。同时，【重生成】命令还可以整理图形数据库，从而优化显示和对象选择的性能。

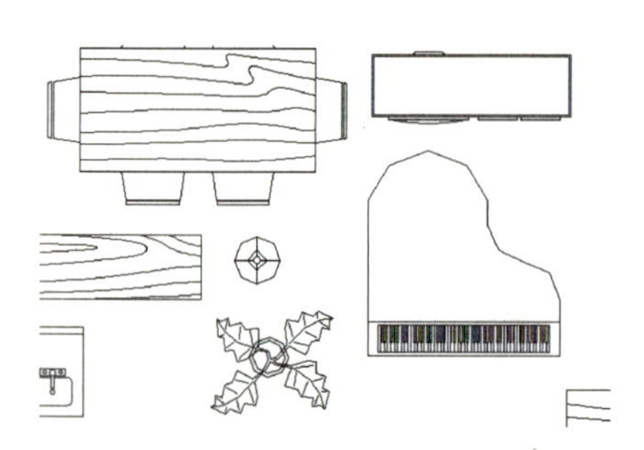

图 0.25　折线形式显示的圆弧

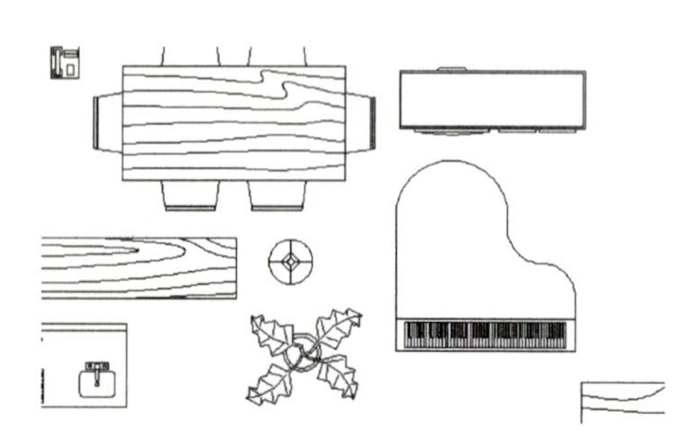

图 0.26　执行【重生成】命令后的圆弧

特别提示

如果无法缩放图形，执行【重生成】命令可以解决。

当使用物理打印机打印图形时，在屏幕上看到的图形是什么样，打印出来的就是什么样，也就是所见即所得。所以，如果看到屏幕上图形的弧线和曲线以折线的形式显示，最好先执行【重生成】命令，再进行打印。

除了上面所介绍的观察图形的方法外，AutoCAD 还提供了全部缩放、中心缩放、比例缩放、鸟瞰视图等其他观察图形的方法。

特别提示

利用观察图形命令去观察图形，图形变大或缩小并不是将图形的尺寸变大或缩小了，而是类似于近大远小的原理，图形变大是将图纸移得离眼睛近了，图形变小则是将图纸移得离眼睛远了。

## 0.5 选择对象的方法

使用 AutoCAD 绘图，经常需要对图形进行编辑修改，如复制、移动、旋转、修剪等，这时就需要选择图形以确定要编辑的对象，这些被选中的对象被称为选择集。

选择对象方法

AutoCAD 提供了许多选择对象的方法，这里借助住宅标准层平面图和【删除】命令来介绍常用的选择对象的方法。

打开 Home-Space Planner 文件。

### 1. 拾取

拾取是用小方块形状的光标分别单击要选择的对象。

(1) 调整视图：双击鼠标滚轮执行【范围缩放】命令，使图形居中并占满整个屏幕。

(2) 单击修改工具栏上的【删除】命令图标，或在命令行输入“E”后按 Enter 键启动【删除】命令。

(3) 此时绘图区的光标变成一个小方块，查看命令行，在选择对象提示下，将光标移到“钢琴”上并单击，“钢琴”即被选中并呈灰色显示（见图 0.27），按 Enter 键结束命令后“钢琴”即被删除。

(4) 按 Ctrl+Z 组合键或者单击【标准】工具栏上的图标，执行【放弃】命令。【放弃】命令相当于“后悔药”，前面删除了“钢琴”，按 Ctrl+Z 组合键后被删除的“钢琴”又恢复原位。

### 2. 窗选

从左向右选为窗选（左上至右下或左下至右上），执行窗选操作后，包含在窗口内的对象被选中，与窗口相交的对象则不被选中。

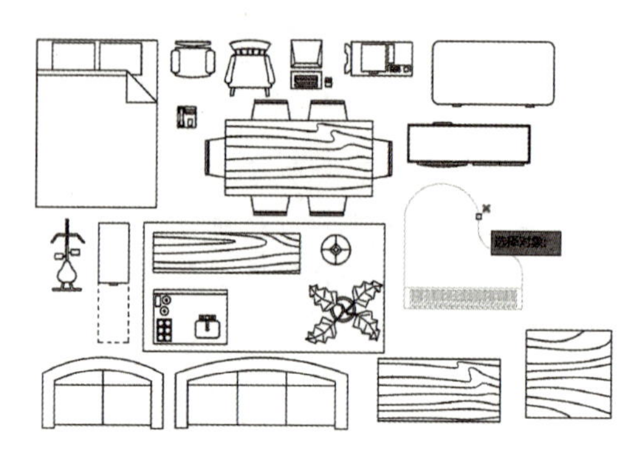

图 0.27 删除“钢琴”

(1) 调整视图至图 0.27 所示的状态。

(2) 启动【删除】命令，查看命令行。

(3) 在选择对象提示下，从左下 C 点至右上 D 点拖动窗口，如图 0.28 所示。“餐桌”包含在窗口内，将会被选中，“钢琴”和“沙发”等与窗口相交，则不会被选中，按 Enter 键后“餐桌”即被删除。

(4) 按 Ctrl+Z 组合键执行【放弃】命令。

### 3. 窗交

从右向左选为窗交（右上至左下或右下至左上），执行窗交操作后，包含在窗口内的对象以及与窗口相交的对象均将被选中。

(1) 调整视图至图 0.27 所示的状态。

(2) 启动【删除】命令，命令行出现选择对象的提示。

(3) 如图 0.29 所示，从右上 D 点至左下 C 点拉窗口。“餐桌”包含在窗口内，“沙发”和“钢琴”等与窗口相交，它们均将被选中。按 Enter 键后被选中的对象即被删除。

(4) 按 Ctrl+Z 组合键返回。注意区分，窗选拉出的是蓝色透明窗口，且窗口轮廓线为实线；窗交拉出的是绿色透明窗口，且窗口轮廓线为虚线。

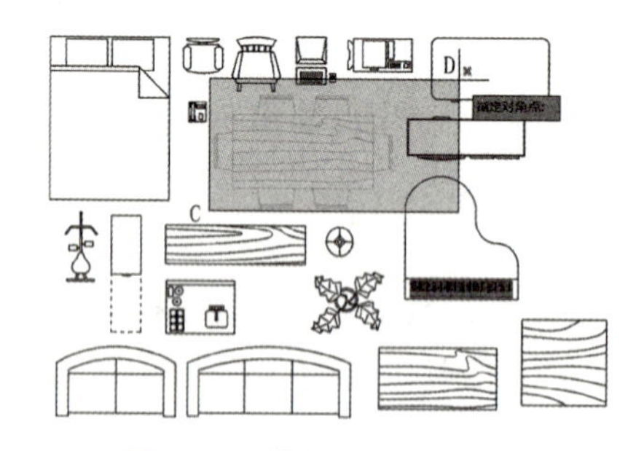


图 0.28 从左向右选为窗选

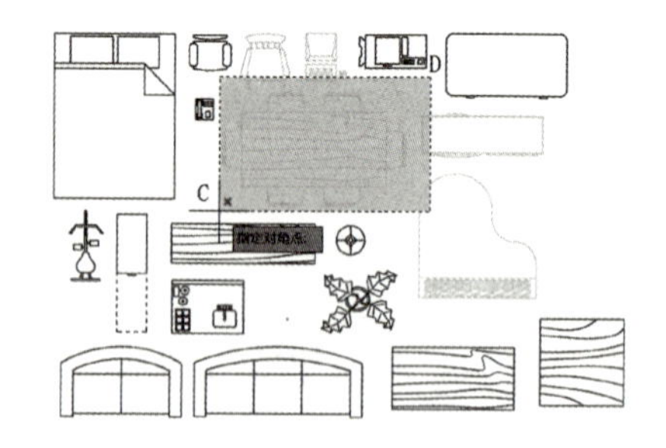


图 0.29 从右向左选为窗交

### 4. 全选

执行【全选】命令，所有图形对象均将被选中。

(1) 双击鼠标滚轮执行【范围缩放】命令，所有的图形居中占满整个屏幕。

(2) 在命令行输入“E”后按 Enter 键启动【删除】命令。

(3) 在选择对象提示下，输入“ALL”后按 Enter 键。此时，所有图形对象均呈灰色显示（即被选中）。

（4）在**选择对象**提示下，按 Enter 键结束【删除】命令，所有被选中的对象均被删除。

（5）按 Ctrl+Z 组合键执行【放弃】命令。

**特别提示**

使用【全选】命令选择对象时，不仅能选择当前视图中的对象，视图以外看不到的对象也能被选中。【全选】命令不能选择被冻结的和锁定图层上的对象，但能选择被关闭图层上的对象。

### 5. 栏选

栏选是“线选”的概念，在绘图区域拉出虚线，与虚线相交的图形将被选中。

（1）调整视图至图 0.27 所示的状态。

（2）在命令行输入“E”后按 Enter 键，启动【删除】命令。

（3）在**选择对象**提示下，输入“F”后按 Enter 键。

（4）在**指定第一个栏选点或拾取/拖动光标**提示下，在 A、B、C 处依次单击后，拉出如图 0.30 所示的虚线，虚线和“方桌”“钢琴”“花”相交，按 Enter 键后它们呈灰色显示（即被选中）。

（5）在**选择对象**提示下，按 Enter 键结束【删除】命令，被选中的图形即被删除。

（6）按 Ctrl+Z 组合键执行【放弃】命令。

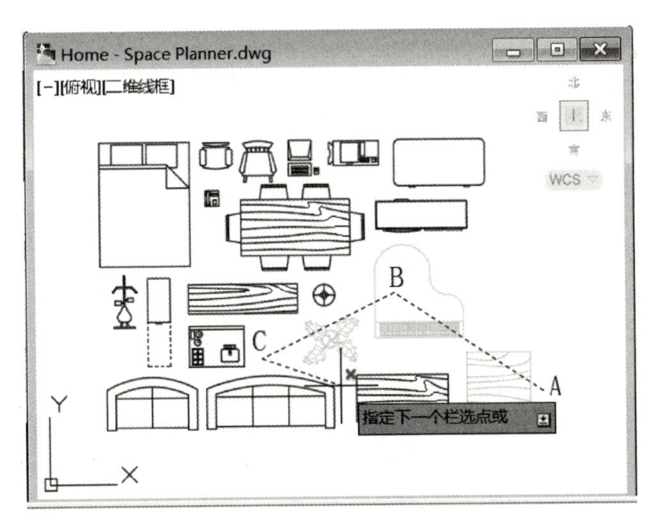


图 0.30　栏选

### 6. 快速选择

快速选择是以对象的特性作为选择条件进行定义的，它可以把不符合条件的对象过滤掉。

（1）双击鼠标滚轮执行【范围缩放】命令，将所有的图形显示在屏幕上。

（2）选择菜单栏中的【工具】|【快速选择】命令，打开【快速选择】对话框。

（3）如图 0.31 所示，在【特性】列表框中选中【图层】选项，指定将要按照图层选择对象。

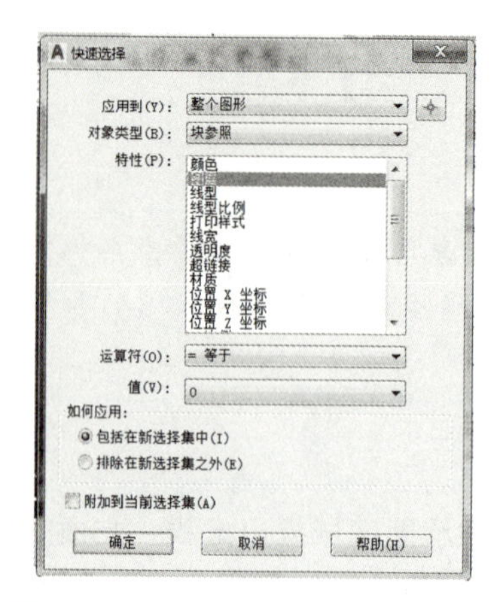


图 0.31　设置【快速选择】对话框

（4）在【运算符】下拉列表中选中【=等于】选项。

（5）在【值】下拉列表中选中【0】选项，指定将要选择【0】图层上的对象。

（6）点选【包括在新选择集中】单选按钮，指定只选择【0】图层上的对象；如果点选【排除在新选择集之外】单选按钮，则除指定图层上的对象，其他图层上的对象均将被选中。

（7）单击【确定】按钮关闭对话框，所有【0】图层上的对象均被选中，如图 0.32 所示。

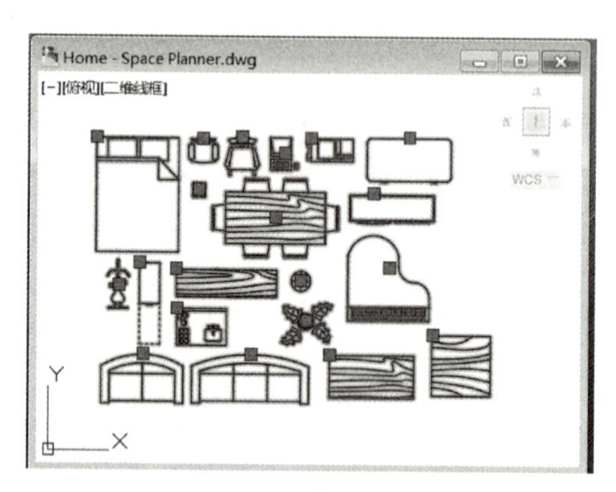


图 0.32　用【快速选择】对话框选择【0】图层上的图形

### 7. 循环选择

用户可以用【循环选择】命令来选择彼此接近或重叠的对象，观察图 0.33 内的 AB 线和 CD 线的关系，可知两条线处于重合状态，下面利用该图来学习循环选择命令。

（1）启动【删除】命令。

（2）在选择对象提示下，按住 Ctrl 键反复单击 AB 线和 CD 线重合的部位，会发现 AB 线和 CD 线轮流高亮显示，处于高亮显示状态的图形就是被选中的对象，按 Esc 键可以关闭循环。

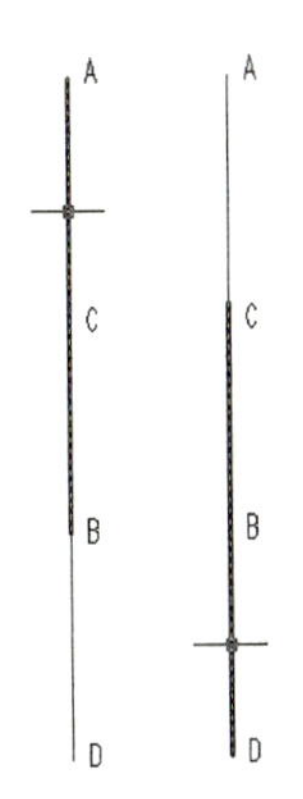


图 0.33 AB 线和 CD 线的关系

### 8. 从选择集中剔除

在编辑图形时，难免会选错对象，即将不该选择的对象选入选择集，这时可以使用【从选择集中剔除】命令将不该选择的图形对象从选择集中移出。

（1）启动【删除】命令，命令行出现选择对象提示，用前面学的选择对象的方法将“餐桌”“茶几”“花”选中，如图 0.34 所示。

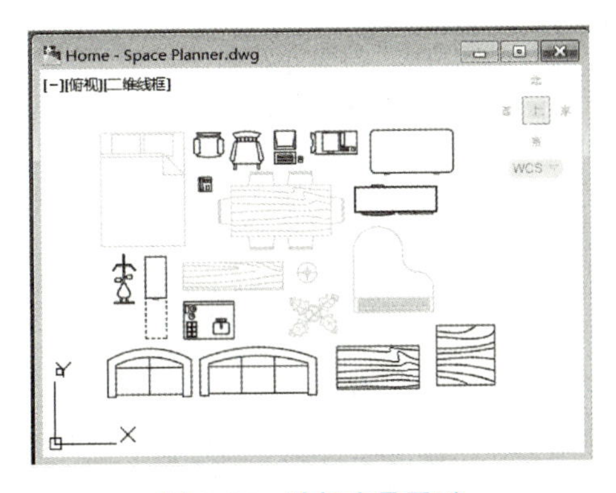


图 0.34 选择家具图形

（2）将“茶几”从选择集中剔除：按 Shift 键后单击“茶几”，“茶几”由虚变实。被选中的对象呈灰色显示，没被选中的对象呈黑色显示，“茶几”呈黑色显示说明已经将其从选择集中移出了。

（3）按 Enter 键后被选中的对象即被删除，按 Ctrl+Z 组合键返回。

## 本章小结

本章所讲的内容是 AutoCAD 最基本的知识和技巧。首先讲解了 AutoCAD 2018 用户界面的组成及工具栏、菜单栏、状态栏的基本使用方法，然后介绍了命令的启动方法等。为便于以后的学习，要求读者熟悉图 0.10 中所标出的工具栏、菜单栏、状态栏等的名称。

在绘图过程中，由于屏幕尺寸的限制，图形当前的显示可能不符合绘图需要，所以在本章还介绍了如何控制图形的显示状态。为了便于大家学习，我们使用 AutoCAD 软件自带的 DesignCenter 文件夹内的 Home-Space Planner 文件，讲解控制图形的显示的方法，经过反复练习，读者必须掌握【平移】、【范围缩放】、【窗口缩放】、【实时缩放】及【前一视图】5 种基本的控制图形显示状态的方法。

同时，本章还介绍了 7 种常用的选择图形的方法，这些选择方法分别有各自的特点，在选择对象时，应根据具体情况灵活应用和组合这些选择方法，以求快速准确地得到所需要的选择集。7 种选择图形的方法是编辑图形的基础，应该熟练掌握。

本章还穿插介绍了启动命令的方法，【删除】和【放弃】命令，应在理解的基础上掌握。

### 上机操作一：AutoCAD 2018 的启动与退出

【操作目的】

掌握 AutoCAD 2018 的启动与退出。

【操作内容】

1. 启动

(1) 使用【开始】菜单启动 AutoCAD 2018。

单击【开始】|【程序】|【Autodesk】|【AutoCAD 2018 -简称中文（Simple Chinese)】图标。

(2) 使用快捷方式启动 AutoCAD 2018。

双击 AutoCAD 2018 快捷方式图标。

2. 退出

(1) 执行【文件】|【退出】命令，关闭 AutoCAD 2018。

(2) 在状态栏下输入命令“QUIT”，然后按 Enter 键，退出 AutoCAD 2018。

(3) 单击主界面右上角的【×】按钮，关闭 AutoCAD 2018。

### 上机操作二：工具条的设置

【操作目的】

练习添加、删除工具条。

【操作内容】

(1) 将工具栏上的【绘图】工具条拖到绘图区域任意位置，使其变成浮动工具条。

(2) 单击绘图工具条右上角的【×】，关闭该工具条。

(3) 单击【工具】|【工具栏】|【AutoCAD】，勾选【绘图】，或对工具栏上任意工具条右击，弹出工具选项菜单，勾选【绘图】。

(4) 将弹出的【绘图】工具条拖到原来位置。

### 上机操作三：练习观察图形方法

【操作目的】

练习观察图形的方法。

【操作内容】

(1) 打开 C:\Program Files\AutoCAD 2018\Sample\zh-cn\DesignCenter\Home-Space Planner 文件。

(2) 使用【平移】、【实时缩放】、【窗口缩放】、【前一视图】及【范围缩放】等命令调整图形。

## 上机操作四：练习选择对象的方法

【操作目的】

练习选择对象的方法。

【操作内容】

(1) 打开 C:\Program Files\AutoCAD 2018\Sample\zh-cn\DesignCenter\Home-Space Planner 文件。

(2) 使用【窗选】、【窗交】、【拾取】、【栏选】、【快速选择】及【全选】等命令选择图形。

## 习　题

### 一、单选题

1. 嵌套式按钮是由一系列相关命令组成的按钮组，在嵌套式按钮中，通常把（　　）按钮放在最上面。

A. 最常用　　B. 最近使用过的　　C. 过去使用过的

2. 【正交】模式开关的功能键为（　　）。

A. F2　　B. F9　　C. F8

3. 一般情况下按空格键与按 Enter 键的作用（　　）。

A. 相同　　B. 不相同　　C. 差不多

4. 按（　　）键可中断正在执行的命令。

A. Esc　　B. Enter　　C. Ctrl

5. 使用（　　）命令可以将图形文件中所有的图形居中并占满整个屏幕。

A. 【窗口缩放】　　B. 【平移】　　C. 【范围缩放】

6. 使用（　　）命令相当于用手将桌子上的图纸上下或左右来回挪动。

A. 【前一视图】　　B. 【平移】　　C. 【实时缩放】

7. 当图形相对复杂时，【前一视图】经常和（　　）命令配合使用。

A. 【窗口缩放】　　B. 【实时缩放】　　C. 【范围缩放】

8. 从左上至右下或左下至右上为（　　）。

A. 窗选　　B. 全选　　C. 窗交

9. 按住鼠标的（　　），光标会变成“手”的形状，执行【平移】命令。

A. 左键　　B. 滚轮　　C. 右键

10. 在编辑图形选择对象时，如果选错对象，可以使用（　　）命令将不该选择的对象从选择集中移出。

A.【从选择集中剔除】　B.【栏选】　C.【窗选】

## 二、简答题

1. 指出 AutoCAD 2018 用户界面的菜单栏、工具栏、命令行、状态栏。

2. 如何将【图层】工具条关闭？如何重新将其显示出来？

3. 将工具栏锁定后有什么好处？

4. 命令行有什么作用？

5. 学习 AutoCAD 时，什么样的姿势为标准的绘图姿势？

6.【正交】、【对象捕捉】、【极轴】、【对象捕捉追踪】等非常重要的作图辅助工具在界面中的什么位置？

7. 命令的启动方法有哪些？各有什么特点？

8. 观察图形的方法有哪些？

9. 选择对象的方法有哪些？

10. 利用观察图形命令去观察图形，图形的尺寸是否真的变大或缩小了？

11. 练习并掌握本书 6.3 节所列出的 AutoCAD 常用命令快捷键。

# 项目 1 建筑施工图平面图的绘制（一）

思维导图

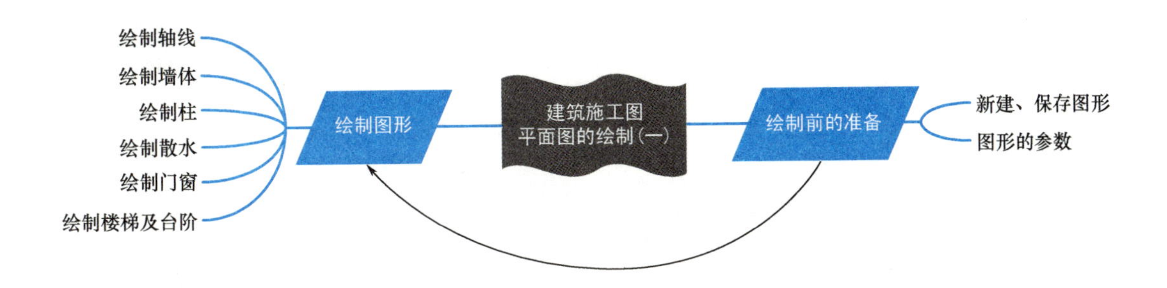

## 课前热身

| 序号 | 图形 | 操作 | 二维码 |
|---|---|---|---|
| 1-1 | 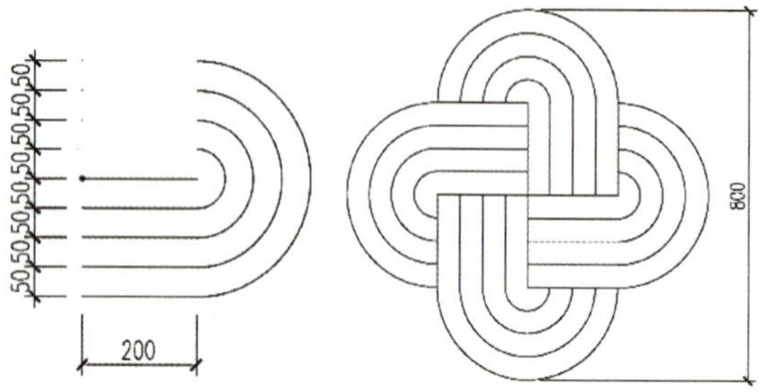 50,50,50,50,50,50,50,50,50,50；200；800 | 直线、偏移、圆弧、编辑多段线、阵列 | |
| 1-2 | 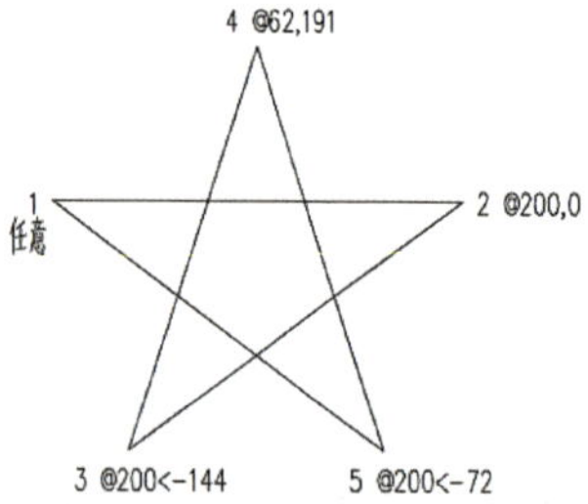 1 任意；2 @200,0；3 @200<-144；4 @62,191；5 @200<-72 | 直线、相对直角坐标、相对极坐标 | |
| 1-3 | 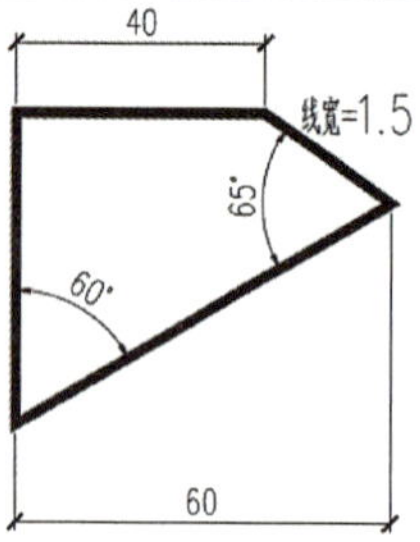 40；线宽=1.5；65°；60°；60 | 射线、旋转、旋转复制、直线、修剪、编辑多段线 | |
| 1-4 | 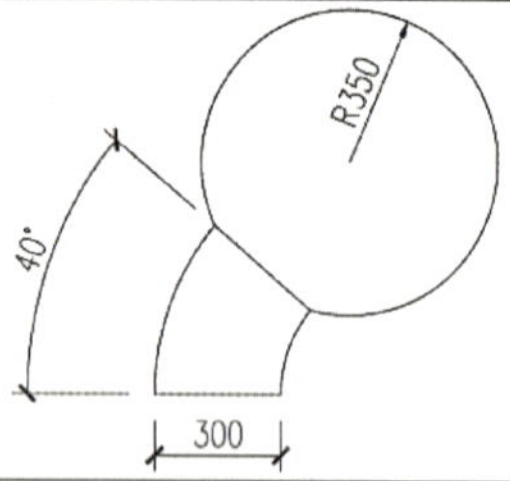 R350；40°；300 | 直线、圆弧 | |
| 1-5 | 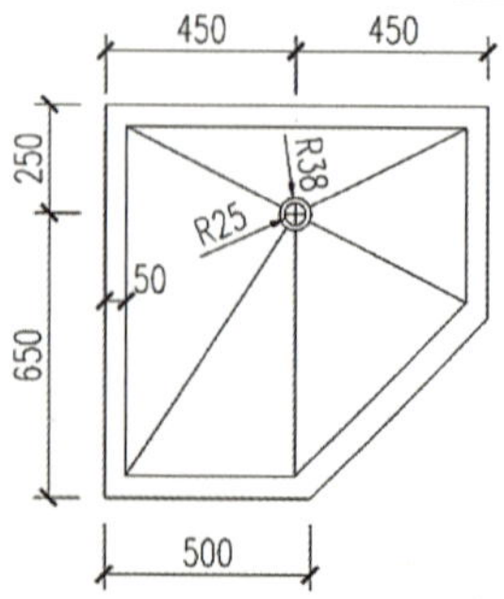 450；450；250；R38；R25；50；650；500 | 矩形、捕捉自、倒角、定义坐标基点、直线、圆、偏移 | |

续表

| 序号 | 图形 | 操作 | 二维码 |
|---|---|---|---|
| 1-6 | 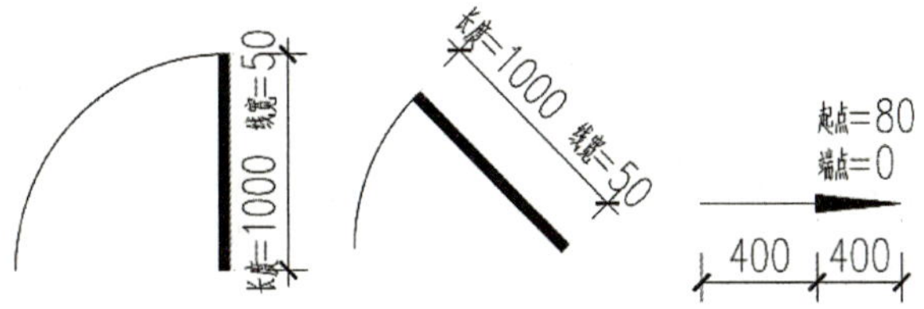 长度=1000 线宽=50；长度=1000 线宽=50；起点=80 端点=0；400 400 | 多段线、极轴追踪 | |
| 1-7 | 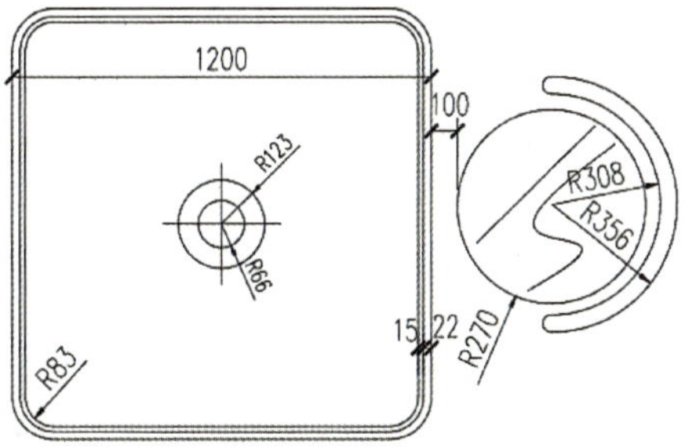 1200；100；R123；R66；R83；15 22；R270；R308；R356 | 多线、多线样式、对象追踪、圆角、圆、偏移、圆弧、直线、样条曲线 | |
| 1-8 | 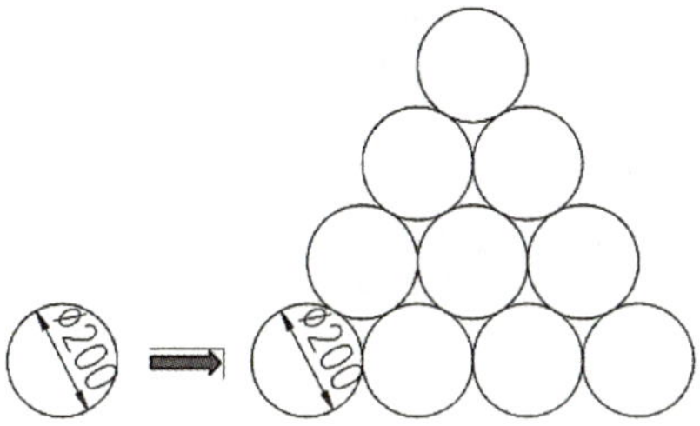 φ200；φ200 | 圆、阵列、旋转、复制 | |
| 1-9 | 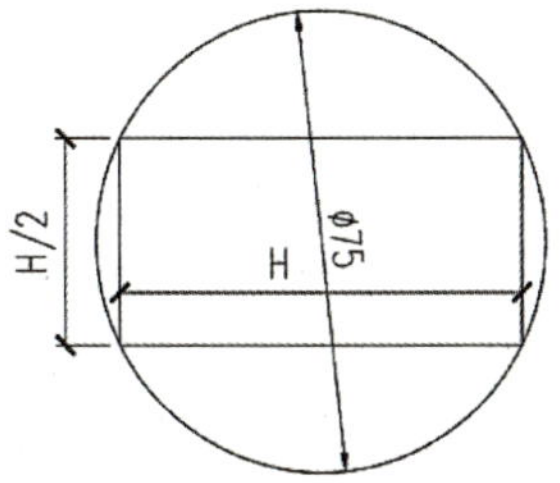 H/2；H；φ75 | 矩形、圆、比例缩放 | |
| 1-10 | 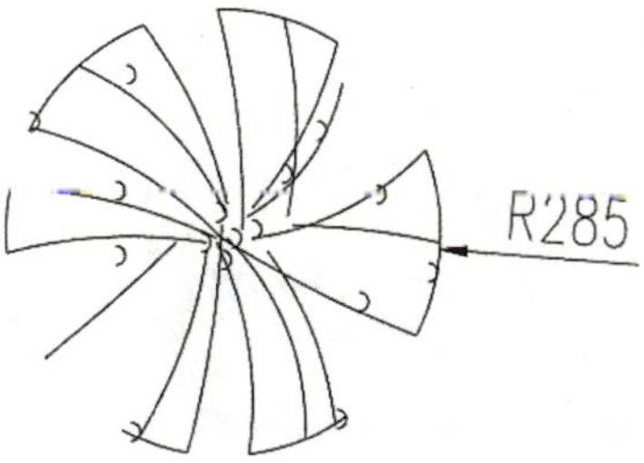 R285 | 圆、打断、圆弧 | |

续表

| 序号 | 图形 | 操作 | 二维码 |
|---|---|---|---|
| 1-11 | 800<br>800<br>100<br>100<br>100<br>100 | 矩形、直线、偏移、对象追踪、修剪、修订云线 | |
| 1-12 | R190<br>R50<br>500<br>60<br>150 470 150 | 矩形、圆角、椭圆弧、图案填充 | |

绪论0介绍了AutoCAD 2018的基本操作，从项目1开始将介绍如何使用AutoCAD 2018，参照宿舍楼底层平面图（见附图1.1），绘制建筑施工图平面图。

# 1.1 创建新图形

开始绘制建筑施工图平面图之前，需要建立一个新的图形。在AutoCAD 2018中创建一个新图形有以下几种方法。

### 1. 通过【开始绘制】选项卡新建图形

启动AutoCAD 2018后，弹出图1.1所示的【开始绘制】选项卡，单击【开始绘制】按钮后新建一个图形文件。

### 2. 通过【文件】菜单创建新图形

执行菜单栏中的【文件】|【新建】命令，默认状态下会弹出【选择样板】对话框，双击“acadiso.dwt”选项，或单击【打开】按钮右边的箭头，选择列表中的【无样板-公制】选项（见图1.2），这样就新建了一个图形文件。

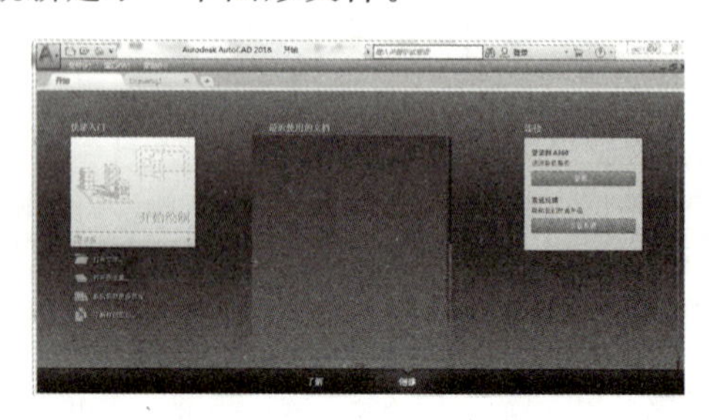

图1.1　通过【开始绘制】选项卡创建新图形文件

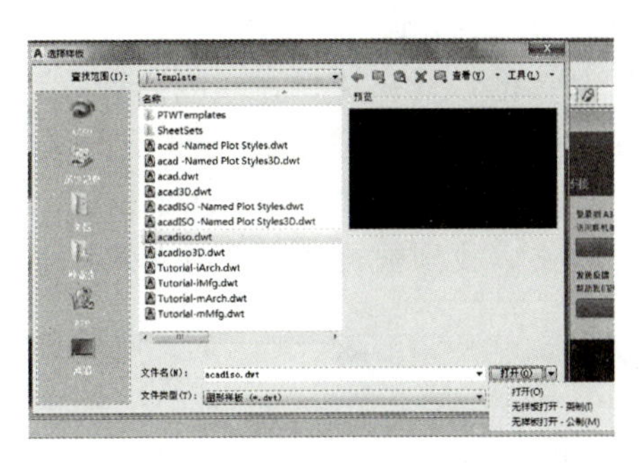

图 1.2 通过【文件】菜单创建新图形文件

特别提示

【选择样板】对话框中的 acad.dwt 为无样板—英制文件；acadiso.dwt 为无样板—公制文件。

### 3. 通过样板进入一个新图形

在图 1.2 所示的【选择样板】对话框中所显示的图形样板的制图标准和我们所遵循的制图标准不一样，所以不适合在这里使用。在后面的章节中将介绍建立带有单位类型、单位精度、图层、捕捉、栅格和正交设置、标注样式、文字样式、线型和图块等信息的图形样板。通过用户自己建立的图形样板进入新图形，不需要再对单位类型、单位精度、标注样式等进行重复设置，这样可使绘图速度大大提高。

## 1.2 保存图形

AutoCAD 2018 保存文件的方法和其他软件相同，在此不再赘述。这里提醒大家在利用 AutoCAD 2018 绘制图形时，需要经常保存已经绘制的图形文件，防止断电、死机等原因导致图形文件丢失。在高版本 AutoCAD 中绘制的图形，到低版本的 AutoCAD 中通常打不开。如果用 AutoCAD 2018 绘制一个图形，而该图形文件需要在 AutoCAD 2004 中打开，就需要将该文件另存为低版本的 AutoCAD 文件类型，如图 1.3 所示。

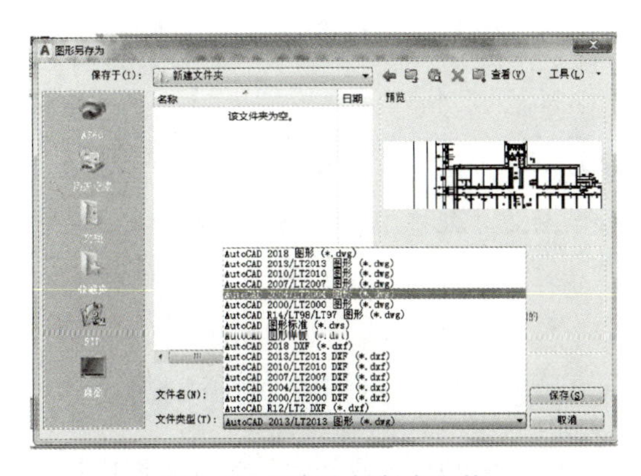

新建、保存图形

图 1.3 另存为低版本文件

执行菜单栏中的【工具】|【选项】命令，打开【选项】对话框，在【打开和保存】选项卡中选择【自动保存】复选框，并在【保存间隔分钟数】文本框中输入设定值，如图 1.4 所示。文件自动保存的路径在【选项】对话框中的【文件】选项卡中可以查到，如图 1.5 所示。如果文件被删除，可以按照 C:\Users\Administrator\appdata\local\temp 路径打开 Temp 临时文件夹，找到被自动保存的文件并将其复制到自己的文件夹中。

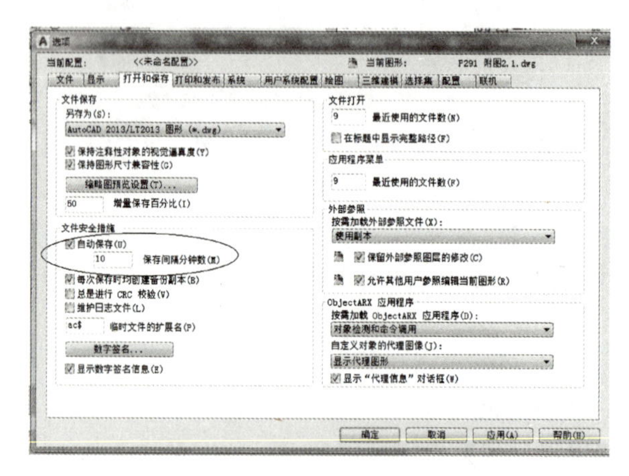

图 1.4　自动保存

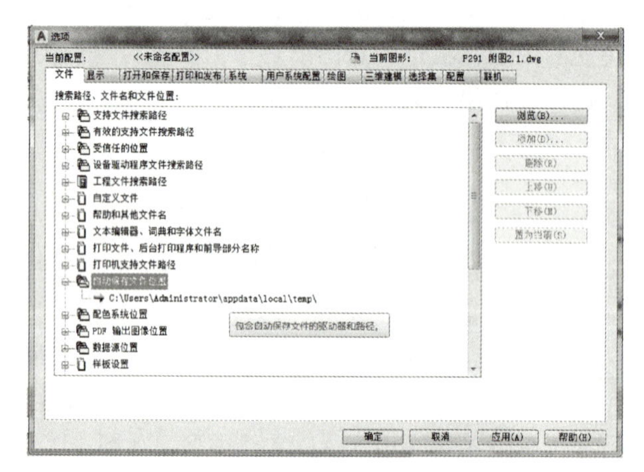

图 1.5　自动保存文件的路径

**特别提示**

自动保存的文件为备份文件格式，文件扩展名为“.bak”，只有将其扩展名用重命名的方式改为“.dwg”后，才能在 AutoCAD 中打开该图形。

## 1.3　图形的参数

图形的参数主要包括单位、角度和区域等。建筑施工图中以公制毫米为长度单位，以“度”为角度单位。这里借助于【创建新图形】对话框来介绍图形参数和基本规定。

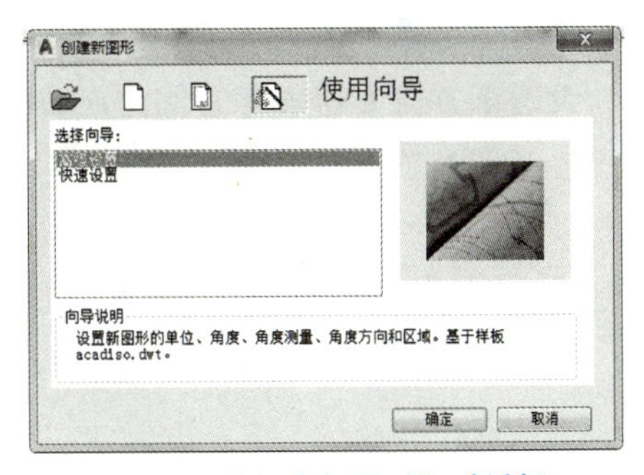

图 1.6 【创建新图形】对话框

启动 AutoCAD 2018 后，在命令行输入“STARTUP”后按 Enter 键，在**输入 STARTUP 的新值<0>**提示下，输入“1”后按 Enter 键，这样我们将 STARTUP 系统变量由 0 修改为 1。单击【标准】工具栏上的【新建】图标，屏幕上出现图 1.6 所示的【创建新图形】对话框。下次启动 AutoCAD 2018 时会显示【启动】对话框。

单击【使用向导】按钮并选中【高级设置】选项后单击【确定】按钮，进入【高级设置】对话框。下面通过【高级设置】对话框将分别介绍各图形参数。

### 1. 单位

选择【小数】单选按钮，精度设置为“0”，以确定长度单位为公制十进制，数值精度为小数点后零位，如图 1.7 所示，单击【下一步】按钮。

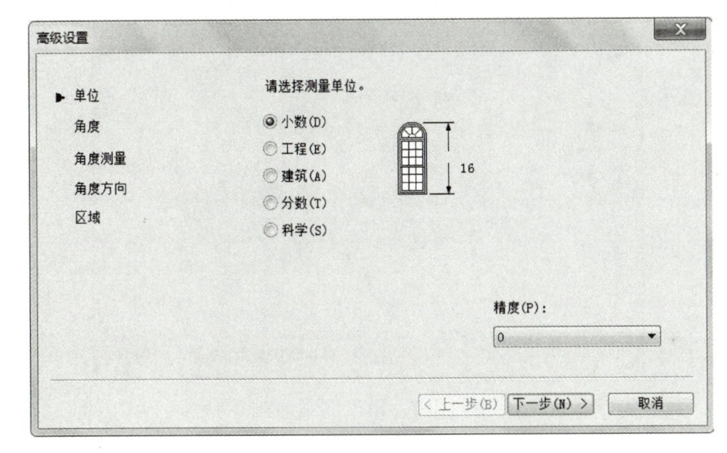

图 1.7 长度单位和精度

### 2. 角度

选择【十进制度数】单选按钮，精度设置为“0”，以确定角度单位为“度”，数值精度为小数点后零位，如图 1.8 所示，单击【下一步】按钮。

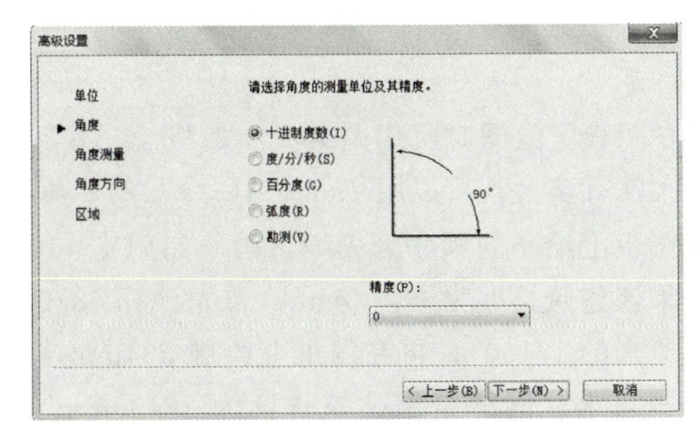

图 1.8 角度单位和精度

### 3. 角度测量

设置东方向为零角度的位置，如图 1.9 所示，单击【下一步】按钮。

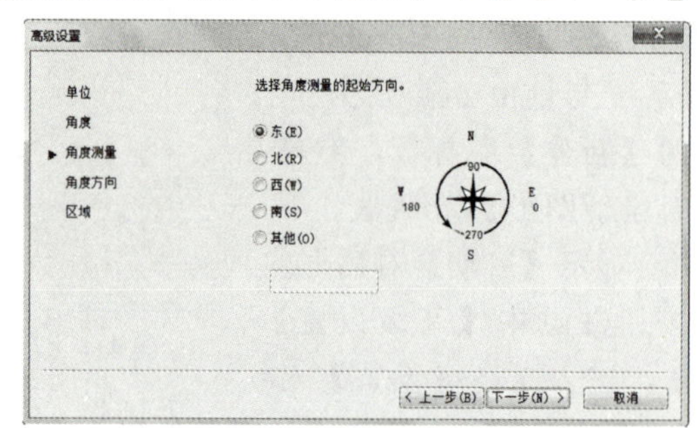


图 1.9　零角度的设置

### 4. 角度方向

选择逆时针旋转为正，顺时针旋转为负，如图 1.10 所示。这样，如果旋转一条 AB 水平线，旋转 45°和－45°结果不同，如图 1.11 所示。单击【下一步】按钮。

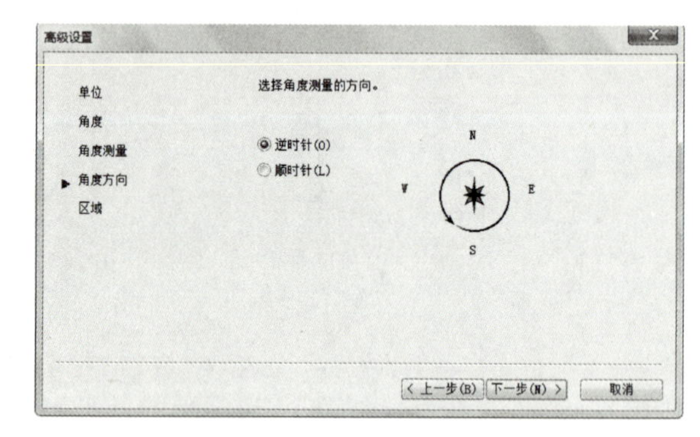


图 1.10　角度测量方向

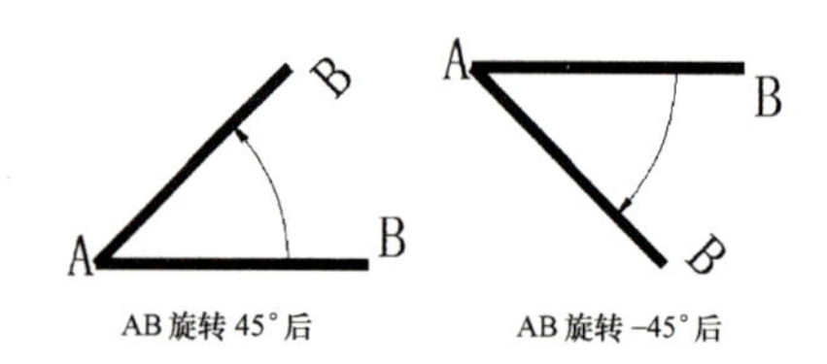


图 1.11　AB 线的旋转

### 5. 区域

这里的区域并非是在图板上绘图时所用图纸大小的概念，实际上 AutoCAD 所提供的图纸无边无际，想要多大就有多大，所以用 AutoCAD 绘图的步骤和在图板上绘图的步骤不同。在图板上绘图的顺序是先缩再画。如用 1∶100 的比例绘制某建筑平面图，如果该建筑长度为 38400mm，首先计算 38400mm/100＝384mm（尺寸缩小到原来的 1/100），再在图纸上绘制 384mm 长的线。用 AutoCAD 绘图则是先画再缩。同样绘制建筑长度为 38400mm 的某建筑平面图，先用 AutoCAD 绘制 38400mm 长的线（1∶1 的比例绘制图形），打印时再将所绘制好的平面图整体缩小到原来的 1/100（38400mm/100＝384mm）即可。经

区域的概念

过对比大家可以体会到，还是用 AutoCAD 绘图方便。

那么这里的区域是什么概念呢？类似坐标纸，这里区域的大小决定的就是坐标纸显示的范围，在 AutoCAD 里的概念就是“栅格”。

尝试将【高级设置】对话框内的【区域】设置为 10000mm×10000mm，如图 1.12 所示，然后单击【完成】按钮关闭【高级设置】对话框。执行菜单栏中的【工具】|【草图设置】命令，打开【草图设置】对话框，选择【捕捉和栅格】选项卡，将捕捉和栅格的距离均设为 300mm（因为在建筑中常用的模数是 300mm），如图 1.13 所示，然后单击【确定】按钮关闭【草图设置】对话框。将状态栏上的【捕捉】和【栅格】按钮打开。会发现屏幕上出现方格，方格显示的范围即区域的范围（这里是 10000mm×10000mm），方格的大小为 300mm×300mm，同时还会发现光标在小点上蹦来蹦去，这是【捕捉】命令在捕捉栅格点。由于绘制建筑施工图时【栅格】辅助工具使用较少，而【捕捉】辅助工具又是和【栅格】辅助工具配套使用的，所以很少打开这两个按钮。

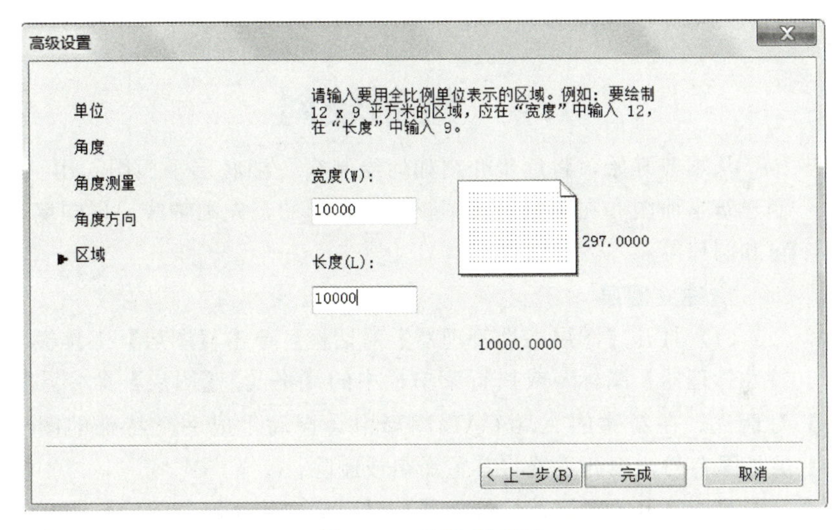


图 1.12　设置【区域】

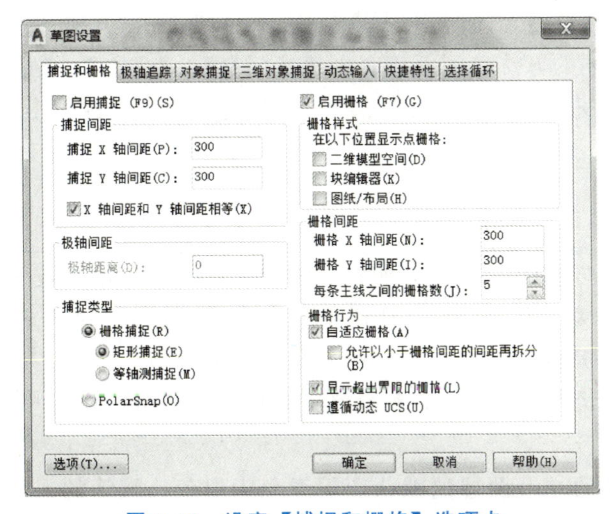


图 1.13　设定【捕捉和栅格】选项卡

**特别提示**

【捕捉】和【对象捕捉】是两个不同的作图辅助工具。【捕捉】功能用于捕捉栅格的点，而不能捕捉图形的特征点，这时需要打开【对象捕捉】功能来捕捉图形的特征点，如一条直线的两个端点或中点。

【捕捉】和【栅格】是配套使用的，在【草图设置】对话框中，【捕捉和栅格】选项卡的间距设定的尺寸也需相同。

栅格仅在图形界限中显示，它只作为绘图的辅助工具出现，而不是图形的一部分，所以只能看到，不能打印。

建筑施工图是以毫米（mm）为长度的绘图单位，在 AutoCAD 内输入“10000”就是 10000mm，不需再输入“mm”。同样，输入角度时也不需再输入角度单位，如输入“45”就是 45°。

## 1.4　绘制轴网

建立图层

从本节开始，将逐步介绍如何绘制宿舍楼底层平面图。用 AutoCAD 绘制建筑平面图和在图纸上绘图顺序是相同的，先画轴线，再画墙，然后画门窗和洞口等。

### 1. 建立图层

（1）打开【图层特性管理器】对话框：单击【图层】工具栏上的【图层特性管理器】图标或执行菜单栏中的【格式】|【图层】命令，打开【图层特性管理器】对话框。在新建的 AutoCAD 图形中会自动生成一个特殊的图层，这就是【0】层，【0】层是固有的，因此不能将其重命名或删除。

（2）创建新图层：单击【图层特性管理器】对话框中的【新建图层】图标，则产生一个默认名为“图层 1”的新图层，将其名称改为“轴线”并按 Enter 键确认。再按 Enter 键（或再单击【新建图层】图标）就又创建了一个新图层，将图层名称改为“墙”并按 Enter 键确认。用相同的方法，下面接着创建【门窗】、【文本】、【标注】、【楼梯】、【室外】、【柱子】及【辅助】等图层。需要删除图层时，选中图层后单击【删除图层】图标即可。

**特别提示**

按 Enter 键有两个作用：一是确认或结束命令（如将图名改为“轴线”后，按 Enter 键确认），二是重复刚刚使用过的命令（如再按 Enter 键重复新建图层的命令，就又建立了一个新图层）。

只要不是处于文字输入状态，按空格键等同于按 Enter 键。

注意，这里新建的 9 个图层的默认图层颜色为白色，默认的图层线型为 Continuous（实线），线宽为默认值，如图 1.14 所示。

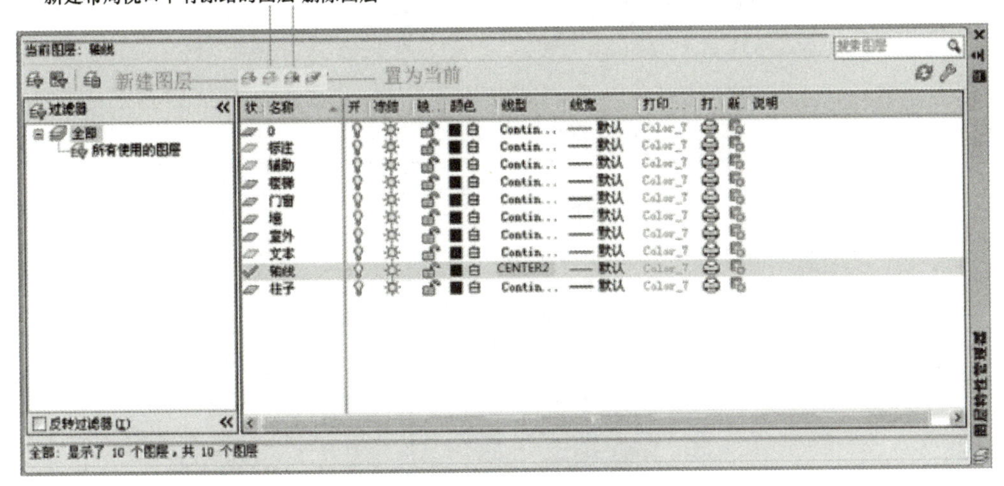


图 1.14 【图层特性管理器】

(3) 修改图层颜色：单击【轴线】图层右边的【白】，弹出【选择颜色】对话框，选择个人习惯的颜色作为该图层的颜色。用同样的方法更改其他图层换颜色。

**特别提示**

给图层设定不同的颜色便于用户观察和区分图形，下面是专业绘图软件所设定的主要图层的颜色，供大家参考：【轴线】——红色、【墙】——灰色(9)、【门窗】——青色、【标注】——绿色、【台阶】——黄色、【楼梯】——黄色、【阳台】——洋红色、【文字】——白色。

GB/T 50001—2017《房屋建筑制图统一标准》规定图层的命名应采用分级形式，每个图层名称由2个到5个数据字段组成，其中第一级为专业代码，第二级为主代码。GB/T 50001—2017 附录B给出了常用图层的名称列表。

(4) 修改图层线型：前面共建立了9个图层，每个图层默认的线型均为Continuous，但是大家知道建筑施工图中的轴线不是实线而是细点划线，所以需要将【轴线】图层的Continuous线型换成CENTER2线型或DASHDOT线型。

光标对着【轴线】图层的Continuous线型单击，弹出【选择线型】对话框（将该对话框喻为货架），货架上没有CENTER2线型，单击【加载】按钮打开【加载或重载线型】对话框（将该对话框喻为仓库），找到CENTER2线型并选中后单击【确定】按钮，如图1.15所示。这样就将仓库内的CENTER2线型放置到了货架上。然后在【选择线型】对话框（货架）中选中CENTER2线型后单击【确定】按钮，关闭对话框。这时会发现【轴线】图层的线型换为CENTER2线型，如图1.16所示。

(5) 设置默认线宽：AutoCAD的默认线宽为0.25mm，单击【格式】|【线宽】，弹出【线宽设置】对话框，如图1.17所示，在此对话框中可查询或修改默认线宽。

(6) 图层的理解：为了便于管理图形，AutoCAD提供了图层的概念，图层实际上是透明的、没有厚度的且上下重叠放置的若干张图纸。刚才建立了9个图层，把轴线画在

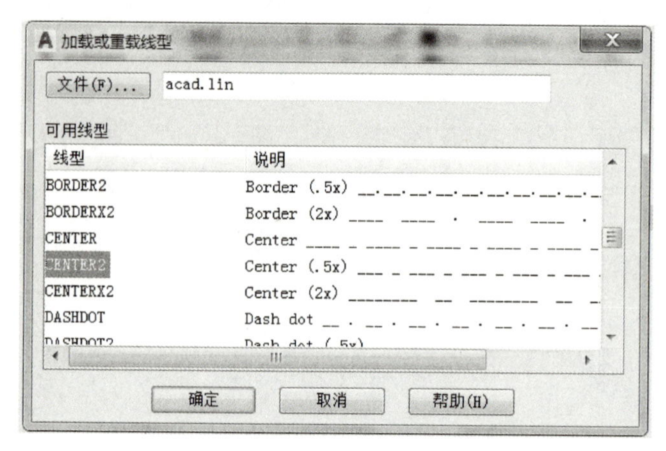


图 1.15　加载线型

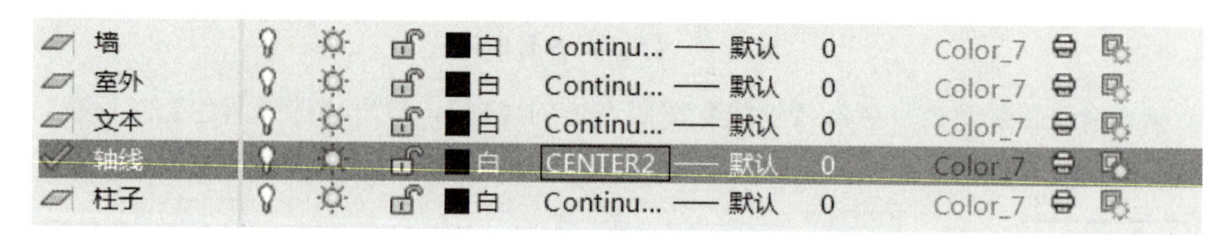


图 1.16　将【轴线】图层的线型加载为 CENTER2

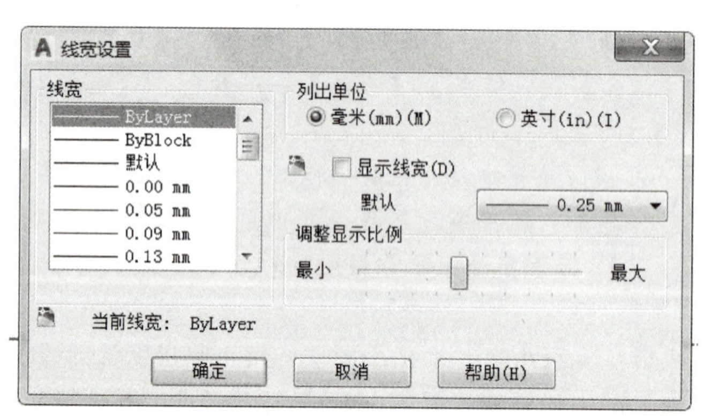


图 1.17　默认线宽设置

【轴线】图层上，把墙画在【墙】图层上……这样从上往下看时，这些图形叠加在一起就是一个完整的建筑平面图。由于每一个图层都是透明的，所以图层是无上下顺序的。

这里有 10 个图层，那么如果现在画一条线，该线画到哪个图层上了呢？“当前层”是哪个图层，该线就画在哪个图层上。【图层】工具栏上的【图层控制】选项窗口所显示的就是“当前层”，如图 1.18 所示。

另外，在【图层特性管理器】对话框中还可以对每个图层进行关闭、冻结、锁定等操作。

### 2. 设置线型比例

执行菜单栏中的【格式】|【线型】命令，打开【线型管理器】对话框，如图 1.19 所示。该对话框中的【全局比例因子】和出图比例应保持一致，即如果出图比例为 1∶100，

【全局比例因子】即为 100；出图比例为 1∶200，【全局比例因子】即为 200；出图比例为 1∶50，【全局比例因子】即为 50。当前对象的缩放比例是 1。

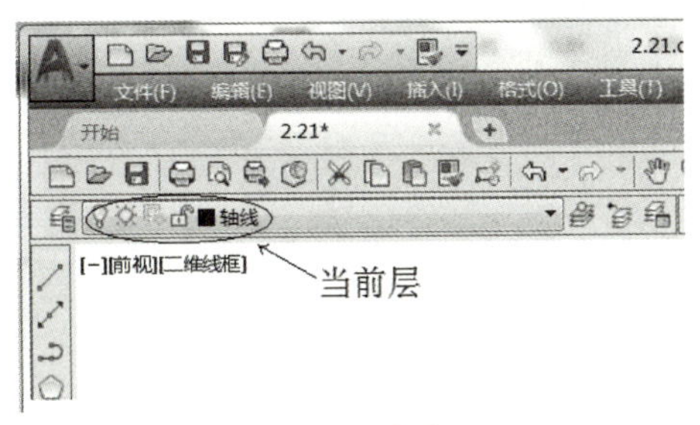


图 1.18 当前层

### 3. 绘制纵向定位轴线Ⓐ

(1) 将【轴线】图层设置为当前层：单击【图层】工具栏上【图层控制】选项窗口右侧的下拉按钮，在下拉列表中选择【轴线】图层，如图 1.20 所示。

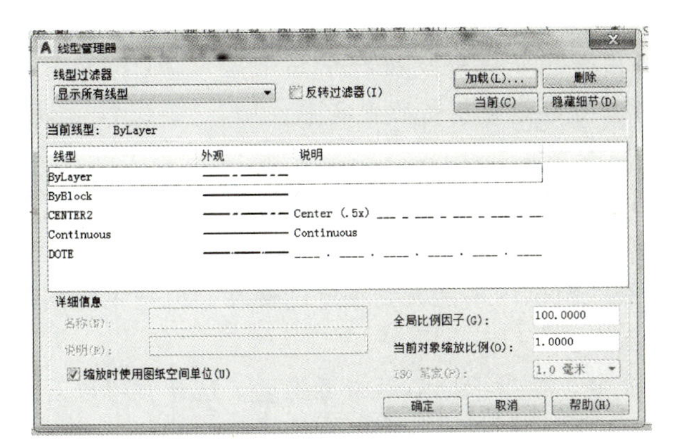

图 1.19 线型比例的设定

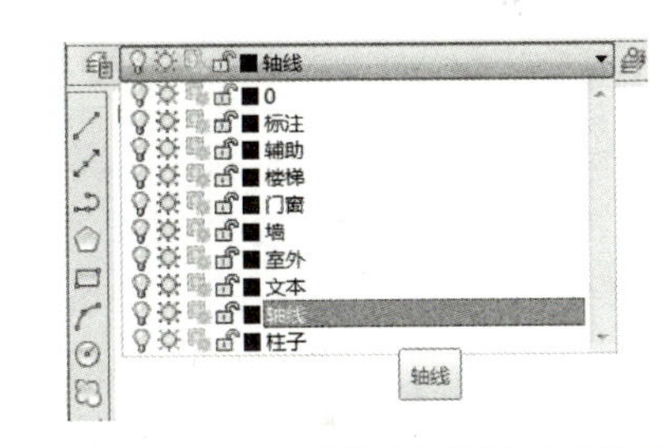

图 1.20 设置【轴线】图层为当前层

**特别提示**

上述方法是一种将某图层设置为当前层的简单有效的方法，而不必打开【图层特性管理器】去设置当前层。通过【图层控制】选项窗口还可以修改图层的开关、锁定和冻结等图层特性。

(2) 单击【绘图】工具栏上的【直线】命令图标 (快捷键 L)，启动绘制【直线】命令。

① 在**指定第一点**提示下，在绘图区域左下角的任意位置单击，将该点作为Ⓐ轴线的左端点，移动光标则会发现一条随着光标移动而移动的橡皮条。

② 单击状态栏上的【正交】按钮（功能键 F8），打开【正交】功能，这样光标只能沿水平或垂直方向拖动。

③ 在**指定下一点或［放弃(U)］**提示下，水平向右拖动光标，并在命令行输入“42600”后按 Enter 键。

④ 在**指定下一点或［放弃(U)］**提示下，按 Enter 键结束【直线】命令。

这样就画出一条长度为 42600mm 的水平线，如图 1.21 所示。

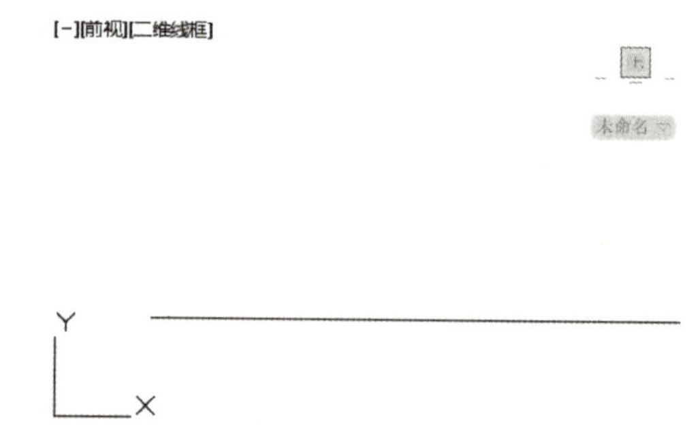


图 1.21　绘制轴线Ⓐ

**特别提示**

上面用方向长度的方法绘制出了轴线Ⓐ，其中线的绘制方向依靠打开【正交】功能并向右拖动光标来指定；线的长度依靠键盘输入来指定。这是最常用的一种绘制直线的方法。

如果不小心将直线绘制错了，可以在绘制直线命令执行中马上输入“U”执行【放弃】命令，取消上次绘制直线的操作并可继续绘制新的直线。

从图 1.21 中可以看到，绘图区只能看到轴线Ⓐ的左端点而不能看到其右端点。这是因为 AutoCAD 新建图形的视图默认距离用户眼睛较近。

尝试把一支钢笔放在眼前 10mm 处，视线范围内不能看到钢笔的两端，但把钢笔向前推移一段距离后，就可以看到钢笔的两个端点。

(3) 双击鼠标滚轮执行【范围缩放】命令，相当于把图形由近推远，这样就可以看到线的两个端点，如图 1.22 所示。

图 1.22　调整轴线Ⓐ的显示

(4) 滚动鼠标滚轮执行【实时缩放】命令，然后按住鼠标滚轮拖动鼠标执行【平移】命令，将视图调至图 1.23 所示的状态。

图 1.23　调整Ⓐ轴线的位置

特别提示

默认设定的对象的颜色和线型是“随层”(ByLayer)的，所以将轴线Ⓐ绘制在当前层【轴线】图层上，其颜色和线型是和【轴线】图层的设定一致的。

(5) 执行【范围缩放】后，如果绘制出的轴线Ⓐ显示的不是中心线时，应做如下检查。

① 在【图层特性管理器】对话框中的【轴线】图层的线型是否加载为 CENTER2 或 DASHDOT。

② 当前层是否为【轴线】图层。

③ 执行【格式】|【线型】命令，检查【线型管理器】对话框中的【全局比例因子】是否为 100。

### 4. 生成横向定位轴线Ⓑ～Ⓕ

(1) 单击【修改】工具栏上的【偏移】图标 (快捷键 O)，启动【偏移】命令，查看命令行。

① 在指定偏移距离或［通过(T)/删除(E)/图层(L)］<通过>提示下，输入轴线Ⓑ和轴线Ⓐ之间的距离“5400”后按 Enter 键，表示偏移距离为 5400mm。

② 在选择要偏移的对象，或［退出(E)/放弃(U)］<退出>提示下，单击选择轴线Ⓐ，此时轴线Ⓐ变虚。

③ 在指定要偏移的那一侧上的点，或［退出(E)/多个(M)/放弃(U)］<退出>提示下，在Ⓐ轴线上侧任意位置单击，则生成轴线Ⓑ。

④ 按 Enter 键结束【偏移】命令，结果如图 1.24 所示。

图 1.24 用【偏移】命令生成Ⓑ轴线

(2) 用相同的方法生成轴线Ⓒ～Ⓕ，如图 1.25 所示。

图 1.25 用【偏移】命令生成轴线Ⓒ～Ⓕ

### 5. 绘制轴线①

（1）单击状态栏上的【对象捕捉】按钮（功能键 F3），打开【对象捕捉】。

（2）单击【绘图】工具栏上的【直线】图标，启动绘制【直线】命令。

① 在指定第一点提示下，将十字光标的交叉点放在 F 轴线的左端点处，出现黄色端点捕捉方块及端点光标提示后单击，则直线的起点绘制在轴线Ⓕ的左端点处。

② 在指定下一点或［放弃(U)］提示下，将十字光标的交叉点放在轴线Ⓐ的左端点处，出现黄色端点捕捉方块及端点光标提示后单击，则直线的第二点绘制在了轴线Ⓐ的左端点处。这样就画出了轴线①。

③ 按 Enter 键结束【直线】命令，如图 1.26 所示。

图 1.26　绘制轴线①

这样，通过捕捉直线的两个端点的方法绘制出了轴线①。

**特别提示**

【对象捕捉】按钮的作用是准确地捕捉图形对象的特征点，这里必须借助【对象捕捉】功能才能准确地寻找到轴线Ⓕ和轴线Ⓐ的左端点，否则就不能准确地绘制出①轴线。

### 6. 执行【偏移】命令生成轴线②～⑥

单击【修改】工具栏上的【偏移】图标，启动【偏移】命令。

① 在指定偏移距离或［通过(T)/删除(E)/图层(L)］＜通过＞提示下，输入轴线①和轴线②之间的距离“3900”后按 Enter 键。

② 在选择要偏移的对象，或［退出(E)/放弃(U)］＜退出＞提示下，单击轴线①，此时轴线①变虚。

③ 在指定要偏移的那一侧上的点，或［退出(E)/多个(M)/放弃(U)］＜退出＞提示下，单击轴线①右侧的任意位置，则生成轴线②。

④ 在选择要偏移的对象，或［退出(E)/放弃(U)］＜退出＞提示下，单击轴线②，此时轴线②变虚。

⑤ 在指定要偏移的那一侧上的点，或［退出(E)/多个(M)/放弃(U)］＜退出＞：提示下，单击轴线②右侧的任意位置，则生成轴线③。重复④～⑤步操作生成轴线④～⑥后按 Enter 键结束命令，结果如图 1.27 所示。

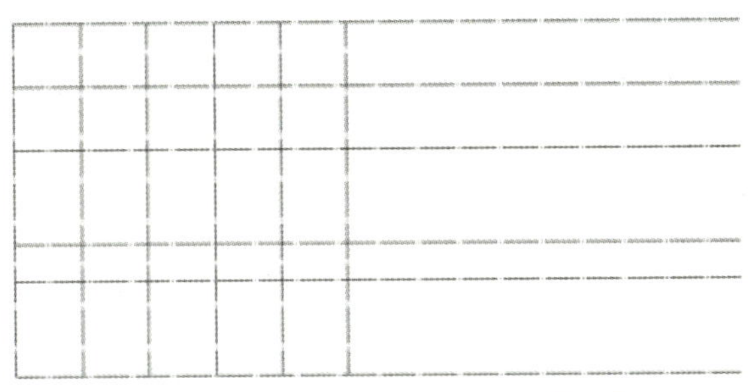

图 1.27 【偏移】命令生成轴线②～⑥

**特别提示**

【偏移】命令包含3步：指定偏移距离、指定偏移对象、指定偏移方向。

轴线Ⓐ～Ⓖ的间距各不相同，所以每偏移一条轴线，都需要重新启动【偏移】命令并给出所要偏移的距离。但轴线①～⑥间的距离均为3900mm，所以一次【偏移】命令就可以偏移出轴线②～⑥。

重复执行【偏移】命令生成轴线⑦～⑫，如图1.28所示。

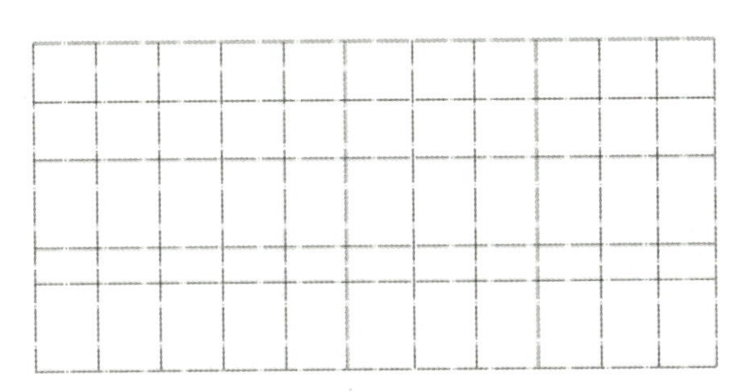

图 1.28 【偏移】命令生成轴线⑦～⑫

### 7. 修剪轴线

(1) 单击【修改】工具栏上的【修剪】图标（快捷键TR），启动【修剪】命令。

① 在选择对象或＜全部选择＞提示下，单击轴线⑤上的任意位置，轴线⑤变虚。注意，该步骤所选择的对象是剪切边界，即下面将以轴线⑤为剪切边界，来修剪轴线Ⓔ、Ⓕ。

② 在选择要修剪的对象，或按住Shift键选择要延伸的对象，或[栏选(F)/窗交(C)/投影(P)/边(E)/删除(R)/放弃(U)]提示下，将光标移至轴线Ⓔ、Ⓕ上，在轴线⑤左边的任意位置单击，这样就以轴线⑤为边界将轴线Ⓔ、Ⓕ位于轴线⑤左侧的部分剪掉了，结果如图1.29所示。

修剪轴线

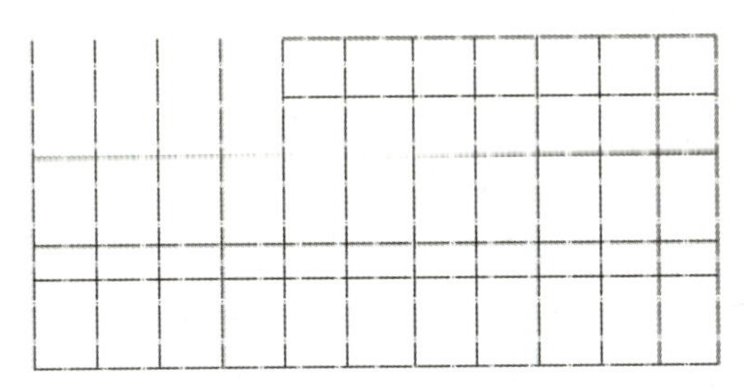

图 1.29 修剪轴线⑤左侧的轴线Ⓔ、Ⓕ

（2）按 Enter 键重复执行【修剪】命令，以轴线⑥为边界将轴线Ⓔ、Ⓕ位于轴线⑥右边的部分剪掉，结果如图 1.30 所示。

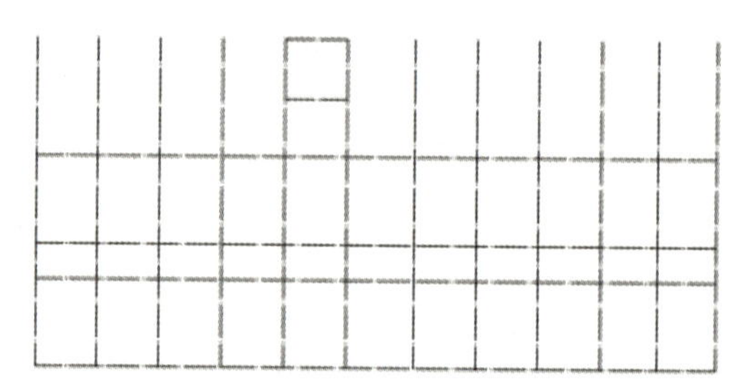

图 1.30　修剪轴线⑥右侧的轴线Ⓔ、Ⓕ

（3）按 Enter 键重复执行【修剪】命令。

① 在**选择对象或＜全部选择＞**提示下，按 Enter 键进入下一步命令。注意，这次没有选择剪切边界，而是按 Enter 键执行尖括号内的“全部选择”默认值，也就是说不选即为全选，图形文件中所有的图形对象都可以作为剪切边界。

**特别提示**

AutoCAD 在执行【偏移】、【修剪】等命令过程中，按 Enter 键可执行尖括号内的默认值。

② 在**选择要修剪的对象，或按住 Shift 键选择要延伸的对象，或［栏选(F)/窗交(C)/投影(P)/边(E)/删除(R)/放弃(U)］**提示下,］执行窗交（从 M 点向 N 点拉窗口）如图 1.31 所示，将图形修剪成图 1.32 所示的状态。

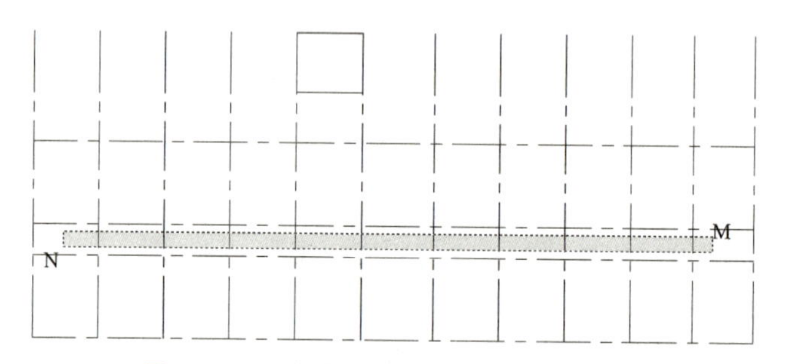


图 1.31　用窗交的方法选择被剪切的对象

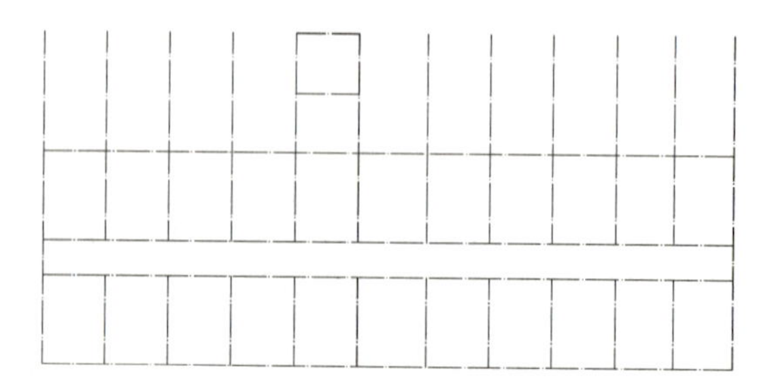

图 1.32　修剪走道内的轴线

（4）按 Enter 键重复执行【修剪】命令，将图形修剪成图 1.33 所示的状态。

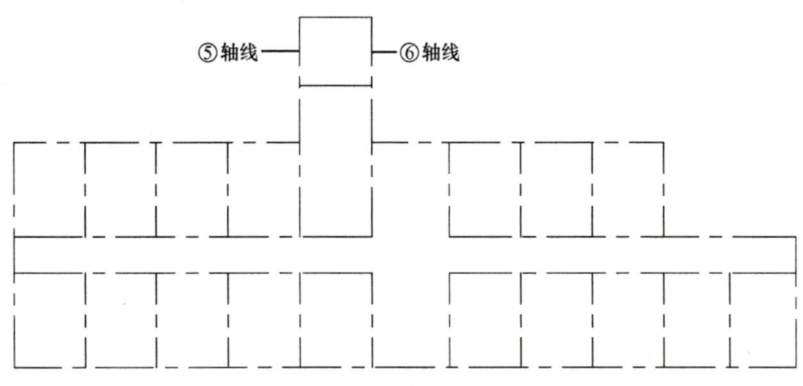


图 1.33 修剪后的图形

**特别提示**

执行【修剪】命令时，先选剪切边界，后选被剪对象。

剪切边界可以选择，也可以按 Enter 键直接进入下一步命令。注意，不选即为全选，即所有的图形对象都是剪切边界。

修剪图形时，有时选择剪切边界方便，有时不选择剪切边界方便，大家应用心体会。

如果不小心将不该剪的轴线剪掉了，可以在【修剪】命令执行中马上输入“U”，取消上次剪切操作，并可以重新选择新的被剪切对象。

### 8. 进一步修整轴线

（1）执行【偏移】命令，将轴线⑤向左偏移 600mm，轴线⑥向右偏移 600mm，形成轴线⑭和⑯，结果如图 1.34 所示。

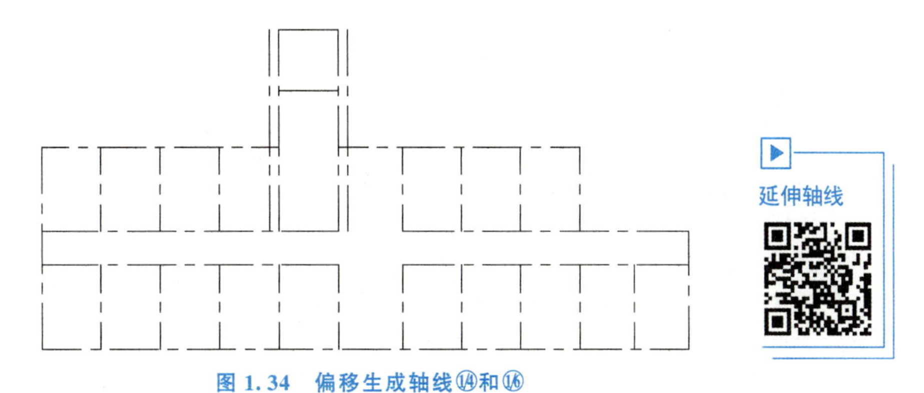

图 1.34 偏移生成轴线⑭和⑯

延伸轴线

（2）然后执行【修剪】命令，将图形修剪成图 1.35 所示的状态。

（3）延伸轴线Ⓔ、Ⓕ。

单击【修改】工具栏上的【延伸】图标（快捷键 EX），启动【延伸】命令。

① 在选择对象或＜全部选择＞提示下，选择轴线⑭和⑯，则轴线⑭和⑯变虚。这样就

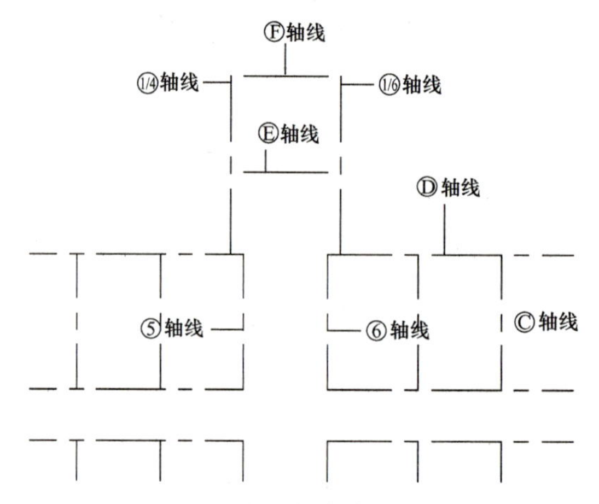


图 1.35 用【修剪】命令修剪后的图形

选择轴线⑭和⑯作为延伸边界，即下面将把轴线Ⓔ和Ⓕ左端延伸至轴线⑭处，右端延伸至轴线⑯处。

② 按 Enter 键进入下一步命令。

③ 在选择要延伸的对象，或按住 Shift 键选择要修剪的对象，或［栏选(F)/窗交(C)/投影(P)/边(E)/放弃(U)]提示下，分别单击轴线Ⓔ和Ⓕ的左右端点。

④ 按 Enter 键结束【延伸】命令，这时轴线Ⓔ和Ⓕ的左右两侧的端点分别延伸至轴线⑭和⑯处，如图 1.36 所示。

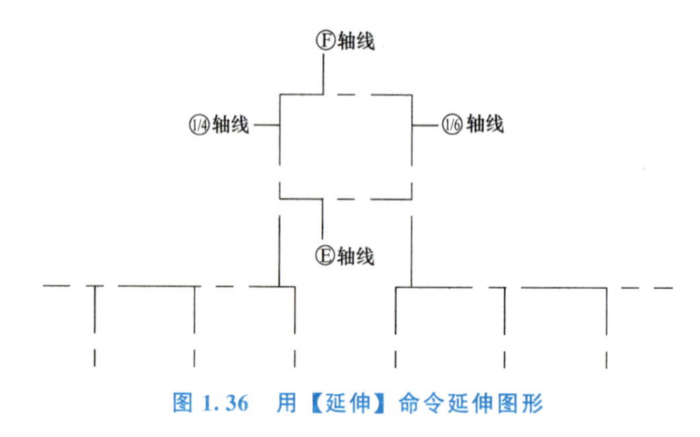


图 1.36 用【延伸】命令延伸图形

**特别提示**

执行【延伸】命令时，先选延伸边界，后选被延伸对象。

延伸边界可以选择，也可以按 Enter 键直接进入下一步命令。注意，不选即为全选，即所有的图形对象都是延伸边界。

延伸图形时，有时选择延伸边界方便，有时不选择延伸边界方便，应用心体会。

【延伸】命令延伸的是线段的端点，在选择被延伸的对象时，应单击其靠近延伸边界的一端。

如果不小心将不该延伸的直线延伸了，可以在【延伸】命令执行中马上输入“U”，取消上次延伸操作，并可以重新选择新的被延伸对象。

# 1.5 绘制墙体

## 1. 设置图层

单击【图层】工具栏上【图层控制】选项右侧的下拉按钮，在下拉列表中选择【墙】图层，将【墙】图层设置为当前层，如图 1.37 所示。

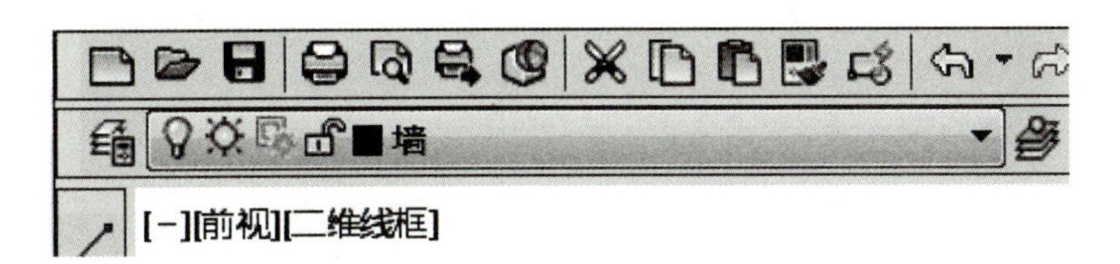

图 1.37 设置【墙】图层为当前层

## 2. 用多线绘制墙体

(1) 执行菜单栏中的【绘图】|【多线】命令（快捷键 ML），命令行提示当前设置：对正＝上，比例＝20.00，样式＝STANDARD。

① 在指定起点或［对正(J)/比例(S)/样式(ST)］提示下，输入“S”后按 Enter 键。

② 在输入多线比例<20.00>提示下，输入“240”（墙体厚度为 240mm）后按 Enter 键。

通过①和②步，就把多线的比例由 20 更改为 240。

③ 在指定起点或［对正(J)/比例(S)/样式(ST)］提示下，输入“J”后按 Enter 键。

④ 在输入对正类型［上(T)/无(Z)/下(B)］<上>提示下，输入“Z”后按 Enter 键。

通过③和④步，将多线的对正方式由“上”改为“无”，即“中心”对正。经过①～④步操作后，命令行提示当前设置：对正＝无，比例＝240.00，样式＝STANDARD。

⑤ 在指定起点或［对正(J)/比例(S)/样式(ST)］提示下，打开【对象捕捉】功能，捕捉图 1.38 中的 A 点作为多线的起点。

⑥ 在指定下一点或［闭合(C)/放弃(U)］提示下，分别捕捉 B、C、D、E、F 角点。

⑦ 在指定下一点或［闭合(C)/放弃(U)］提示下，输入“C”执行【首尾闭合】命令。

这样，就绘制出一个封闭的外墙，结果如图 1.38 所示。

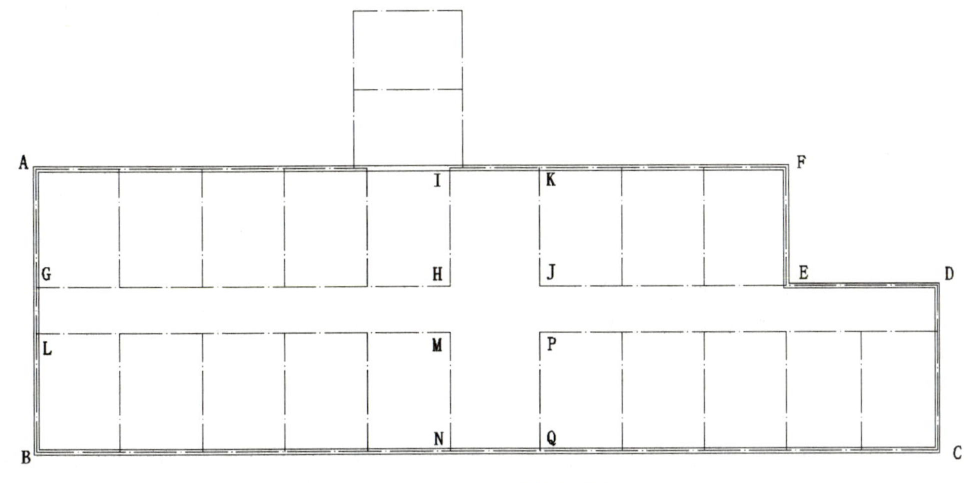


图 1.38 绘制封闭的外墙

（2）按 Enter 键重复最近使用过的【多线】命令。注意观察左下角的命令行，AutoCAD 会记住上一次“多线”的设置，即对正为“无”，比例为“240.00”。

① 在指定起点或［对正(J)/比例(S)/样式(ST)］提示下，打开【对象捕捉】功能，捕捉 G 点作为多线的起点。

② 在指定下一点或［闭合(C)/放弃(U)］提示下，分别捕捉 H、I 点。

③ 按 Enter 键结束命令，绘制出 GHI 内墙，结果如图 1.39 所示。

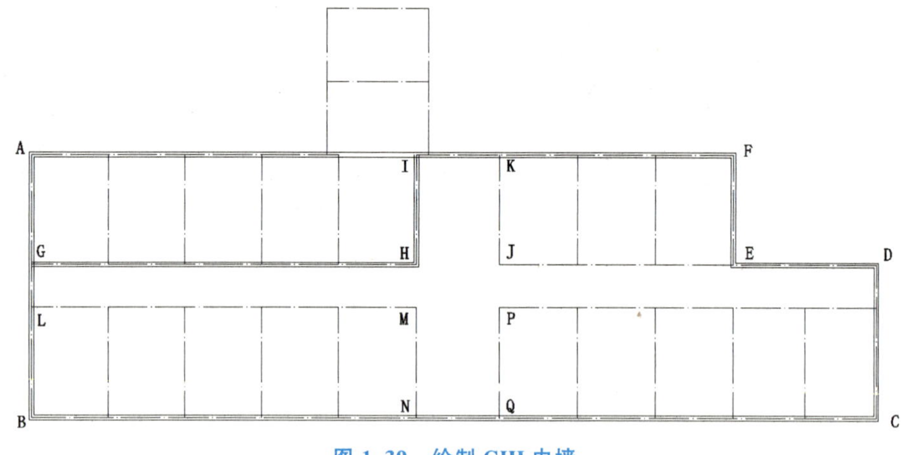


图 1.39　绘制 GHI 内墙

（3）按 Enter 键重复【多线】命令，分别绘出 EJK、LMN、OPQ 这 3 段内墙，如图 1.40 所示。

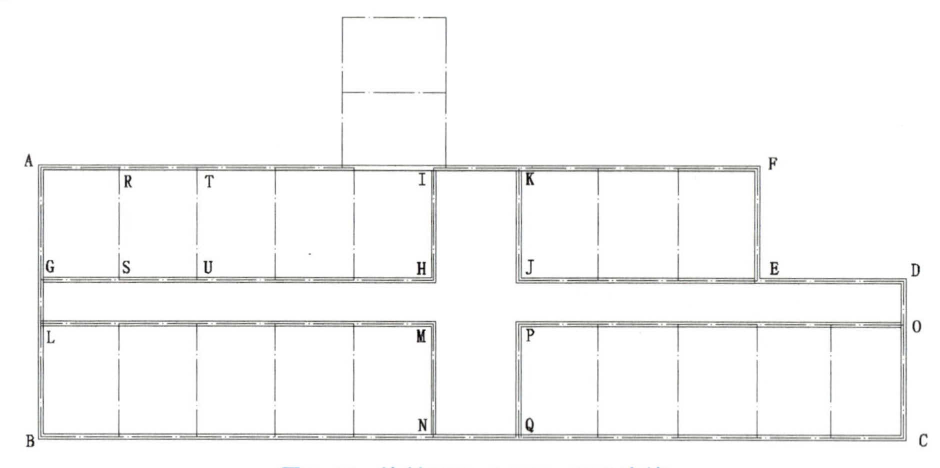


图 1.40　绘制 EJK、LMN、OPQ 内墙

（4）按 Enter 键重复最近使用过的【多线】命令，捕捉如图 1.40 所示的 R 点和 S 点，则绘制出 RS 内墙，按 Enter 键结束命令。

（5）用相同的方法绘制出 TU 等其他剩余的内墙，结果如图 1.41 所示。

此部分除了学习如何用【多线】命令绘制墙体外，还应理解 Enter 键结束和重复命令的作用。

### 3. 编辑墙线（将 T 形墙打通）

（1）单击【图层】工具栏上的【图层控制】选项窗口旁边的下拉按钮，在下拉列表中单击【轴线】图层灯泡，灯泡由黄变灰，【轴线】图层被关闭，如图 1.42 所示。

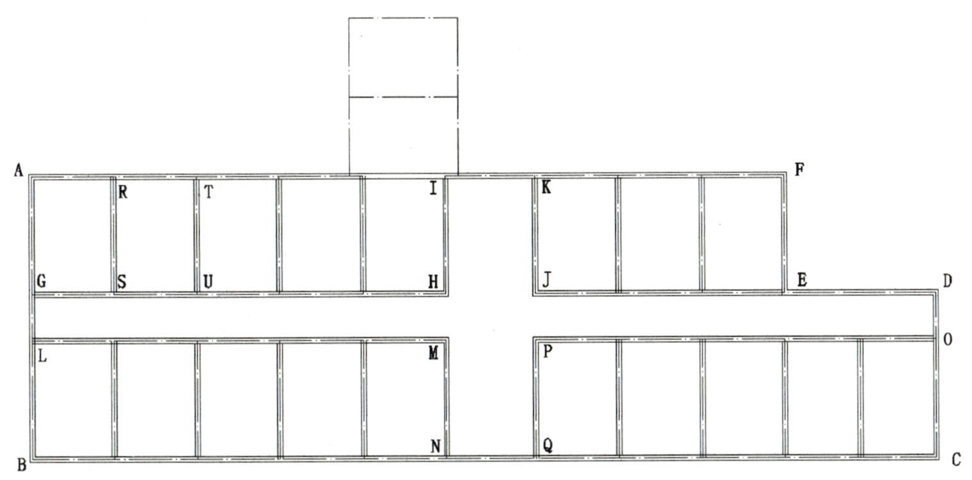


图 1.41 用【多线】命令绘制内墙

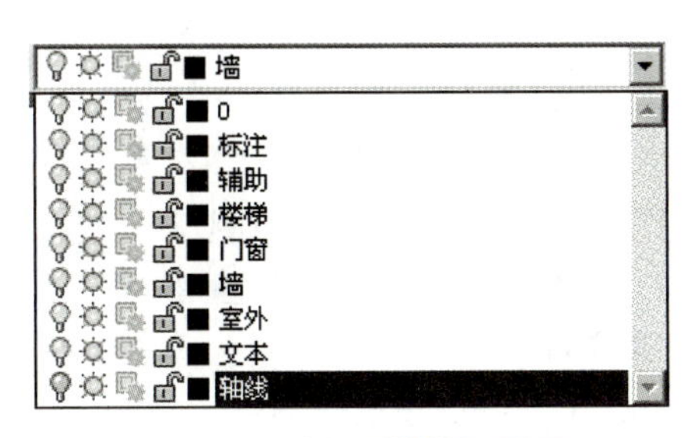


图 1.42 关闭【轴线】图层

(2) 执行菜单栏中的【修改】|【对象】|【多线】命令，或双击将要编辑的多线，打开【多线编辑工具】对话框。

① 单击【T 形打开】图标，如图 1.43 所示。

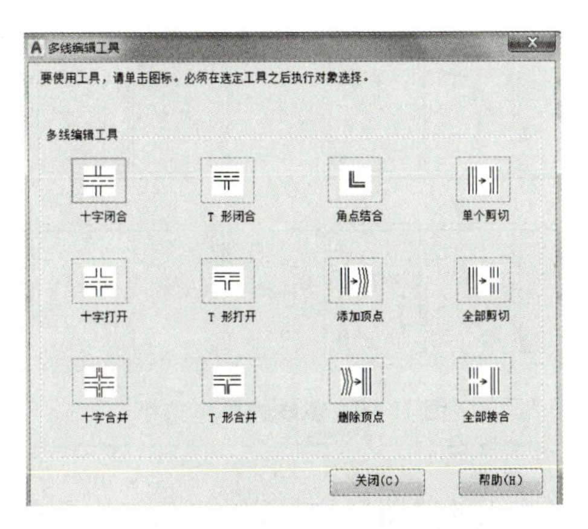


图 1.43 【多线编辑工具】对话框

② 在选择第一条多线提示下，单击选择 RS 线临近 AI 线处。

③ 在选择第二条多线提示下，单击选择 AI 线临近 RS 线处，则 RS 和 AI 线相交处变

成如图 1.44 所示的状态。

(3) 用同样的方法编辑其他的 T 形接头处，打开所有 T 形接头。

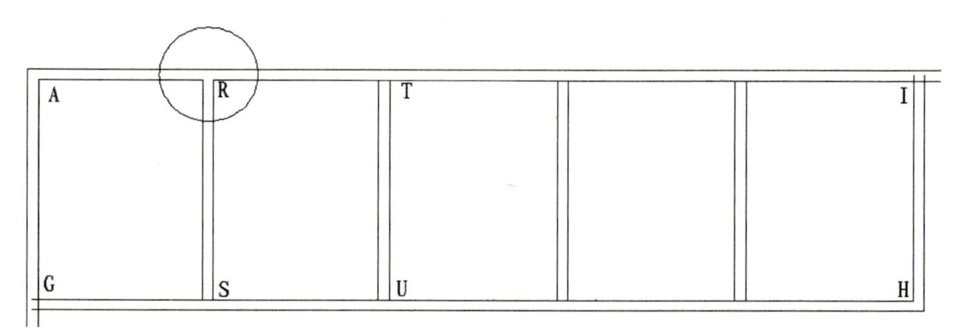


图 1.44 打开多线的 T 形接头

**特别提示**

用【STANDARD】多线样式绘制轴线标注在墙的中心线的墙时，对正方式应为“无”，比例即为墙厚（墙厚为 240mm，比例值设为“240”；墙厚为 120mm，比例值设为“120”）。

为减少修改，用【多线】命令绘制墙体的步骤为先外后内（先绘制外墙，后绘制内墙）；先长后短（绘制内墙时，先绘制较长的内墙，如 GHI、LMN 内墙，再绘制较短的内墙，如 RS 内墙）；先编辑（先用【多线编辑工具】打通 T 形接头处），后分解（再用【分解】命令将其分解）。

多线首尾闭合处应输入“C”并按 Enter 键结束命令。

理解多线的整体关系：在无命令的情况下，在 AB 线上单击，结果如图 1.45 所示。可以看出，AB、BC、CD、DE、EF、FA 这 6 段墙是整体关系。图 1.45 中显示出的蓝色方块是冷夹点，冷夹点在图形的特征点处显示，按 Esc 键可取消冷夹点显示。

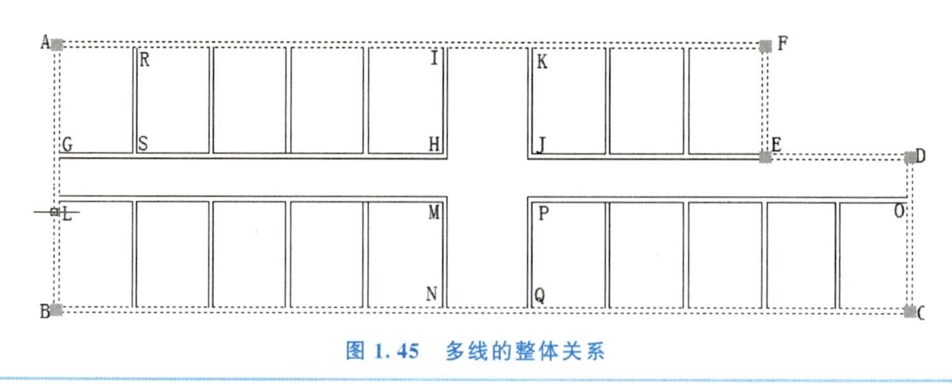


图 1.45 多线的整体关系

(4) 单击【图层】工具栏上的【图层控制】选项窗口右侧的下拉按钮，在下拉列表中单击【轴线】图层灯泡图标，灯泡图标由灰变黄，【轴线】图层即被打开。

# 1.6 坐标及动态输入

## 1. 坐标

1）直角坐标

用 $X$ 和 $Y$ 坐标值表示的坐标为直角坐标。直角坐标分为绝对直角坐标和相对直角坐标。

（1）绝对直角坐标：相对于当前坐标原点的坐标值，绝对直角坐标的输入方法为“$X$，$Y$”，如输入“18，26”，结果如图 1.46 所示。

（2）相对直角坐标：相对于前一点的坐标值，相对直角坐标的输入方法为“@$X$，$Y$”，如输入“@16，16”，结果如图 1.47 所示。

**特别提示**

直角坐标 X 和 Y 之间是英文输入法状态下的“逗号”而不是“点”。

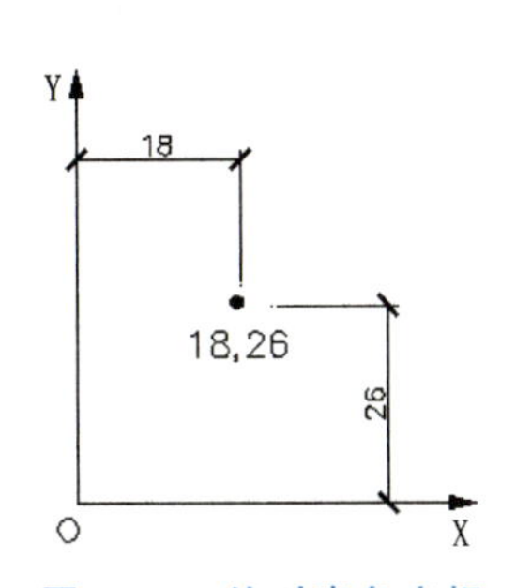


图 1.46 绝对直角坐标

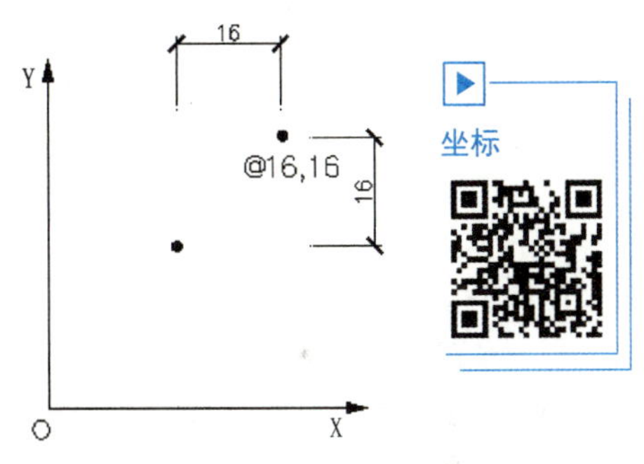


图 1.47 相对直角坐标

2）极坐标

用长度和角度表示的坐标为极坐标。

（1）绝对极坐标：相对于当前坐标原点的极坐标值，绝对极坐标的输入方法为“长度＜角度”，如输入“180＜50”，结果如图 1.48 所示。

（2）相对极坐标：相对于前一点的极坐标值，相对极坐标的输入方法为“@长度＜角度”，如输入“@120＜46”，结果如图 1.49 所示。

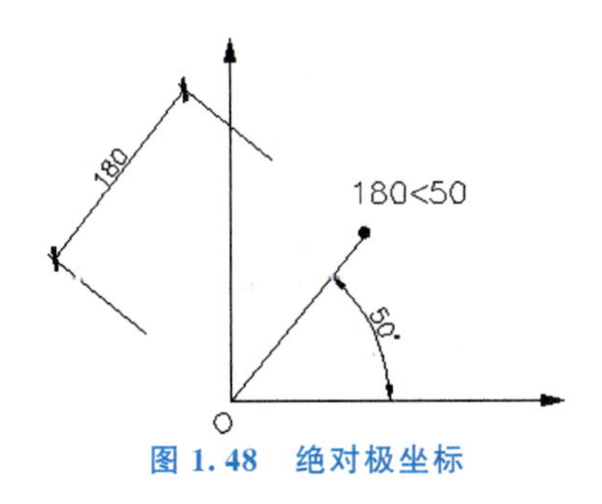


图 1.48 绝对极坐标

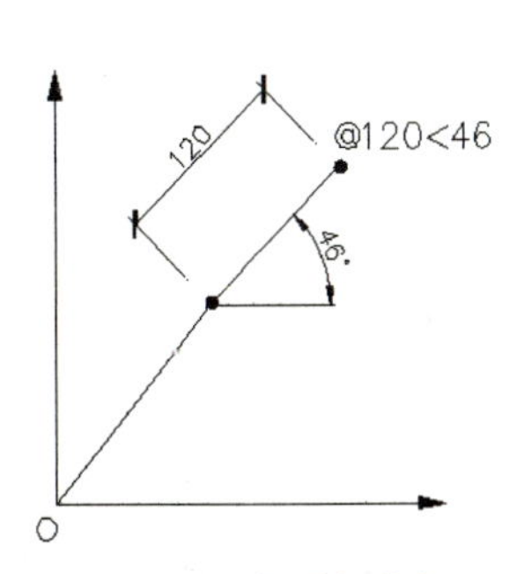


图 1.49 相对极坐标

特别提示

极坐标的角度有正负之分，逆时针为正，顺时针为负。

2. 动态输入

动态输入是从 AutoCAD 2006 版开始增加的功能。将状态栏上的【动态输入】按钮打开，系统就打开了动态输入功能，这样就可以在屏幕上动态输入某些参数，如直线的长度（图 1.50）和点的坐标（图 1.51）等。

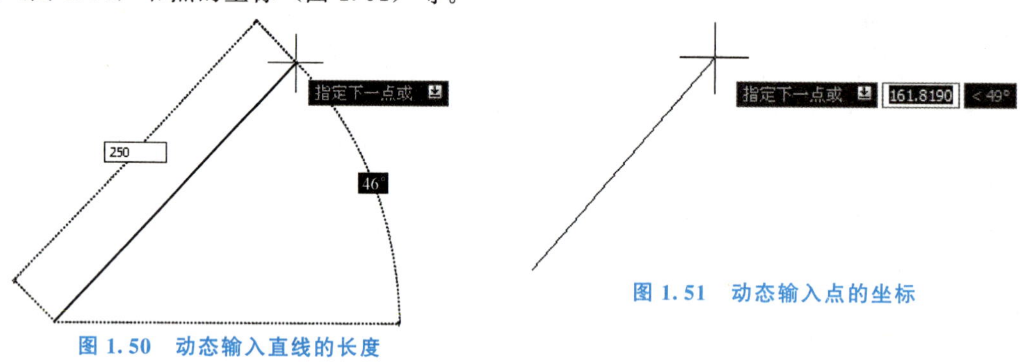


图 1.50 动态输入直线的长度

图 1.51 动态输入点的坐标

# 1.7 绘制柱

在轴线⑭和轴线Ⓔ相交处绘制尺寸为 500mm×500mm 的柱 Z3，如图 1.52 所示。

1. 设置当前层，调出【对象捕捉】工具栏

首先将当前层换为【柱子】图层，然后右击任意一个按钮，弹出工具选项菜单，如图 1.53 所示。选择【对象捕捉】工具，调出【对象捕捉】工具栏。

绘制柱

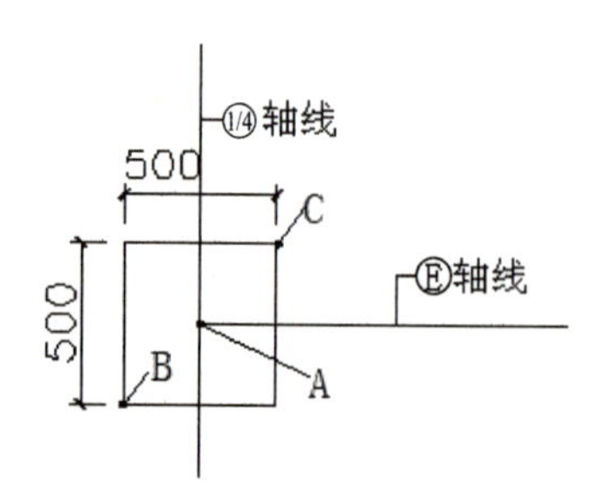


图 1.52 Z3 的尺寸及位置

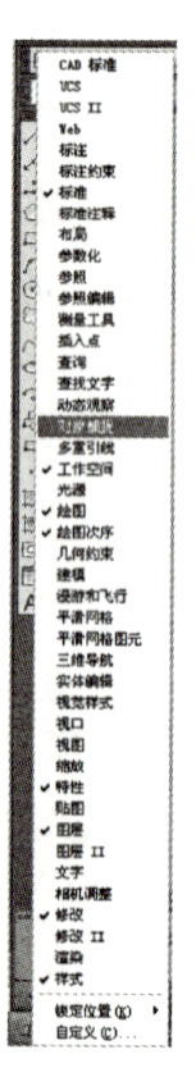

图 1.53 调出【对象捕捉】工具栏

**特别提示**

图 1.53 中所示的工具选项菜单中显示“√”的选项，都是 AutoCAD 工作界面上已显示的工具栏。如果其中任一工具栏丢失，可以用调出【对象捕捉】工具栏的方法重新调出。

### 2. 绘制第一个 Z3

(1) 单击【绘图】工具栏上的【矩形】图标 (快捷键 REC)，启动绘制【矩形】命令，命令行提示。

**指定第一个角点或［倒角 (C) /标高 (E) /圆角 (F) /厚度 (T) /宽度 (W)］**。

① 单击【对象捕捉】工具栏上的【捕捉自】图标。

② 在**指定第一个角点或［倒角(C)/标高(E)/圆角(F)/厚度(T)/宽度(W)］_FROM 基点**提示下，捕捉图 1.52 中的 A 点 (以 A 点作为确定矩形左下角的基点)。

③ 在**指定第一个角点或［倒角(C)/标高(E)/圆角(F)/厚度(T)/宽度(W)］: _FROM 基点: <偏移>**提示下，输入矩形左下角点 B 相对于基点 A 的坐标“@－250，－250”，结果如图 1.54 所示，这样绘出了矩形的左下角点。

④ 在**指定另一个角点或［面积(A)/尺寸(D)/旋转(R)］**提示下，输入矩形右上角点 C 相对于 B 点的坐标“@500，500”，然后按 Enter 键结束命令。

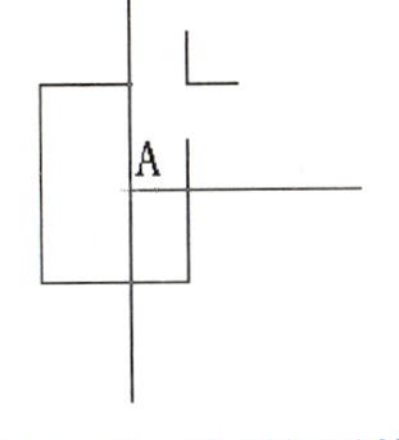


图 1.54 绘制矩形的左下角点

(2) 本部分学习目的。

① 上面介绍了作图辅助工具【捕捉自】，借助【捕捉自】命令，通过轴线⑭和轴线Ⓔ的交点 A 找到了矩形的左下角点 B。注意仔细区分上面第②和第③步命令行的细微区别。

② 学会画一定尺寸的矩形。

### 3. 复制出另外 7 个柱子

(1) 单击【修改】工具栏上的【复制】图标 (快捷键 CO)，启动【复制】命令。

① 在**选择对象**提示下，选择矩形柱，并按 Enter 键进入下一步命令。

② 在**指定基点或［位移(D)］<位移>**提示下，捕捉图 1.52 中的 A 点 (轴线⑭和轴线Ⓔ的交点) 作为复制基点。

③ 在**指定第二个点或<使用第一个点作为位移>**提示下，分别捕捉轴线⑭和轴线Ⓕ的交点、轴线⑯和轴线Ⓔ的交点、⑯轴线和Ⓕ轴线的交点，这样便复制出另外 3 个柱子，如图 1.55 所示。

(2) 学习【复制】命令一定要理解基点的作用，基点的作用是使被复制出的对象能够准确定位，所以基点 A (轴线⑭和轴线Ⓔ的交点) 必须准确地捕捉到 (注意一定打开【对象捕捉】功能)。

### 4. 继续学习用【多线】命令绘制墙体

(1) 保持当前层仍为【墙】图层。

(2) 执行菜单栏中的【绘图】|【多线】命令，启动【多线】命令。

① 在指定起点或［对正(J)/比例(S)/样式(ST)］提示下，输入“J”后按 Enter 键。

② 在输入对正类型［上(T)/无(Z)/下(B)］<上>提示下，输入“T”后按 Enter 键，将对正方式改为“T”（上对正），此时比例仍为“240”。

③ 在指定起点或［对正(J)/比例(S)/样式(ST)］提示下，捕捉图 1.56 所示的 A 点作为多线的起点。

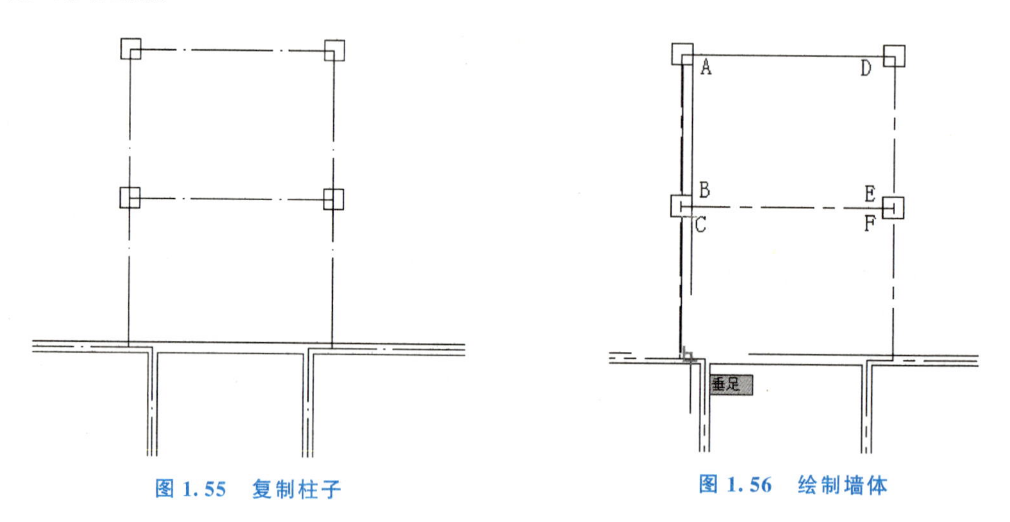


图 1.55　复制柱子　　　　图 1.56　绘制墙体

④ 在指定下一点或［闭合(C)/放弃(U)］提示下，捕捉 B 点作为多线的终点，按 Enter 键结束命令。

(3) 执行菜单栏中的【工具】|【草图设置】命令，打开【草图设置】对话框。选择【对象捕捉】选项卡后，勾选【垂足】捕捉复选框。

(4) 执行【多线】命令。

① 在指定起点或［对正(J)/比例(S)/样式(ST)］提示下，捕捉 C 点。

② 在指定下一点或［闭合(C)/放弃(U)］提示下，将光标向下拖至与外墙相接处会出现垂足捕捉点，如图 1.56 所示，此时单击该点，然后按 Enter 键结束命令。

(5) 按 Enter 键重复【多线】命令。

在指定起点或［对正(J)/比例(S)/样式(ST)］提示下，捕捉 A 点后将光标水平向右拖动，会发现墙的位置不正确，如图 1.57 所示，按 Esc 键取消命令。

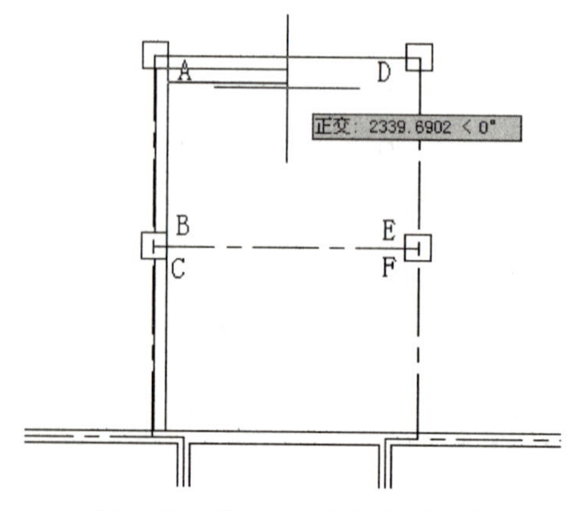


图 1.57　绘制 AD 墙的错误操作

(6) 按 Enter 键重复【多线】命令。

① 在指定起点或［对正(J)/比例(S)/样式(ST)］提示下，捕捉 D 点。

② 在指定下一点或［闭合(C)/放弃(U)］提示下，将光标水平向左拖动，然后捕捉 A 点（图 1.58）并按 Enter 键结束命令，绘制出 AD 墙。

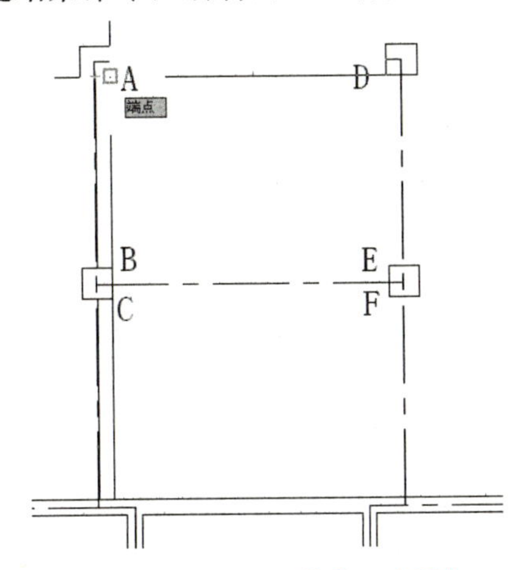

图 1.58　绘制 AD 墙的正确操作

(7) 按 Enter 键重复【多线】命令。

① 在指定起点或［对正(J)/比例(S)/样式(ST)］提示下，捕捉 E 点。

② 在指定下一点或［闭合(C)/放弃(U)］提示下，将光标垂直向上拖动，然后捕捉 D 点并按 Enter 键结束命令，绘制出 DE 墙。

(8) 按 Enter 键重复【多线】命令。

① 在指定起点或［对正(J)/比例(S)/样式(ST)］提示下，将光标放在 F 处会出现端点捕捉，此时不单击鼠标左键而是将光标向下拖动，这时出现虚线，将光标继续向下拖动至与 D 轴线外墙相接处，会出现交点捕捉点（黄色的"×"），如图 1.59 所示，此时单击该点可绘制出这一段墙的下端点。

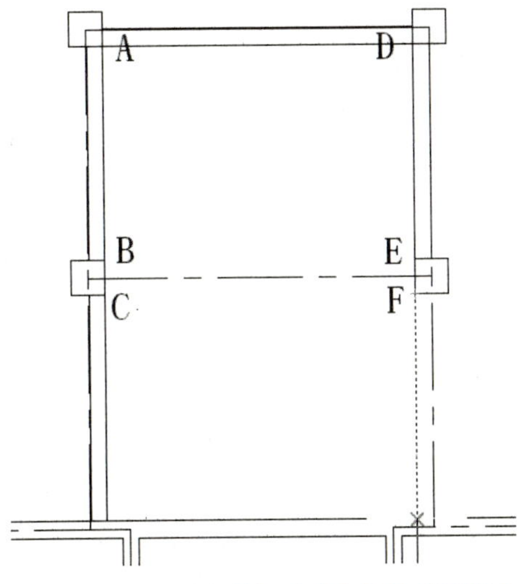


图 1.59　用【对象捕捉追踪】找墙的下端点

② 在**指定下一点或［闭合(C)/放弃(U)］**提示下，将光标向上拖动，捕捉F点并按Enter键结束命令。

(9) 理解【多线】命令。

① 通过上述操作，使用【多线】命令绘制的墙体的中心线和轴线不重合，所以不能利用轴线对墙体进行定位。从宿舍楼底层平面图（附图1.1）中可知，该部分的墙和柱子的某个边线相重合，可以借助于Z3，并将多线的对正方法设定为“上”或“下”对正来定位墙体。但是绘制墙时不太容易判断出应该用“上”对正还是用“下”对正方法。只需掌握“上”或“下”一种对正方法，就可以完成墙体的绘制。如将对正方法设置为“上”对正，如果从左向右画墙不对，则从右向左画墙肯定可以，如第（5）和（6）步的操作；如果从上向下画墙不对，则从下向上画墙肯定可以，如第（7）步的操作。

② 在上面第（8）步介绍了一个重要的辅助工具即【对象捕捉追踪】，利用F点追踪到了该段墙的下端点。

**特别提示**

本例建筑主体部位的绘图顺序为先画轴线，再由轴线确定墙的位置。凸出部分的绘图顺序则为先画轴线，再由轴线确定柱子的位置，然后由柱子确定墙的位置。

### 5. 分解【多线】命令绘制的墙体

为了便于编辑墙体，用【多线】命令绘制的墙体经【多线编辑工具】编辑后应进行分解。

(1) 打开【图层控制】选项窗口的下拉列表，将【柱子】层锁定，即【柱子】图层被保护，不能对其做任何编辑，这样就不能对其做分解操作，如图1.60所示。

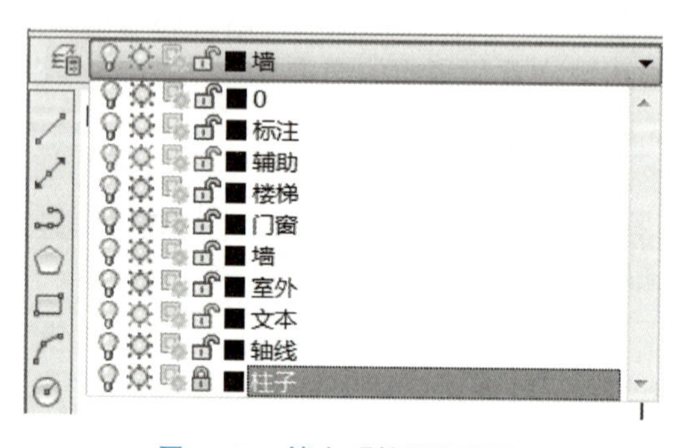


图1.60 锁定【柱子】图层

**特别提示**

图层被锁定后，图层上所有的对象将无法被修改，从而避免意外修改对象。AutoCAD 2018把被锁定的图层淡色显示，既可以查看锁定图层上的对象又可以降低图形的视觉复杂程度。

锁定图层上的对象可正常打印，可以显示对象捕捉，但不显示夹点。

(2) 体会多线的特点：在命令行为空的状态下，单击某一条墙线，会发现用【多线】命令绘制的两条墙同时变虚，说明两者是整体关系，可参见图 1.45。

(3) 单击【修改】工具栏上的【分解】图标 (快捷键 X)，启动【分解】命令。

在选择对象提示下，输入“ALL”后按 Enter 键，所有用【多线】命令绘制的墙均变为虚线，然后按 Enter 键结束命令。

(4) 在命令行无命令的状态下单击某一条墙线，会发现和第 (2) 步结果不同，此时仅一条线变虚。多线被分解后已经不再是多线了，它变成了用【直线】命令绘制的直线，所以不能再用【多线编辑工具】修改它。

### 6. 修整图形

(1) 将【轴线】图层关闭，同时将【柱子】图层解锁。

(2) 用【修剪】命令，将图 1.61 所示的图形修整至图 1.62 所示的状态。

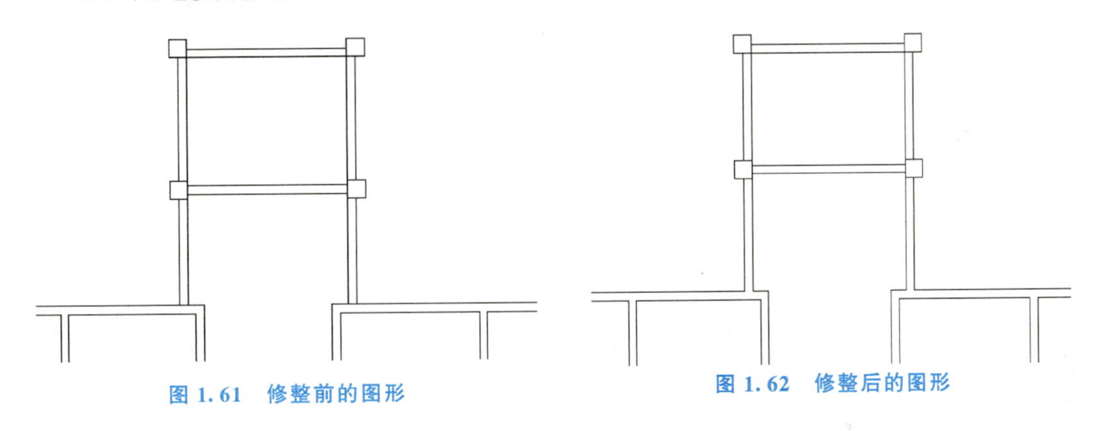

图 1.61 修整前的图形

图 1.62 修整后的图形

## 1.8 绘制散水线

### 1. 偏移生成散水线

将外墙的外边线向外偏移 900mm，如图 1.63 所示。之后需要对散水线的阴阳角进行修角处理。

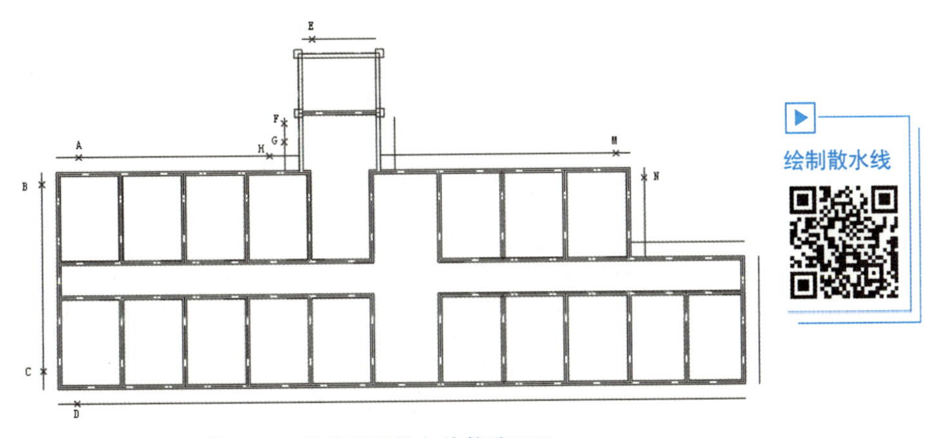


图 1.63 外墙外边线向外偏移 900mm

### 2. 用【圆角】命令修角

（1）单击【修改】工具栏上的【圆角】图标（快捷键 F），启动【圆角】命令，命令行提示当前设置：模式＝修剪，半径＝0.0000。

① 在选择第一个对象或［放弃(U)/多段线(P)/半径(R)/修剪(T)/多个(M)］提示下，拾取图 1.63 中的散水线 A 处。

② 在选择第二个对象，或按住 Shift 键选择要应用角点的对象提示下，拾取散水线 B 处。

（2）按 Enter 键重复【圆角】命令，修改 C 和 D 处、E 和 F 处、G 和 H 处，结果如图 1.65 所示。

### 3. 用【倒角】命令修角

（1）单击【修改】工具栏上的【倒角】图标（快捷键 CHA），启动【倒角】命令，看命令行提示（“修剪”模式）当前倒角距离 1＝0.0000，距离 2＝0.0000。

① 在选择第一条直线或［放弃(U)/多段线(P)/距离(D)/角度(A)/修剪(T)/方式(E)/多个(M)］提示下，拾取图 1.64 中的散水线 M 处。

圆角和倒角

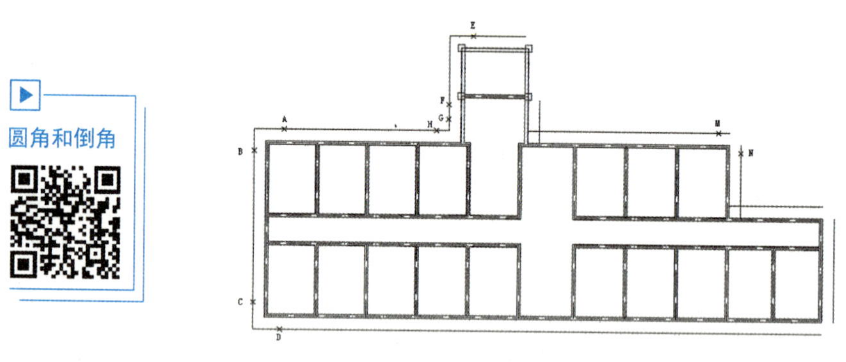

图 1.64 用【圆角】命令修角

② 在选择第二条直线，或按住 Shift 键选择要应用角点的直线提示下，拾取散水线 N 处。

（2）按 Enter 键重复【倒角】命令，修改其他阴角和阳角处，并绘制坡面交界线，结果如图 1.65 所示。

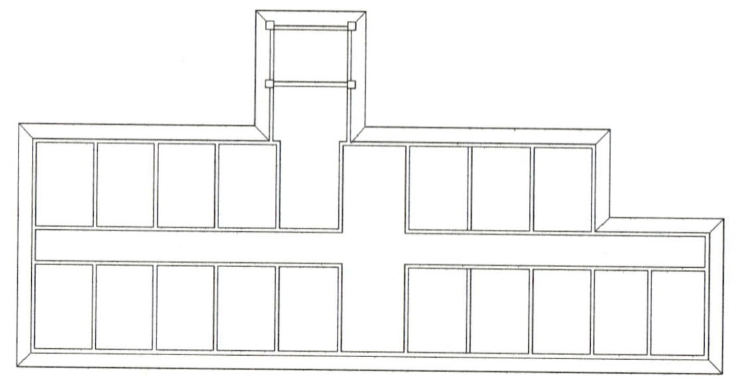
图 1.65 散水线和坡面交界线

### 4. 用【圆角】和【倒角】命令修角应满足的条件

用【圆角】和【倒角】命令都可以进行修角处理，修角包含两种情况，如图 1.66 所示。

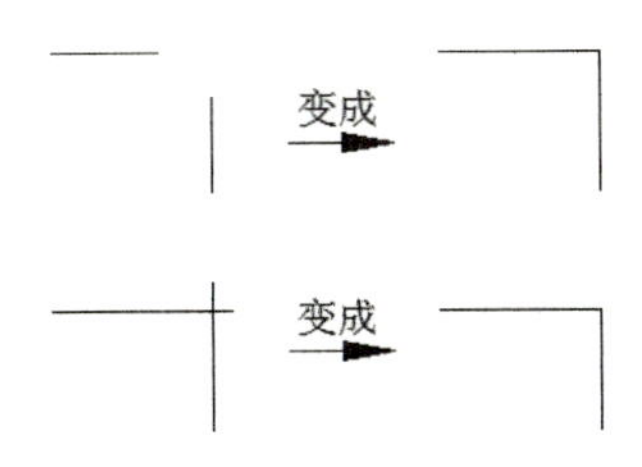


图 1.66 修角处理的两种情况

① 用【圆角】命令进行修角必须满足两个条件：模式应为【修剪】模式；圆角半径为“0”。

② 用【倒角】命令进行修角也必须满足两个条件：模式应为【修剪】模式；倒角距离 1 和倒角距离 2 均为“0”。

### 5. 换图层

散水线是由墙偏移而得到的，所以它目前位于【墙】图层上，现在将其由【墙】图层换到【室外】图层上，换图层有 4 种方法。

1) 利用【图层】工具栏换图层

(1) 在命令行无命令的状态下，单击散水线，出现夹点。此时【图层控制】选项窗口显示的就是目前该图形所位于的图层，可以用此方法查询某图形所位于的图层，如图 1.67 所示。

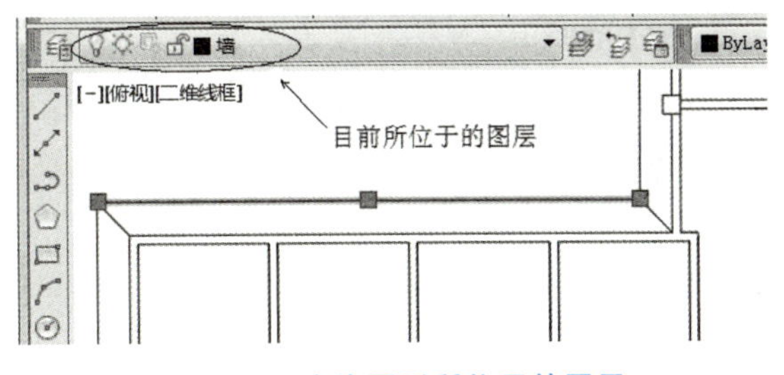


图 1.67 查询图形所位于的图层

(2) 单击【图层控制】选项窗口右侧的下拉按钮，选中【室外】图层，则该图形被换到【室外】图层上，如图 1.68 所示。

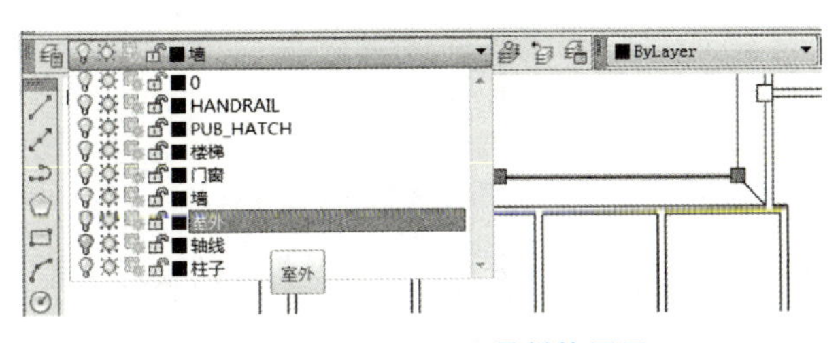


图 1.68 利用图层工具栏换图层

2）利用【对象特性】命令换图层

（1）在命令行无命令的状态下，单击位于【墙】图层上的散水线，出现夹点。

（2）单击【标准】工具栏上的【对象特性】图标或执行菜单栏中的【修改】|【特性】命令，弹出【对象特性管理器】对话框。

（3）在【对象特性管理器】对话框中的图层右侧的文本框内单击，出现下拉按钮，然后将其下拉列表打开，选中【室外】图层，如图 1.69 所示。

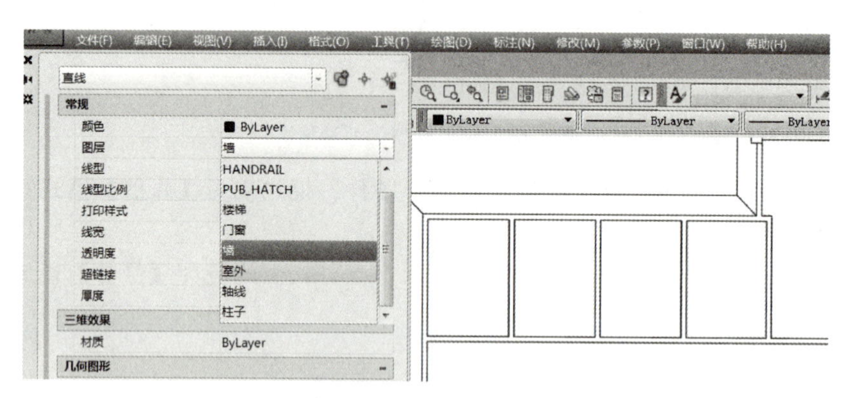


图 1.69　利用【对象特性管理器】换图层

（4）按 Esc 键取消夹点，则该图形被换到【室外】图层上。

3）利用【特性匹配】命令换图层

只有利用【图层工具栏】或【对象特性管理器】将某一条散水线换图层后，才能执行【特性匹配】命令将剩余的其他散水线由【墙】图层换到【室外】图层上。

（1）单击【标准】工具栏上的【特性匹配】图标或选择菜单栏中的【修改】|【特性匹配】命令，启动【特性匹配】命令。

（2）在选择源对象提示下，选择已经被换到【室外】层上的 A 线。此时 A 线变虚并且光标变成“刷子”形状，如图 1.70 所示。

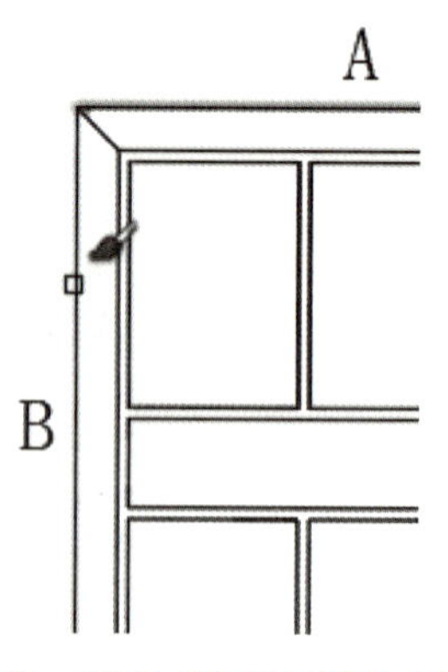


图 1.70　利用【特性匹配】换图层

（3）在选择目标对象或［设置(S)］提示下，选择将要被换到【室外】层的 B 线等，按 Enter 键结束命令。

执行【特性匹配】命令，将其他散水线换到【室外】图层上。

**特别提示**

学习【特性匹配】命令一定要理解源对象和目标对象的概念。如果没有源对象，则无法使用【特性匹配】命令。

4）利用【快捷特性】对话框换图层

（1）单击状态栏上的【快捷特性】按钮后，在命令行无命令的状态下，单击散水线，出现夹点，【快捷特性】对话框也随即弹出。缺省状态下，【快捷特性】对话框显示有【颜色】、【图层】、【线型】、【长度】等，如图 1.71 所示。单击右上角的【自定义】按钮，打开【自定义用户界面】对话框，可以勾选【线型比例】、【线宽】等加设到【快捷特性】对话框内。在该对话框内可以查询图层也可以修改图层。

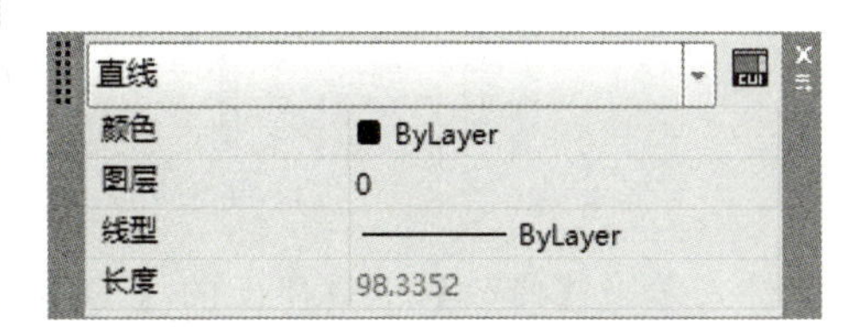


图 1.71 【快捷特性】对话框

（2）在对话框中的【图层】右侧的文本框内单击，出现下拉按钮，然后将其下拉列表打开，选中【室外】图层。

## 1.9 开门窗洞口

### 1. 绘制窗洞口线

（1）分别按 F8、F3、F11 键打开【正交】、【对象捕捉】、【对象捕捉追踪】功能，并将视图调整至图 1.72 所示的状态。

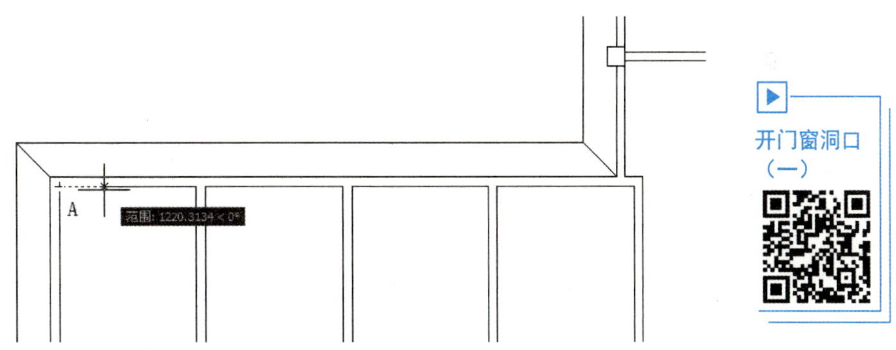


图 1.72 利用【对象捕捉追踪】找点的位置

（2）单击【绘图】工具栏上的【直线】图标，启动绘制【直线】命令。

① 在**指定第一点**提示下，将光标放在左上角房间的阴角点 A 点处，不用单击，待出现端点捕捉符号后，将光标轻轻地水平向右拖动，会出现一条虚线，如图 1.72 所示。然后输入“930”（该值为 A 点到窗洞口左下角点的距离，即 1050－120＝930）后按 Enter 键，直线的起点就画在窗洞口的左下角点处。

② 在**指定下一点或［放弃(U)］**提示下，将光标垂直向上拖动，然后输入“240”，如图 1.73 所示，按 Enter 键结束命令。

这样，在距离 A 点向右 930mm 处绘出一条 240mm 长的垂直线。

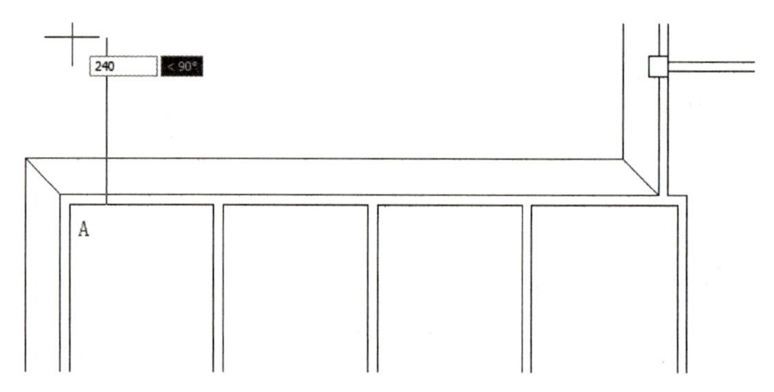

图 1.73　绘制 240mm 长的垂直线

(3) 单击【修改】工具栏上的【偏移】图标，启动【偏移】命令。

① 在指定偏移距离或［通过(T)/删除(E)/图层(L)］<通过>提示下，输入窗洞口的宽度“1800”，然后按 Enter 键进入下一步命令。

② 在选择要偏移的对象，或［退出(E)/放弃(U)］<退出>提示下，用拾取的方法选择刚才绘制的 M 垂直线，此时该线变虚。

③ 在指定要偏移的那一侧上的点，或［退出(E)/多个(M)/放弃(U)］<退出>提示下，单击 M 线右侧的任意位置，则生成窗洞口右侧的 N 线，结果如图 1.74 所示，按 Enter 键结束命令。

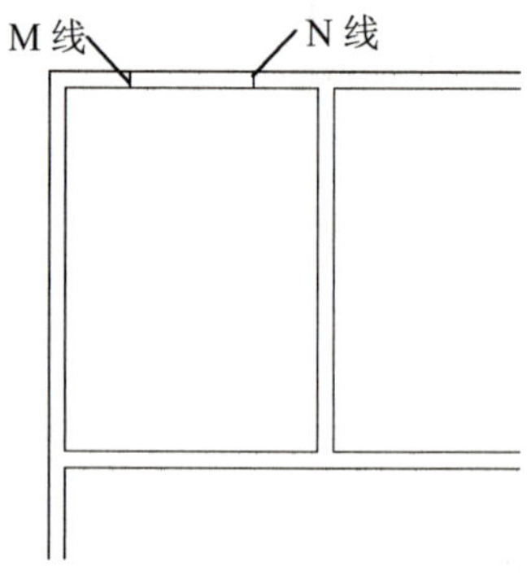

图 1.74　绘制窗洞口线

### 2. 用【阵列】命令复制出其他窗洞口线

(1) 单击【修改】工具栏上的【阵列】图标（快捷键 AR），启动【阵列】命令，查看命令行。

① 在选择对象提示下，选择图 1.74 中的 M、N 线后按 Enter 键。

② 在输入阵列类型［矩形(R)路径(PA)极轴(PO)］<矩形>提示下，按 Enter 键选择【矩形】阵列。

在选择夹点以编辑阵列或［关联(AS)/基点(B)/计数(COU)/间距(S)/列数(COL)/行数(R)/层数(L)/退出(X)］<退出>提示下，输入“AS”后按 Enter 键。

③ 在创建关联阵列［是(Y)/否(N)］<是>提示下，输入“N”后按 Enter 键。这样被阵列出的图形之间是独立的。

④ 在选择夹点以编辑阵列或［关联(AS)/基点(B)/计数(COU)/间距(S)/列数(COL)/

行数(R)/层数(L)/退出(X)]<退出>提示下，输入“R”。

⑤ 在输入行数或［表达式(E)]<3>提示下，输入“2”。

⑥ 在指定行数之间的距离或［总计(T)/表达式(E)]<3.0000>提示下，输入“−12900”。

⑦ 在指定行数之间的标高增量或［表达式(E)]<0.0000>提示下，按 Enter 键。

⑧ 在选择夹点以编辑阵列或［关联(AS)/基点(B)/计数(COU)/间距(S)/列数(COL)/行数(R)/层数(L)/退出(X)]<退出>提示下，输入“COL”。

⑨ 在输入列数数或［表达式(E)]<4>提示下，输入“5”。

⑩ 在指定列数之间的距离或［总计(T)/表达式(E)]<2700.0000>提示下，输入“3900”。

⑪ 在选择夹点以编辑阵列或［关联(AS)/基点(B)/计数(COU)/间距(S)/列数(COL)/行数(R)/层数(L)/退出(X)]<退出>提示下，按 Enter 键结束命令。

(2) 将图 1.75 中圆圈所圈定的两个短线删除。

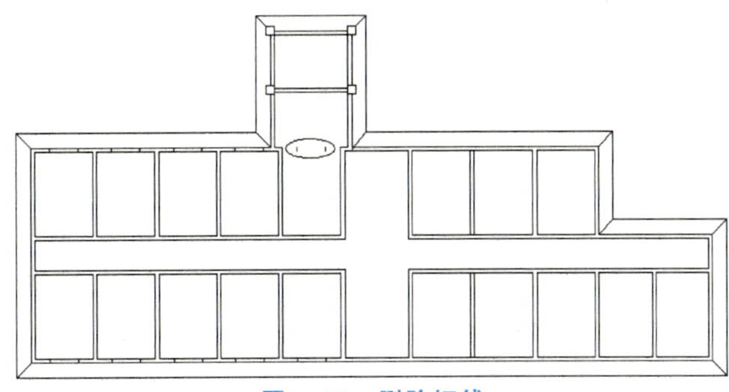

图 1.75 删除短线

**特别提示**

用【阵列】命令复制对象时，行数和列数的计算应包括被阵列对象本身。行偏移，即行间距，和列偏移，即列间距，有正负之分：行间距上为正，下为负；列间距右为正，左为负。

行偏移或列偏移计算方法为左到左或右到右或中到中，如窗洞口左边到窗洞口左边，或窗洞口右边到窗洞口右边，或窗洞口中间到窗洞口中间。

当行数和列数为 1 时，行偏移或列偏移内的值为任意值都是无效的。

AutoCAD 2018 版的【阵列】命令是三维阵列，其经典模式工作空间内没有【阵列】对话框，但“草图和注释”工作空间内的【阵列】命令有对话框，如图 1.76 所示。

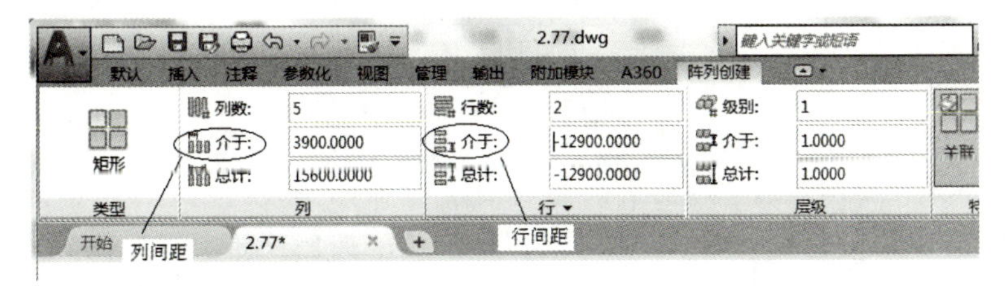


图 1.76 阵列对话框

（3）参照宿舍楼底层平面图（附图1.1）的尺寸，画出其他房间的门窗洞口并修整至图1.77所示的状态。

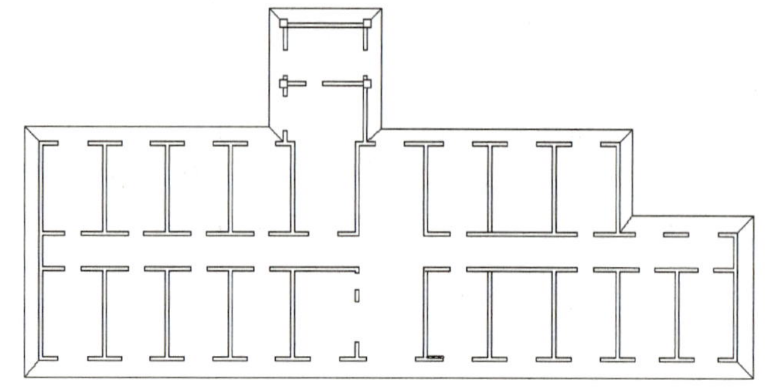

图1.77　绘制其他门窗洞口线

# 1.10　绘制门窗

## 1.10.1　绘制门窗

绘制窗有多种方法，这里主要介绍利用【多线】命令绘制窗。

### 1. 设置多线样式

（1）执行菜单栏中的【格式】|【多线样式】命令，弹出【多线样式】对话框。单击【新建】按钮，弹出【创建新的多线样式】对话框，如图1.78所示。在【新样式名】文本框内输入“WINDOW”，单击【继续】按钮，弹出【新建多线样式：WINDOW】对话框。

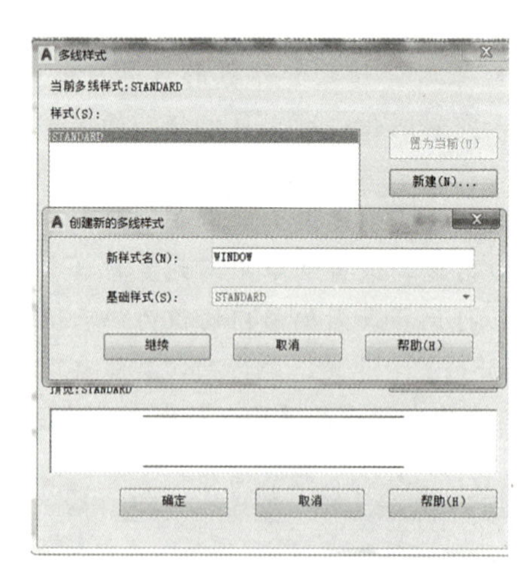


图1.78　创建新的多线样式

（2）在【偏移】文本框内输入“120”后单击【添加】按钮。然后用相同方法依次设定40、－40、－120。如果有0.5或－0.5值，选中后单击【删除】按钮将其删除，结果如图1.79所示。

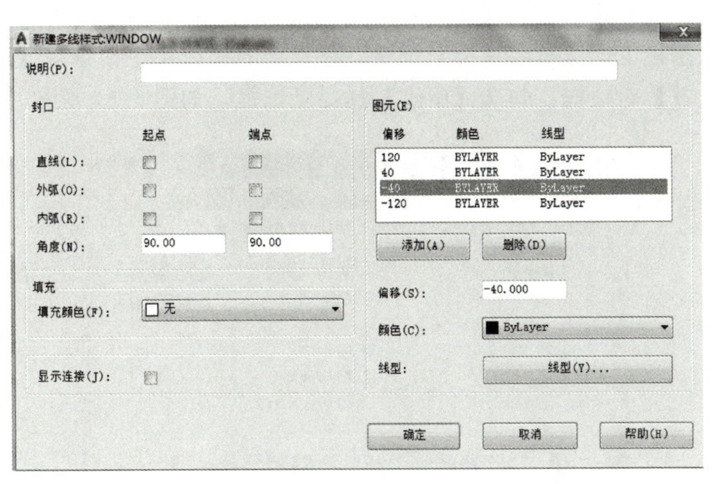

图 1.79　修改多线元素

(3) 单击【确定】按钮返回【多线样式】对话框，注意观察下部【预览：WINDOW】的窗口内的图形和图 1.80 中是否一样，如果不同则说明多线元素设定有错。

(4) 选中【WINDOW】选项，单击【置为当前】按钮，如图 1.80 所示，这样就将【WINDOW】设置为当前多线样式，单击【确定】按钮关闭对话框。

(5) 多线样式设定理解：设置多线样式时，在【偏移】文本框内，如设定的值为正值，在中心线以上加一条线；如设定的值为负值，在中心线以下加一条线；如设定的值为 0，则在中间位置加一条线，如图 1.81 所示。可以计算出第一条线和最后一条线之间的距离为 240mm。观察图 1.80，会发现这里有【STANDARD】和【WINDOW】两种多线样式：【STANDARD】元素值为 0.5 和−0.5，所以【STANDARD】多线样式只有两条线，两条线之间的距离为 1mm；【WINDOW】多线样式有 4 条线，第一条线和最后一条线之间的距离为 240mm。

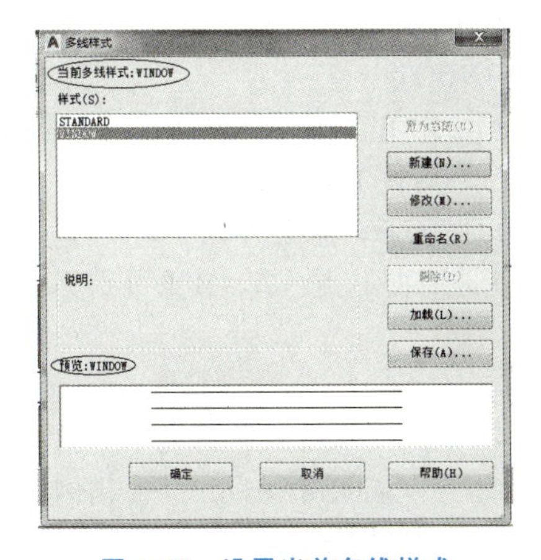

图 1.80　设置当前多线样式

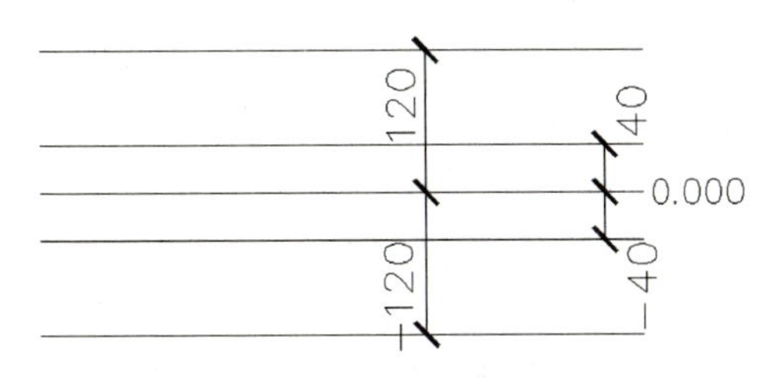


图 1.81　多线元素值和图形的关系

## 2. 利用【多线】命令绘制窗

1) 准备工作

(1) 将当前层换为【门窗】图层（【轴线】图层仍为关闭状态）。

（2）将当前多线样式设置为【WINDOW】（图 1.80）。

（3）右击状态栏上的【对象捕捉】按钮，在弹出的快捷菜单中选择【对象捕捉设置】，则弹出【草图设置】对话框。勾选【中点】捕捉复选框，如图 1.82 所示。

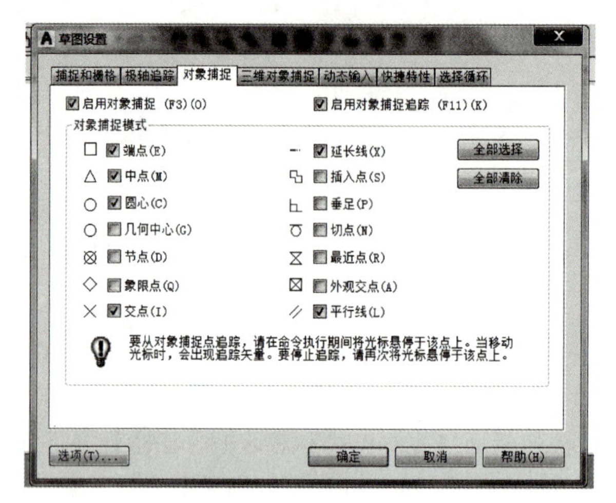


图 1.82　勾选【中点】捕捉复选框

（4）将视图调整至图 1.83 所示的状态。

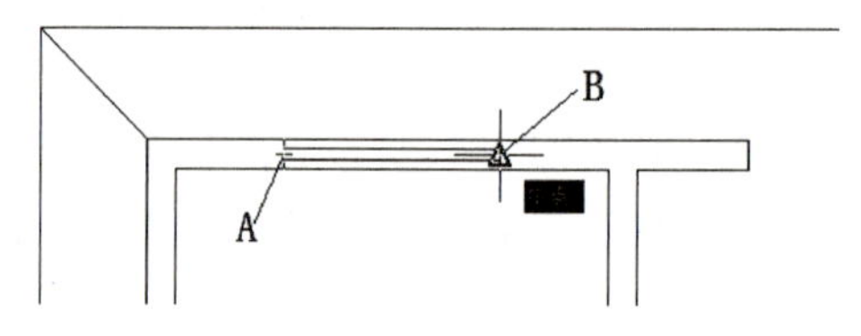


图 1.83　用【多线】命令绘制左上角的窗

2）启动【多线】命令

执行菜单栏中的【绘图】|【多线】命令，命令行提示

当前设置：对正＝无，比例＝240.00，样式＝WINDOW。

（1）在指定起点或［对正(J)/比例(S)/样式(ST)］提示下，输入“S”后按 Enter 键。

（2）在输入多线比例<240.00>提示下，输入“1”后按 Enter 键。

（3）在指定起点或［对正(J)/比例(S)/样式(ST)］提示下，捕捉 A 点。

（4）在指定下一点或［闭合(C)/放弃(U)］提示下，捕捉 B 点。A、B 点分别为窗洞口左右厚度为 240mm 的墙的中点，如图 1.83 所示。

（5）按 Enter 键结束命令，这样就绘制出了 1 窗。

3）理解【多线】命令中【比例缩放】的设定

（1）比例是用来放大或缩小图形的，比例值的大小为“新尺寸/旧尺寸”。比例值大于 1 为放大图形；比例值等于 1 为图形不变；比例值小于 1 为缩小图形。

（2）在 1.5 节中用【STANDARD】多线样式绘制了厚 240mm 的墙体，但【STANDARD】多线样式的两条线距离为“1”，需要将其变为“240”，则比例＝新尺寸/旧尺寸＝240/1＝240。

（3）在 1.10.1 节中用【WINDOW】多线样式绘制窗，【WINDOW】多线样式的多线

第一条和最后一条的距离为 240mm，窗洞口的宽度也为 240mm，则比例＝新尺寸/旧尺寸＝240/240＝1。

4）由 1 窗复制出 2 窗

（1）单击【修改】工具栏上的【复制】图标，启动【复制】命令。

（2）在选择对象提示下，选择上面绘制的 1 窗作为被复制的对象，并按 Enter 键进入下一步命令。

（3）在指定基点或［位移(D)］＜位移＞提示下，捕捉 1 窗洞口的左下角点作为复制基点。

（4）在指定第二个点或＜使用第一个点作为位移＞提示下，捕捉 2 窗洞口的左下角点，如图 1.84 所示。

（5）按 Enter 键结束命令。

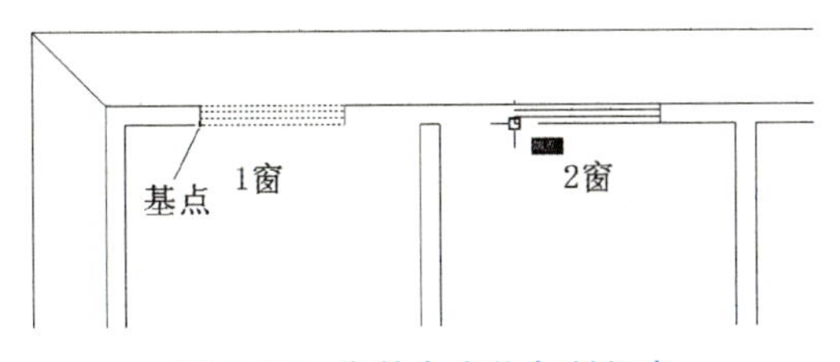


图 1.84　靠基点定位复制门窗

5）由 1 窗复制出 3 窗

（1）单击【修改】工具栏上的【复制】图标，启动【复制】命令。

（2）在选择对象提示下，选择 1 窗作为被复制的对象，并按 Enter 键进入下一步命令。

（3）在指定基点或［位移(D)］＜位移＞提示下，在绘图区任意单击一点作为复制基点。

（4）在指定第二个点或＜使用第一个点作为位移＞提示下，打开【正交】功能，将光标垂直向下拖动，输入“12900”（该值为轴线Ⓐ与轴线Ⓓ之间的距离），如图 1.85 所示，然后按 Enter 键。

（5）按 Enter 键结束【复制】命令。

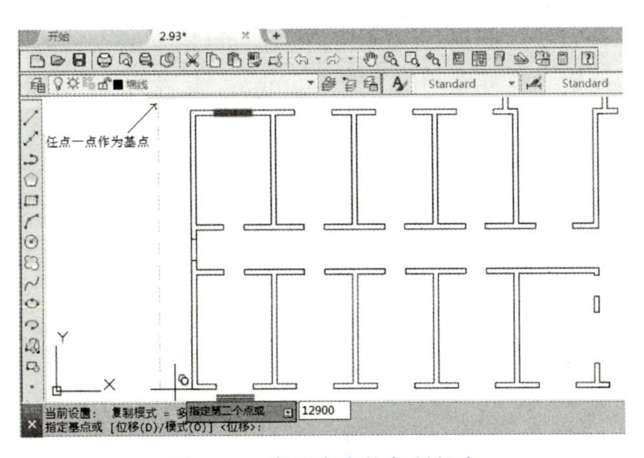


图 1.85　靠距离定位复制门窗

6）理解【复制】命令

（1）由1窗复制出2窗时，被复制出的2窗是依靠基点得到准确定位的，所以此时必须准确地捕捉住基点。

（2）由1窗复制出3窗时，被复制出的3窗是依靠距离得到准确定位的，此时基点可选在任意位置，“12900”是1窗和3窗之间的垂直距离，所以必须打开【正交】功能。

## 1.10.2 绘制门

下面介绍绘制新门及如何利用已有门绘制其他规格门的方法。

### 1. 利用【多段线】命令绘制门

单击【绘图】工具栏上的【多段线】图标（快捷键PL），启动绘制【多段线】命令。

（1）在**指定起点**提示下，捕捉门洞口右侧垂直线的中点作为起点，如图1.86所示。

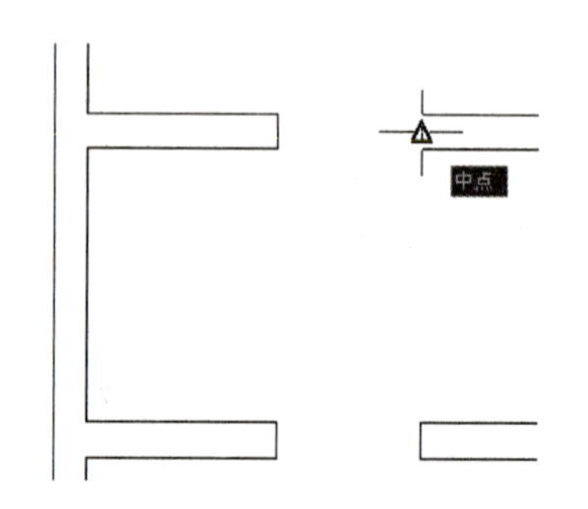


图1.86　确定门扇的起点

（2）在**当前线宽为0.0000，指定下一个点或［圆弧(A)/半宽(H)/长度(L)/放弃(U)/宽度(W)］**提示下，输入“W”后按Enter键，指定要修改线宽。

（3）在**指定起点宽度<0.0000>**提示下，输入“50”。

（4）在**指定端点宽度<0.0000>**提示下，输入“50”，表示将线宽改为50mm。打开【正交】功能，并将光标垂直向上拖动。

（5）在**指定下一个点或［圆弧(A)/半宽(H)/长度(L)/放弃(U)/宽度(W)］**提示下，输入“1000”后按Enter键。这样就画出线宽为50mm、长度为1000mm的门扇，如图1.87所示。

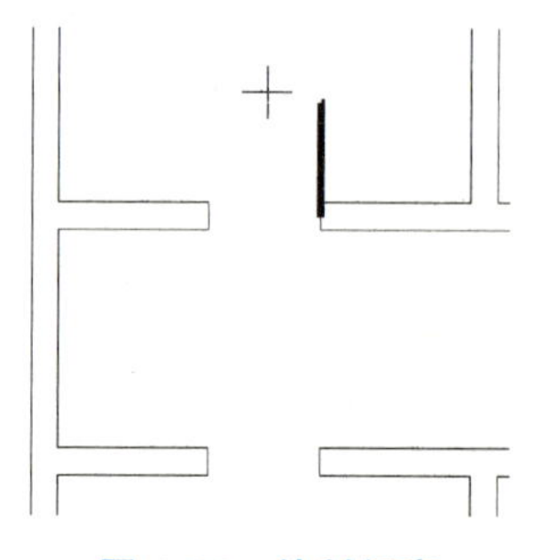

图1.87　绘制门扇

(6) 在指定下一点或[圆弧(A)/闭合(C)/半宽(H)/长度(L)/放弃(U)/宽度(W)]提示下，输入“W”后按 Enter 键。

(7) 在指定起点宽度<0.0000>提示下，输入“0”。

(8) 在指定端点宽度<0.0000>提示下，输入“0”，将线宽由 50mm 改为 0mm。

(9) 在指定下一点或[圆弧(A)/闭合(C)/半宽(H)/长度(L)/放弃(U)/宽度(W)]提示下，输入“A”后按 Enter 键，指定将要绘制圆弧。

(10) 在指定圆弧的端点或[角度(A)/圆心(CE)/闭合(CL)/方向(D)/半宽(H)/直线(L)/半径(R)/第二个点(S)/放弃(U)/宽度(W)]提示下，输入“CE”后按 Enter 键，用指定圆心的方式绘制圆弧。

(11) 在指定圆弧的圆心提示下，捕捉 A 点（门扇的起点）作为圆弧的圆心，如图 1.88 所示。

(12) 在指定圆弧的端点或[角度(A)/长度(L)]提示下，打开【正交】功能，将光标水平向左拖动（图 1.89），在任意位置单击，确定逆时针绘制的 1/4 个圆弧。

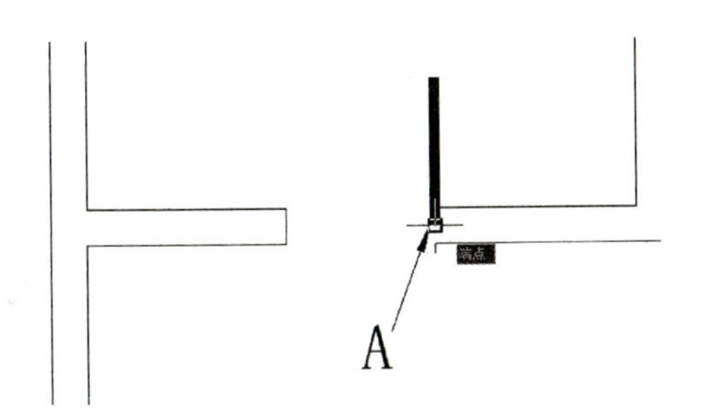


图 1.88 指定圆弧的中心点

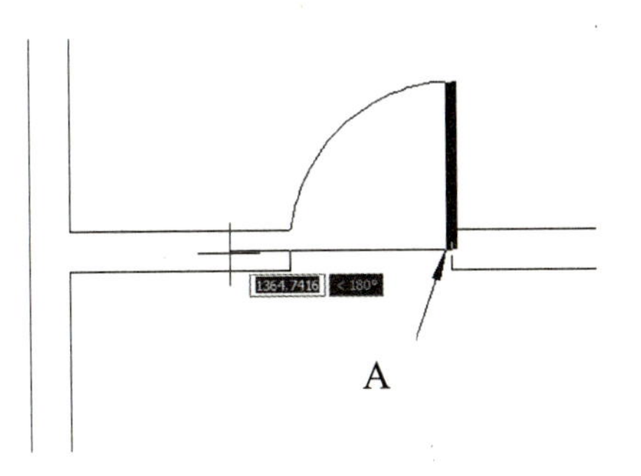


图 1.89 确定圆弧的长度

(13) 按 Enter 键结束命令。

**特别提示**

多段线又称为多义线，即多种意义的线。用它可以绘制 0 宽度的线，也可以绘制具有一定宽度的线；可以绘制直线，也可以绘制圆弧。用多段线连续绘出的直线和圆弧是整体关系，可以用【分解】命令将多段线分解。多段线被分解后，变成直线或圆弧，线宽将变为“0”。

### 2. 利用【极轴】功能、指定方向长度方式及【圆弧】命令绘制门

(1) 执行菜单栏中的【工具】|【绘图设置】命令，弹出【草图设置】对话框，选择【极轴追踪】选项卡，将对话框设置成图 1.90 所示的状态。

(2) 单击【绘图】工具栏上的【多段线】图标，启动绘制【多段线】命令。

① 在指定起点提示下，捕捉如图 1.91 所示的 A 点作为线的起点。

② 在当前线宽为 0.0000，指定下一个点或[圆弧(A)/半宽(H)/长度(L)/放弃(U)/宽度(W)]提示下，输入“W”后按 Enter 键。

③ 在指定起点宽度<0.0000>提示下，输入“50”。

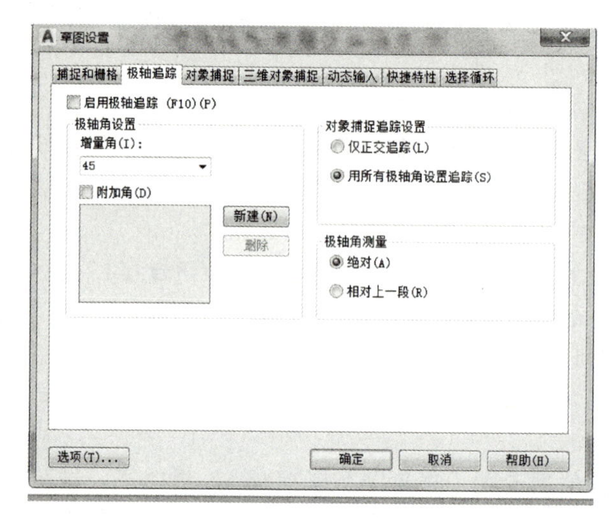


图 1.90　设置【草图设置】对话框

④ 在指定端点宽度<0.0000>提示下，输入“50”，这样就将线宽改为“50”。

⑤ 打开【极轴】功能（功能键 F10）。

⑥ 在指定下一点或［圆弧(A)/闭合(C)/半宽(H)/长度(L)/放弃(U)/宽度(W)］提示下，将光标向左上方拖动，出现虚线和 135°提示后（图 1.91），输入“1000”并按 Enter 键结束命令。这样就画出线宽为 50mm、长度为 1000mm、与 $X$ 轴正向夹角为 135°的门扇，如图 1.92 所示。

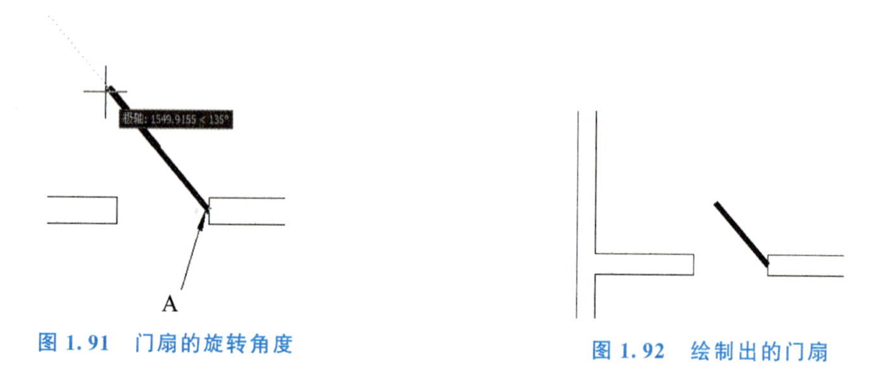


图 1.91　门扇的旋转角度

图 1.92　绘制出的门扇

**特别提示**

用方向长度的方式画线，不仅可以画水平线和垂直线，而且还可以绘制有一定角度的线。

(3) 执行菜单栏中的【绘图】|【圆弧】|【起点、圆心、端点】命令。

① 在指定圆弧的起点或［圆心(C)］提示下，捕捉图 1.93 中的 B 点作为圆弧的起点。

② 在指定圆弧的第二个点或［圆心(C)/端点(E)］提示下输入“C”后按 Enter 键，在 ARC 指定圆弧的圆心提示下，捕捉 A 点作为圆弧的圆心。

③ 在指定圆弧的端点或［角度(A)/弦长(L)］提示下，捕捉 C 点作为圆弧的端点。

通过①、②、③步指定圆弧的起点、圆心和端点，绘制出了圆弧（门扇的轨迹线），如图 1.93 所示。

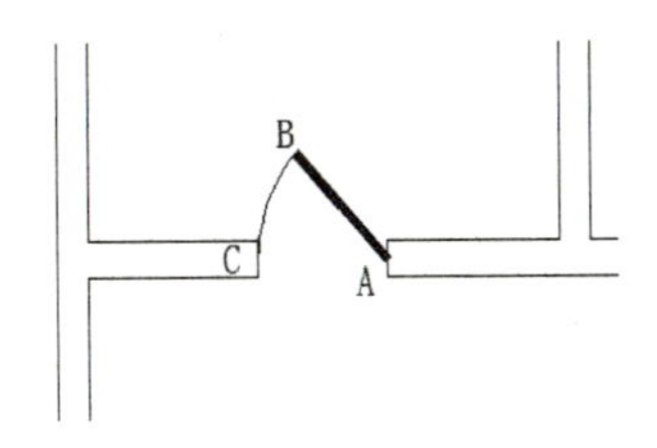


图 1.93 绘制门扇的轨迹线

**特别提示**

默认状态下圆弧和椭圆弧均为逆时针方向绘制，所以在执行绘制圆弧命令时，应按逆时针的方向确定起点和端点的位置。因此 B 点应作为圆弧的起点，C 点应作为圆弧的端点。如果将 B 点和 C 点颠倒，则会增加绘图步骤。

### 3. 生成值班室大门

(1) 用【复制】命令将 A 门复制到 B 处，如图 1.94 所示。

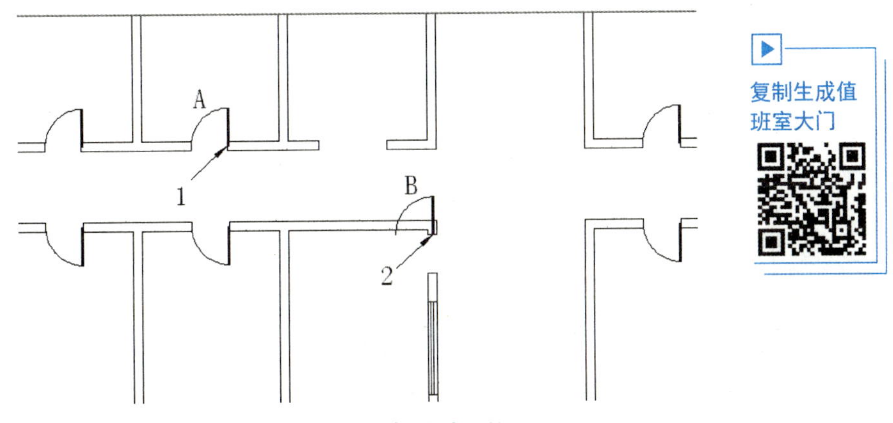


图 1.94 将 A 门复制到 B 处

复制生成值班室大门

① 单击【修改】工具栏上的【复制】图标，启动【复制】命令。

② 在**选择对象**提示下，选择 A 门作为被复制的对象，并按 Enter 键进入下一步命令。

③ 在**指定基点或［位移(D)］<位移>**提示下，捕捉 A 门的 1 点作为复制基点。

④ 在**指定第二个点或<使用第一个点作为位移>**提示下，捕捉 B 门洞口的 2 点。这样，就将 A 门复制到了 B 门洞口处。

(2) 用【旋转】命令将 B 门旋转到位。

① 单击【修改】工具栏上的【旋转】图标（快捷键 RO），启动【旋转】命令。

② 在**选择对象**提示下，选择 B 门，此时该门变虚，按 Enter 键进入下一步命令。

③ 在**指定基点**提示下，选择 2 点作为 B 门旋转的基点。

④ 在**指定旋转角度，或［复制(C)/参照(R)］<0>**提示下，输入“90”，按 Enter 键

结束命令，结果如图 1.95 所示。

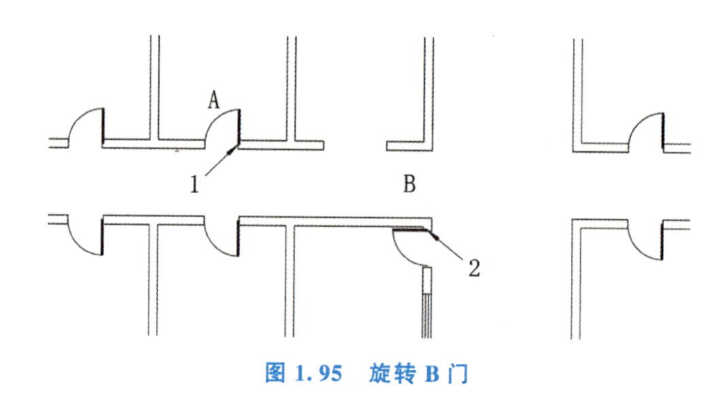


图 1.95　旋转 B 门

**特别提示**

旋转角度逆时针为正，顺时针为负。由于图形围绕着基点转动，所以旋转后基点的位置不变。

#### 4. 生成出入口处大门

出入口处是 4 扇门，每扇门宽为 750mm。

(1) 用【复制】命令将 1000mm 宽的 A 门复制到图 1.96 所示出入口大门洞口处。

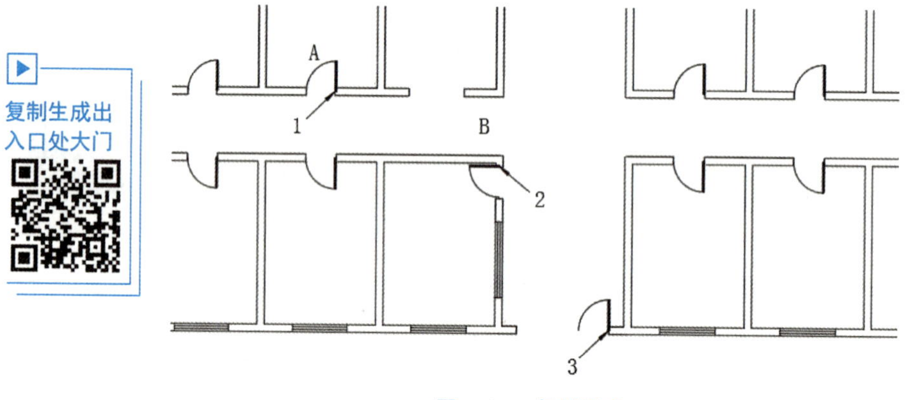


图 1.96　复制门扇

(2) 由于出入口处每扇门的宽度为 750mm，所以需要把刚才复制生成的门扇缩小成 750mm 宽。

① 单击【修改】工具栏上的【比例缩放】图标（快捷键 SC），启动【比例缩放】命令。

② 在**选择对象**提示下，选择出入口处的门，此时该门变虚，按 Enter 键进入下一步命令。

③ 在**指定基点**提示下，选择图 1.96 中的 3 点作为缩放的基点。

④ 在**指定比例因子或［复制(C)/参照(R)］<1.0000>**提示下，输入“0.75”（比例=新尺寸/旧尺寸=750mm/1000mm=0.75）后按 Enter 键。

⑤ 按 Enter 键结束命令，该门大小由 1000mm 变为 750mm。

特别提示

【比例缩放】命令是将图形沿 X、Y 方向等比例地放大或缩小，比例因子＝新尺寸/旧尺寸。当图形沿着 X、Y 方向变大或缩小时，基点的位置不变。一定要理解基点在【比例缩放】命令中的作用。

(3) 用【镜像】命令生成出入口处的其他门扇。

① 单击【修改】工具栏上的【镜像】图标（快捷键 MI），启动【镜像】命令。

② 在**选择对象**提示下，选择上面被缩小的门扇，然后按 Enter 键进入下一步命令。

③ 在**指定镜像线的第一点**提示下，捕捉 B 点（见图 1.97）作为镜像线的第一点。

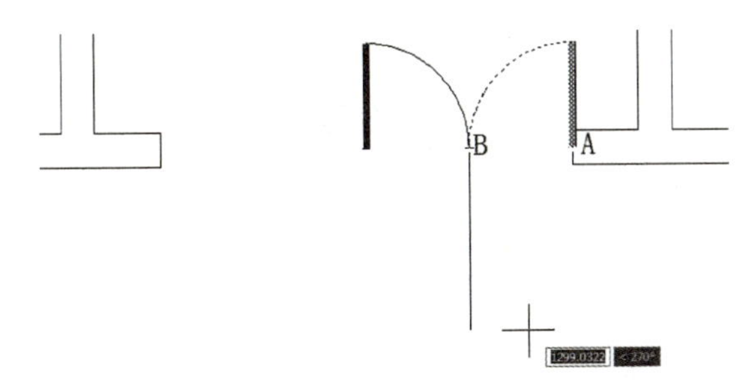


图 1.97 指定镜像线

④ 在**指定镜像线的第二点**提示下，打开【正交】功能，将光标垂直向下拖动，如图 1.97 所示，在任意位置单击。

通过③和④步的操作，就指定了一条起点在 B 点的垂直镜像线。

⑤ 在**要删除源对象吗？[是(Y)/否(N)]<N>**提示下，按 Enter 键执行尖括号里的默认值“N”，即不删除源对象，结果如图 1.97 所示。如果需要删除源对象，则输入“Y”后按 Enter 键。

(4) 对已绘制好的门重复【镜像】命令和执行【删除】命令，结果如图 1.98 所示。

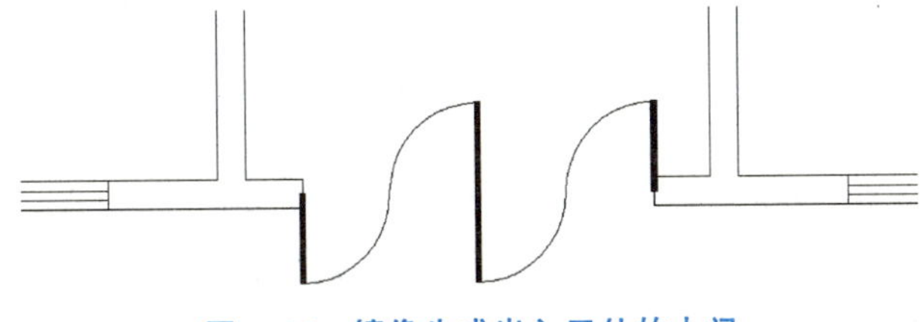

图 1.98 镜像生成出入口处的大门

特别提示

镜像是对称于镜像线的对称复制，一定要理解镜像线的作用。

(5) 用前面已经学过的【阵列】、【复制】和【镜像】命令，将绘制出的门窗复制到其他洞口内并修改门扇的开启方向，结果如图 1.99 所示。

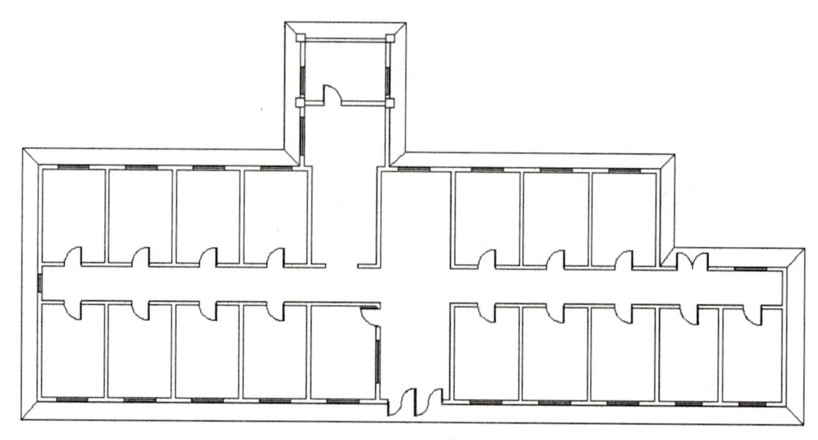

图 1.99　形成所有门窗

# 1.11　绘制台阶

## 1. 绘制内侧台阶线

（1）打开【正交】、【对象捕捉】和【对象捕捉追踪】（功能键 F11）功能。

（2）启动绘制【多段线】命令。

① 在指定起点提示下，捕捉图 1.100 所示的 A 点，但不单击，将光标水平向左缓缓拖动，拖出虚线后，输入“600”并按 Enter 键。利用【对象捕捉追踪】并借助 A 点，找到了多段线的起点位置，此时应注意命令行的第二行，查看当前线宽。

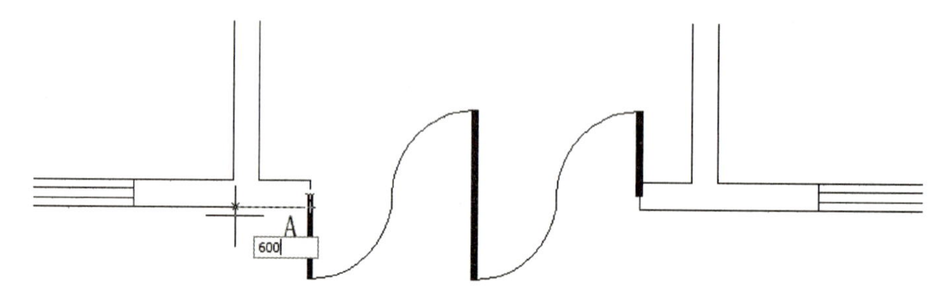


图 1.100　借助 A 点寻找多段线的起点

② 在当前线宽为 50.0000，指定下一个点或［圆弧(A)/半宽(H)/长度(L)/放弃(U)/宽度(W)］提示下，输入“W”后按 Enter 键，表示要修改多段线的宽度。

③ 在指定起点宽度<50.0000>提示下，输入“0”后按 Enter 键，表示将多段线的起点宽度改为“0”。

④ 在指定端点宽度<0.0000>提示下，按 Enter 键执行尖括号内的默认值“0.0000”，表示将多段线的端点宽度也改为“0”。这样就将多段线的宽度由 50mm 改为 0mm。

注意，如果线宽本身就是“0”，则不需进行②～④步的操作。

⑤ 在指定下一个点或［圆弧(A)/半宽(H)/长度(L)/放弃(U)/宽度(W)］提示下，将光标垂直向下拖动，输入“1500”后按 Enter 键，如图 1.101 所示。

⑥ 在指定下一个点或［圆弧(A)/半宽(H)/长度(L)/放弃(U)/宽度(W)］提示下，将光标水平向右拖动，输入“4200”后按 Enter 键，如图 1.102 所示。

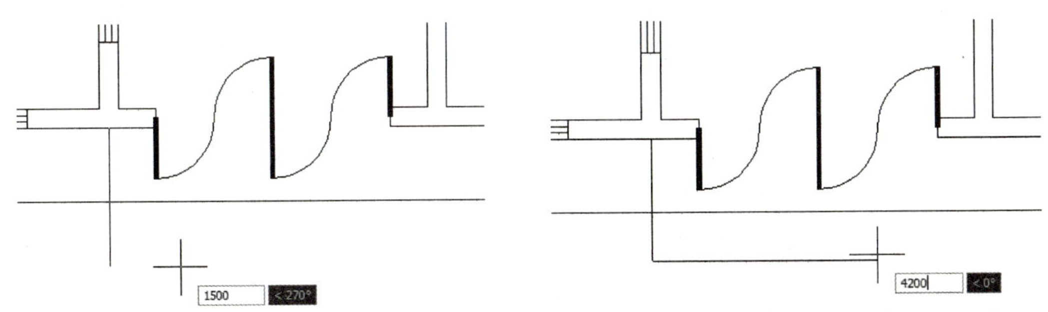


图 1.101　光标向下拖动并输入“1500”　　图 1.102　光标向右拖动并输入“4200”

⑦ 在指定下一个点或［圆弧(A)/半宽(H)/长度(L)/放弃(U)/宽度(W)］提示下，将光标垂直向上拖动，输入“1500”后按 Enter 键结束命令，结果如图 1.103 所示。

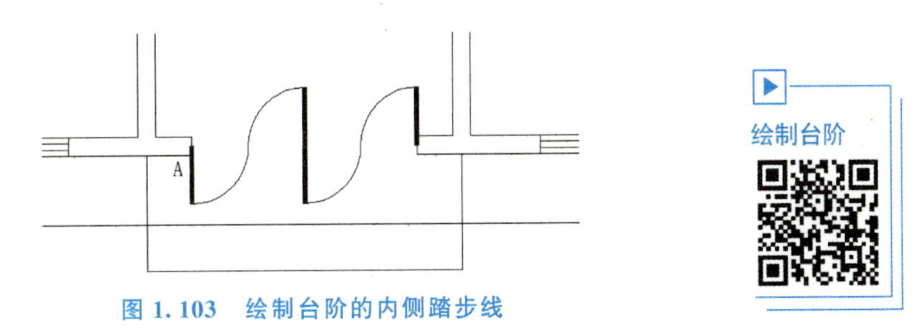


图 1.103　绘制台阶的内侧踏步线

### 2. 偏移生成其他台阶

将上面所绘制的多段线以 300mm 的距离向外偏移 3 次，结果如图 1.104 所示。

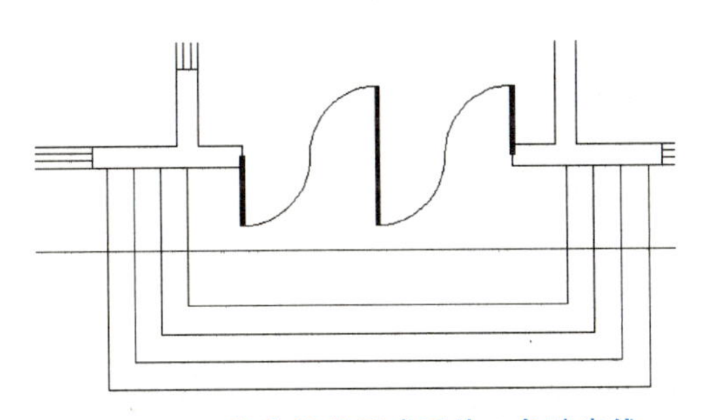

图 1.104　向外偏移形成另外 3 条踏步线

**特别提示**

偏移时会发现用【多段线】命令绘制的 3 条内侧台阶线同时向外偏移，可以进一步体会到多段线的整体特点。尝试用【直线】命令绘制内侧台阶线，查看执行【偏移】命令后的结果。

### 3. 修剪和台阶重合的散水线

启动【修剪】命令。

（1）在选择剪切边...，选择对象或<全部选择>提示下，选择台阶B线作为剪切边，如图1.105所示。按Enter键进入下一步命令。

（2）在选择要修剪的对象，或按住Shift键选择要延伸的对象，或［栏选(F)/窗交(C)/投影(P)/边(E)/删除(R)/放弃(U)］提示下，选择与台阶重合的散水线，结果如图1.106所示。

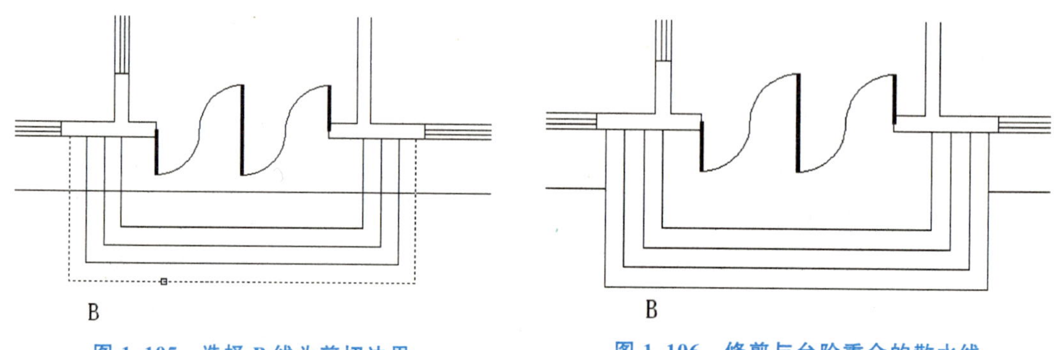


图1.105　选择B线为剪切边界　　图1.106　修剪与台阶重合的散水线

按照宿舍楼底层平面图（附图1.1）的尺寸，用相同的方法绘制出平面图中的另一个台阶，结果如图1.107所示。

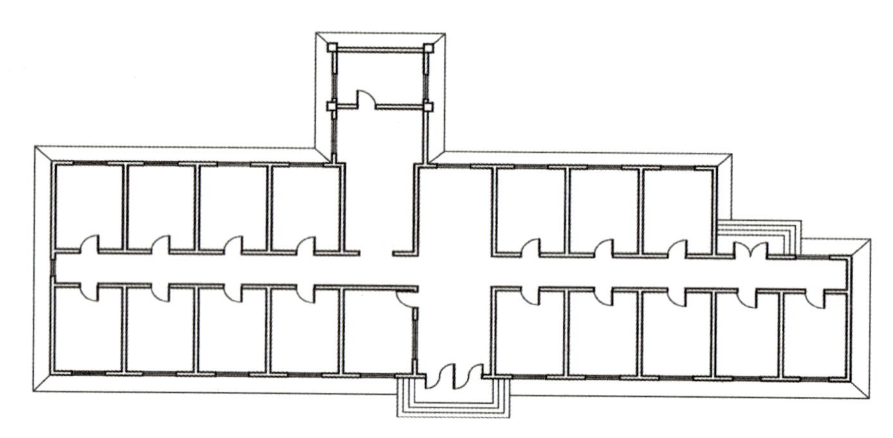

图1.107　绘制出另一个台阶

## 1.12　绘制标准层楼梯

一层楼梯平面图比较简单，本节将学习标准层楼梯平面图的绘制。

### 1. 绘制楼梯踏步线

（1）将【楼梯】图层设置为当前层。

（2）启动【直线】命令，并且打开【正交】、【对象捕捉】和【对象捕捉追踪】功能。

① 在指定第一点提示下，捕捉楼梯间阴角点A点（图1.108），不单击，然后将光标缓缓地垂直向下拖动，输入“2100”（图1.109）后按Enter键。这样就利用【对象捕捉追踪】功能将直线的起点绘制在离A点垂直向下2100mm处。

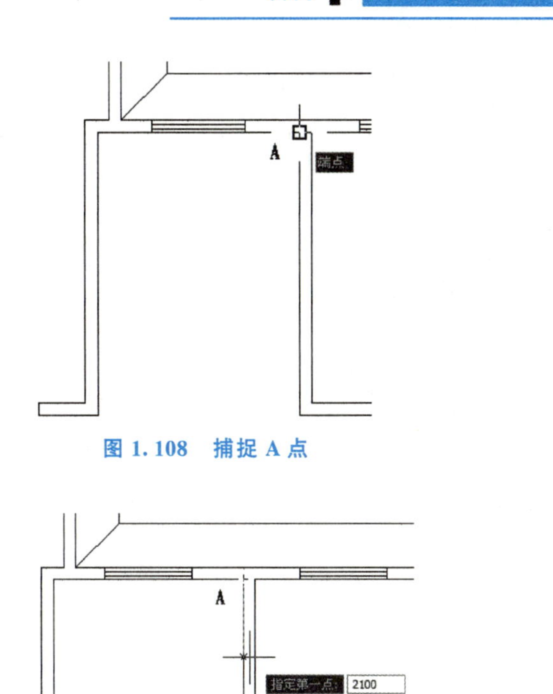


图 1.108 捕捉 A 点

绘制楼梯

图 1.109 垂直向下拖动鼠标

夹点编辑

② 在指定下一点或［放弃(U)］提示下，将光标水平向左拖动到图 1.110 所示的垂足处，出现垂足捕捉点后单击，按 Enter 键结束命令。

(3) 利用夹点编辑生成其他踏步线。

① 在命令行无命令的状态下单击刚才所绘制出的直线，在直线的左右端点和中点处将出现蓝色的冷夹点，如图 1.111 所示。

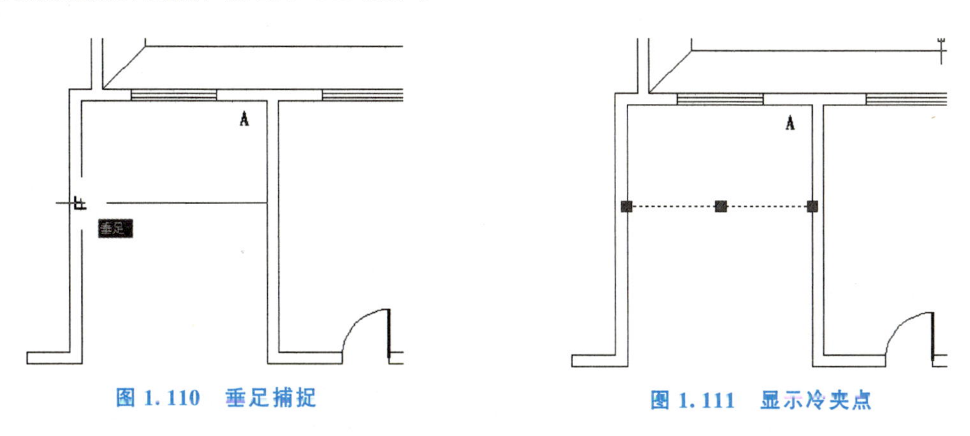


图 1.110 垂足捕捉

图 1.111 显示冷夹点

② 在其中一个夹点上单击使其变成红色的热夹点，如图 1.112 所示。

查看命令行，此时命令行显示出【拉伸】命令，反复按 Enter 键，将会发现【拉伸】、【移动】、【旋转】、【比例缩放】和【镜像】5 个命令滚动出现。使命令滚动到【移动】状态。

③ 在指定移动点或 [基点(B)/复制(C)/放弃(U)/退出(X)]提示下，输入“C”后按 Enter 键，执行【复制】子命令。

④ 在指定移动点或 [基点(B)/复制(C)/放弃(U)/退出(X)]提示下，打开【正交】功能，将光标垂直向下拖动，分别输入“300”按 Enter 键、“600”按 Enter 键……，以 300 的倍数逐步增加，最后输入“2700”按 Enter 键结束命令，结果如图 1.113 所示。

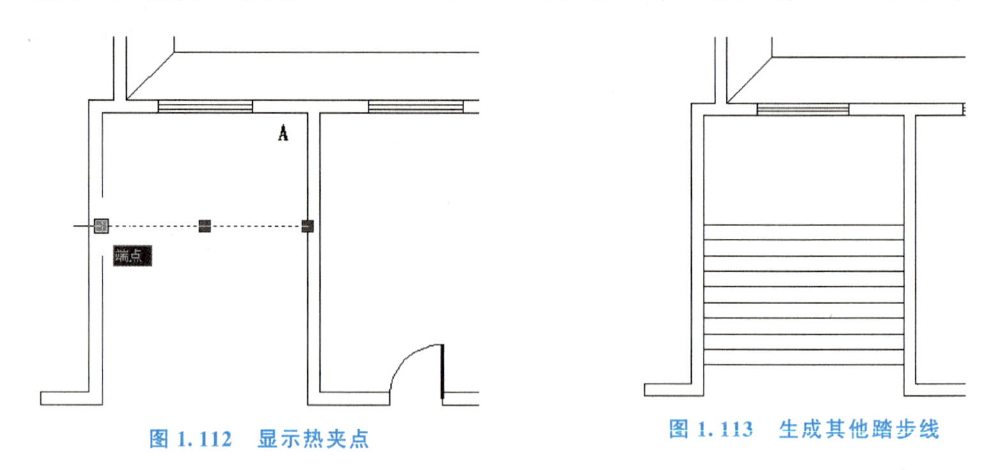


图 1.112　显示热夹点

图 1.113　生成其他踏步线

上述方法是利用夹点编辑执行了【复制】命令，由一条踏步线复制出另外 9 条踏步线。

**特别提示**

为了介绍夹点编辑命令，这里利用夹点编辑生成其他踏步线。其实用【偏移】或【阵列】命令生成其他踏步线更为方便。

### 2. 绘制楼梯扶手

楼梯扶手与第一级踏步的尺寸关系如图 1.114 所示。

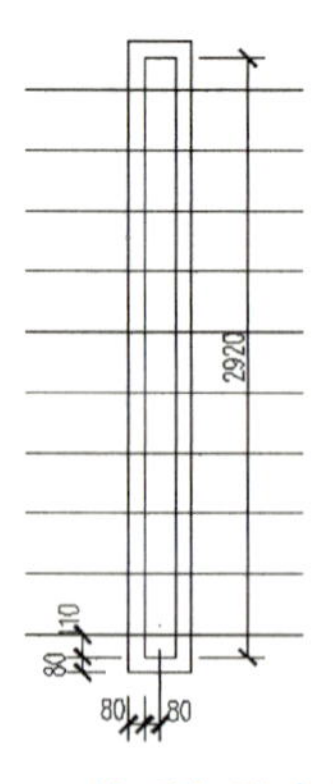


图 1.114　扶手与踏步的关系

(1) 在命令行无命令的状态下单击图 1.115 中的 M 线，然后将中间的蓝色夹点单击成红色，按 Esc 键两次取消夹点。注意，此步骤的操作非常重要，这里通过此步操作定义了下一步操作的相对坐标基本点。

(2) 单击【绘图】工具栏上的【矩形】图标，启动【矩形】命令。

① 在指定第一个角点或［倒角(C)/标高(E)/圆角(F)/厚度(T)/宽度(W)］提示下，输入“@－80，－110”后按Enter键，把矩形的左下角点绘制在刚才定义的相对坐标基本点偏左80mm、偏下110mm处，如图1.116所示。

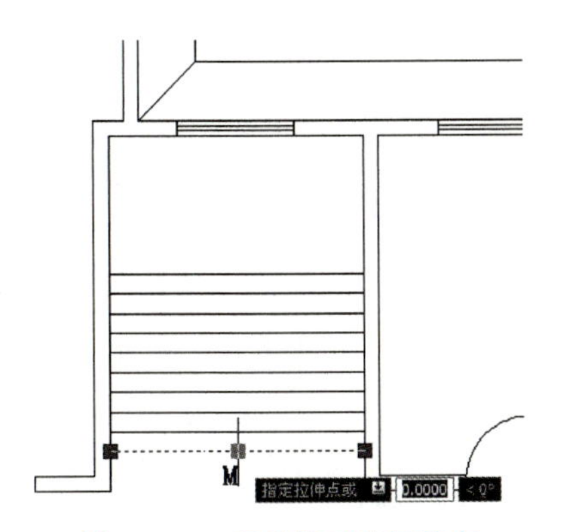


图1.115 定义相对坐标基点

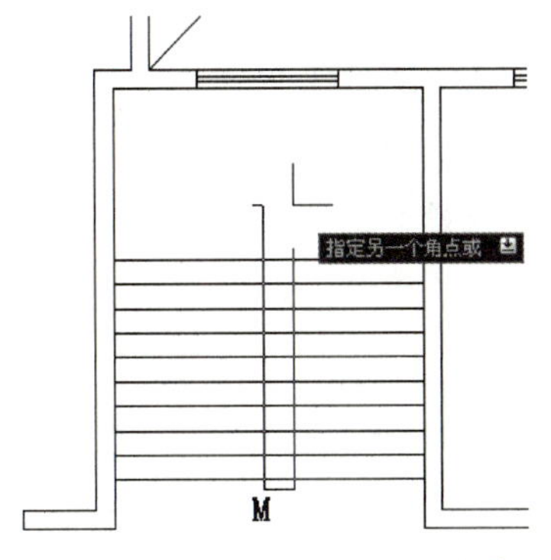


图1.116 绘制矩形的左下角点

② 在指定另一个角点或［面积(A)/尺寸(D)/旋转(R)］提示下，输入矩形右上角点相对于左下角点的坐标，即“@160，2920”(160＝梯井宽度，2920＝2700＋2×110)后，按Enter键结束命令，结果如图1.117所示。

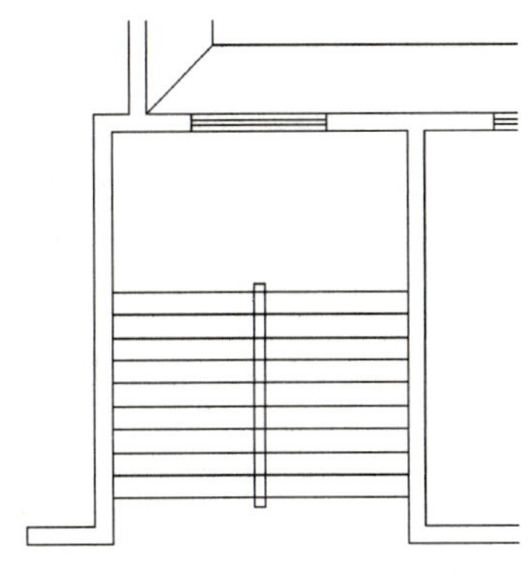

图1.117 绘制出矩形

(3) 执行【偏移】命令，将矩形向外偏移80mm。

(4) 执行【修剪】命令，选择外部的矩形为剪切边界，将图形修整至图1.118所示的状态。

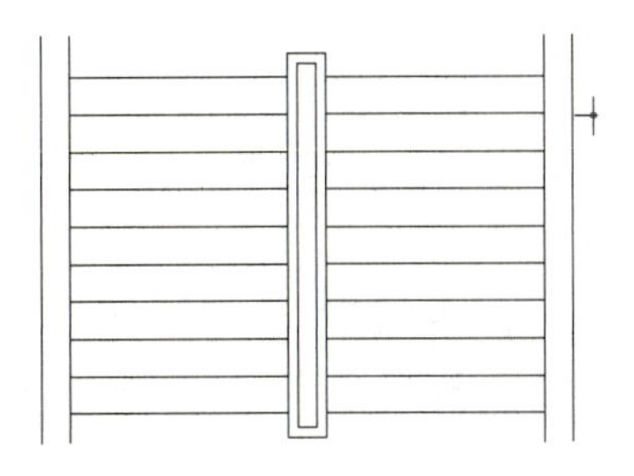

图1.118 修剪扶手和梯井内的踏步线

**特别提示**

将某一点定义成相对坐标的基点后，我们就可以输入图形上某个点对于该基点的相对坐标来确定图形上这个点的位置。这个方法和前面讲的作图辅助工具【捕捉自】作用相同。

### 3. 绘制楼梯折断线

(1) 打开【对象捕捉】功能，在右侧楼梯段上绘制出一条斜线，如图 1.119 所示。

(2) 用【延伸】命令，将斜线下端延伸至扶手的外侧，结果如图 1.120 所示。

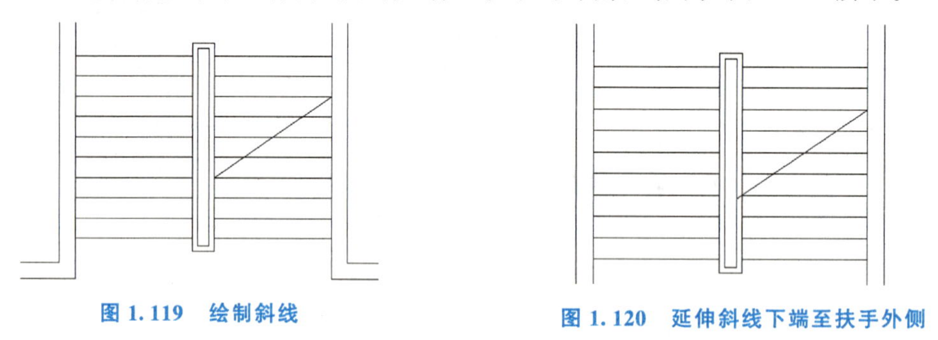

图 1.119　绘制斜线

图 1.120　延伸斜线下端至扶手外侧

(3) 单击【修改】工具栏上的【打断】图标 (快捷键 BR)，启动【打断】命令。

① 在**选择对象**提示下，用拾取的方法选择斜线作为打断的对象。

② 在**指定第二个打断点 或 [第一点(F)]**提示下，输入“F”后按 Enter 键，表示要重新选择第一打断点。

可以把选择对象的拾取点作为第一打断点，也可输入“F”，要求重新选择第一打断点。

③ 在**指定第一个打断点**提示下，关闭【对象捕捉】功能，单击图 1.121 所示的 A 点位置，选择 A 点为第一个打断点。

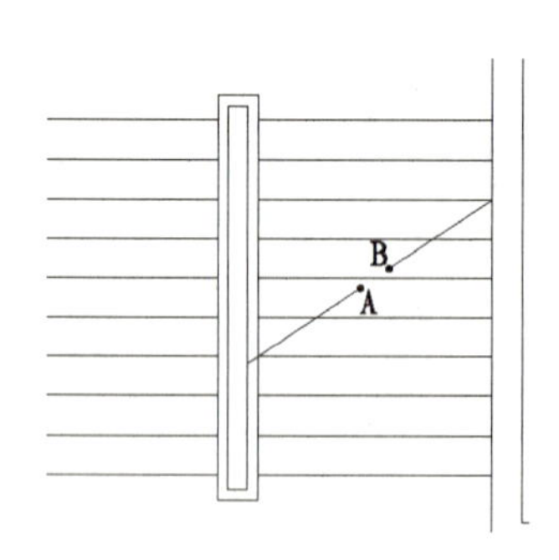


图 121　将斜线在 A 点和 B 点处打断

④ 在**指定第二个打断点**提示下，单击图 1.121 所示的 B 点位置，选择 B 点为第二个打断点，结果将斜线打断，形成一个 AB 缺口。

⑤ 关闭【正交】功能，启动【多段线】命令，将图绘制成图 1.122 所示的状态。

⑥ 启动【修剪】命令，将踏步线修整至图 1.123 所示的状态。

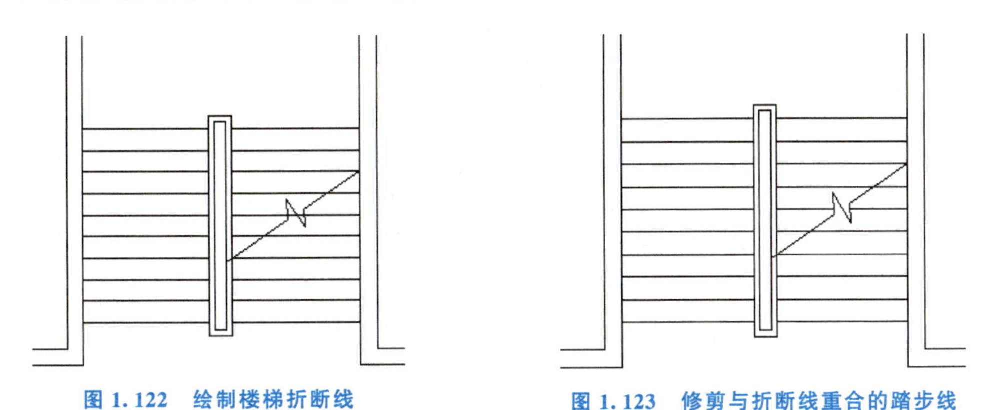

图 1.122　绘制楼梯折断线　　图 1.123　修剪与折断线重合的踏步线

### 4. 绘制楼梯上下行箭头

1）绘制上行箭头

(1) 打开【正交】、【对象捕捉】、【对象捕捉追踪】功能。单击【绘图】工具栏上的【多段线】图标，启动绘制【多段线】命令。

(2) 在**当前线宽为 0.0000，指定起点或 [圆弧(A)/半宽(H)/长度(L)/放弃(U)/宽度(W)]**提示下，将光标放在图 1.124 所示的踏步线的中点，此时不单击，将光标缓缓地垂直向下拖动，当行至上行箭头杆起点的位置时单击。这样就通过【对象捕捉追踪】命令寻找到了上行箭头杆起点的位置，并且保证将其绘制在右侧梯段的中心。

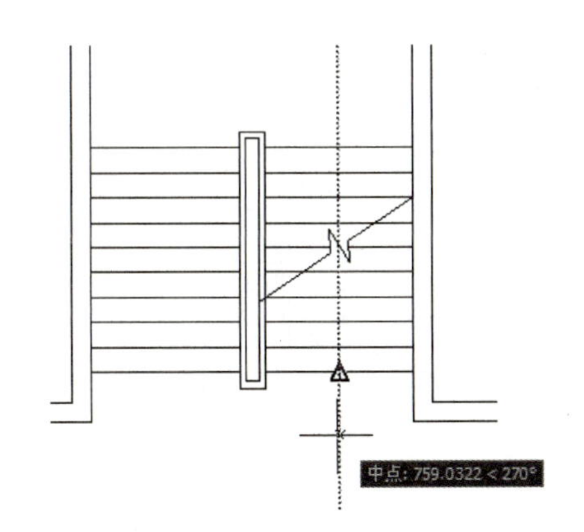


图 1.124　寻找上行箭头箭杆起点的位置

(3) 在**指定下一个点或 [圆弧(A)/半宽(H)/长度(L)/放弃(U)/宽度(W)]**提示下，关闭【对象捕捉】功能，将光标垂直向上拖动至图 1.125 所示的位置单击，这样就绘出了上行箭头的箭杆。

**特别提示**

并非任何时候打开【对象捕捉】功能都有利于绘图，在第 (3) 步操作时如果打开【对象捕捉】功能，则会影响箭头箭杆上端点位置的确定。

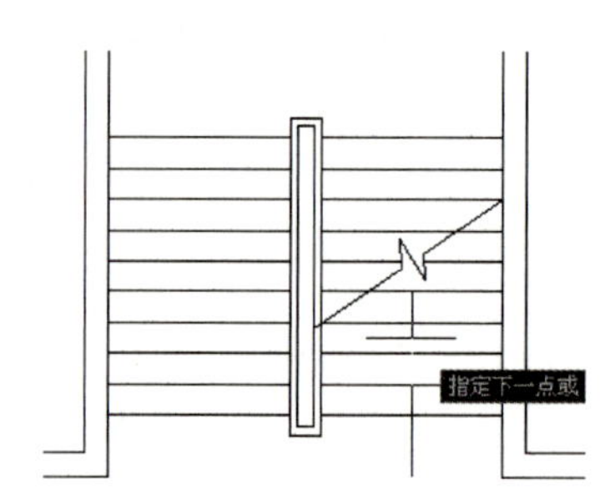


图 1.125　确定上行箭头箭杆终点的位置

(4) 在指定下一个点或［圆弧(A)/半宽(H)/长度(L)/放弃(U)/宽度(W)］提示下，输入“W”后按 Enter 键，表示要改变线的宽度。

(5) 在指定起点宽度<0.0000>提示下，输入“80”后按 Enter 键，表示将线的起点宽度改为 80mm。

(6) 在指定端点宽度<80.0000>提示下，输入“0”后按 Enter 键，表示将线的端点宽度改为 0mm。

(7) 在指定下一点或［圆弧(A)/闭合(C)/半宽(H)/长度(L)/放弃(U)/宽度(W)］提示下，将光标垂直向上拖动，输入“400”后按 Enter 键，表示垂直向上绘制长度为 400mm 的多段线。

上面通过 (4) ～ (7) 步绘制了一条起点宽度为 80mm、端点宽度为 0mm、长度为 400mm 的多段线，即上行箭头的端部，结果如图 1.126 所示。

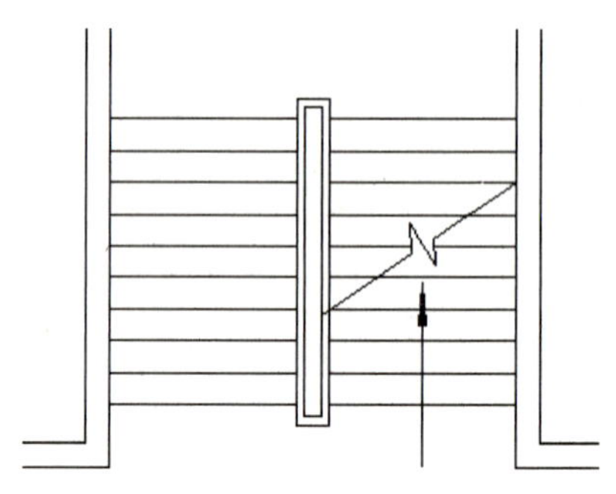

图 1.126　绘制出箭头端部

2) 绘制下行箭头

(1) 打开【正交】、【对象捕捉】、【对象捕捉追踪】功能。单击【绘图】工具栏上的【多段线】图标，启动绘制【多段线】命令。

(2) 在当前线宽为 0.0000，指定起点或［圆弧(A)/半宽(H)/长度(L)/放弃(U)/宽度(W)］提示下，将光标放在图 1.127 所示的上行箭头杆的端部，此时不单击，然后将光标缓缓地向左拖动，拖出一条水平虚线。将光标放在如图 1.128 所示的左侧梯段踏步线中点，此时出现中点捕捉点，同样不单击，并把光标缓缓地垂直向下拖动，拖出一条垂直虚线，如图 1.129 所示。然后将光标放在水平和垂直虚线相交处并单击，确定下行箭头杆的起点位置。

利用【对象捕捉追踪】方式寻找的下行箭头杆的起点位置，要符合两个要求：一是保证下行箭头的位置在左侧梯段上居中；二是保证下行箭头起点位置和已绘制的上行箭头起点位置对齐。

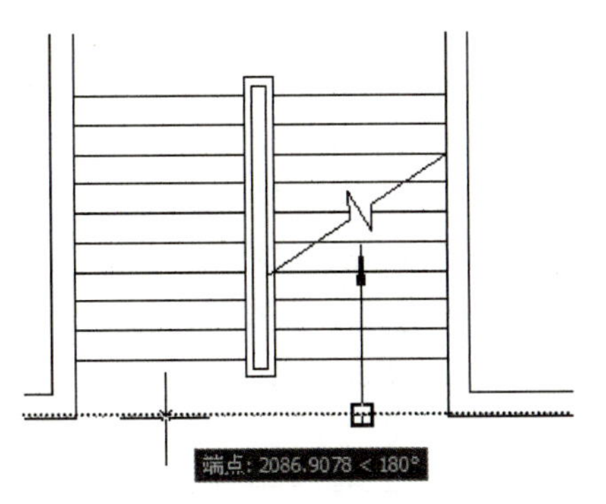


图 1.127　向左拖出水平虚线

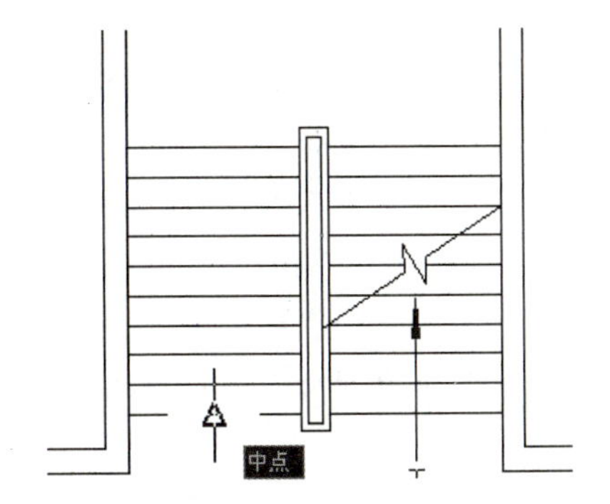


图 1.128　光标放在左侧梯段踏步线中点

(3) 在指定下一个点或［圆弧(A)/半宽(H)/长度(L)/放弃(U)/宽度(W)］提示下，将光标垂直向上拖动至如图 1.130 所示的位置，然后单击，绘制出下行箭头第一段箭杆。

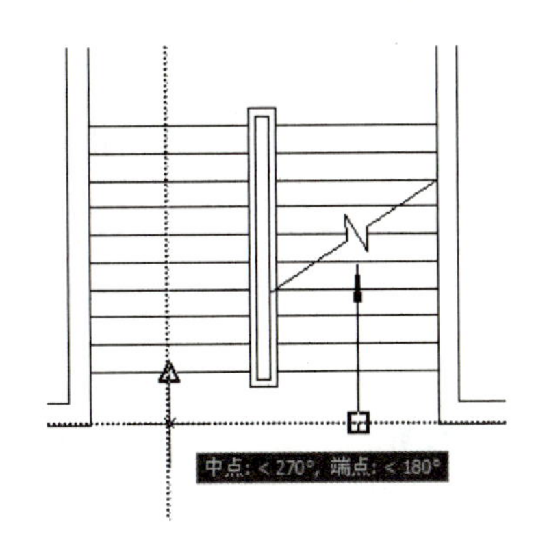


图 1.129　向下拖出垂直虚线

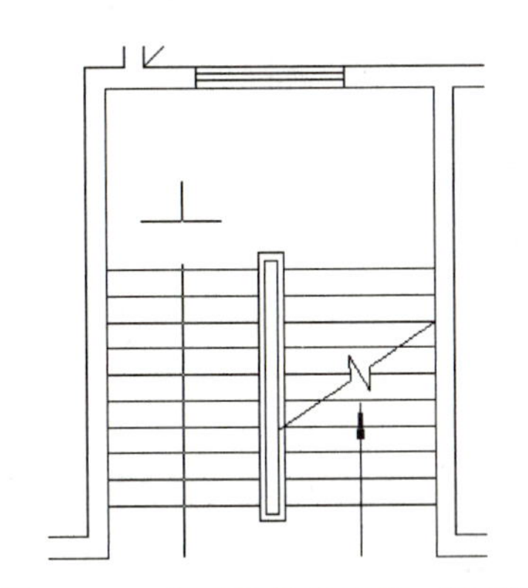

图 1.130　绘出下行箭头第一段箭杆

(4) 在指定下一个点或［圆弧(A)/半宽(H)/长度(L)/放弃(U)/宽度(W)］提示下，将光标放在如图 1.131 所示的踏步线的中点位置，此时不单击，然后将光标垂直向上拖动，拖出垂直虚线。把光标放在如图 1.132 所示的水平线和垂直虚线的交点位置，然后单击，以确定下行箭头第二段箭杆的长度，并保证第三段箭杆的位置能够居中于右侧梯段。

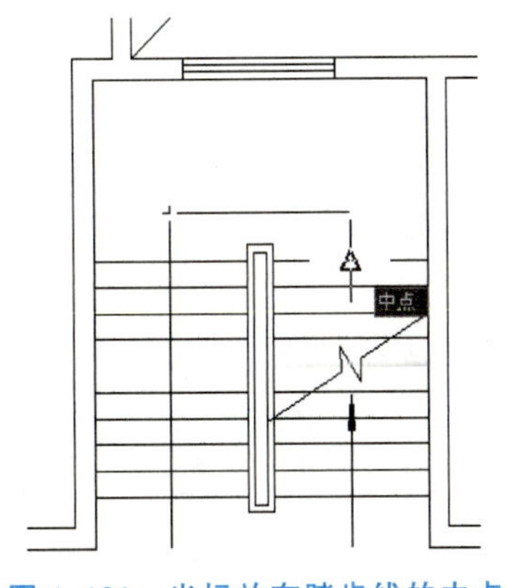


图 1.131　光标放在踏步线的中点

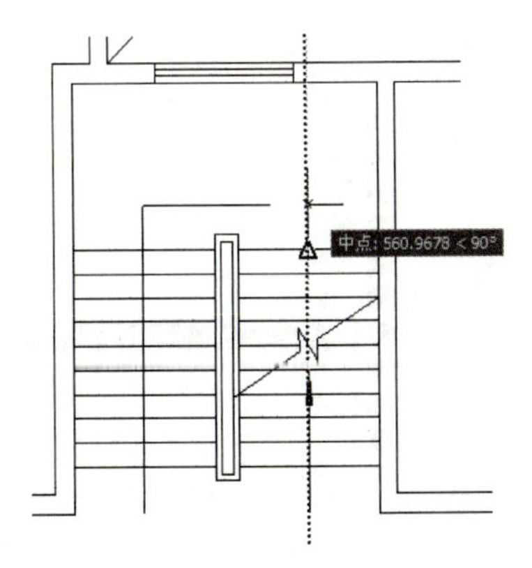


图 1.132　寻找水平线和垂直虚线的交点

(5) 在**指定下一个点或［圆弧(A)/半宽(H)/长度(L)/放弃(U)/宽度(W)］**提示下，关闭【对象捕捉】功能，将光标垂直向下拖至图 1.133 所示的位置并单击，确定第三段箭杆的长度。

(6) 在**指定下一个点或［圆弧(A)/半宽(H)/长度(L)/放弃(U)/宽度(W)］**提示下，输入“W”后按 Enter 键。

(7) 在**指定起点宽度＜0.0000＞**提示下，输入“80”后按 Enter 键。

(8) 在**指定端点宽度＜80.0000＞**提示下，输入“0”后按 Enter 键。

(9) 在**指定下一点或［圆弧(A)/闭合(C)/半宽(H)/长度(L)/放弃(U)/宽度(W)］**提示下，将光标垂直向下拖动，输入“400”后按 Enter 键，结果如图 1.134 所示。

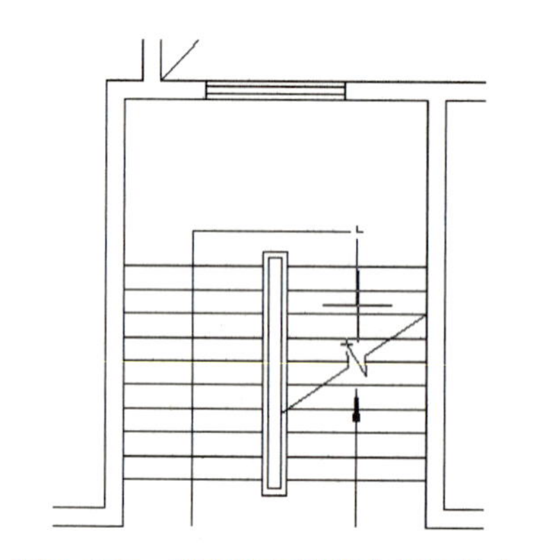

图 1.133　确定第三段箭头杆的长度

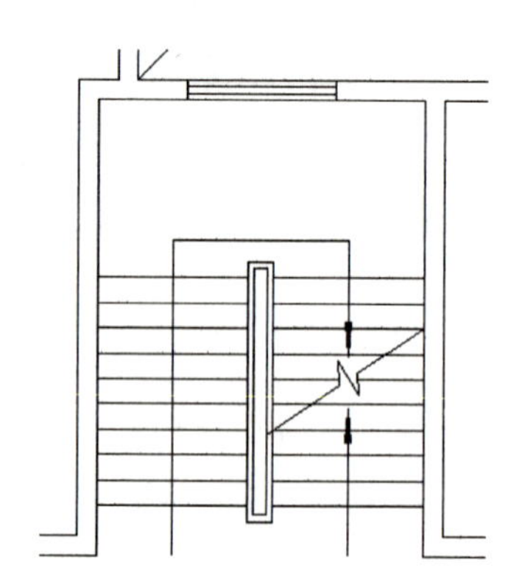

图 1.134　绘制出箭头端部

## 1.13　整理平面图

### 1. 连接并加粗墙线

(1) 将【楼梯】、【门窗】、【室外】和【轴线】图层冻结，如图 1.135 所示。

(2) 执行菜单栏中的【修改】|【对象】|【多段线】命令（快捷键 PE），启动【编辑多段线】命令。

① 在**选择多段线或［多条(M)］**提示下，选择图 1.136 所示的 1 墙外墙线，此时该墙线变虚。

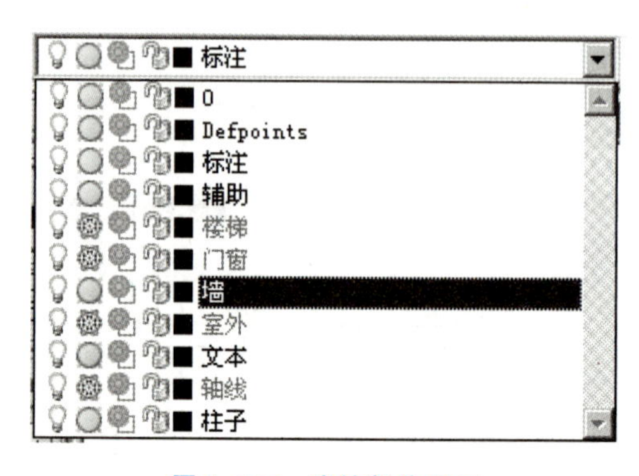


图 1.135　冻结部分图层

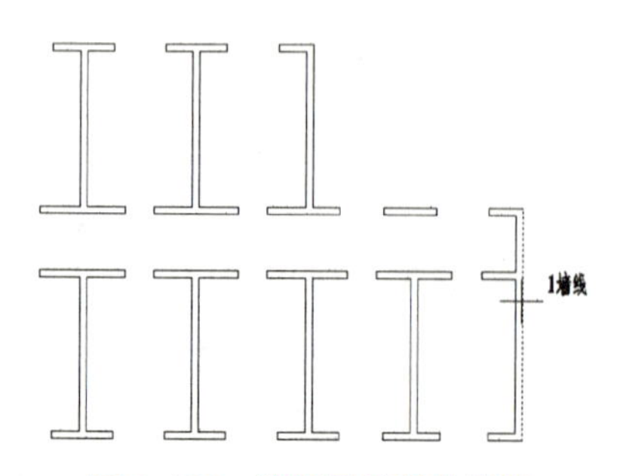


图 1.136　选择要编辑的墙线

② 在**选定的对象不是多段线，是否将其转换为多段线？<Y>**提示下，按 Enter 键执行尖括号内的默认值“Y”，表示要将 1 墙外墙线转化为多段线。

③ 在**输入选项［闭合(C)/合并(J)/宽度(W)/编辑顶点(E)/拟合(F)/样条曲线(S)/非曲线化(D)/线型生成(L)/放弃(U)］**提示下，输入“J”后按 Enter 键，表示要执行【合并】子命令。

④ 在**选择对象**提示下，按照图 1.137 所示选择对象后按 Enter 键，以确定将要合并的墙。

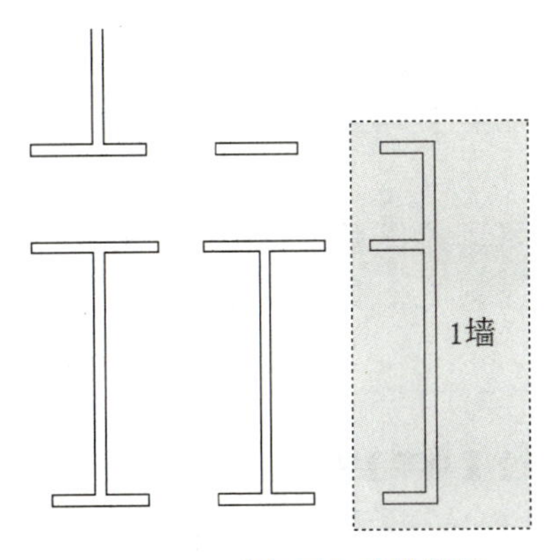

图 1.137 选择要合并的墙线

通过①～④步的操作，把选择的 11 条线和 1 墙外墙线连成了一根封闭的多段线。

**特别提示**

【编辑多段线】命令中的【合并】子命令，只能将首尾相连的线连接在一起。

⑤ 在**输入选项，［打开(O)/合并(J)/宽度(W)/编辑顶点(E)/拟合(F)/样条曲线(S)/非曲线化(D)/线型生成(L)/放弃(U)］**提示下，输入“W”后按 Enter 键，表示要改变线的宽度。

⑥ 在**指定所有线段的新宽度：**提示下，输入“50”，表示将线的宽度由“0”改为“50”。

⑦ 按 Enter 键结束命令，结果如图 1.138 所示。

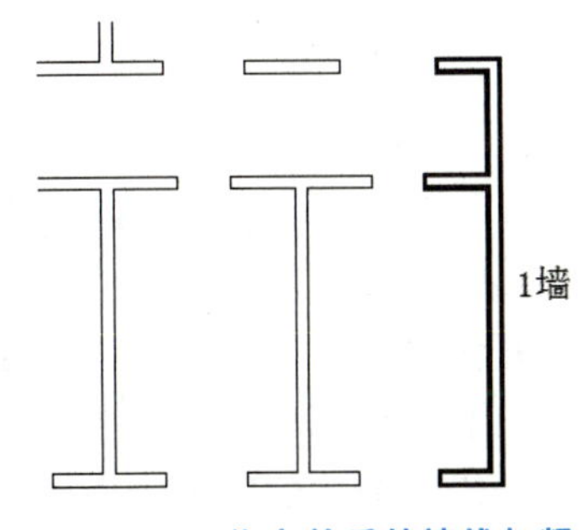


图 1.138 将合并后的墙线加粗

通过第⑤～⑦步，利用【编辑多段线】命令将①～④步形成的封闭多段线的宽度由 0mm

加粗至 50mm。

(3) 可以利用【编辑多段线】命令内的命令，将平面图中所有封闭的线段，通过一次操作实现连接和加粗的目的。

由于在第 (2) 步合并并加粗了部分墙线，所以在操作前先单击【标准】工具栏上的图标（组合键 Ctrl+Z），取消上次操作。

① 保持【楼梯】、【轴线】、【门窗】及【室外】图层冻结。

**特别提示**

如果图层被关闭，该图层上的图形对象就不能在屏幕上显示或由绘图仪输出，但重新生成图形时，图形对象仍将重新生成，执行【全选】命令时，被关闭图层上的图形对象会被选中。

如果图层被冻结，该图层上的图形对象同样不能在屏幕上显示或由绘图仪输出，在重新生成图形时，图形对象则不会重新生成，执行【全选】命令时，被冻结图层上的图形对象也不会被选中。

② 选择菜单栏中的【修改】|【对象】|【多段线】命令，启动【编辑多段线】命令。

③ 在选择多段线或［多条(M)］提示下，输入“M”后按 Enter 键，表示一次要编辑多条线。

④ 在选择对象提示下，输入“ALL”后按 Enter 键，表示选择屏幕上所有显示的图形对象作为【编辑多段线】命令的编辑对象，结果屏幕上显示的所有图形变虚，如图 1.139 所示。

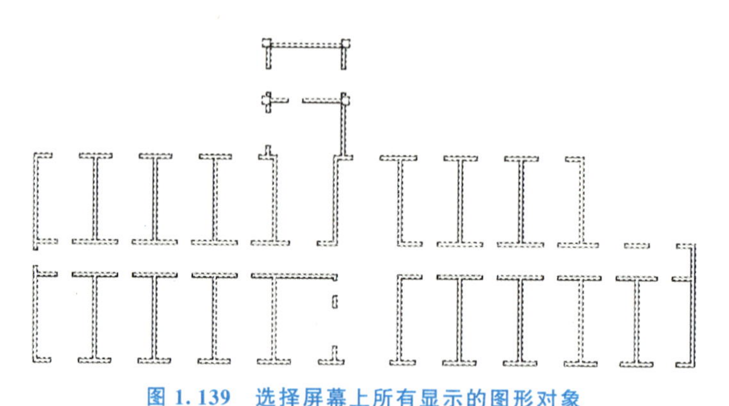

图 1.139　选择屏幕上所有显示的图形对象

⑤ 在选择对象提示下，按 Enter 键进入下一步命令。

⑥ 在是否将直线和圆弧转换为多段线？［是(Y)/否(N)］？<Y>提示下，按 Enter 键，执行尖括号内的默认值“Y”，表示要将所有选中的对象转化为多段线。

⑦ 在输入选项［闭合(C)/合并(J)/宽度(W)/编辑顶点(E)/拟合(F)/样条曲线(S)/非曲线化(D)/线型生成(L)/放弃(U)］提示下，输入“J”后按 Enter 键，表示要执行【合并】子命令。这样，AutoCAD 将第④步全选的对象中所有首尾相连的对象合并在一起。

⑧ 在输入模糊距离或［合并类型(J)］<0.0000>提示下，按 Enter 键，表示执行尖括号内默认的模糊距离“0.000”。

⑨ 在输入选项，[打开(O)/合并(J)/宽度(W)/编辑顶点(E)/拟合(F)/样条曲线(S)/非曲线化(D)/线型生成(L)/放弃(U)]提示下，输入“W”后按Enter键，表示要改变线的宽度。

⑩ 在指定所有线段的新宽度提示下，输入“50”，表示将线的宽度由0mm改为50mm，结果如图1.140所示。

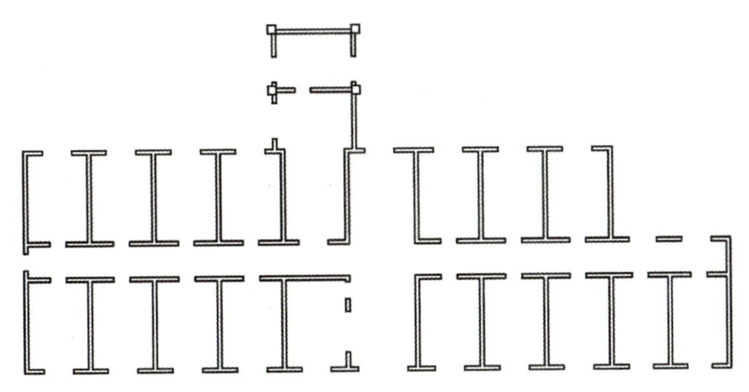

图1.140 加粗后的墙线和柱线

## 2. 修改窗洞口尺寸

在检查平面图的过程中，可能会发现门窗洞口尺寸和设计要求不相符。比如轴线⑪和轴线⑫间的宿舍窗洞口的宽度应为1800mm，但画成了1500mm，这时需用【拉伸】命令对其进行修改。

(1) 首先，用【拉伸】命令使窗洞口左侧墙段向左缩短150mm。

① 关闭【轴线】图层。

② 单击【修改】工具栏上的【拉伸】图标 (快捷键S)，启动【拉伸】命令。

③ 在选择对象提示下，用窗交的方式选择图1.141所示的窗户左侧的墙线和窗线，按Enter键进入下一步命令。

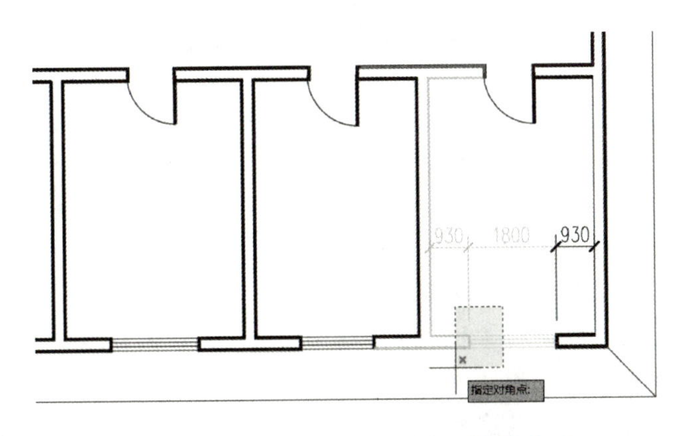


图1.141 向左拉伸窗洞时选择对象的方法

④ 在指定基点或［位移(D)］<位移>提示下，在绘图区任意单击一点作为拉伸的基点。

⑤ 在**指定第二个点或＜使用第一个点作为位移＞**提示下，打开【正交】功能，将光标水平向左拖动，输入“150”，表示将窗洞口左侧的墙向左缩短 150mm，那么窗洞口则向左加长 150mm。

⑥ 按 Enter 键结束命令。

**特别提示**

【拉伸】命令要求必须用窗交（从右向左拉窗口）的方式选择对象，窗口框选的位置决定对象被拉伸的位置。

理解【比例缩放】和【拉伸】命令的区别：【比例缩放】命令是将图形尺寸沿 *X*、*Y* 方向等比例放大或缩小，而【拉伸】命令是将图形尺寸沿 *X* 或 *Y* 方向单方向变长或缩短。

（2）用同样的方法使窗洞口右侧墙段向右缩短 150mm。这样窗洞口则由 1500mm 变成 1800mm，但应注意，选择拉伸对象的方法应如图 1.142 所示。

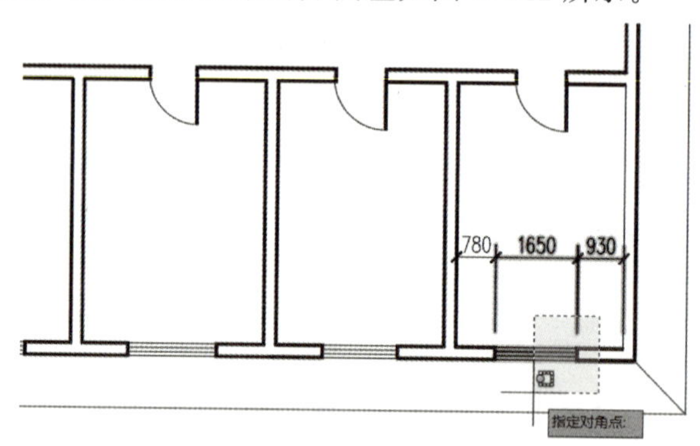


图 1.142　向右拉伸窗洞时选择对象的方法

## 本章小结

本章在掌握了 AutoCAD 的基本知识和操作技巧的基础上，开始学习绘制建筑施工图平面图的实际操作。在绘制宿舍楼底层平面图（附图 1.1）的过程中，大家学会了相关的基本绘图命令和编辑命令。本章所学的内容非常重要，希望通过将命令融入绘图过程的讲解方法，使大家更好地理解并掌握本章介绍的基本命令和操作技巧。

回顾一下本章学到的基本知识和基本概念。

在开始绘图之前，首先应该掌握如何创建新图形，怎样保存绘制的图形，怎样打开一个已存盘的图形，如何设置绘图参数，AutoCAD 绘图与图纸绘图的区别等基本知识。

本章还介绍了最基本也是最重要的绘图方法——绘制直线、多线样式的设定、绘制多线、绘制矩形和圆弧，以及使用图层、线型比例的设置等。

在绘制宿舍楼底层平面图的过程中，介绍了【偏移】、【修剪】、【延伸】、【多段线编辑】、【复制】、【分解】、【圆角】、【倒角】、【镜像】、【打断】、【旋转】、【比例缩放】、【拉伸】等编辑修改命令及【捕捉自】、【极轴】、【对象捕捉追踪】、【正交】、【对象捕捉】、【定义相对坐标原点】等作图辅助工具。

多段线是 AutoCAD 中的重要概念，本章学习了多段线的绘制和编辑方法，以及用【夹点编辑】命令复制图形。

本章学习了用 AutoCAD 绘制平面图的基本步骤，包括绘制轴线、墙线，怎样在墙上开窗、开门，怎样绘制散水和台阶等。大家应通过反复练习，达到理解并熟练掌握 AutoCAD 基本命令的目的。

## 上机操作一：加载线型

**【操作目的】**

练习加载虚线（HIDDEN)、中心线（CENTER）及双点划线（PHANTOM2)。

**【操作内容】**

(1) 执行菜单栏中的【格式】|【线型】命令，打开【线型管理器】对话框，在【全局比例因子】文本框中输入“50”。

(2) 绘制长度为 9000mm 的直线，向下偏移 500mm 生成其他直线。

(3) 加载 HIDDEN、CENTER 及 PHANTOM2 线型后按图 1.143 所示要求更换线型。

图 1.143　加载线型

## 上机操作二：绘制五角星

**【操作目的】**

练习相对坐标的输入，以及【直线】、【点】、【圆】及【多边形】等绘图命令。

**【操作内容】**

方法一：按照图 1.144 所示坐标，使用相对坐标和【直线】命令绘制五角星。

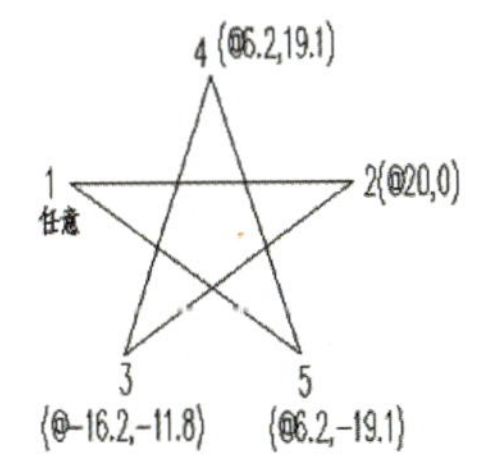


图 1.144　绘制五角星

方法二：使用【多边形】及【直线】命令绘制任意大小五角星。

方法三：使用【圆】、【点】、【直线】命令绘制任意大小五角星。

## 上机操作三：绘制圆弧

【操作目的】

绘制图1.145所示的图形，练习【直线】及【圆弧】等绘图命令。

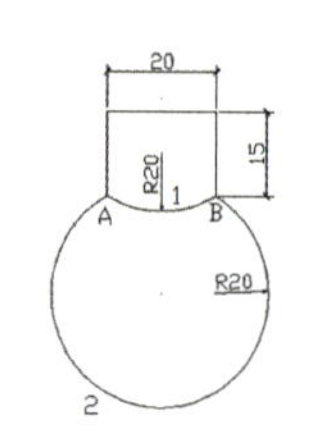


图1.145　绘制圆弧

【操作内容】

（1）使用【直线】命令绘制图形的上半部分。

（2）执行菜单栏中的【绘图】|【圆弧】|【起点、端点、半径】命令绘制2圆弧：起点为A，端点为B，指定圆弧半径为“−20”。

（3）重复【起点、端点、半径】命令绘制1圆弧：起点为A，端点为B，指定圆弧半径为“20”。

## 上机操作四：绘制餐桌和凳子

【操作目的】

练习定义相对坐标基点、【矩形】、【偏移】、【中点捕捉】、【环形阵列】、【分解】、【三点画弧】及【修剪】等命令。

【操作内容】

（1）绘制1000mm×1000mm矩形，绘制矩形右下角图案。

（2）执行两次【环形阵列】生成桌面图形。

（3）用定义相对坐标基点和【矩形】命令绘制凳子，如图1.146所示修改。

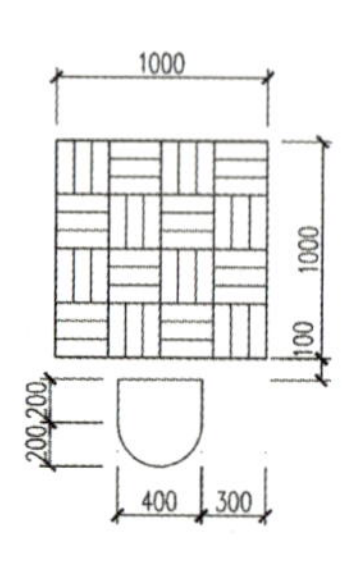


图1.146　绘制餐桌和凳子

（4）借助辅助线（桌子的对角线），用【镜像】命令将凳子绘制成图1.147所示效果。

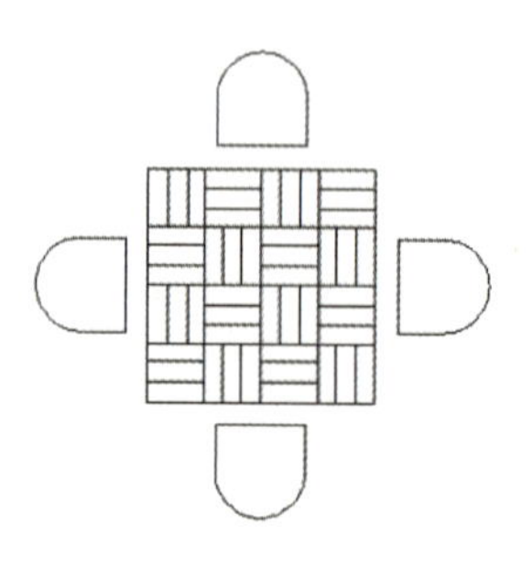

图1.147　生成其他凳子

### 上机操作五：使用【捕捉自】定位矩形

【操作目的】

练习使用【捕捉自】命令借助A点确定B点的位置，练习【矩形】命令和相对坐标的输入命令。

【操作内容】

(1) 按图1.148所示尺寸绘制M和N线，确定A点位置。

(2) 根据A点确定B点位置，并绘制600mm×400mm矩形。

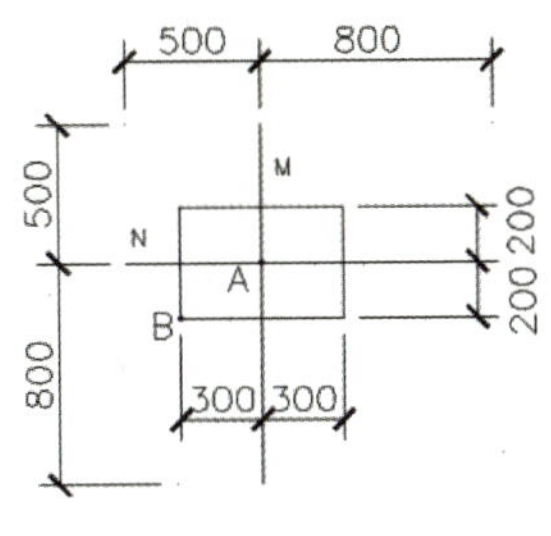


图1.148 绘制矩形

### 上机操作六：绘制并旋转或按比例缩放矩形

【操作目的】

选择不同的基点练习【旋转】和【比例缩放】命令。

【操作内容】

(1) 绘制图1.149和图1.150中的300mm×120mm矩形A，并将它们旋转成矩形B。

图1.149 旋转矩形(1) 图1.150 旋转矩形(2)

(2) 绘制图1.151和图1.152中的500mm×200mm矩形B，并将它们缩放成矩形A。

图1.151 缩放矩形(1) 图1.152 缩放矩形(2)

### 上机操作七：绘制并镜像门

【操作目的】

绘制图1.153所示的图形，练习【起点、圆心、端点】命令绘制圆弧，练习【多段线】、【极轴】和【镜像】命令。

【操作内容】

(1) 绘制墙体并开门洞口。

(2) 绘制右侧的门扇和门轨迹线。

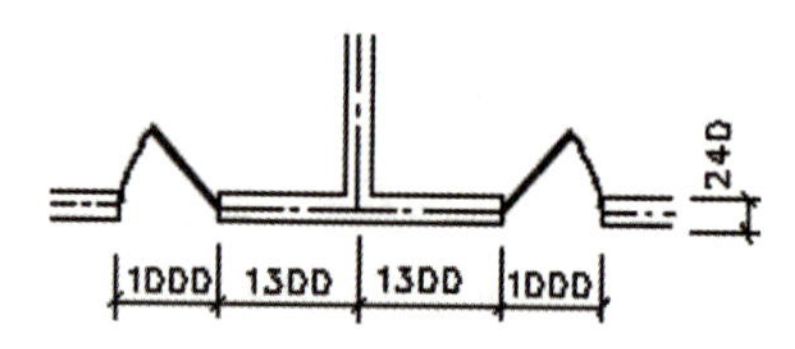


图 1.153 绘制并镜像门

（3）镜像复制生成左侧的门。

## 上机操作八：绘制洗面盆

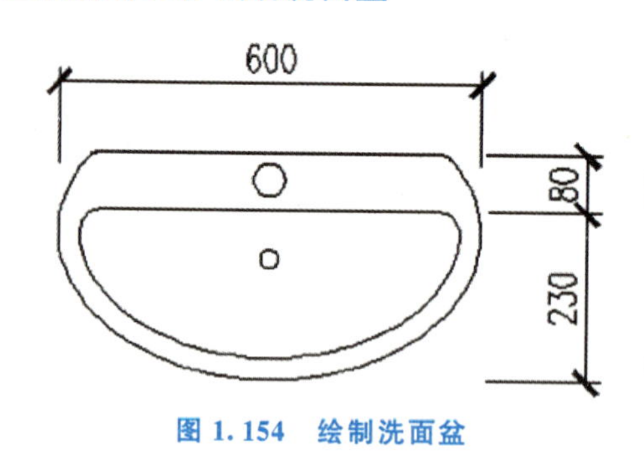


图 1.154 绘制洗面盆

【操作目的】

绘制图 1.154 所示的图形，练习【椭圆】、【直线】、【圆】、【修剪】及【倒角】命令。

【操作内容】

（1）绘制椭圆：长轴为 600mm，短轴为 400mm，将椭圆向内偏移 30mm。

（2）绘制直线并修剪。

（3）倒圆角，半径为 30mm。

（4）绘制圆，半径分别为 15mm 和 20mm。

## 上机操作九：绘制组合图形

【操作目的】

绘制图 1.155 所示的图形，练习【直线】、【圆】、【多边形】、【矩形】、【点】、【复制】、【修剪】、【延伸】、【镜像】、【偏移】等绘图和编辑命令。

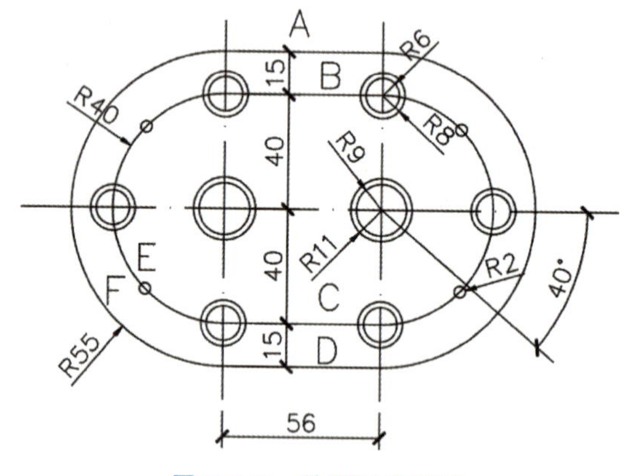


图 1.155 绘制组合图形

【操作内容】

（1）绘制直线 A，偏移生成直线 B、C 和 D。

（2）执行倒圆角，半径为任意值，生成半圆 E 和 F。

（3）按尺寸绘制左侧四组圆。

（4）镜像生成图形右半部分。

## 上机操作十：绘制二层平面图

【操作目的】

综合练习前两章所学命令。

【操作内容】

绘制图 1.156 所示的二层平面图。

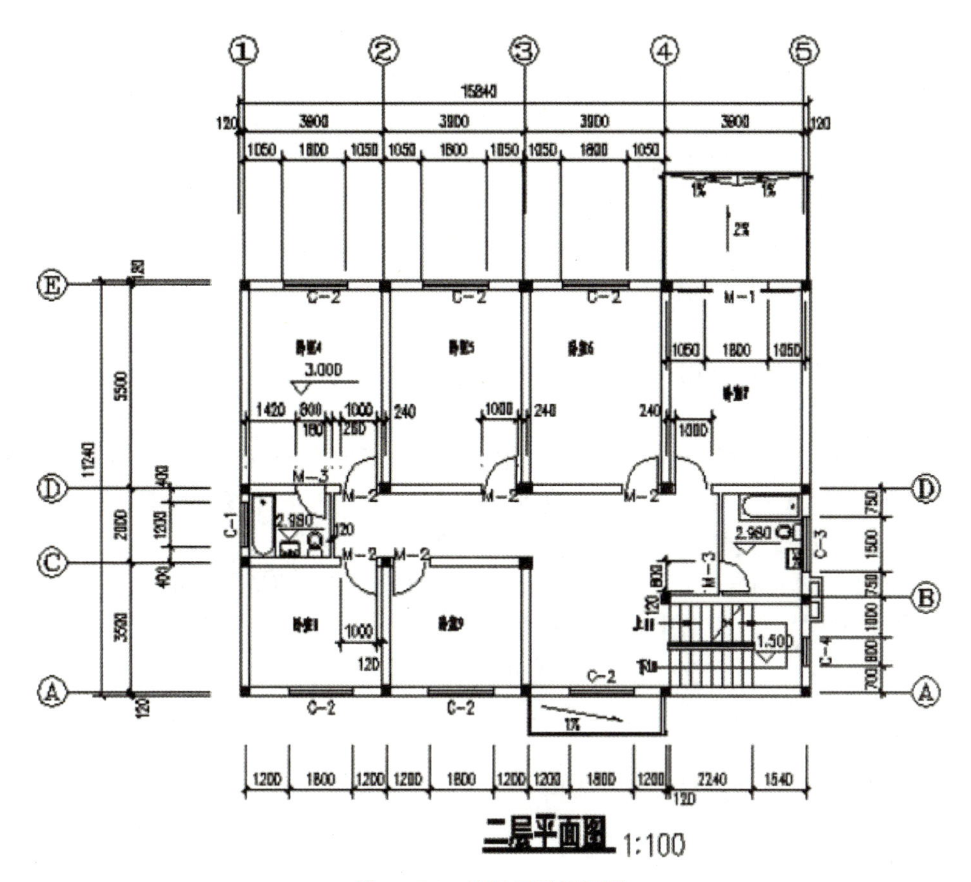


图 1.156 绘制二层平面图

### 一、单选题

1. 【选择样板】对话框中的 acad. dwt 为（　　）。

A. 英制无样板打开　　B. 英制有样板打开　　C. 公制无样板打开

2. 默认状态下 AutoCAD 零角度的方向为（　　）。

A. 东向　　B. 西向　　C. 南向

3. 默认状态下 AutoCAD 零角度测量方向为（　　）。

A. 逆时针为正　　B. 顺时针为正　　C. 都不是

4. 【对象捕捉】辅功工具是用于捕捉（　　）。

A. 栅格点

B. 图形对象的特征点

C. 既可捕捉栅格点又可捕捉图形对象的特征点

5. 【轴线】图层应将线型加载为（　　）。

A. HIDDEN　　B. CENTER　　C. Continuous

6. AutoCAD 的默认线宽为（　　）。

A. 0.2mm　　B. 0.15mm　　C. 0.25mm

7. 【线型管理器】对话框中的【全局比例因子】文本框中的值与（　　）一致。

A. 出图比例　　B. 绘图比例　　C. 两者均可

8. （　　）键为【正交】辅助工具的功能键。

A. F3　　B. F8　　C. F9

9. 在执行绘图命令和编辑图形过程中，如果操作出错，可以马上输入（　　）执行【放弃】命令，以取消上次的操作。

A. M　　B. Z　　C. U

10. 新建图形具有距离用户比较（　　）的特点。

A. 远　　B. 不近也不远　　C. 近

11. 在命令行输入“Z”后按 Enter 键，再输入“E”后按 Enter 键，会执行（　　）命令。

A. 【范围缩放】　　B. 【实时缩放】　　C. 【窗口缩放】

12. 执行【延伸】命令，在选择被延伸的对象时，应单击（　　）。

A. 靠近延伸边界的一端　　B. 远离延伸边界的一端　　C. 中间的位置

13. 用【多线】命令绘制中心线与轴线重合的墙时，对正方式应为（　　）。

A. 无　　B. 上对正　　C. 下对正

14. 用【多线】命令绘制 240mm 厚的墙，比例为（　　）。

A. 120　　B. 60　　C. 240

15. 用【多线】命令绘制墙时，应用（　　）多线样式。

A. 【STANDARD】　　B. 【WINDOW】　　C. 【DOOR】

16. 夹点通常显示在图形对象的特征点处，按（　　）键可取消夹点。

A. Enter　　B. Shift　　C. Esc

17. 用【圆角】命令进行修角必须满足两个条件：模式应为【修剪】模式；圆角半径应为（　　）。

A. 10　　B. 20　　C. 0

18. 用【阵列】命令复制对象时，行数和列数的计算应（　　）被阵列对象本身。

A. 不包括　　B. 包括　　C. 包括行，不包括列

19. 比例命令是将图形沿 X、Y 方向（　　）地放大或缩小。

A. 等比例　　B. 不等比例　　C. 既可等比例又可不等比例

20. 默认状态下圆弧为（　）绘制。

A. 逆时针方向　　B. 顺时针方向　　C. 参照圆心

## 二、简答题

1. Enter 键有哪些作用？

2. 利用 AutoCAD 绘图和利用图板绘图有什么区别?

3. 设定当前层的方法有哪些?

4. 如何查询图形对象所位于的图层?

5. 如果绘制出的轴线显示的不是中心线时，应做哪些检查?

6. 简述执行【偏移】命令的具体步骤。

7. 默认状态下【多线】的设置是什么?

8. 简述相对直角坐标的输入方法。

9. 简述相对极坐标的输入方法。

10. 为减少修改，用【多线】命令绘制墙体的步骤是什么?

11. 冻结图层和关闭图层有什么区别?

12. 如果当前层是一个被关闭或冻结的图层，在绘图时会出现什么问题?

13. 如果某图层是一个被锁定的图层，在编辑或修改该层上的图形时会出现什么情况?

14. 简述【打断】和【打断于点】这两个命令的区别。

15. 利用【多段线】绘制一个矩形，在首尾闭合处执行“C”命令和用捕捉的方法闭合有什么区别?

16. 如何改变多段线的线宽?

17. 简述【比例缩放】和【拉伸】命令的区别，以及执行【比例缩放】命令时比例因子的计算方法。

18. 简述【复制】、【拉伸】等编辑命令中基点的作用。

19. 用【多段线】和【直线】命令分别绘制一个矩形，然后执行【偏移】命令，所得的结果是否相同?

20. 简述定义相对坐标基点的方法。

21. 【0】图层能否被重新命名或被删除?

22. 某同学加载了 CENTER2 线型，而在【图层特性管理器】对话框中轴线图层的线型仍为 Continuous，原因是什么?

### 三、操作题

1. 用【椭圆】命令绘制长轴为 1000mm、短轴为 600mm 的椭圆。

2. 用【多边形】命令绘制一个中心点到任意角点距离均为 750mm 的正六边形。

# 项目 2 建筑施工图平面图的绘制（二）

思维导图

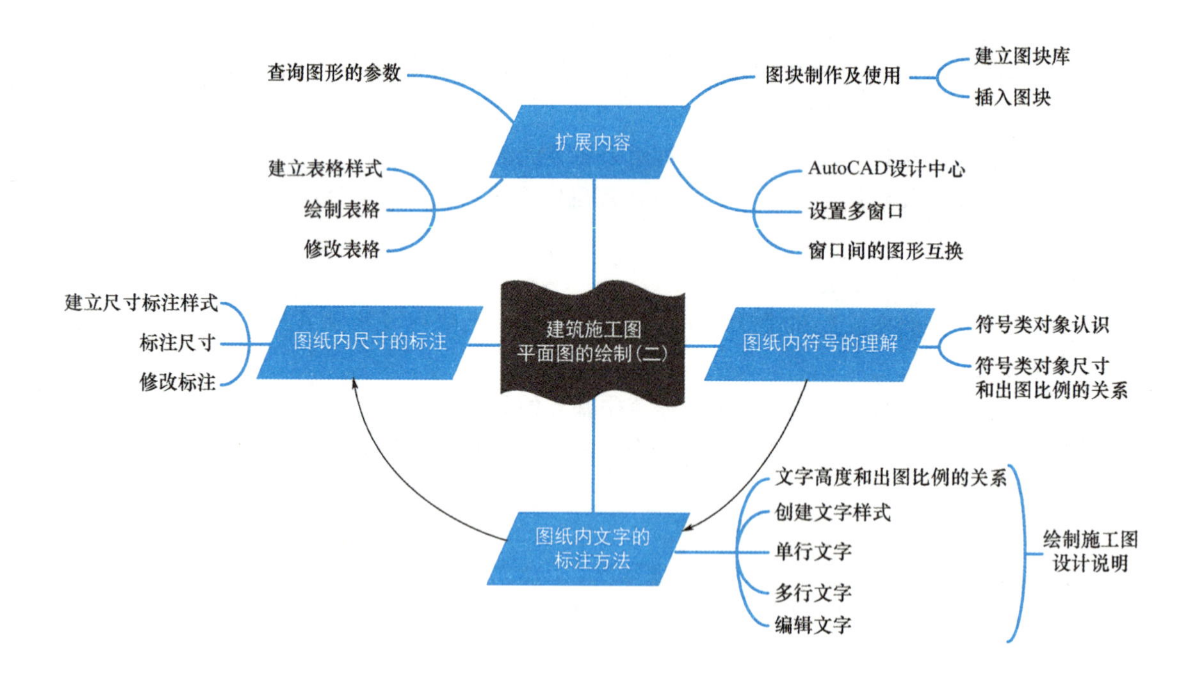

## 课前热身

| 序号 | 图形 | 操作 | 二维码 |
| --- | --- | --- | --- |
| 2-1 | 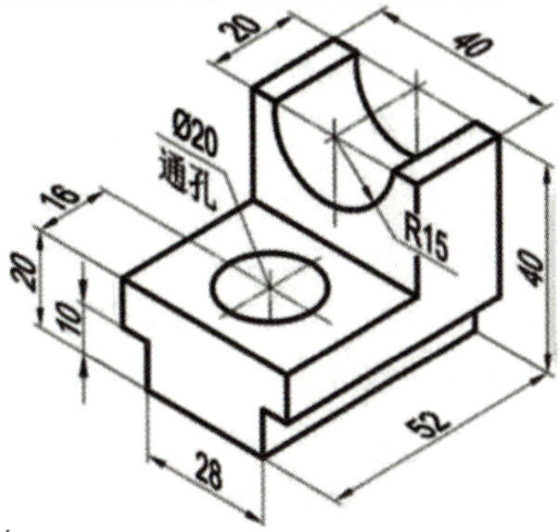 20 40 Ø20 通孔 16 R15 20 10 40 52 28 | 直线、椭圆、镜像、等轴侧捕捉、三维十字光标、等轴侧视图、复制、修剪 | |
| 2-2 | 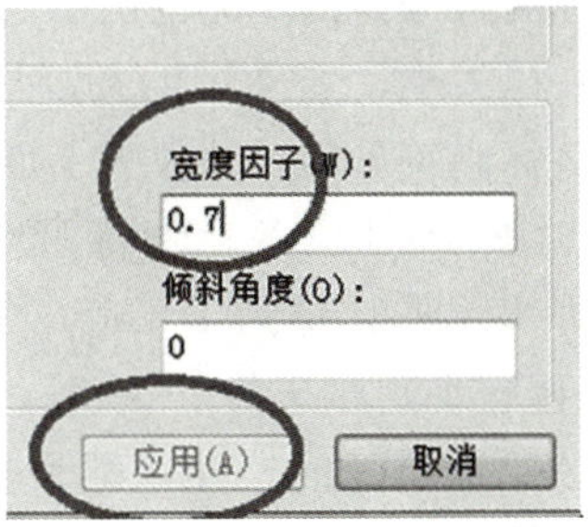 宽度因子(W): 0.7 倾斜角度(O): 0 应用(A) 取消 | 【文字样式】对话框内的宽度比例不能由1改成0.7，该如何解决呢 | |
| 2-3 | 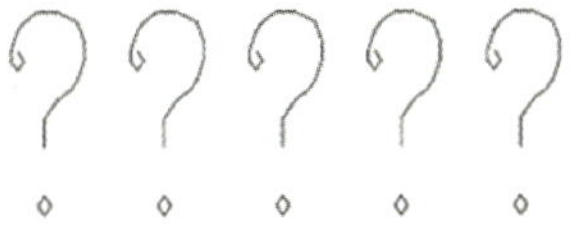 ????? | AutoCAD中文字为什么显示是"?"，该如何修改 | |
| 2-4 | 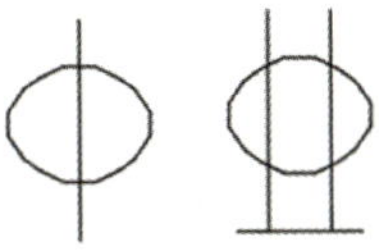 | 在AutoCAD中输入一级钢和三级钢符号 | |
| 2-5 | 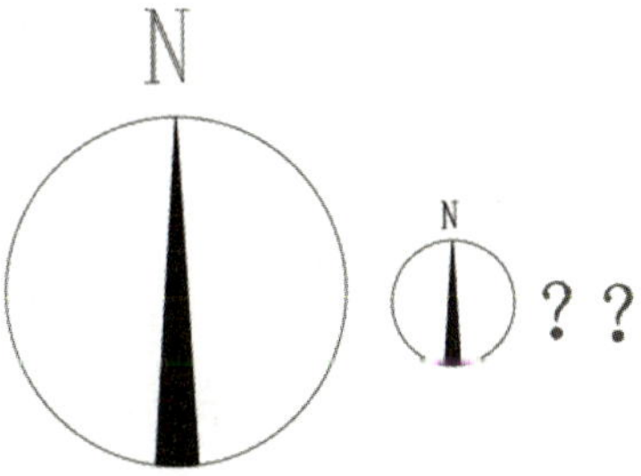 N N ?? | 图块插入后，显示非常小，该如何解决呢 | |

# 2.1 图纸内符号的理解

### 1. 平面图的内容

为便于理解和学习，把平面图中的内容分成两类。

（1）图形类对象：轴线、墙、门窗、楼梯、散水和台阶等。

（2）符号类对象：文字、标注、图框、标高符号、定位轴线编号、详图索引符号、详图符号、剖面符号、断面符号和指北针等。

### 2. 建筑平面图内符号类对象的绘制方法

在项目1主要学习了宿舍楼底层平面图图形类对象的绘制，接下来将继续学习符号类对象的绘制。通过项目1的学习，大家可以深切地体会到，在AutoCAD中各种图形对象是按1∶1的比例绘制的，但符号类对象的绘制和图形类对象截然不同。所有符号类对象出图（打印在图纸上）后的尺寸是一定的，但在AutoCAD内的尺寸（出图前的尺寸）是不定的，其随着出图比例变化而变化。以标高符号为例，无论出图比例为1∶100还是1∶50，或其他比例，出图后的标高符号都是一样大小，其尺寸要求如图2.1所示。如果出图比例为1∶100，在AutoCAD内绘图时需将标高符号的尺寸放大100倍，则标高符号的尺寸应变成如图2.2所示的大小，这样出图时按1∶100的比例将图形缩小到原来的1/100后，尺寸正好和图2.1相同。依此类推，如果出图比例为1∶50，在AutoCAD内绘图时需要将标高符号的尺寸放大50倍，出图时再缩小到原来的1/50后，尺寸正好和图2.1相同。也就是说，所有符号类对象在AutoCAD里绘制的尺寸，都是将GB/T 50001—2017内所规定的尺寸乘上出图比例所得。常用符号的形状和尺寸见表2-1。

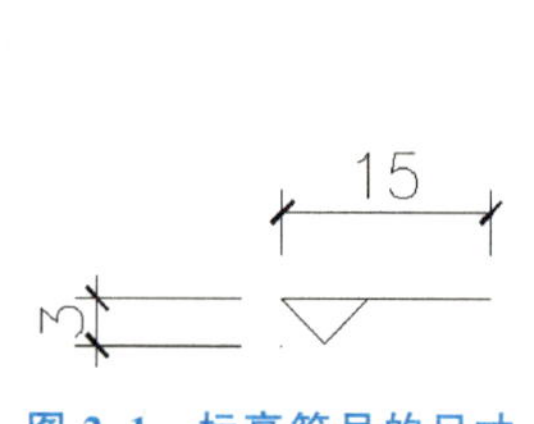

图2.1 标高符号的尺寸

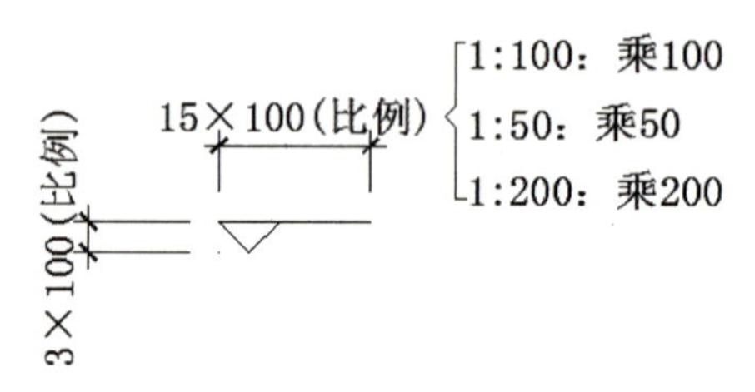

图2.2 各种比例图中标高尺寸的放大方法

表2-1 常用符号的形状和尺寸

| 名称 | 形状 | 粗细 | 出图后的尺寸 | 出图前的尺寸 |
|---|---|---|---|---|
| 定位轴线编号圆圈 | Ⓐ | 细实线 | 圆的直径为8mm | 8mm×比例 |
| | | | 详图上圆的直径为10mm | 10mm×比例 |

续表

| 名称 | 形状 | 粗细 | 出图后的尺寸 | 出图前的尺寸 |
|---|---|---|---|---|
| 标高 | 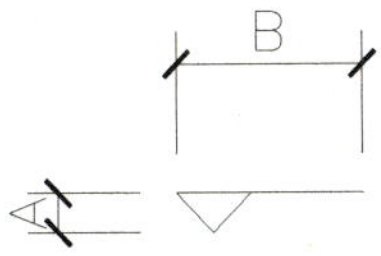 B A | 细实线 | A 为 3mm | A=3mm×比例 |
| | | | B 为 15mm | B=15mm×比例 |
| 指北针 | 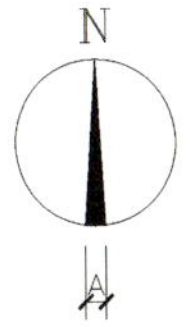 N A | 细实线 | 圆的直径为 24mm | 24mm×比例 |
| | | | A 为 3mm | A=3mm×比例 |
| 详图索引符号 | 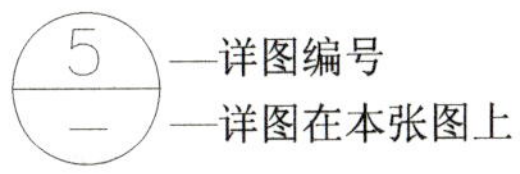 5 — 详图编号<br>— 详图在本张图上 | 均为细实线 | 圆的直径为 10mm | 10mm×比例 |
| | 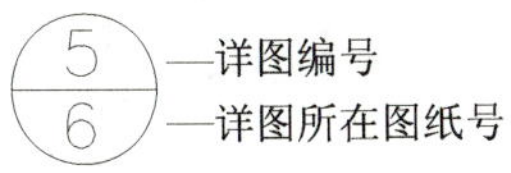 5 6 详图编号<br>详图所在图纸号 | | | |
| | 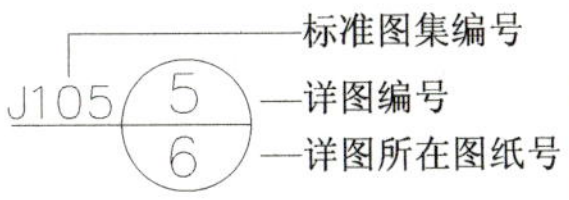 J105 5 6 标准图集编号<br>详图编号<br>详图所在图纸号 | | | |
| 局部剖切索引符号 |  5 — 剖切位置<br>详图的编号<br>详图所在图纸号<br>剖视方向 | 圆和剖视方向为细实线 | 圆的直径为 10mm | 10mm×比例 |
| | 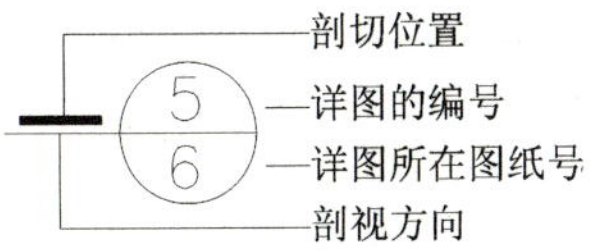 5 6 剖切位置<br>详图的编号<br>详图所在图纸号<br>剖视方向 | 剖切位置为粗实线 | 剖切位置线长度为 6～10mm<br>剖切位置线宽度可为 0.5mm | 线长：<br>（6～10）mm×比例<br>线宽：<br>可设定为 0.5mm×比例 |
| 详图符号 |  2 | 圆为粗实线 | 圆的直径为 14mm | 14mm×比例 |
| | 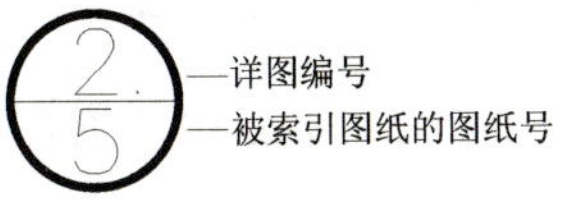 2 5 详图编号<br>被索引图纸的图纸号 | | 线宽度可为 0.5mm | 线宽：0.5mm×比例 |

续表

| 名称 | 形状 | 粗细 | 出图后的尺寸 | 出图前的尺寸 |
|---|---|---|---|---|
| 剖切符号 | 1 投影方向线 1<br>剖切位置线 | 剖切位置线为粗实线 | 剖切位置线长度为6～10mm<br>剖切位置线宽度可为0.5mm | 线长：<br>（6～10）mm×比例<br>线宽：<br>可设定为0.5mm×比例 |
| | | 投影方向线为粗实线 | 投影方向线长度为4～6mm<br>投影方向线宽度可为0.5mm | 线长：<br>(4～6)mm×比例<br>线宽：<br>可设定为0.5mm×比例 |
| 断面的剖切符号 | 1 1<br>剖切位置线 | 剖切位置线为粗实线 | 剖切位置线长度为6～10mm<br>剖切位置线宽度可为0.5mm | 线长：<br>（6～10）mm×比例<br>线宽：<br>可设定为0.5mm×比例 |
| 对称符号 | A C B | 对称线为细中心线 | A为6～10mm | （6～10）mm×比例 |
| | | 平行线为细实线 | B为2～3mm | (2～3)mm×比例 |
| | | | C为2～3mm | (2～3)mm×比例 |
| 折断符号 | | 细实线 | | |

注：出图后的尺寸为GB/T 50001—2017规定尺寸。

## 2.2 图纸内文字的标注方法

下面分4步介绍图纸内文字的标注方法：文字高度的设定、文字样式的设定、标注文字、编辑文字。

### 2.2.1 文字高度的设定

参照天正建筑软件的默认设置，将图纸内的文字高度分成表2-2中所列的几种情况，供大家参考。

**表 2-2 文字高度的大小**

| 序号 | 类型 | | 出图后的字高/mm | 出图前的字高/mm |
|---|---|---|---|---|
| 1 | 一般字体 | | 3.5 | 3.5×比例 |
| 2 | 定位轴线编号 | | 5 | 5×比例 |
| 3 | 图名 | | 7 | 7×比例 |
| 4 | 图名旁边的比例 | | 5 | 5×比例 |
| 5 | 详图符号 1 | 2 | 10 | 10×比例 |
| 6 | 详图符号 2 | 2/5 | 5 | 5×比例 |
| 7 | 详图索引符号 | 5/6 | 3.5 | 3.5×比例 |

## 2.2.2 文字样式的设定

这里需要建立 3 种文字样式，每种文字样式的设定和用途见表 2-3。

**表 2-3 文字的样式**

| 样式名 | 字体 | 宽高比 | 在【文字样式】对话框内的高度 | 【大字体】的选择 | 用途 |
|---|---|---|---|---|---|
| Standard | simplex. shx | 0.7 | 0 | gbcbig. shx | 用于写阿拉伯数字和英文 |
| 轴标 | complex. shx | 1 | 0 | gbcbig. shx | 用于标注纵、横向定位轴线的编号，详图编号及汉字 |
| 中文 | T 仿宋 | 0.7 | 0 | | 用于写汉字 |

按照表 2-3 设定的 3 种字体都是既能写英文又能写阿拉伯数字和汉字，用途以图面美观为原则，参照天正建筑软件设置。

**特别提示**

AutoCAD 可以调用两种字体文件，一种是 AutoCAD 自带的字体文件（位于安装目录的 Fonts 文件夹下），扩展名均为 .shx。一般情况下，优先使用这些字体，因为其占用磁盘空间较小。另一种是 Windows 字库（位于 C:\WINDOWS\Fonts 下），只要不勾选【使用大字体】复选框，就可以调用这些字体，但这类字体占用磁盘空间较大。

注意：大字体 gbcbig. shx 为汉字字体。

### 1. 修改【Standard】文字样式字体

（1）执行菜单栏中的【格式】|【文字样式】命令，打开【文字样式】对话框。默认状态下，在【文字样式】对话框中有【Annotative】和【Standard】两种文字样式，如图2.3所示，且默认状态下，【Annotative】和【Standard】文字样式的字体均为“txt. shx”。

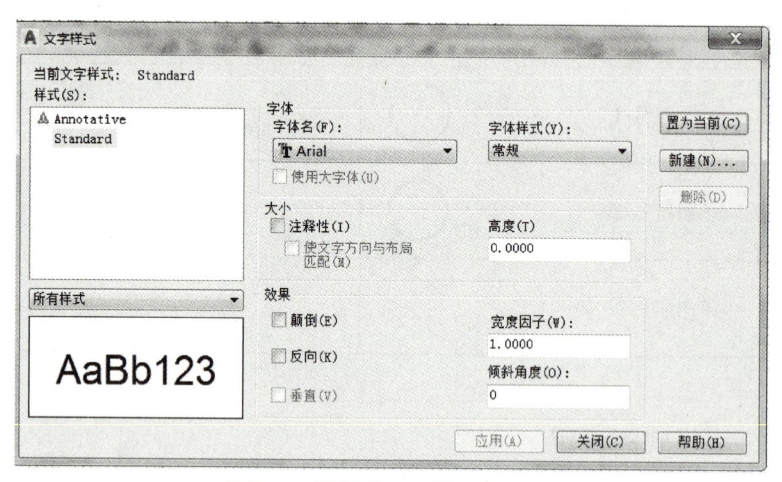


图 2.3　默认状态下的文字样式

**特别提示**

【Annotative】是注释性文字样式。从AutoCAD 2008开始增加了注释比例功能，它涉及【线型比例】、【文字样式】、【标注格式】、【图案填充】、【表格样式】的设置。

下面对【Standard】文字样式的设定进行修改。

（2）将【Standard】文字样式的字体修改为“simplex. shx”。

① 确认中文输入法已经关闭后，打开【字体名】下拉列表，输入“S”，此时字体名自动滚动到“simplex. shx”选项，如图2.4所示，然后选中该字体。

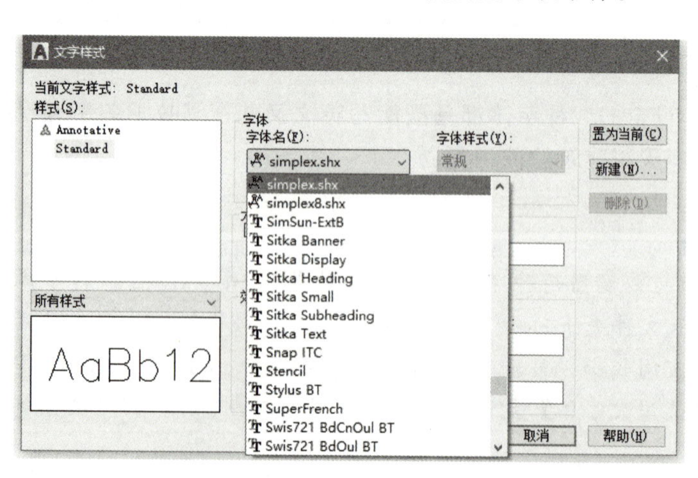


图 2.4　选择“simplex. shx”字体

② 勾选【使用大字体】复选框，然后打开【大字体】下拉列表，选择“gbcbig. shx”字体，如图 2.5 所示。

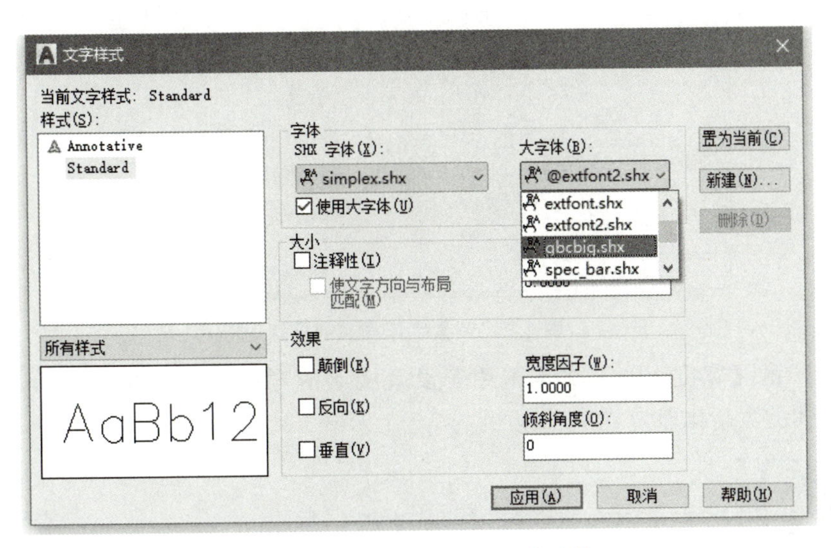


图 2.5 选择“gbcbig. shx”大字体

③ 将【文字样式】对话框中的【宽度因子】改为“0.7000”，【高度】仍然为“0.0000”，其他设定不变，单击【应用】按钮后关闭对话框。

**特别提示**

对【文字样式】对话框中的设定进行修改后，一定要单击【应用】按钮，使其成为有效设定后再单击【关闭】按钮关闭对话框，否则会前功尽弃。

设定了大字体 gbcbig. shx 的【Standard】字体样式，用 simplex. shx 写阿拉伯数字和英文字体，用 gbcbig. shx 写汉字。

设定了大字体 gbcbig. shx 的【轴标】字体样式，用 complex. shx 写阿拉伯数字和英文字体，用 gbcbig. shx 写汉字。

### 2. 建立【中文】文字样式

(1) 执行菜单栏中的【格式】|【文字样式】命令，打开【文字样式】对话框。

(2) 单击【新建】按钮，弹出【新建文字样式】对话框，输入“中文”，如图 2.6 所示，单击【确定】按钮返回【文字样式】对话框。

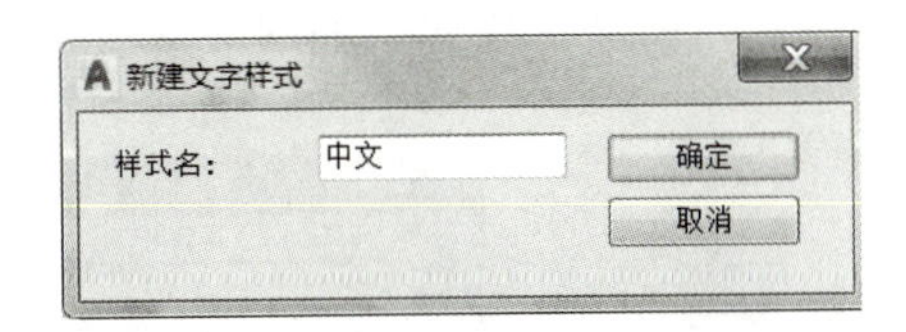


图 2.6 【新建文字样式】对话框

(3) 如图 2.7 所示，选择字体“T 仿宋”，【宽度因子】改为“0.7000”，高度为“0.0000”，然后单击【应用】按钮后关闭对话框。

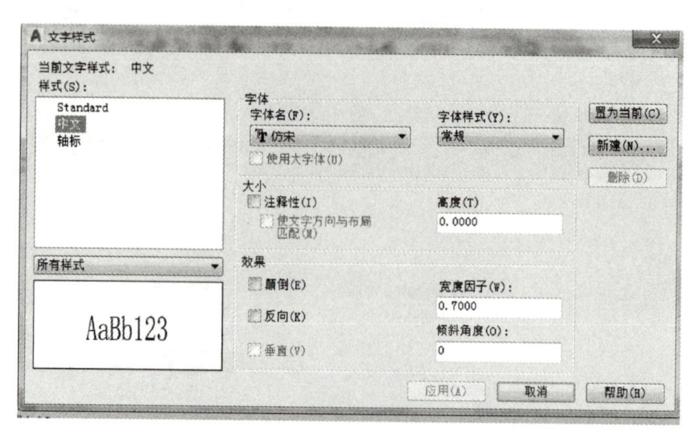

图 2.7　中文字体样式的设定

对话框中的【宽度因子】文本框用于设置文字的宽高比。如宽度为 7mm，高度为 10mm 的字体的宽高比即为“0.7”。

**特别提示**

【中文】文字样式的字体名是“T 仿宋”，而不是“T@仿宋”，前者用于横排字体，后者是倒体字，用于竖排字体。

在【文字样式】对话框中将【高度】设定为“0.0000”，这样在进行文字标注时，字体高度是可变的，可根据需要设定。

参照创建【Standard】文字样式和【中文】文字样式的方法，试按照表 2-3 的要求，新建【轴标】文字样式。

## 2.2.3 标注文字

标注单行文字

标注文字有【单行文字】和【多行文字】两种方法。

### 1. 标注单行文字

(1) 将【文字】图层设为当前层。

(2) 将当前字体样式设为【中文】样式。设定当前字体样式常用的方法有 3 种。

① 在【文字样式】对话框中设置：在【文字样式】对话框中的【样式】文本框内被选中的即为当前文字样式，如图 2.8 所示。

② 在【样式】工具栏内设定当前文字样式，如图 2.9 所示。

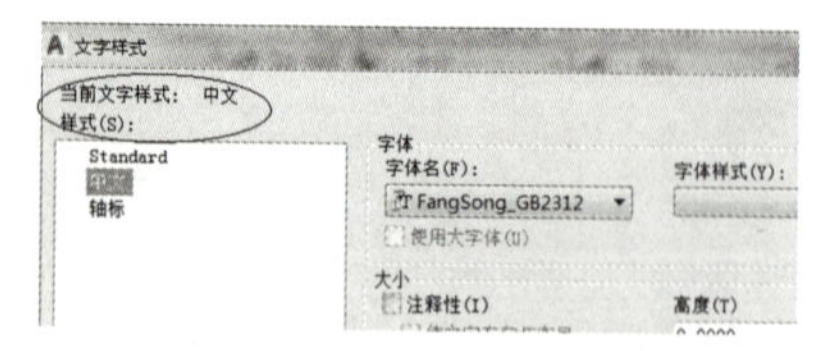

图 2.8　在【文字样式】对话框中设置当前文字样式

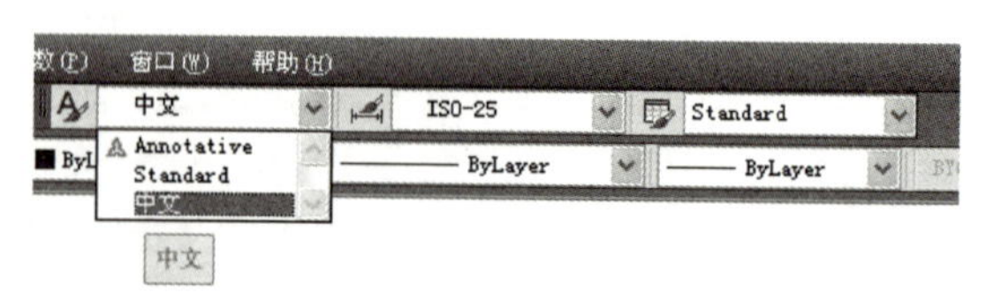

图 2.9　在【样式】工具栏内设置当前文字样式

③ 如果用【多行文字】命令标注字体，在【多行文字编辑器】内也可以置换当前文字样式。

(3) 执行菜单栏中的【绘图】|【文字】|【单行文字】命令（快捷键 DT），启动【单行文字】命令。

① 在**指定文字的起点或［对正(J)/样式(S)］**提示下，在宿舍楼底层平面图的门厅范围内单击一点，作为文字标注的起点位置。

② 在**指定高度<2.5000>**提示下，输入“300”，表示标注的字体高度为 300mm。

**特别提示**

如果在【文字样式】对话框中设定了文字的高度，则在执行【单行文字】命令时，不会出现**指定高度<2.5000>**的提示，AutoCAD 按照【文字样式】对话框中设定的文字高度来标注文字。

③ 在**指定文字的旋转角度<0>**提示下，按 Enter 键，执行尖括号内的默认值“0”，表示文字不旋转。

**特别提示**

文字的旋转角度和【文字样式】对话框中的文字的倾斜角度不同：文字的旋转角度是指一行文字相对于水平方向的角度，文字本身没有倾斜，而文字的倾斜角度是指文字本身倾斜的角度。

④ 打开中文输入法，输入“宿舍楼门厅”，按 Enter 键确认。

⑤ 再次按 Enter 键结束命令。

### 2. 标注多行文字

(1) 将【文字】图层设为当前层。

(2) 单击【绘图】工具栏上的【多行文字】图标 A （快捷键 T）。

① 在**指定第一角点**提示下，在宿舍楼底层平面图的值班室范围内单击一点，作为文字框的左上角点。

② 在**指定对角点或［高度(H)/对正(J)/行距(L)/旋转(R)/样式(S)/宽度(W)］**提示下，光标向右下角拖出矩形框（见图 2.10）后单击，此时弹出【文字格式】对话框和【文字输入】窗口。

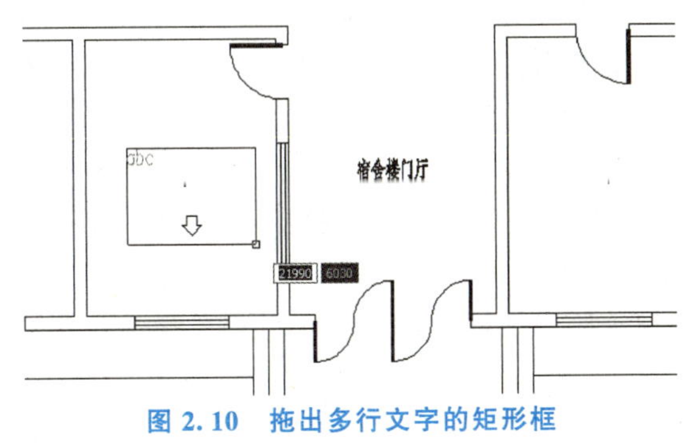


图 2.10 拖出多行文字的矩形框

标注多行文字

特别提示

矩形框的大小将影响输入文字的排列情况。

③ 在【文字格式】对话框中将当前文字样式设为【中文】，字高设为“300”，然后在文字输入窗口内输入“值班室”，如图 2.11 所示，单击【确定】按钮关闭对话框。

图 2.11　用【多行文字】命令输入“值班室”

### 3. 多行文字的理解

(1) 多行文字是指在指定的范围内（该范围即执行【多行文字】命令时所拖出的矩形框）进行文字标注，当文字的长度超过此范围时，AutoCAD 会自动换行。

(2) 标注多行文字比标注单行文字要灵活，在多行文字的【文字格式】对话框和文字输入窗口内可以设定当前文字样式、修改字体名、修改字高或做其他的文字编辑工作。

(3) 用【多行文字】命令所标注的文字为整体。多行文字经【分解】命令分解后，则变成单行文字。

### 4. 特殊字符的输入

1) 常用特殊字符的输入方法

常用特殊字符的输入方法见表 2-4。

表 2-4　常用特殊字符的输入方法

| 特 殊 字 符 | 输 入 方 法 |
|---|---|
| 度（°） | %%d |
| 正负（±） | %%p |
| 直径（ϕ） | %%c |

2) 用【多行文字】命令输入特殊字符

单击【绘图】工具栏上的【多行文字】图标 A。

① 在指定第一角点提示下，在宿舍平面图内单击一点，将其作为文字框的左上角点。

② 在指定对角点或［高度(H)/对正(J)/行距(L)/旋转(R)/样式(S)/宽度(W)］提示下，光标向右下角拖出矩形框后单击。

③ 在【文字格式】对话框中将当前字体样式设为【Standard】，字高设为“300”。

④ 在文字输入窗口内右击，在弹出的快捷菜单中执行【符号】|【正/负】命令，如图 2.12 所示，接着输入“0.000”。

⑤ 单击【确定】按钮关闭对话框，这样就输入了“±0.000”。

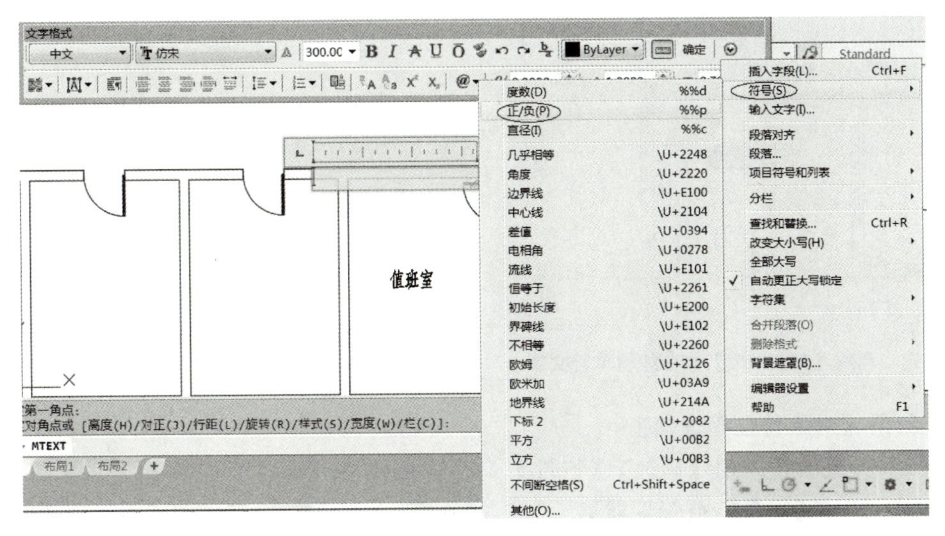


图 2.12 利用快捷菜单输入特殊字符

### 5. 设计说明等大量文字的输入方法

插入Word文字

利用【单行文字】或【多行文字】命令，在 AutoCAD 内输入设计说明等大量文字内容比较麻烦。可以在 Word 内将设计说明写好，复制到多行文字的输入窗口内，再根据需要进行修改。

## 2.2.4 编辑文字

可以用 4 种方法编辑文字：第一种是利用【文字编辑】命令；第二种是利用【对象特征管理器】；第三种是利用【特性匹配】命令；第四种是利用【快捷特性】。

### 1. 利用【文字编辑】命令

编辑文字

(1) 执行菜单栏中的【修改】|【对象】|【文字】|【编辑】命令（快捷键 ED)，或双击需被修改的文字，启动【编辑文字】命令。

① 在选择注释对象或［放弃(U)］提示下，选择要修改的文字，这里选择前面用单行文字标注的“宿舍楼门厅”，则“宿舍楼门厅”被激活，如图 2.13 所示，将其修改为“门厅”，按 Enter 键确认即可。

② 再次按 Enter 键结束命令。

(2) 如果利用【文字编辑】命令编辑用多行文字标注的“值班室”，则弹出多行文字编辑器，在编辑器内可以对文字的内容、高度等进行修改，如图 2.14 所示。

**特别提示**

对比图 2.13 和图 2.14 可知：利用【文字编辑】命令编辑单行文字，只能修改文字的内容，而编辑多行文字时，可对文字的内容、高度、文字样式、是否加粗字体等多项内容进行修改。

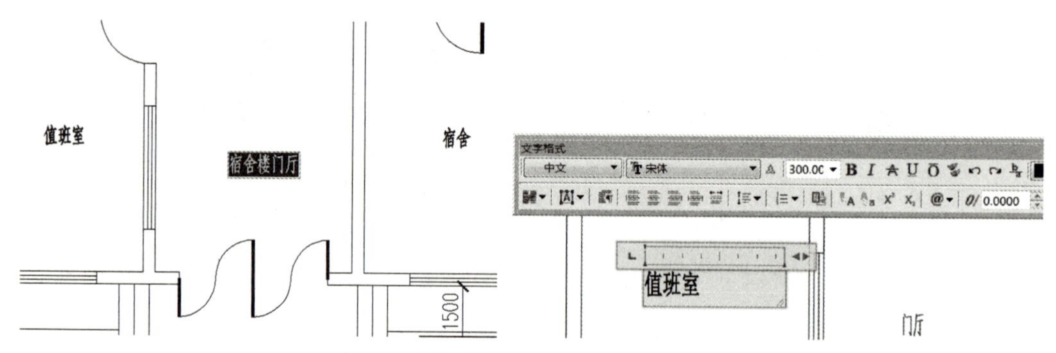


图 2.13　利用【文字编辑】命令编辑单行文字　　图 2.14　利用【文字编辑】命令编辑多行文字

### 2. 利用【对象特征管理器】

（1）执行菜单栏中的【修改】|【特性】命令，或单击【标注】工具栏上的图标（快捷键 PR），打开【对象特征管理器】。

（2）在无命令的状态下单击选择“宿舍楼门厅”，此时【对象特征管理器】内左上方下拉列表框内出现【文字】选项，并且在【对象特征管理器】中罗列出单行文字“宿舍楼门厅”的特性描述，如图 2.15 所示，包括【样式】、【高度】、【内容】等，在这里可对其所有特性进行修改。

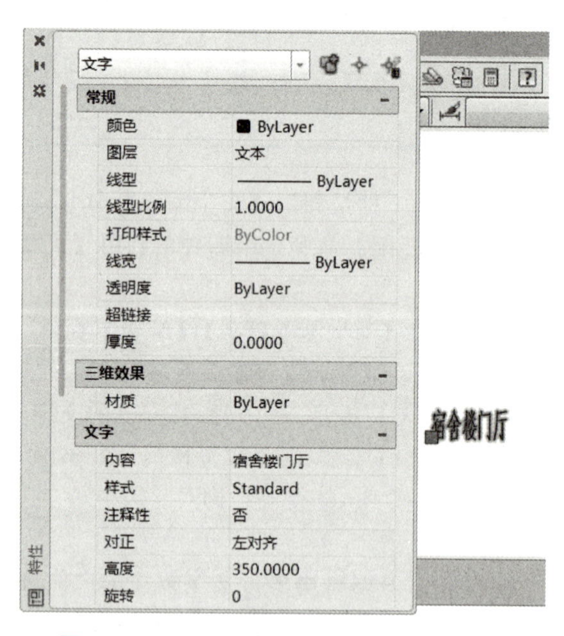


图 2.15　利用【对象特征管理器】修改文字

### 3. 利用【特性匹配】命令

首先，在【文字样式】对话框中将当前文字样式设定为【Standard】（字体为 simplex. shx），然后用【单行文字】命令在几间宿舍内注写“宿舍”，则会出现如图 2.16 所示的大字体 gbcbig. shx 样式的中文文字，用“格式刷”将其修改为“值班室”标注所用的仿宋字体。

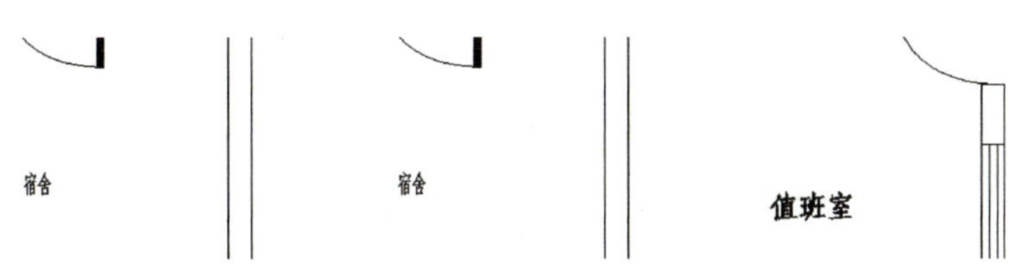


图 2.16　大字体 gbcbig.shx 注写的中文文字

① 执行菜单栏中的【修改】|【特性匹配】命令，或单击【标准】工具栏上的图标(快捷键 MA)，启动【特性匹配】命令。

② 在**选择源对象**提示下，单击选择“值班室”，此时光标变成“刷子”形状。

③ 在**选择目标对象或［设置(S)］**提示下，选择“宿舍”，则“宿舍”变成了仿宋体，如图 2.17 所示，按 Enter 键结束命令。

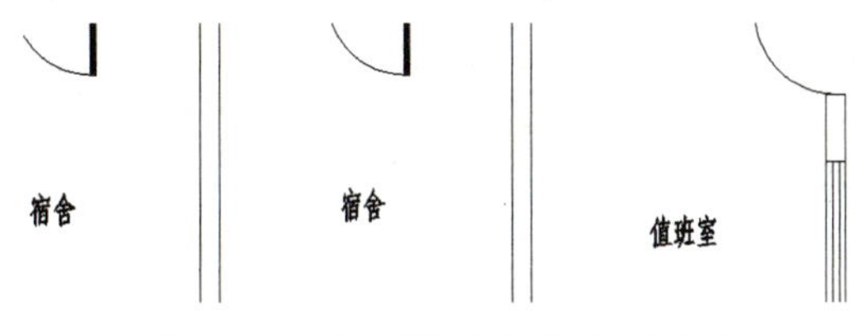


图 2.17　改变“宿舍”的文字样式

#### 4. 利用【快捷特性】

单击状态栏上【快捷特性】按钮，在命令行无命令情况下，单击“宿舍”，在弹出的【快捷特性】对话框，可以修改文字的内容、图层、样式、高度等。

**特别提示**

单行和多行文字均可作为【修剪】命令的剪切边界。
复制已有文字然后再进行修改比重新输入文字更方便、快捷。

## 2.3　图纸内尺寸的标注

### 2.3.1　尺寸标注基本概念的图解

尺寸标注的组成、尺寸标注的类型及【新建标注样式】对话框中部分参数等概念的解释如图 2.18 所示。

下面分三步介绍尺寸标注：尺寸标注样式、标注尺寸、修改尺寸标注。

### 2.3.2　尺寸标注样式

尺寸标注同样应遵循 GB/T 50001—2017 的规定，这里建立 4 种标注样式，每种标注样式的作用见表2-5。

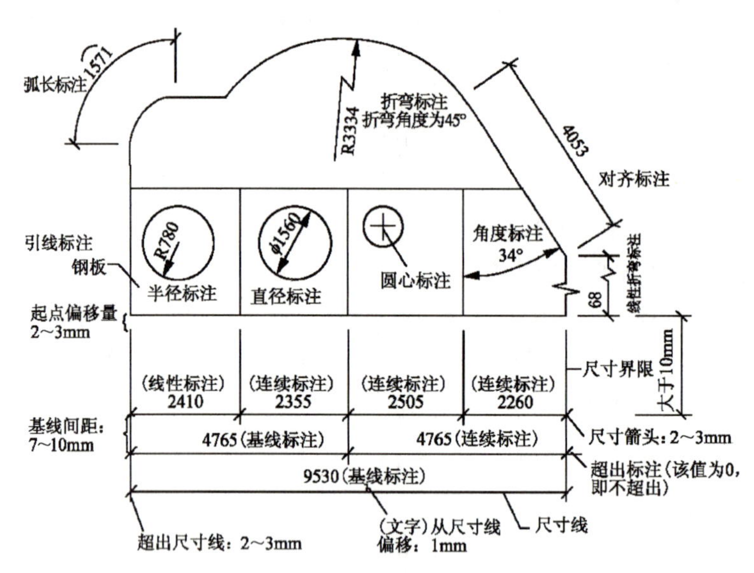


图2.18 尺寸标注基本概念的图解

表2-5 尺寸标注样式

| 标注样式 | 作用 | 备注 |
| --- | --- | --- |
| 标注 | 用于所有的尺寸标注 | |
| 半径 | 用于标注圆弧或圆的半径 | 【标注】的子样式 |
| 直径 | 用于标注圆弧或圆的直径 | 【标注】的子样式 |
| 角度 | 用于标注角度大小 | 【标注】的子样式 |

## 1. 建立标注样式

(1) 执行菜单栏中的【格式】|【标注样式】命令或【标注】|【标注样式】命令，打开【标注样式管理器】对话框。在AutoCAD默认状态下，有注释性的【Annotative】和【ISO-25】两种标注样式，选中【ISO-25】，如图2.19所示。

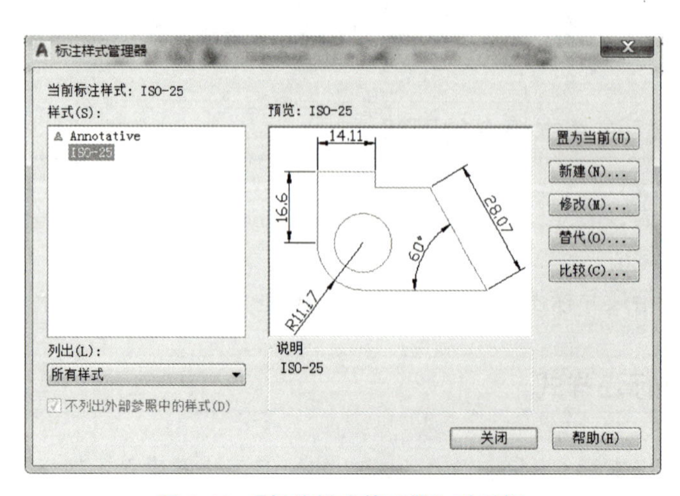


图2.19 【标注样式管理器】对话框

(2) 单击【标注样式管理器】对话框右侧的【新建】按钮，弹出【创建新标注样式】对话框，在【新样式名】文本框中输入“标注”，如图 2.20 所示，【基础样式】为【ISO-25】，也就是说【标注】标注样式是在【ISO-25】标注样式的基础上修改而成的。

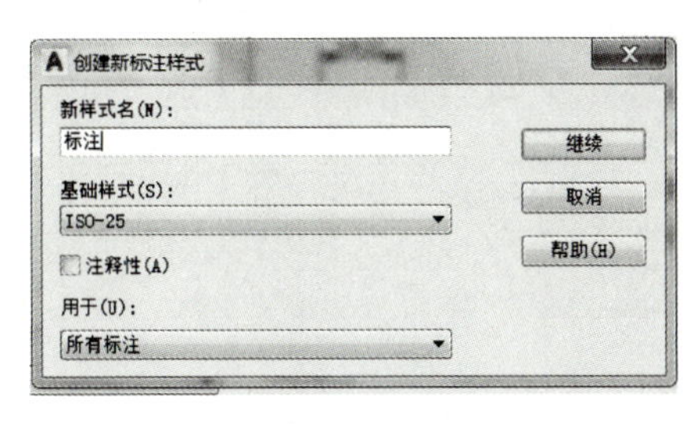


图 2.20 【创建新标注样式】对话框

(3) 单击【继续】按钮，进入【新建标注样式：标注】参数设置对话框，该对话框中共有 7 个选项卡，下面分别来设置。

①【线】选项卡的设置如图 2.21 所示。

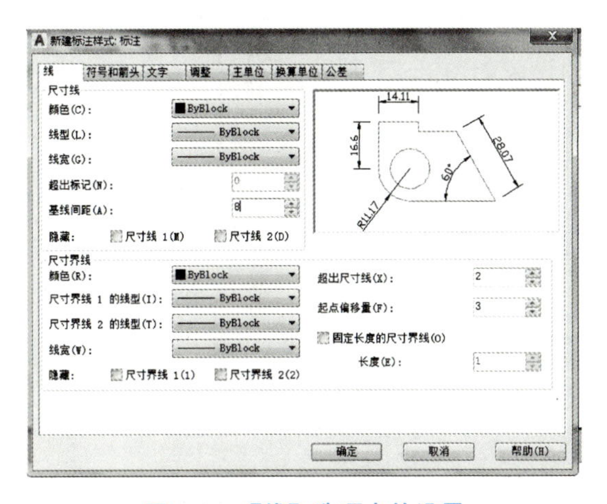


图 2.21 【线】选项卡的设置

②【符号和箭头】选项卡的设置如图 2.22 所示。

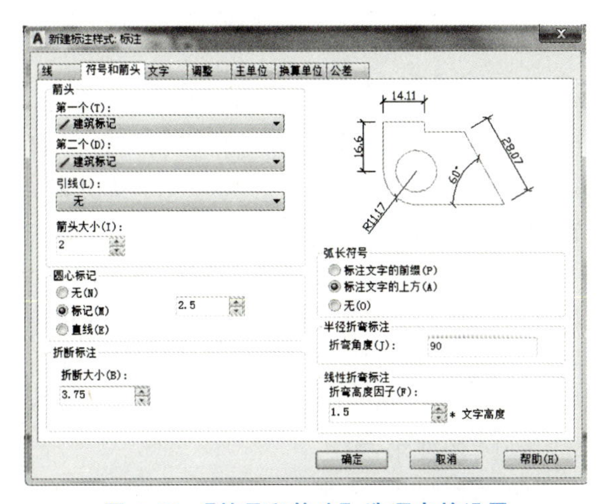


图 2.22 【符号和箭头】选项卡的设置

③【文字】选项卡的设置如图 2.23 所示。在设定【文字】选项卡之前，可以单击【文字样式】下拉列表框右边的...按钮，查看文字的格式是否符合要求。在 2.2 节中已经设定【Standard】文字样式字体为 simplex. shx。

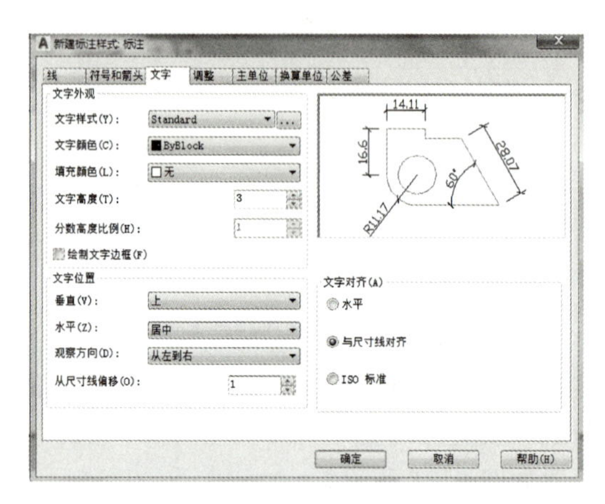


图 2.23 【文字】选项卡的设置

④【调整】选项卡的设置如图 2.24 所示。

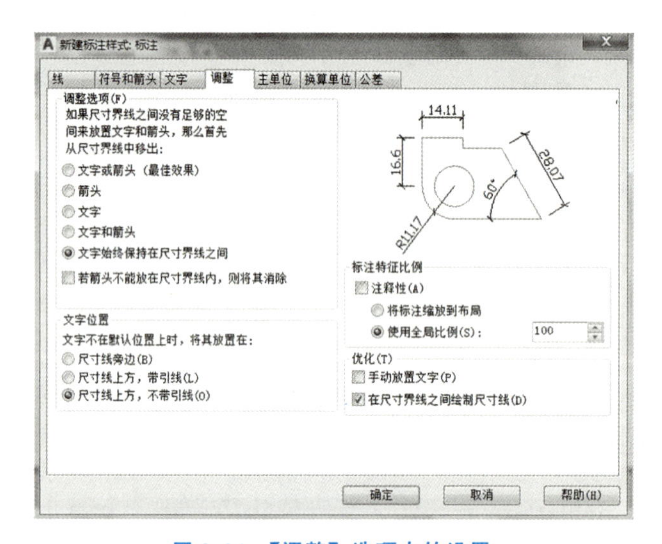


图 2.24 【调整】选项卡的设置

【调整】选项卡内的【使用全局比例】应和出图比例保持一致。出图比例为 1∶100 时，【使用全局比例】设定为 100；出图比例为 1∶200 时，【使用全局比例】设定为 200；出图比例为 1∶50 时，【使用全局比例】设定为 50。

如果把【使用全局比例】设定为 100，则前面所有已设定的尺寸将被放大 100 倍。如【箭头大小】（见图 2.22）尺寸变为 200mm（200＝2×100），【超出尺寸线】（见图 2.21）尺寸变为 200mm（200＝2×100）。在打印时，又将图整体缩小到原来的 1/100，所以出图后【箭头大小】尺寸为＝2mm（2＝200/100），【超出尺寸线】尺寸为 2mm（2＝200/100），符合 GB/T 50001—2017 的要求。

⑤【主单位】选项卡的设置如图 2.25 所示。

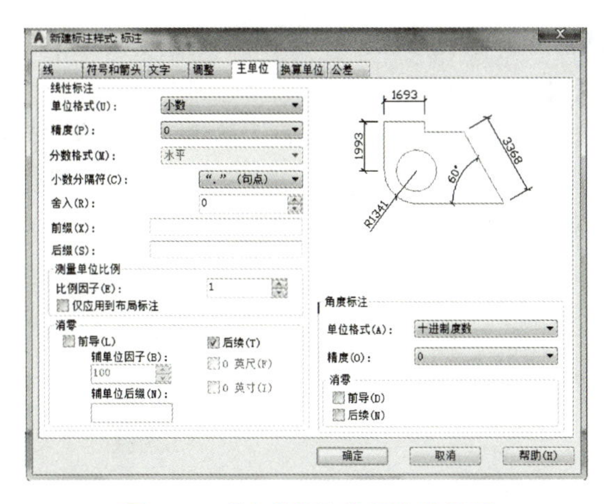


图 2.25 【主单位】选项卡的设置

**特别提示**

【主单位】选项卡内的测量单位比例【比例因子】为 1 时，为如实标注，例如线长为 1000mm，标注出的尺寸也为 1000mm。【比例因子】不为 1 时，则不再为如实标注，如果【比例因子】为 0.5，线长为 1000mm，标注出的尺寸为 500mm；如果【比例因子】为 1.6，线长为 1000mm，标注出的尺寸为 1600mm。

⑥【换算单位】和【公差】选项卡的设置。在【换算单位】选项卡内，如果勾选【显示换算单位】复选框，表明采用公制和英制双套单位来标注；如果不勾选【显示换算单位】复选框，则表明只采用公制单位来标注。这里不需要勾选。

建筑施工图内无公差概念，因此该选项卡不需设定。

⑦ 单击【确定】按钮返回【标注样式管理器】对话框。

此时在【标注样式管理器】对话框中可以看到 3 个标注样式：两个是默认的【Annotative】、【ISO-25】；另一个是在【ISO-25】基础上新建的【标注】标注样式，结果如图 2.26 所示。

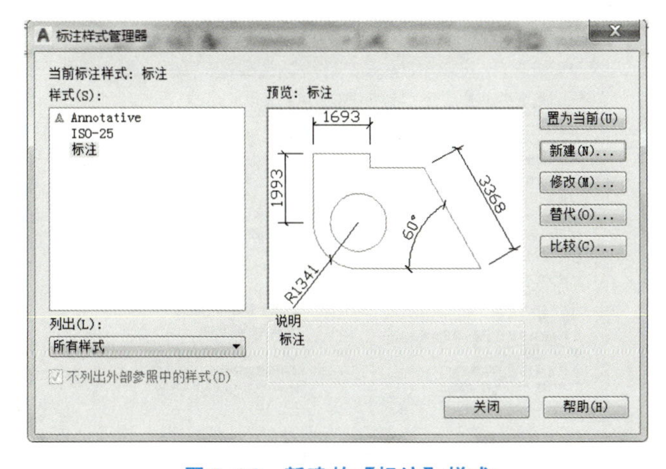


图 2.26 新建的【标注】样式

### 2. 创建【半径】、【直径】及【角度】标注样式

(1) 首先创建【半径】标注样式。

如图 2.26 所示，选中【标注】标注样式后，单击【新建】按钮，进入【创建新标注样式】对话框，其参数设置如图 2.27 所示，单击【继续】按钮，进入【新建标注样式：标注：半径】参数设置对话框。

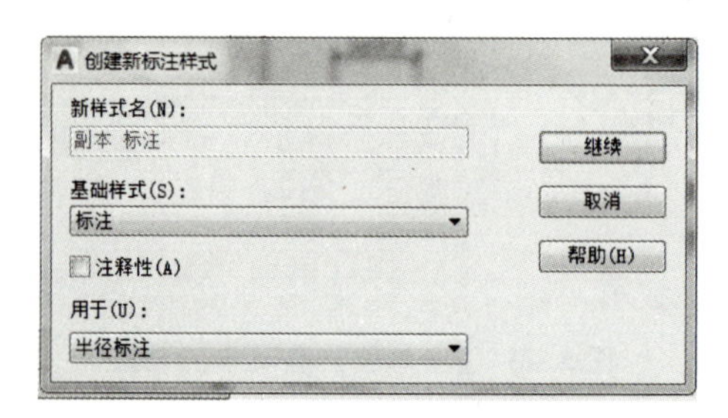


图 2.27　创建【半径标注】样式

① 将【符号和箭头】选项卡内的箭头设定为【实心闭合】，如图 2.28 所示。

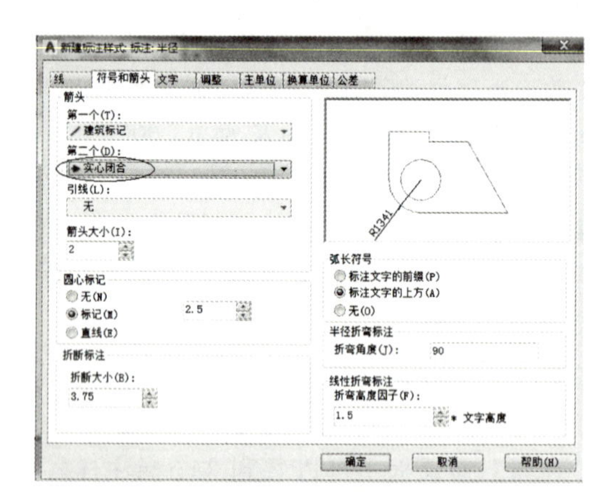


图 2.28　将箭头改为【实心闭合】

②【调整】选项卡的设置如图 2.29 所示。

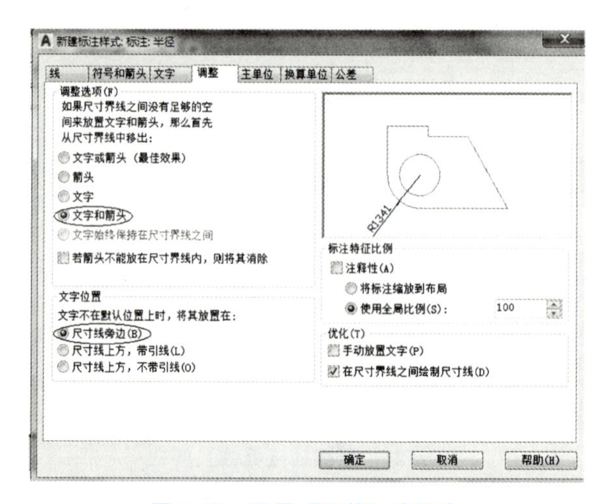


图 2.29　设置【调整】选项卡

(2) 用同样的方法创建【直径】和【角度】标注样式，结果如图 2.30 所示。

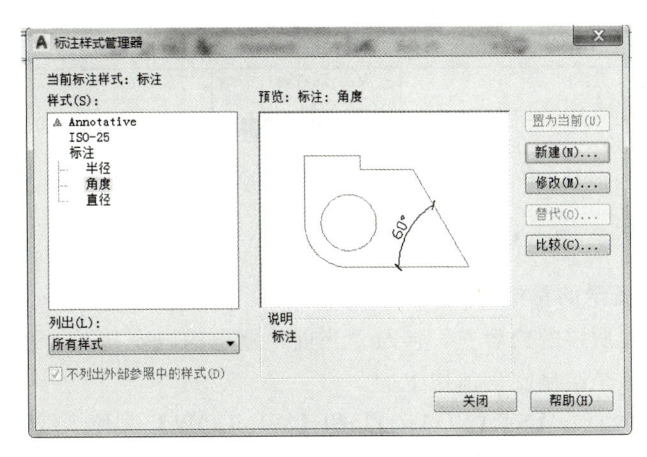


图 2.30 【标注样式管理器】对话框内的标注样式

注意图 2.30 中的【半径】、【直径】和【角度】与【标注】的显示关系，【半径】、【直径】和【角度】为【标注】的子样式。遇到线性尺寸，使用【标注】标注样式；遇到半径、直径或角度时，分别使用 3 个子样式标注。

### 3. 当前标注样式

从图 2.30 中可以看到【Annotative】、【ISO-25】、【标注】3 个标注样式。用哪个样式标注，就应将哪个标注样式设置为当前标注样式。

设置当前标注样式的方法有 3 个。

(1) 在【标注样式管理器】对话框的左上角有当前标注样式的显示，如图 2.31 中所示的当前标注样式为【标注】。在【标注样式管理器】对话框中选中将要设置为当前的标注样式，然后单击【置为当前】按钮，被选中的【标注】标注样式就被设置为当前标注样式。

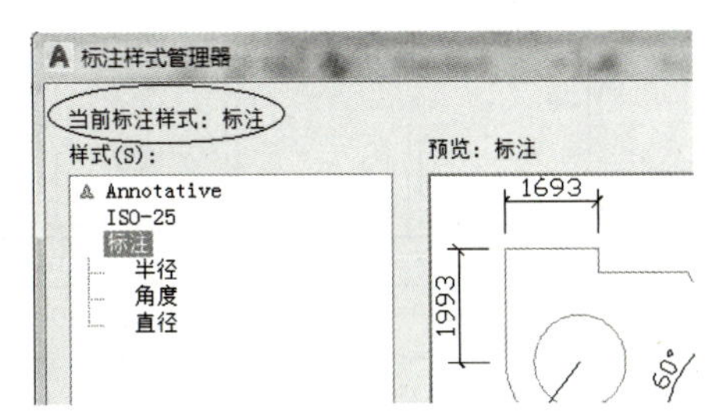


图 2.31 【标注样式管理器】中当前标注样式的显示

(2) 在【标注】工具栏中打开【标注样式】下拉列表，选中将要置为当前的标注样式，如图 2.32 所示。

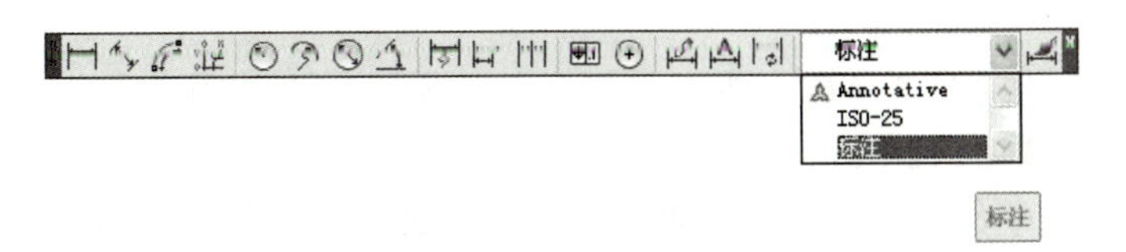


图 2.32 在【标注】工具栏中设置当前标注样式

（3）在【样式】工具栏中设置当前标注样式，如图 2.33 所示。

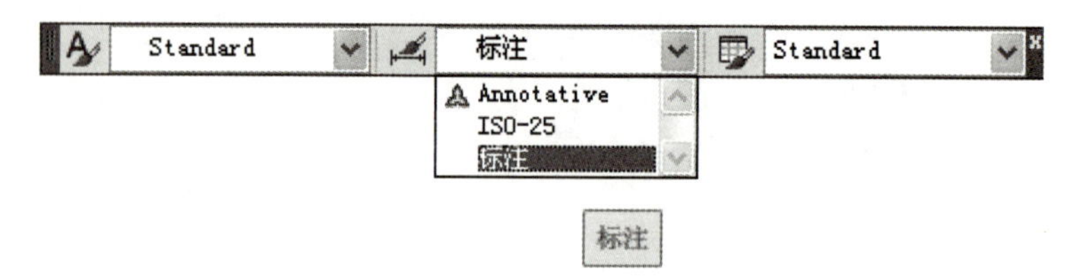


图 2.33 在【样式】工具栏中设定当前标注样式

### 4. 对“当前”概念的总结

回忆一下在前面所讲的内容里，涉及“当前”概念的内容共有 4 处。

（1）图层：图形是绘制在当前层上的。

（2）多线：前面讲了【STANDARD】和【WINDOW】两种多线样式。绘制墙线时，须将【STANDARD】设置为当前多线样式；绘制窗户时须将【WINDOW】设置为当前多线样式。

（3）文字：前面建立了【Standard】、【轴标】和【中文】3 种文字样式，当前样式是哪种，文字标注就是哪种样式的字体。

（4）标注：除了 AutoCAD 默认的【Annotative】和【ISO－25】标注样式，我们还建立了【标注】标注样式，用哪种标注样式去标注，就应将哪种样式置为当前样式。

后面将具体介绍的表格样式设定中还会涉及设置当前表格样式的方法。

## 2.3.3 标注宿舍楼底层平面图外墙 3 条尺寸线

### 1. 准备工作

（1）生成辅助线：将台阶左边的散水线向下偏移 1500mm 生成辅助线，如图 2.34 所示。

尺寸标注

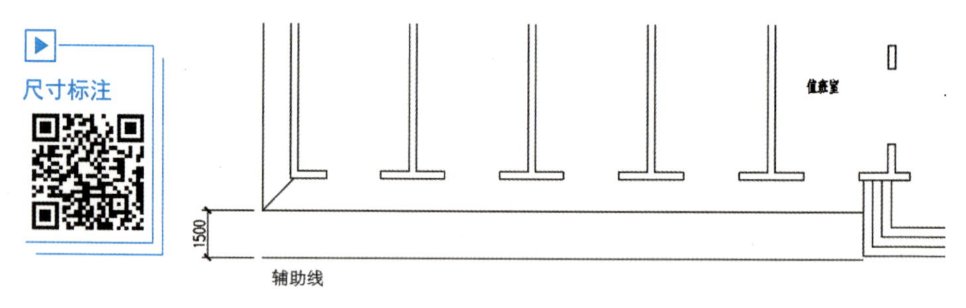


图 2.34 由散水线生成辅助线

（2）加长辅助线：在命令行无命令的状态下选中辅助线，会出现 3 个冷夹点。单击右侧的夹点，使其变成热夹点，打开【正交】功能，将光标水平向右拖动至图 2.35 所示的位置。

（3）换图层：辅助线是由散水线偏移形成的，所以辅助线目前位于【室外】图层上。我们需要将其换到【辅助】图层上。

① 在命令行无命令的状态下选中辅助线，会出现 3 个冷夹点。

② 如图 2.36 所示，打开图层下拉列表，选中【辅助】图层。

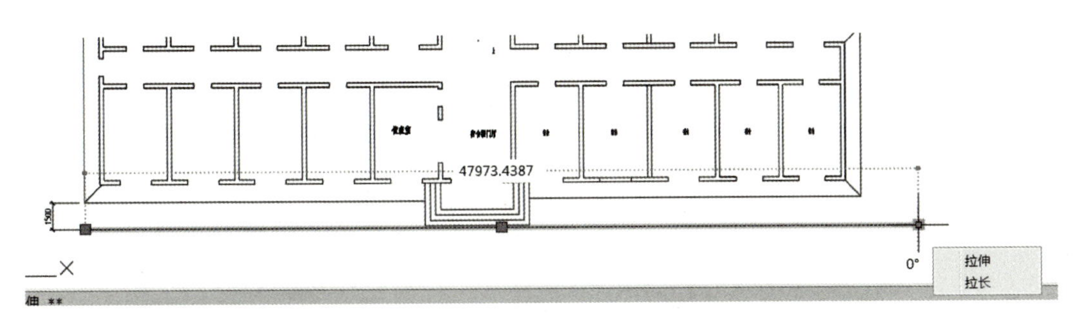


图 2.35　向右拖长辅助线

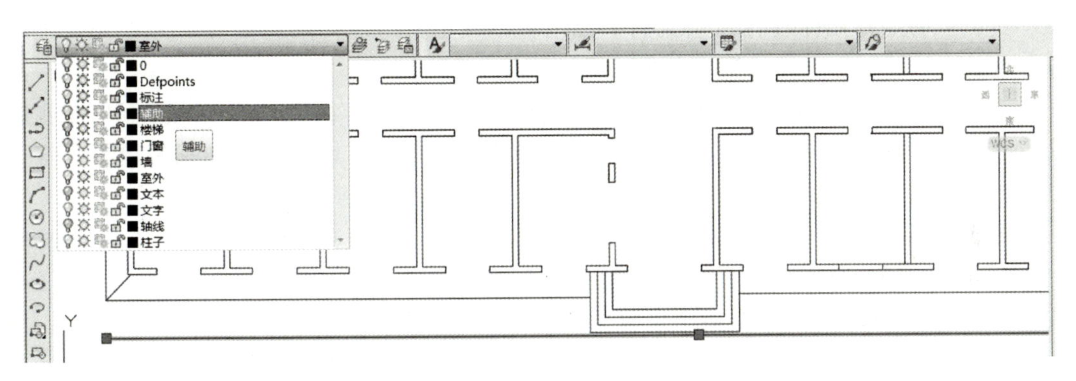


图 2.36　换图层

③ 按 Esc 键取消夹点。

④ 打开【轴线】图层，将【门窗】、【楼梯】和【室外】图层关闭，如图 2.37 所示。

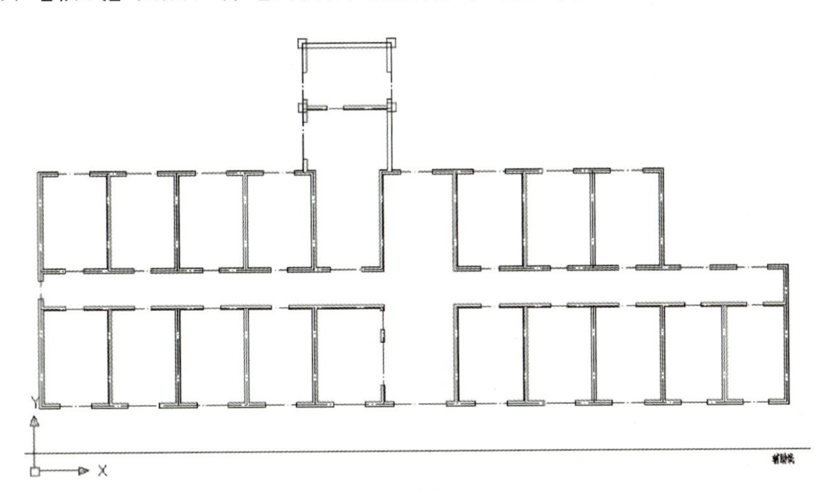


图 2.37　关闭【门窗】图层和【室外】图层

⑤ 用【窗口缩放】命令将视图调整至图 2.38 所示的状态。

⑥ 将【标注】标注样式置为当前标注样式。

### 2. 标注第一条尺寸线（墙段长度和洞口宽度）

(1) 执行菜单栏中的【标注】|【线性】命令。

① 在**指定第一条尺寸界线原点或＜选择对象＞**提示下，捕捉轴线Ⓐ和轴线①的交点，

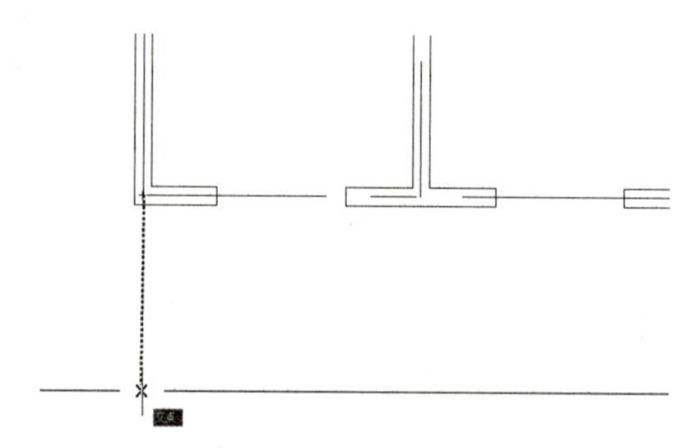

图 2.38　在辅助线上确定第一条尺寸界线的起点

但不单击，而是将光标轻轻地垂直向下拖至辅助线上，出现交点捕捉后（图 2.38）再单击，将该点作为线性标注的第一条尺寸界线的起点。

② 在指定第二条尺寸界线原点提示下，如图 2.39 所示，捕捉轴线Ⓐ和窗洞口左侧的交点（1 处），但不单击，将光标轻轻地向下拖至辅助线上，出现交点捕捉后单击，将该点作为线性标注的第二条尺寸界线的起点。

③ 在指定尺寸线位置或［多行文字(M)/文字(T)/角度(A)/水平(H)/垂直(V)/旋转(R)］提示下，将光标垂直向下拖动，输入“1050”（图 2.40），指定尺寸线和辅助线之间的距离为 1050mm，按 Enter 键结束命令。

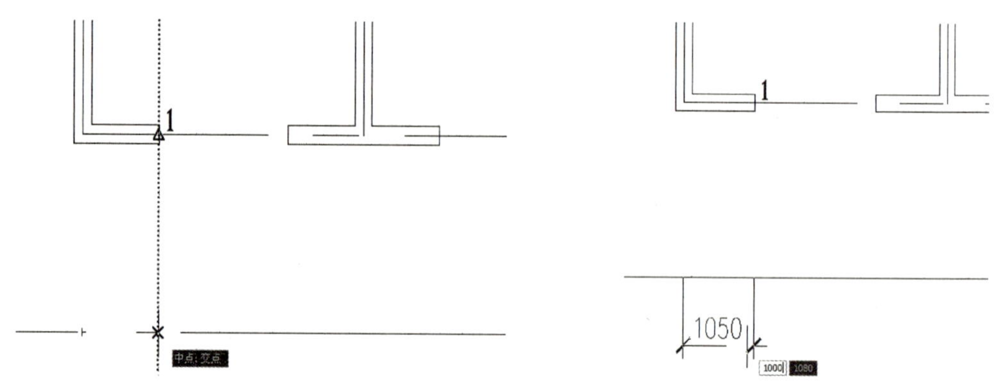


图 2.39　在辅助线上确定第二条尺寸界线的起点　　图 2.40　指定尺寸线和辅助线之间的距离

(2) 执行菜单栏中的【标注】|【连续】命令，AutoCAD 自动将连续标注连接到刚刚所标注的尺寸线上。

**特别提示**

执行连续标注时，AutoCAD 自动将连续标注连接到刚刚所标注的尺寸线上。如果 AutoCAD 自动连接的尺寸线不是所需要连接的尺寸线，则可按 Enter 键，执行尖括号内的【选择】命令，在选择连续标注提示下，选择需要连接的尺寸线。

① 在指定第二条尺寸界线原点或［放弃(U)/选择(S)］<选择>提示下，捕捉轴线Ⓐ和窗洞口右侧的交点（2 处），但不单击，将光标轻轻地向下拖至辅助线上，出现交点捕捉后（图 2.41）单击。

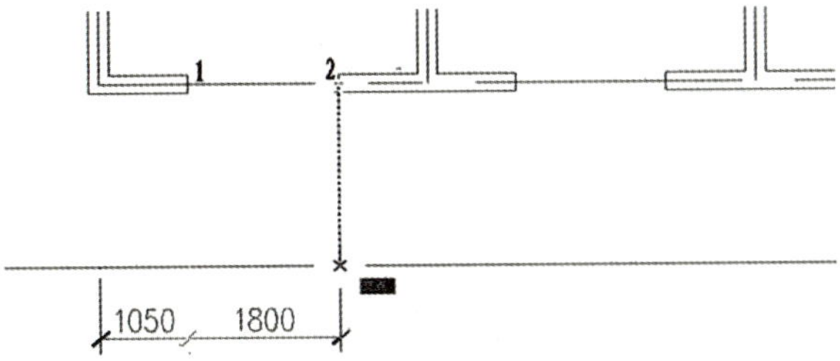

图 2.41　用【连续】标注命令标注尺寸

② 在**指定第二条尺寸界线原点或［放弃(U)/选择(S)］<选择>**提示下，用相同的方法依次向右标注，结果如图 2.42 所示。在操作过程中，可以使用【平移】命令调整视图，以方便操作。

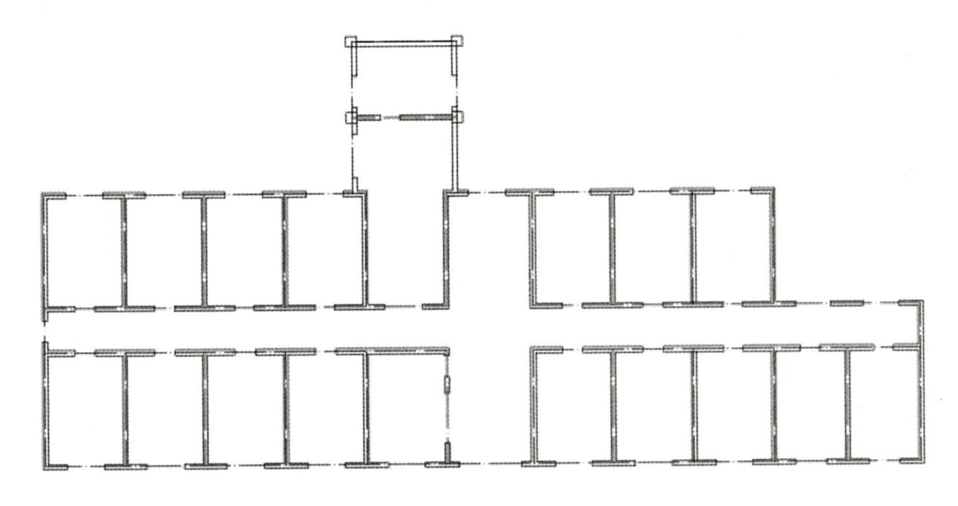

图 2.42　标注第一道尺寸线

**特别提示**

为了使尺寸界线的起点在一条线上，这里设置了辅助线，这样标注出的尺寸线比较整齐。

在连续标注的过程中，如果某次标注出现错误，可以在命令执行过程中输入“U”，以取消这次错误操作。

第一道尺寸线的第一个尺寸是用【线性】标注命令标注出来的，而其他尺寸是使用【连续】标注命令标注出来的。

### 3. 标注第二条尺寸线（轴线）

(1) 执行菜单栏中的【标注】|【基线】命令，光标将自动连接到刚刚所标注的尺寸线上，如图 2.43 所示。

(2) AutoCAD 自动连接的标注不是所需要的标注，所以在**指定第二条尺寸界线原点或［放弃(U)/选择(S)］<选择>**提示下，按 Enter 键执行尖括号内的【选择】命令，表示

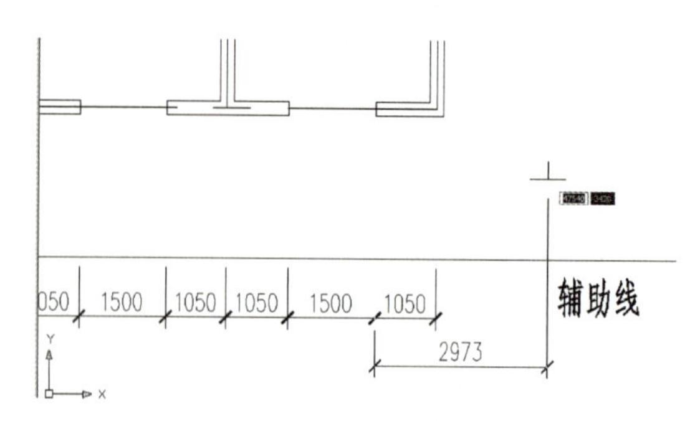


图 2.43　基线标注自动连接到刚刚所标注的尺寸线上

要重新选择基准标注。

① 在选择基准标注提示下，将光标放在如图 2.44 所示的 1050 左侧的尺寸线上，然后单击以选择基准标注。

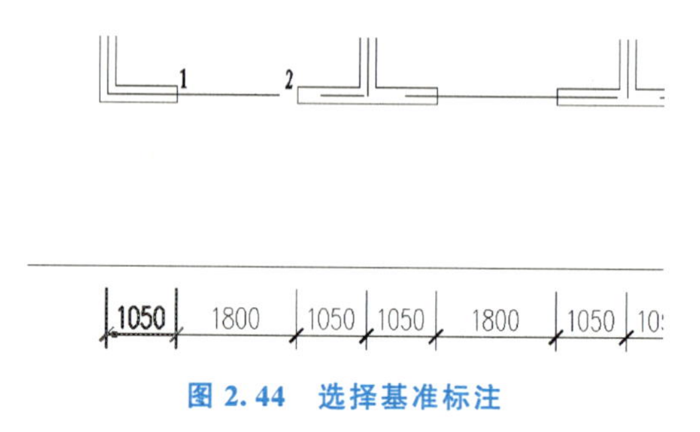


图 2.44　选择基准标注

② 在指定第二条尺寸界线原点或 [放弃 (U) /选择 (S)] <选择>提示下，将光标向右上拖动，捕捉如图 2.45 所示的位置，以指定第二条尺寸界线原点。

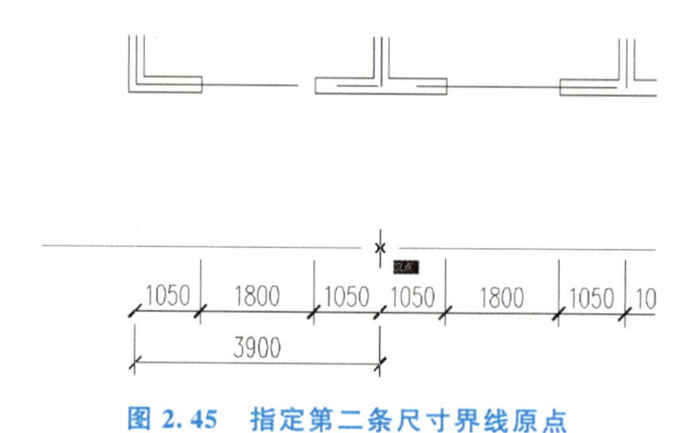


图 2.45　指定第二条尺寸界线原点

③ 在指定第二条尺寸界线原点或 [放弃(U)/选择(S)]<选择>提示下，按 Enter 键。

④ 在选择基准标注提示下，按 Enter 键结束【基线】标注命令。

**特别提示**

在连续标注或基线标注后，应连续按两次 Enter 键才能结束命令。

(3) 执行菜单栏中的【标注】|【连续】命令，光标自动连接到刚才用【基线】标注命令所标注的尺寸线上，如图 2.46 所示。

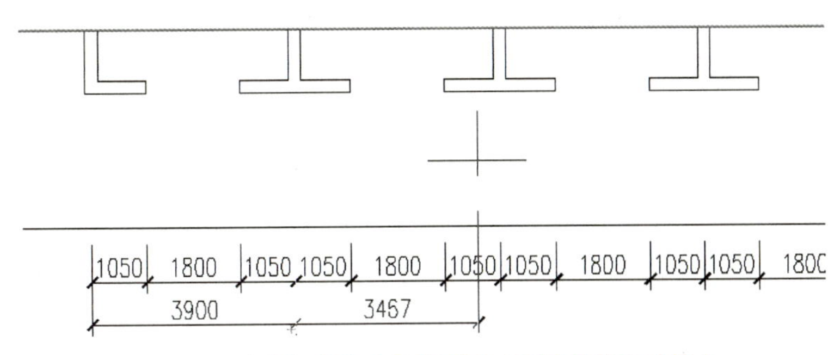


图 2.46　连续标注自动连接到刚才所标注的尺寸线上

① 在**指定第二条尺寸界线原点或［放弃(U)/选择(S)］＜选择＞**提示下，依次向右分别捕捉与轴线相对应的尺寸界线的起点，如图 2.47 所示。

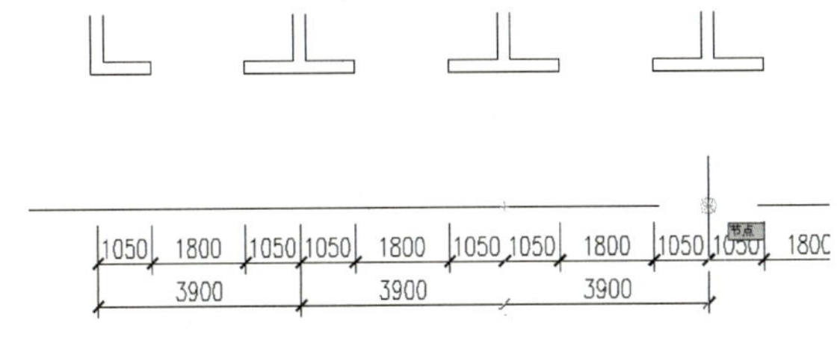


图 2.47　捕捉与轴线相对应的尺寸界线的起点

② 按 Enter 键结束【连续】标注命令，结果如图 2.48 所示。

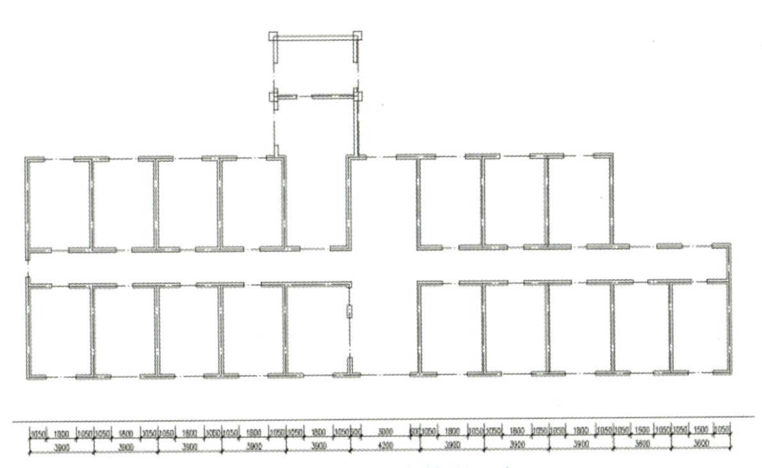

图 2.48　标注出轴线尺寸

**特别提示**

第二条尺寸线的第一个尺寸是用【基线】标注命令标注出来的，而其他尺寸是用【连续】标注命令标注出来的。

### 4. 标注第三条尺寸线（总尺寸）

(1) 执行菜单栏中的【标注】|【基线】命令，光标自动连接到刚刚所标注的尺寸线上，同样 AutoCAD 自动连接的标注不是所需要的标注，所以在**指定第二条尺寸界线原点或**

[放弃(U)/选择(S)]<选择>提示下，按 Enter 键执行尖括号内的【选择】命令。

（2）在选择基准标注提示下，选择图 2.49 所示的 3900 尺寸线的左侧。

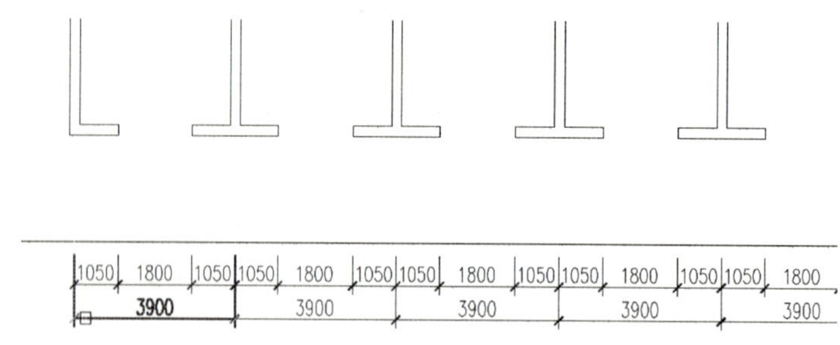


图 2.49　选择基准标注

（3）在指定第二条尺寸界线原点或 [放弃(U)/选择(S)]<选择>提示下，将光标向右上拖动，捕捉图 2.50 所示的第 12 根轴线的尺寸界线的起点作为第二条尺寸界线原点。

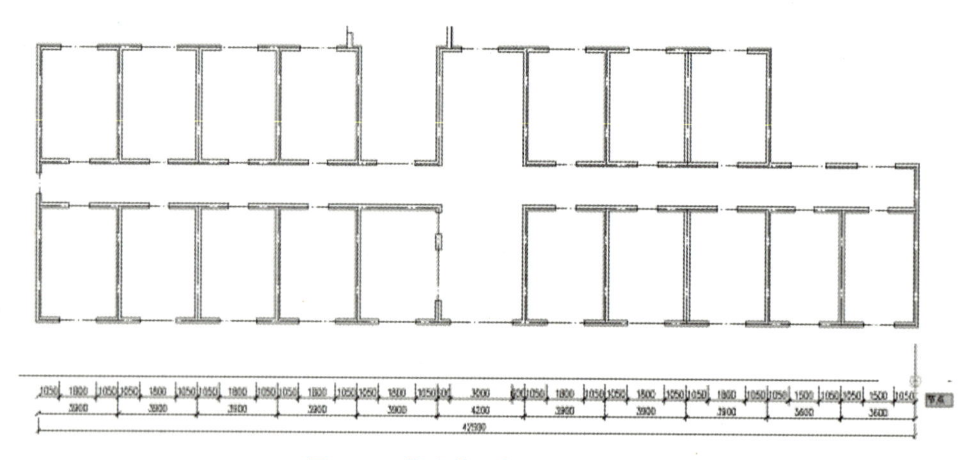

图 2.50　指定第二条尺寸界线原点

（4）在指定第二条尺寸界线原点或 [放弃(U)/选择(S)]<选择>提示下，按两次 Enter 键结束命令。

**特别提示**

第三条尺寸线用【基线】标注命令标注。

5. 标注其他外部尺寸

用相同的方法标注宿舍楼底层平面图中其他外部尺寸。

6. 冻结【辅助】图层

打开【图层】工具栏上的【图层】下拉列表，将【辅助】图层冻结。

## 2.3.4 标注内部尺寸

1. 准备工作

（1）如图 2.51 所示，将当前标注设定为【标注】标注样式。

图 2.51 设定当前标注

(2) 将视图调整至图 2.52 所示的状态。

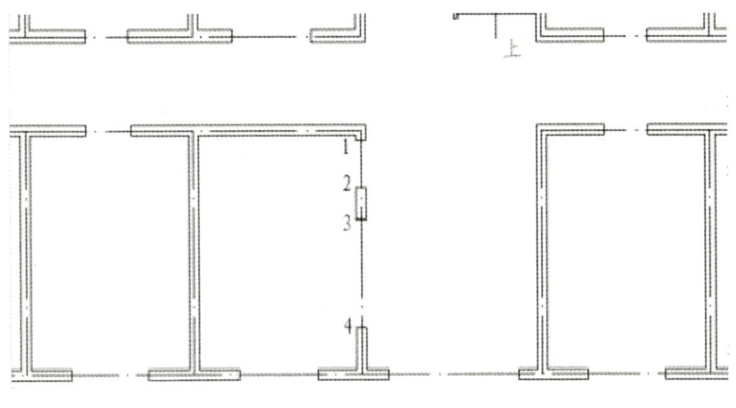

图 2.52 调整视图

2. 标注值班室的内部尺寸

(1) 执行菜单栏中的【标注】|【线性】命令。

① 在指定第一条尺寸界线原点或<选择对象>提示下，捕捉图 2.53 所示的右上方阴角点，作为线性标注的第一条尺寸界线的起点。

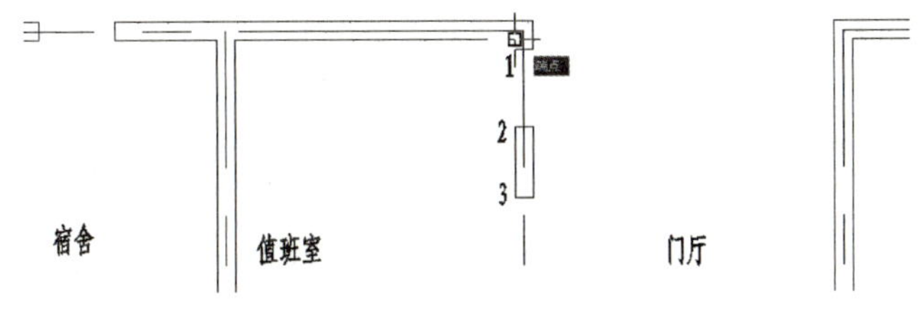


图 2.53 指定第一条尺寸界线原点

② 在指定第二条尺寸界线原点提示下，捕捉图 2.54 所示的门洞口左上角点（1 处），作为线性标注的第二条尺寸界线的起点。

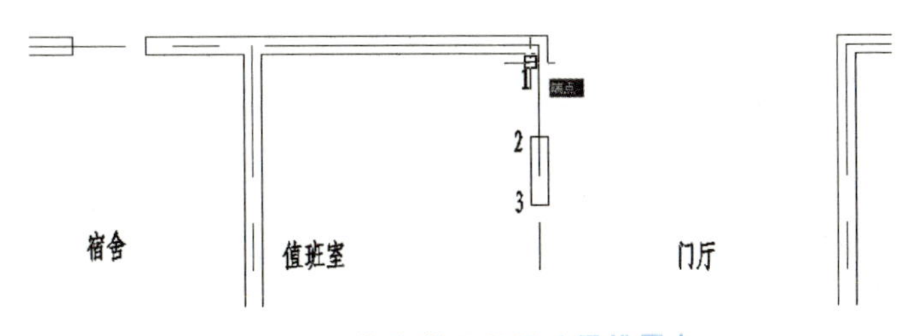


图 2.54 指定第二条尺寸界线原点

③ 在指定尺寸线位置或［多行文字(M)/文字(T)/角度(A)/水平(H)/垂直(V)/旋转(R)］提示下，将光标水平向左拖动，在合适的位置单击（图 2.55），确定尺寸线的位置，然后按 Enter 键结束命令。

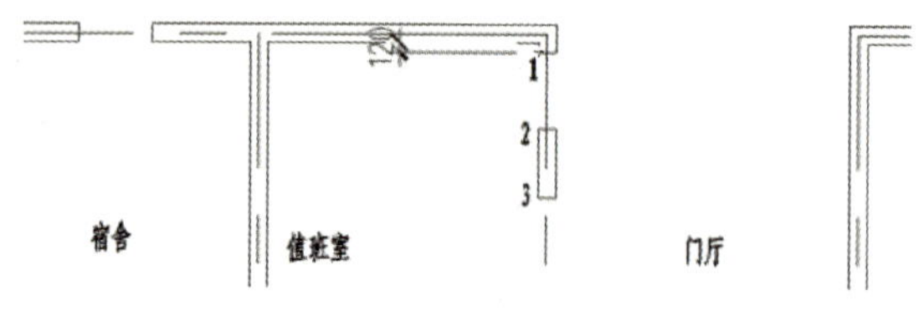

图 2.55　指定尺寸线位置

(2) 执行菜单栏中的【标注】|【连续】命令，AutoCAD 自动将连续标注连接到刚刚所标注的 120 尺寸线上。

① 在**指定第二条尺寸界线原点或［放弃(U)/选择(S)]<选择>**提示下，捕捉门洞口的左下角点（2 处）。

② 在**指定第二条尺寸界线原点或［放弃(U)/选择(S)]<选择>**提示下，捕捉窗洞口的左上角点（3 处）。

③ 在**指定第二条尺寸界线原点或［放弃(U)/选择(S)]<选择>**提示下，捕捉窗洞口的左下角点（4 处）。

④ 在**指定第二条尺寸界线原点或［放弃(U)/选择(S)]<选择>**提示下，捕捉值班室右下角阴角点，如图 2.56 所示。

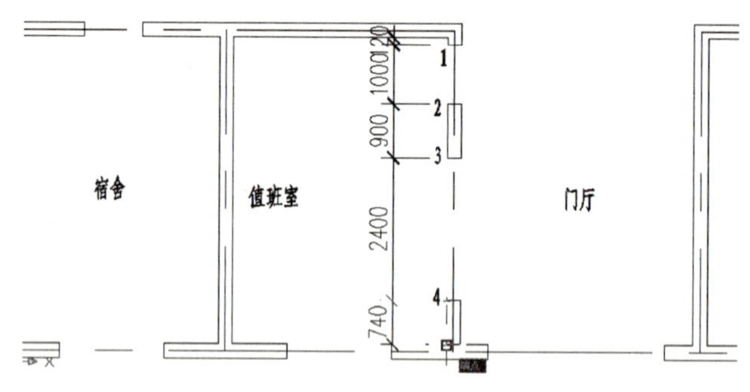

图 2.56　标注值班室内部尺寸

⑤ 按两次 Enter 键结束命令。

### 3. 标注其他内部尺寸

用相同的方法标注宿舍楼底层平面图中的其他内部尺寸。

## 2.3.5 修改尺寸标注

### 1. 修改文字的内容

左下角①和②轴线之间的宿舍开间尺寸为“3900”，现在将其改为“4200”。

1）用【对象特性管理器】修改

(1) 在命令行无命令的状态下，选中左下角轴线①和②之间的 3900 尺寸线，出现 5 个冷夹点，依此可以理解尺寸标注的整体关系。

(2) 单击【标准】工具栏上的特性图标，打开【对象特征管理器】。

(3) 向下拖动左侧的滚动条直至如图 2.57 所示位置，并在【文字替代】文本框内输入“4200”，然后按 Enter 键确认。

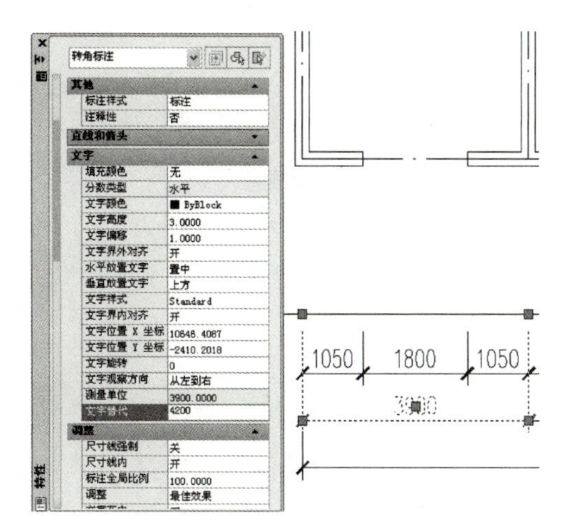

图 2.57 在【文字替代】文本框内输入“4200”

(4) 关闭【对象特性管理器】，按 Esc 键取消夹点。这样轴线①和②之间的尺寸标注文字由“3900”变为“4200”。

2) 用多行文字编辑器修改

(1) 执行菜单栏中的【修改】|【对象】|【文字】|【编辑】命令。

(2) 在**选择注释对象或 [放弃(U)]**提示下，在左下角轴线①和②之间的尺寸线上的“3900”文字上单击，则弹出文字编辑器，并且 3900 尺寸标注被激活（图 2.58），将其修改为“4200”。然后单击【确定】按钮，关闭对话框。

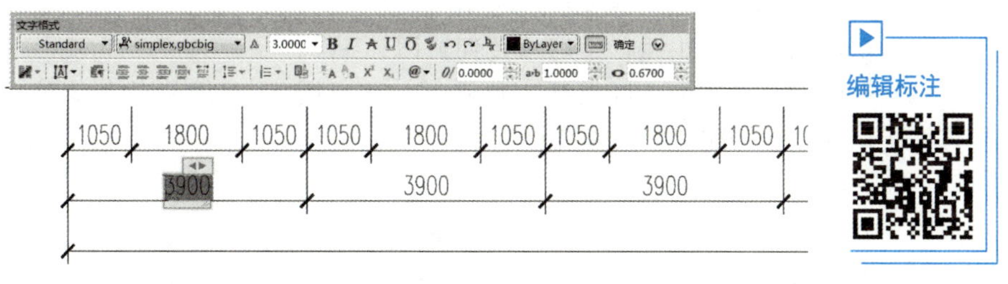

图 2.58 在文字编辑器内激活 3900 尺寸标注

3) 在快捷特性对话框内修改

## 2. 用夹点编辑调整文字的位置

观察图 2.59，在前面所标注出的值班室的内部尺寸中，门垛宽度的尺寸标注“120”的文字位置不合适，现在来调整标注文字的位置。

(1) 在命令行无命令的状态下选中 120 尺寸标注，如图 2.59 所示，将出现 5 个蓝色的夹点，其中有一个夹点位于“120”文字上，该夹点是控制“120”文字位置的夹点。

(2) 单击文字“120”上的夹点，使其由冷夹点变成热夹点，这时文字“120”附着到了光标上。

(3) 在**指定拉伸点或 [基点(B)/复制(C)/放弃(U)/退出(X)]**提示下，移动光标将“120”放到图 2.60 所示的位置。

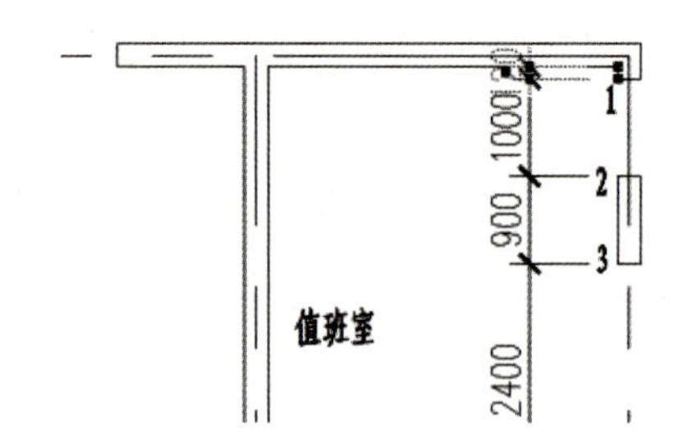


图 2.59　在无命令的状态下选中 120 尺寸线

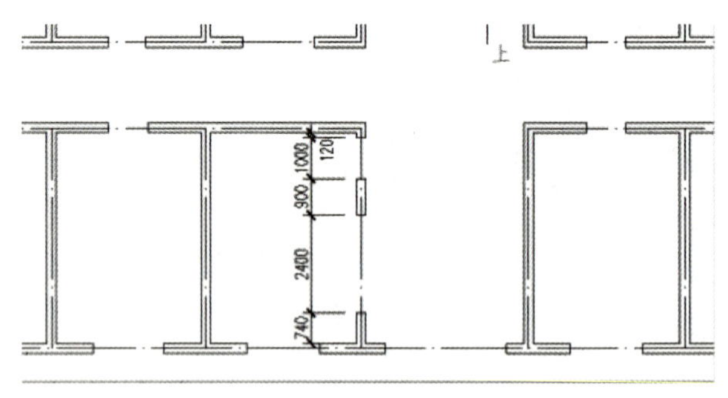


图 2.60　调整“120”文字的位置

（4）按 Esc 键取消夹点。

### 3. 修改尺寸界线的位置

外包尺寸中的第三条尺寸线（总尺寸）应该是外墙皮至外墙皮的尺寸，而前面所标注的是第一根轴线至第十二根轴线的尺寸，该值为“42600”。

用延伸命令延长第三条尺寸线。

（1）单击【修改】工具栏上的【延伸】图标。

（2）在选择对象或＜全部选择＞提示下，选择图 2.61 所示的外墙外边线 A，则线 A 变虚，表示线 A 被指定作为延伸边界。

（3）按 Enter 键进入下一步。

（4）在选择要延伸的对象，或按住 Shift 键选择要修剪的对象，或［栏选(F)/窗交(C)/投影(P)/边(E)/放弃(U)］提示下，输入“E”并按 Enter 键。

（5）在输入隐含边延伸模式［延伸(E)/不延伸(N)］＜不延伸＞提示下，输入“E”并按 Enter 键，表示沿自然路径延伸边界。

（6）在选择要延伸的对象，或按住 Shift 键选择要修剪的对象，或［栏选(F)/窗交(C)/投影(P)/边(E)/放弃(U)］提示下，单击第三条尺寸线的左端点，这时第三条尺寸线左边的尺寸界线延伸到外墙线 A 处，结果如图 2.61 所示。

（7）按 Enter 键，结束【延伸】命令。

再次观察，第三条尺寸标注的尺寸值由“42600”变成“42720”。

（8）重复（1）～（7）步，修改第三条尺寸线右边的尺寸界线，最后总尺寸变为外墙皮至外墙皮之间的尺寸，尺寸值为“42840”。

### 4. 尺寸标注和图形的联动关系

（1）将视图调整至图 2.62 所示的状态。

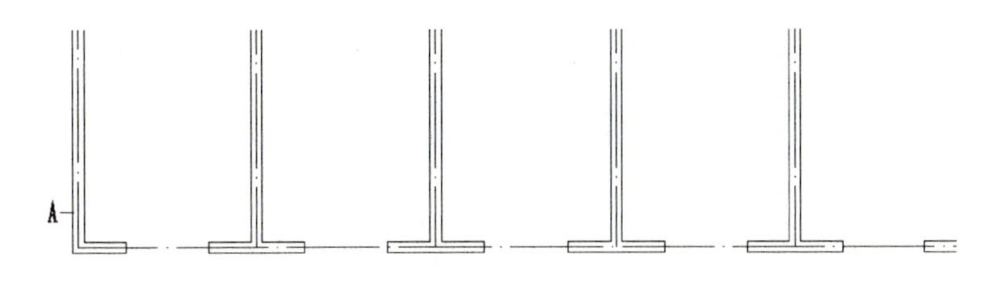


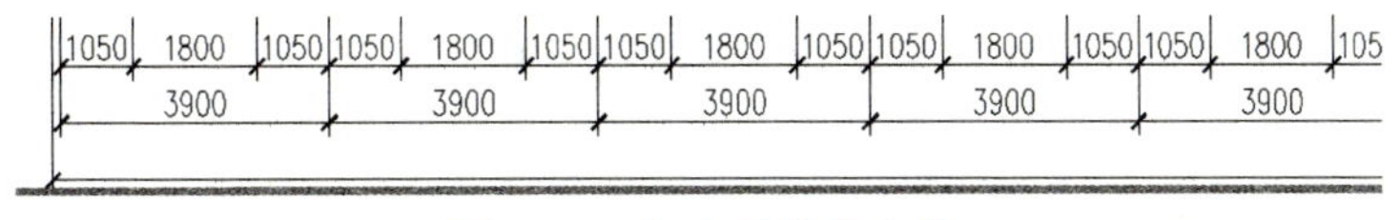


图 2.61　向左延伸尺寸线

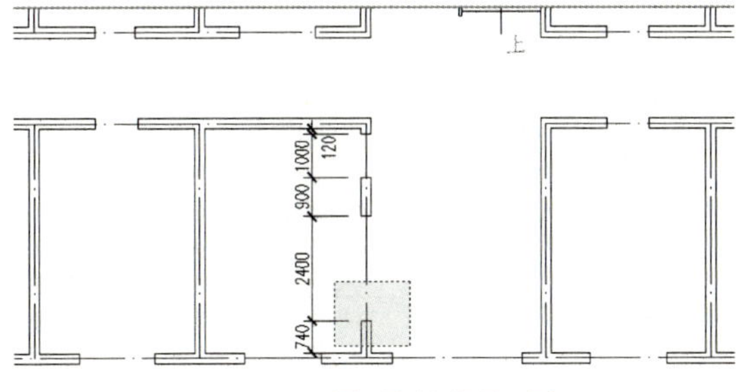


图 2.62　选择被拉伸的对象

(2) 单击【修改】工具栏上的【拉伸】图标，启动【拉伸】命令。

① 在选择对象提示下，用窗交方式选择图 2.62 所示的窗洞口下侧的墙线。

② 按 Enter 键进入下一步。

③ 在指定基点或位移提示下，在绘图区任意单击一点作为拉伸的基点。

④ 在指定第二个点或＜使用第一个点作为位移＞提示下，打开【正交】功能，将光标垂直向上拖动，输入“300”，表示将窗洞口下侧的墙段向上加长 300mm，那么窗洞口的宽度则向上减少 300。

⑤ 按 Enter 键结束命令，结果如图 2.63 所示。

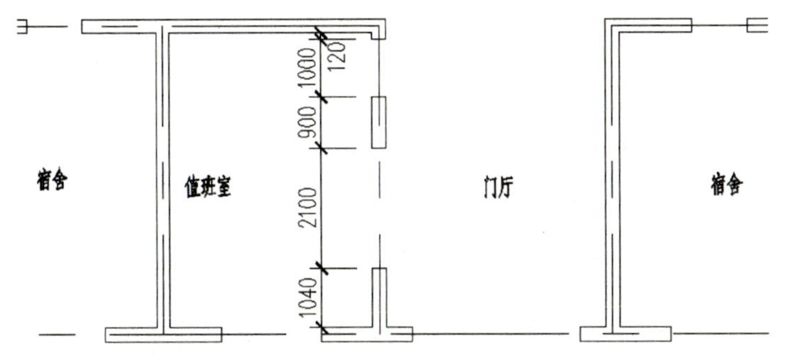


图 2.63　洞口宽度变为 2100mm

通过观察图 2.63，可以理解尺寸标注和图形的联动关系，将窗洞口的大小由 2400mm 修改成 2100mm，其尺寸标注也自动发生了变化。

# 2.4 测量面积和长度

### 1. 测量房间面积

（1）执行菜单栏中的【工具】|【查询】|【面积】命令（快捷键 AREA），启动【查询面积】命令。

（2）在**指定第一个角点或［对象(O)/增加面积(A)/减少面积(S)/退出(X)］<对象(0)>**提示下，打开【对象捕捉】功能，单击如图 2.64 所示的 A 点作为被测量区域的第一个角点。

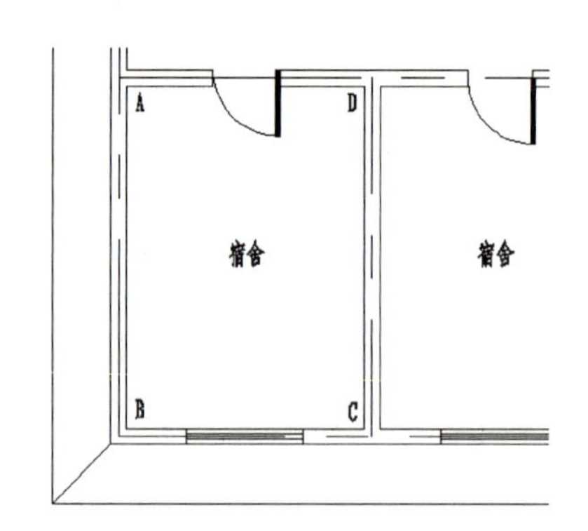



图 2.64 测量宿舍的净面积

（3）在**指定下一个点或［圆弧（A）/长度（L）/放弃（U）］**提示下，依次单击图 2.64 所示的 B、C、D 点作为被测量区域的其他 3 个角点。

（4）按 Enter 键结束命令，这样就测量出 A、B、C、D 这 4 点所围合区域的面积。

查看命令行，这时命令行显示**面积＝18722671.1537，周长＝17552.0506**。表示 AutoCAD 测量出由 A、B、C、D 这 4 点定义区域的面积为 18722671.1537mm²，即该宿舍的净面积约为 18.7m²；A、B、C、D 这 4 点定义区域的周长为 17552.0506mm，约为 17.6m。

### 2. 测量 BC 内墙的长度

（1）执行菜单栏中的【工具】|【查询】|【距离】命令（快捷键 DI），启动【查询距离】命令。

（2）在**指定第一点**提示下，捕捉图 2.64 中的 B 点作为测量距离的第一点。

（3）在**指定第二点**提示下，捕捉图 2.64 中的 C 点作为测量距离的第二点。

查看命令行，这时命令行显示**距离＝3660.0000，BC 线在 XY 平面中的倾角＝0，与 XY 平面的夹角＝0，X 增量＝3660.0000，Y 增量＝0.0000，Z 增量＝0.0000**。AutoCAD 测出 BC 内墙的长度为 3660mm。

**特别提示**

【查询距离】命令除了可以查询直线的实际长度外，还可以查询直线的角度、直线的水平投影和垂直投影的长度。

# 2.5 制作和使用图块

## 2.5.1 图块的特点

图块是一组图形实体的总称。在一个图块中，各图形实体可以拥有自己的图层、线型、颜色等特性，但在AutoCAD中却是习惯把图块当作一个单独的、完整的对象来操作。在AutoCAD中，使用图块具有以下优点。

### 1. 提高绘图效率

在建筑施工图中有大量重复使用的图形，如果将其制作成图块，形成图块库。当需要某个图块时，将其调用到图中即可。这样就把复杂的图形绘制过程变成简单的图块拼凑，避免了大量重复工作，大大提高了绘图效率。

### 2. 节省磁盘空间

每个图块都是由多个图形对象组成的，但AutoCAD是把图块作为一个整体图形单元来进行存储的，这样会节省大量的磁盘空间。

### 3. 便于图形的修改

在实际工作中，经常需要反复修改图形，如果在当前图形中修改一个之前定义的图块，AutoCAD将会自动修改图中已经插入的所有同一个图块，这就是图块的联动性。

在施工图中，可以作成图块的对象有窗、门、图框、标高符号、定位轴线编号、详图索引符号、详图符号、剖面符号、断面符号和指北针等。这里将上述可制作为图块的对象分成两大部分。

(1) 图形类：窗、门。

(2) 符号类：图框、标高符号、定位轴线编号、详图索引符号、详图符号、剖面符号、断面符号和指北针等。

制作图形类和符号类图块时，图块尺寸的确定方法不一样，所以这里分别学习这两类图块的制作。另外，图块最好制作在【0】图层上，因为制作在【0】图层上的图块具有吸附功能，能够吸附在图层上，而制作在非【0】图层上的图块可以引入图层，专业绘图软件通常靠图块来引入图层。

下面分别介绍图形类和符号类图块的制作方法，以及如何使用图块和修改图块。

## 2.5.2 图形类图块的制作和插入

### 1. 制作和使用“门”图块

1) 绘制图形

(1) 将【0】图层设为当前层。为便于使用，这里绘制1000mm宽的门扇以做成“门”图块。

**特别提示**

单扇门的宽度有750mm、800mm、900mm及1000mm等，这里将“门”图块的尺寸定为1000mm，因为插入图块时，缩放比例=新的门扇宽度/1000，方便计算。

（2）绘制门扇：单击【绘图】工具栏上的【多段线】图标，启动【多段线】命令。

① 在**指定起点**提示下，在屏幕上任意单击一点作为多段线的起点。

② 在**当前线宽为0.0000，指定下一个点或［圆弧(A)/半宽(H)/长度(L)/放弃(U)/宽度(W)］**提示下，输入“W”后按Enter键。

③ 在**指定起点宽度<0.0000>**提示下，输入“50”。

④ 在**指定端点宽度<0.0000>**提示下，输入“50”，这样就将线宽改为50mm。打开【正交】功能。

⑤ 在**指定下一点或［圆弧(A)/闭合(C)/半宽(H)/长度(L)/放弃(U)/宽度(W)］**提示下，将光标垂直向上拖动，输入“1000”后按Enter键结束命令，结果如图2.65所示。

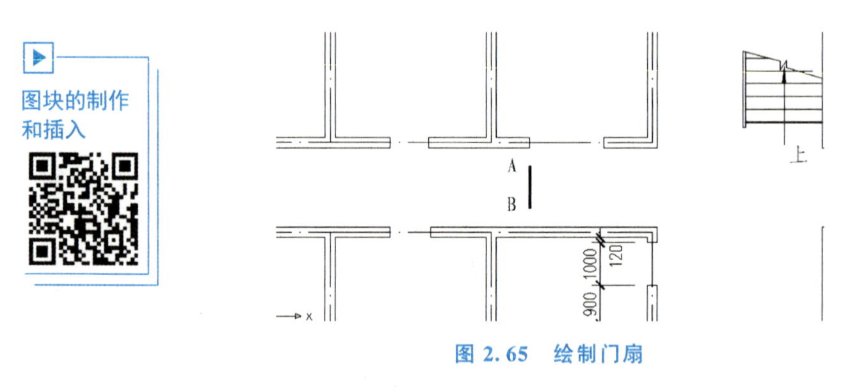


图2.65 绘制门扇

（3）绘制门的轨迹线：执行菜单栏中的【绘图】|【圆弧】|【圆心、起点、角度】命令。

① 在**指定圆弧的起点或［圆心(C)］：_C 指定圆弧的圆心**提示下，捕捉图2.66所示的B点作为圆弧的圆心。

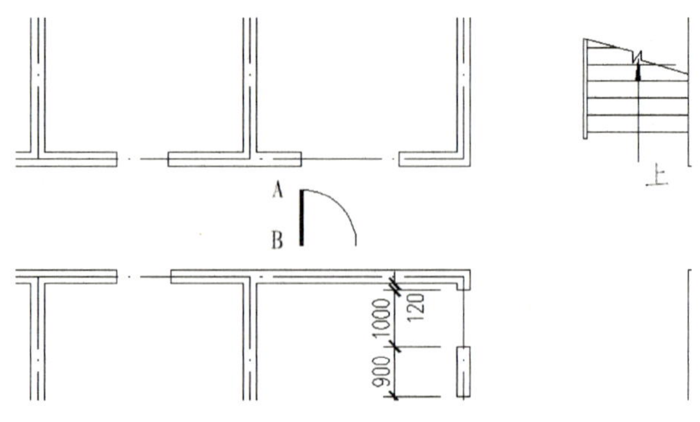


图2.66 绘制门的轨迹线

② 在**指定圆弧的起点**提示下，捕捉图2.66所示的A点作为圆弧的起点。

③ 在**指定圆弧的端点或［角度(A)/弦长(L)］：_A 指定包含角**提示下，输入“−90”，指定圆弧的角度为−90°，结果如图2.66所示。

2）定义属性

通常图块带有一定的文字信息，这里将图块所携带的文字信息称为属性，“门”图块所携带的文字信息就是门的编号。

(1) 执行菜单栏中的【绘图】|【块】|【属性定义】命令，则打开了【属性定义】对话框。

(2) 如图 2.67 所示，设定【属性定义】对话框后单击【确定】按钮，对话框关闭，此时门编号“M-1”的左下角点附着到光标处，这是因为对话框中【文字选项】选项区中的【对正】方式为左对齐。

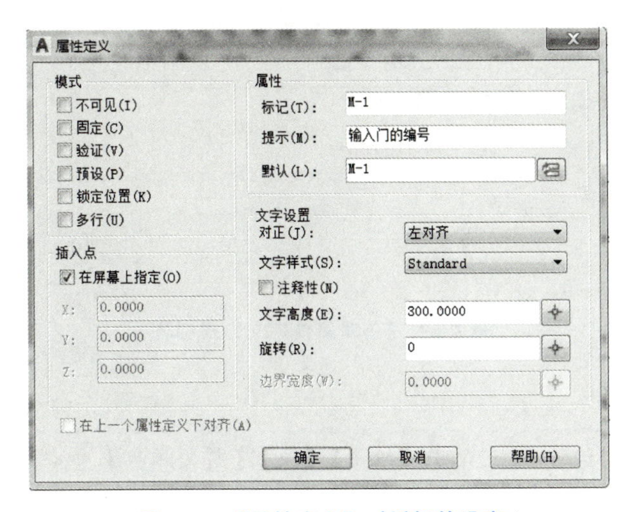


图 2.67 【属性定义】对话框的设定

**特别提示**

在图 2.67 中，【属性定义】对话框中的【值】文本框内设定的，是插入图块时命令行出现的属性的默认值。通常将经常使用的属性值或较复杂的属性值设定为默认值。

在图 2.67 中，【属性定义】对话框中不要勾选【锁定位置】复选框，否则被插入“门”图块的编号位置会被锁定，无法修改。

(3) 在指定起点提示下，参照图 2.68，放置门编号“M-1”的位置。

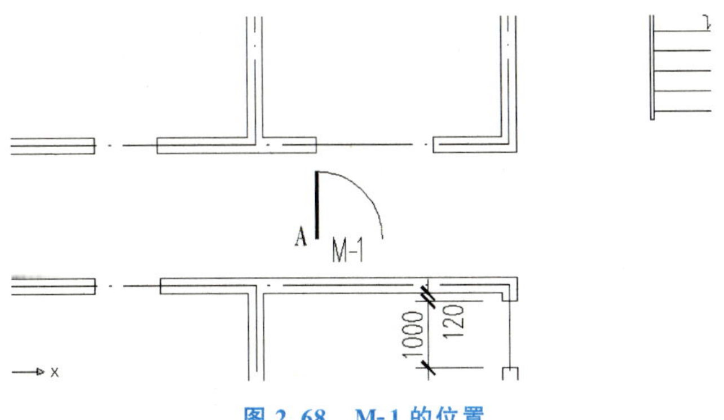


图 2.68 M-1 的位置

**特别提示**

如果 M-1 的位置放偏了，可以利用【移动】命令将其移到合适位置。

(4) 如果需要修改已经定义的属性值，可执行【文字编辑】命令。在**选择注释对象或[放弃(U)]**提示下，选择刚才定义的属性值 M-1，则会弹出如图 2.69 所示的【编辑属性定义】对话框。在此对话框中可以对【标记】、【提示】及【默认】进行修改。

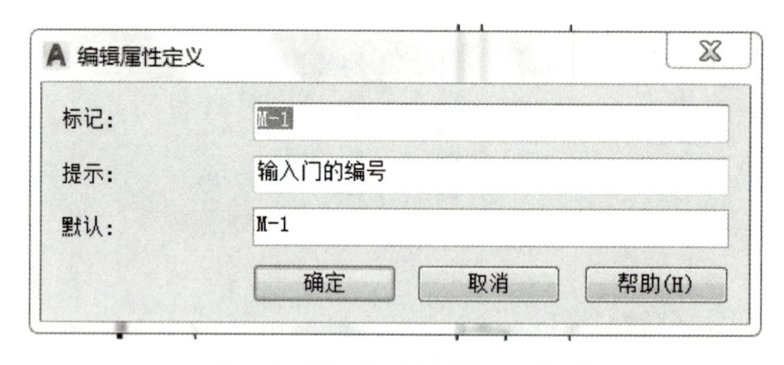


图 2.69 【编辑属性定义】对话框

**特别提示**

图 2.68 中的门编号 M-1 是用【绘图】|【块】|【定义属性】命令定义出的，而不是用【文字】命令写出的。

3) 制作图块

制作图块的方法有两种：一种是创建块（MAKE BLOCK)，另一种是写块（WRITE BLOCK)。这里用创建块的方法制作“门”图块。

(1) 单击【绘图】工具栏上的【创建块】图标（快捷键 B)，弹出【块定义】对话框。

(2) 在对话框中【名称】文本框内输入“门”，以指定块的名称，如图 2.70 所示。

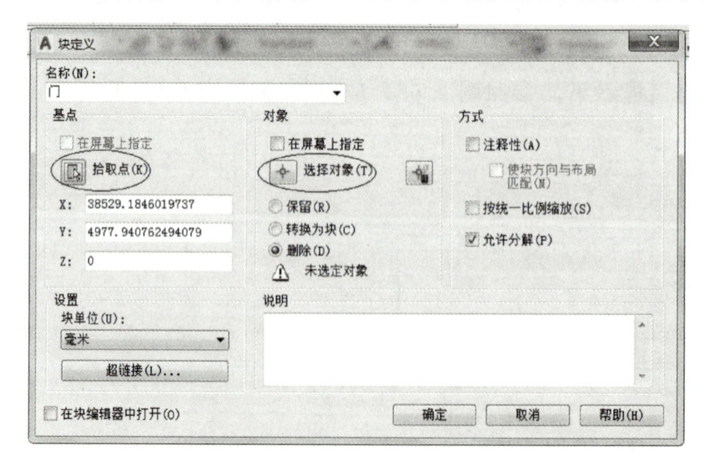


图 2.70 【块定义】对话框

(3) 单击图 2.70 中【块定义】对话框中的【选择对象】按钮，对话框关闭。

(4) 在**选择对象**提示下，如图 2.71 所示，选择门和编号 M-1 后按 Enter 键返回对话框。

(5) 单击图 2.70 中【块定义】对话框中的【拾取点】按钮，对话框关闭。

(6) 在**指定插入基点**提示下，捕捉如图 2.72 所示的 A 点作为图块插入时的定位点，此时对话框自动返回。

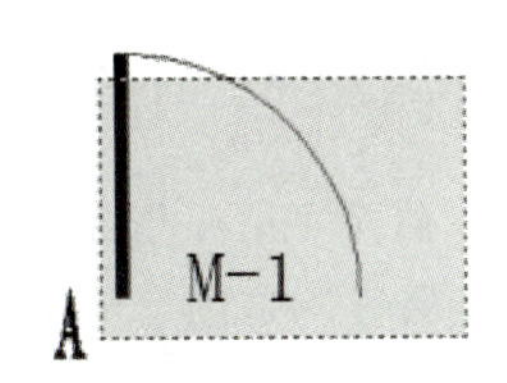


图 2.71 选择制作图块的对象

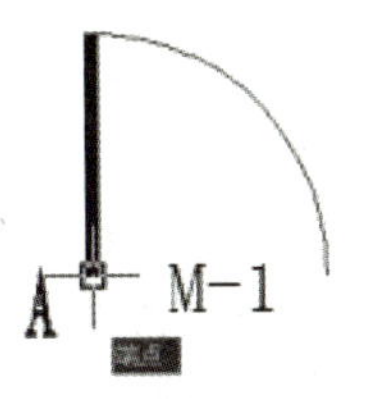


图 2.72 确定“门”图块基点

(7) 单击【确定】按钮，关闭对话框。观察图 2.70 可知，在【对象】选项组中选择了【删除】单选框，所以，对话框关闭后，被制作成图块的对象消失。

**特别提示**

基点的作用是当图块插入时，通过基点将被插入的图块准确地定位，所以必须理解基点的作用，并应学会在制作图块时合理地确定基点的位置。

4) 插入“门”图块

下面将图块插入宽度为 800mm 的卫生间门洞口内。

(1) 单击【绘图】工具栏上的【插入块】图标（快捷键 I），弹出【插入】对话框。

(2) 在块【插入】对话框中的【名称】下拉列表框中选择“门”图块。

(3) 由于门洞口尺寸为 800mm，而“门”图块的宽度为 1000mm，所以插入时【X】和【Y】应等比例缩小，缩放比例为新尺寸/旧尺寸=800/1000=0.8。如图 2.73 所示，在对话框中勾选【统一比例】复选框，并将比例设定为“0.8”，旋转角度设定为“0”。

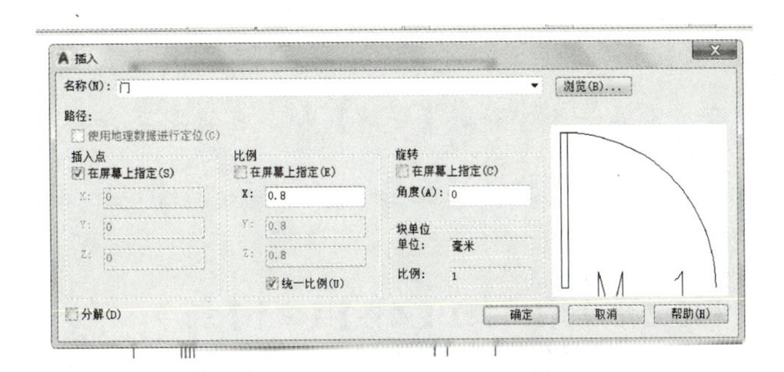


图 2.73 设定【插入】对话框

(4) 单击【确定】按钮，关闭对话框。此时“门”图块基点的位置附着到光标上，如图 2.74 所示。

图 2.74　图块基点和光标的关系

（5）在指定插入点或［基点(B)/比例(S)/旋转(R)/预览比例(PS)/预览旋转(PR)］提示下，捕捉如图 2.75 所示的卫生间门洞口处。

（6）在输入门的编号<M-1>提示下，输入“M-3”后按 Enter 键结束命令。

注意，在第（6）步中命令行出现的输入门的编号<M-1>是图 2.67 中自己设定的提示（输入门的编号）和值（M-1）。

（7）在命令行无命令的状态下，单击刚才插入的“门”图块，结果如图 2.76 所示，“门”图块整体变虚，并在图块基点处显示冷夹点，这说明组成图块的各因素形成了一个整体。

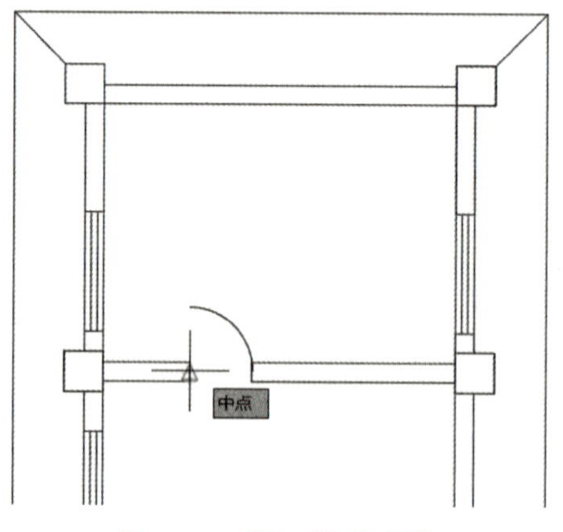


图 2.75　插入“门”图块

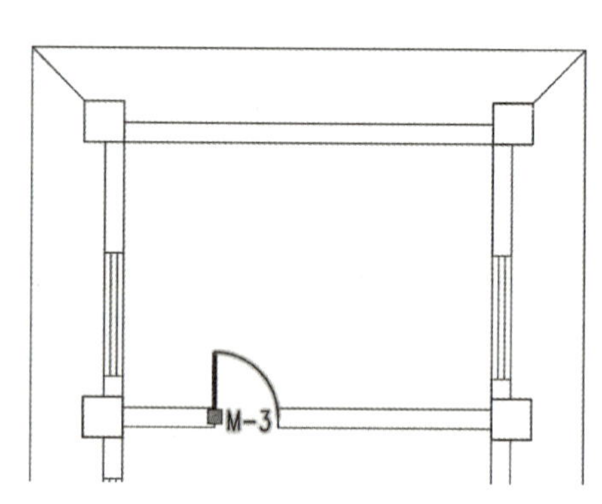


图 2.76　理解块的整体关系

**特别提示**

组成图块的所有元素是一个整体，【分解】命令可将图块分解为单个对象，【分解】命令是【创建块】命令的逆过程。

5）修改属性

（1）执行菜单栏中的【修改】|【对象】|【属性】|【单个】命令。

（2）在选择块提示下，将光标放在刚才插入的“门”图块上单击，选择刚才插入的“门”图块，立即弹出【增强属性编辑器】对话框（双击“门”图块也能弹出此对话框）。

（3）在【属性】选项卡中，将值改为“M-2”，如图 2.77 所示。

（4）在【文字选项】选项卡中，将文字高度修改为“300”，如图 2.78 所示。

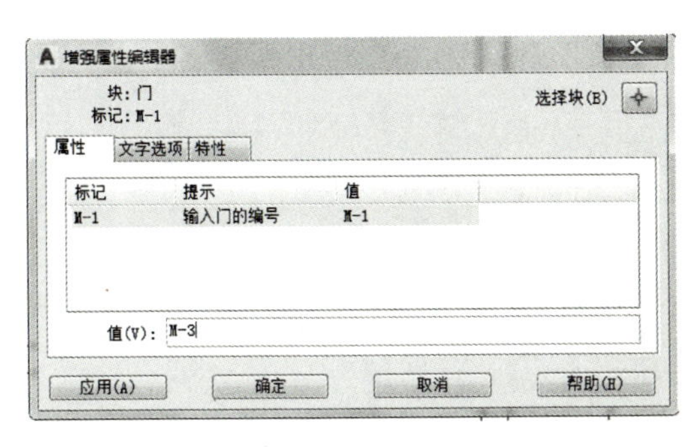


图 2.77　将属性值修改为“M-2”

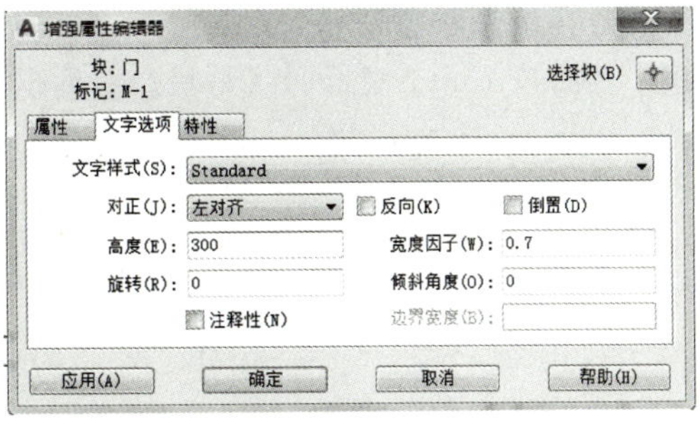

图 2.78　修改文字高度

(5) 单击【确定】按钮，关闭对话框。

这样，就将插入的“门”图块的属性由“M-3”改为“M-2”，且文字高度由“240”修改为“300”。

### 2. 制作和使用“窗”图块

1) 绘制图形

将【0】图层设为当前层，绘制图2.79所示的窗图形。

2) 定义属性

按照图2.80所示设置【属性定义】对话框，并将属性值C-1放置在如图2.81所示的位置。

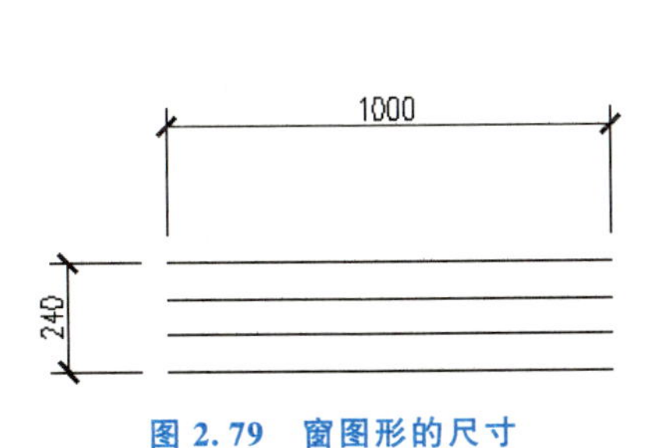


图 2.79　窗图形的尺寸

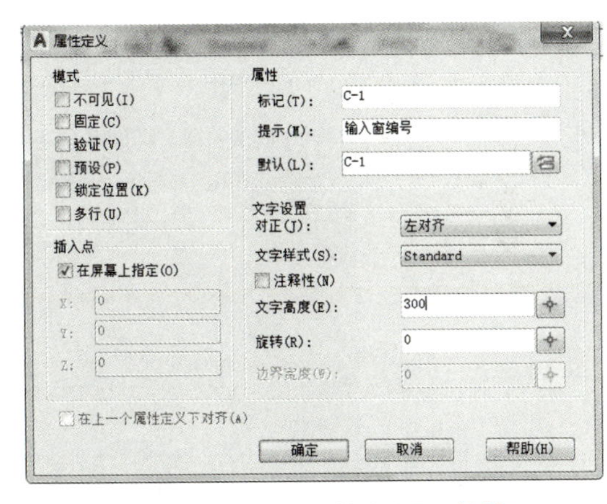


图 2.80　设置【属性定义】对话框

3) 制作图块

这里用【写块】命令制作“窗”图块。

(1) 在命令行输入“W”后按Enter键，弹出【写块】对话框。

(2) 如图2.82所示，在【源】选项组中选择【对象】单选按钮，表示要选择屏幕上已有的图形来制作图块。

(3) 在【基点】选项组中，单击【拾取点】按钮，此时对话框关闭。

(4) 在**指定插入点**提示下，捕捉窗图形的左下角点作为“窗”图块的基点（“窗”图块插入时的插入点），此时返回【写块】对话框。

(5) 在【对象】选项组中，单击【选择对象】按钮，此时对话框关闭。

(6) 在**选择对象**提示下，选择图 2.81 中的窗图形和属性值 C-1 作为需要定义为块的对象，然后按 Enter 键返回【写块】对话框。

图 2.81　放置属性值 C-1

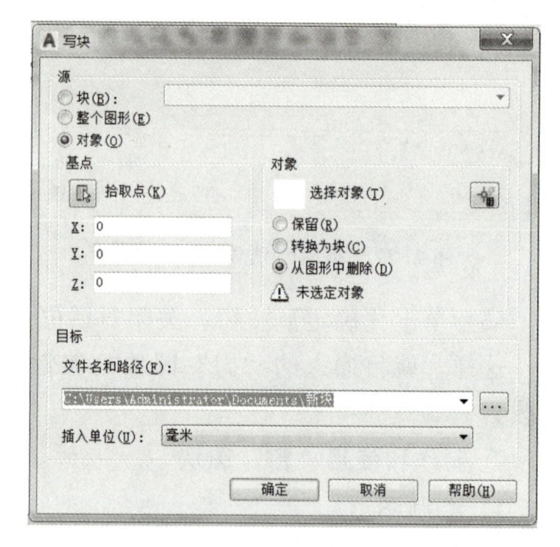


图 2.82　设置【写块】对话框

(7) 在【对象】选项组中，如图 2.82 所示选择【从图形中删除】单选框，即块制作好后将源对象删除。

(8) 在【目标】选项中，单击【浏览】按钮[...]，弹出【浏览图形文件】对话框，确定该块的存盘位置并给该块命名，如图 2.83 所示。单击【保存】按钮返回【写块】对话框。

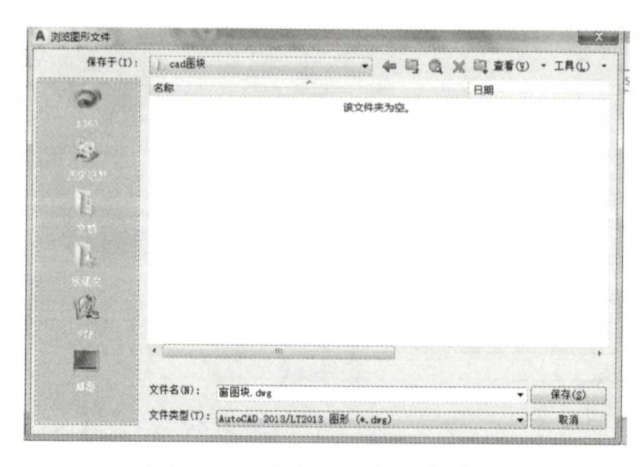


图 2.83　确定块名和存盘路径

(9) 最后单击【确定】按钮，关闭【写块】对话框。

**特别提示**

用【写块】命令制作的图块是一个存盘的块，其具有公共性，可在任何 CAD 文件中使用。用【创建块】命令制作的图块不具有公共性，只能在本文件中使用。

4) 插入图块

(1) 单击【绘图】工具栏上的【插入块】图标，弹出【插入】对话框。

(2) 在【插入】对话框的【名称】下拉列表中没有找到“窗”图块，如图 2.84 所示。单击旁边的浏览(B)...按钮，弹出【选择文件】对话框，找到刚才存盘的“窗”图块后单击【打开】按钮返回【插入】对话框。

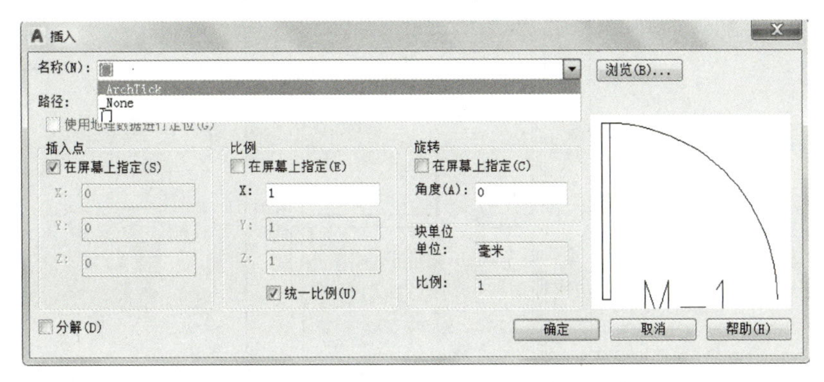


图 2.84 【名称】下拉列表中无“窗”图块

(3) 不勾选【统一比例】复选框，设置【插入】对话框中的缩放比例：【X】设置为“2.4”，【Y】设置为“1”，【Z】设置为“1”。

**特别提示**

前面制作的“窗”图块的尺寸为1000mm×240mm，插入“窗”图块的洞口尺寸为2400mm×240mm，所以【插入】对话框中缩放比例：【X】设置为2.4(2400mm/1000mm=2.4)，【Y】设置为1(240mm/240mm=1)。

(4) 将块【插入】对话框中的旋转角度设置为“90”。

(5) 单击【确定】按钮，关闭对话框。此时“窗”图块基点的位置附着在光标上。

(6) 在**指定插入点或 [基点(B)/比例(S)/旋转(R)/预览比例(PS)/预览旋转(PR)]:** 提示下，在如图 2.85 所示处单击，将“窗”图块插到该处。

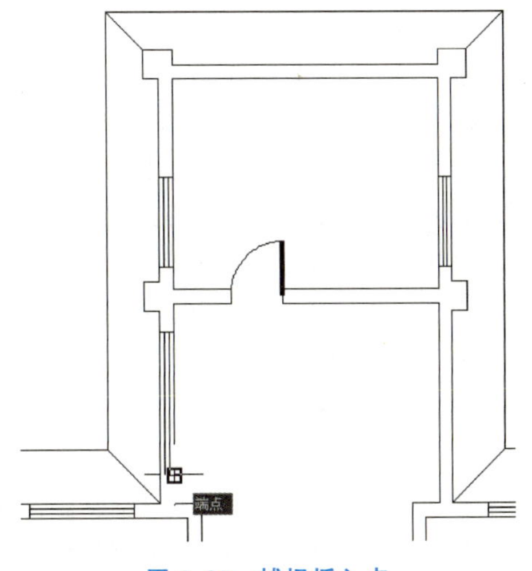


图 2.85 捕捉插入点

（7）在输入门窗编号＜C-1＞提示下，按 Enter 键执行尖括号内默认值“C-1”，结果如图 2.86 所示。

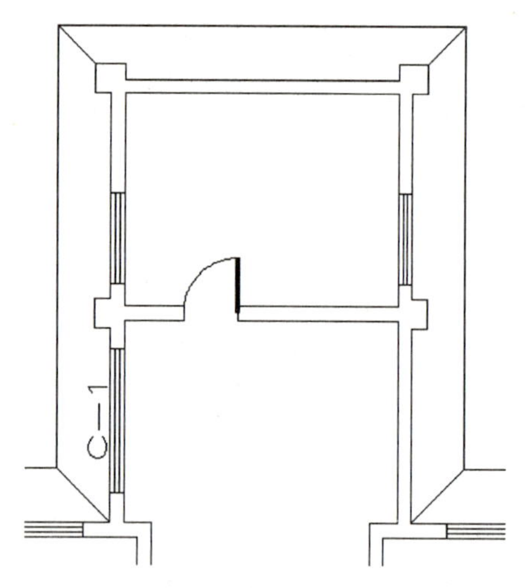


图 2.86　插入的窗图块

5）修改图块的属性

（1）双击刚才插入的“窗”图块，弹出【增强属性编辑器】对话框。

（2）在【属性】选项卡中，将属性值由“C-1”修改为“C-3”。

（3）在【文字】选项卡中，将宽度比例由“1.6”修改为“0.7”。

（4）单击【确定】按钮，关闭对话框。

**特别提示**

由【增强属性定义】对话框可知，在定义窗编号属性时所选择的文字样式为【Standard】，该文字样式的宽度比例为 0.7，但“窗”图块在插入时，沿 $X$ 方向放大为 2.4 倍，所以其宽度比例变成 0.7×2.4=1.68，需要将其改回 0.7。

6）插入 4 个“窗”图块

执行【多重插入】命令，插入轴线Ⓓ上轴线①～⑤之间的 4 个 1800mm 窗。

（1）在命令行输入“MINSERT”后按 Enter 键，启动【多重插入】命令。

① 在输入块名或［?］提示下，输入“窗”后按 Enter 键。

② 在指定插入点或［基点(B)/比例(S)/X/Y/Z/旋转(R)/预览比例(PS)/PX/PY/PZ/预览旋转(PR)］提示下，单击如图 2.87 所示的位置以确定插入点。

③ 在输入 X 比例因子，指定对角点，或［角点(C)/XYZ］＜1＞提示下，输入“1.8”（1800mm/1000mm=1.8）后按 Enter 键。

④ 在输入 Y 比例因子或＜使用 X 比例因子＞提示下，输入“1”（240mm/240mm=1）后按 Enter 键。

⑤ 在指定旋转角度＜0＞提示下，按 Enter 键执行默认值“0”。

⑥ 在输入行数（---）＜1＞提示下，按 Enter 键执行默认值“1”。

⑦ 在输入列数（|||）＜1＞提示下，输入“4”后按 Enter 键。

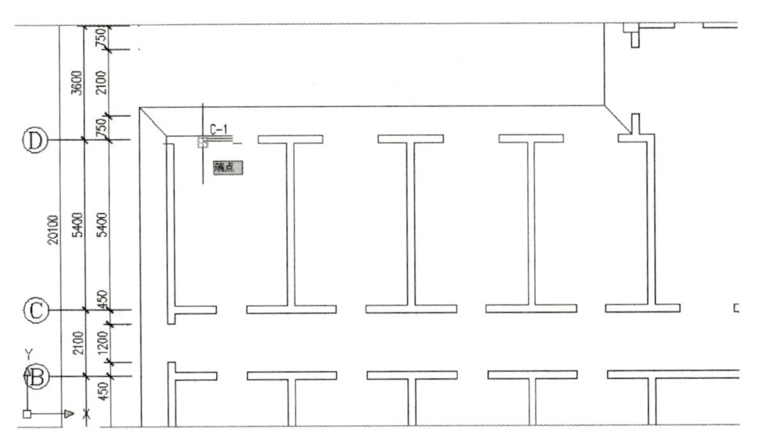


图 2.87　确定图块的插入点

⑧ 在**指定列间距（|||）**提示下，输入“3900”后按 Enter 键。

⑨ 在**输入门窗编号＜C-1＞**提示下，按 Enter 键执行默认值“C-1”。

结果如图 2.88 所示，一次插入了 4 个窗。

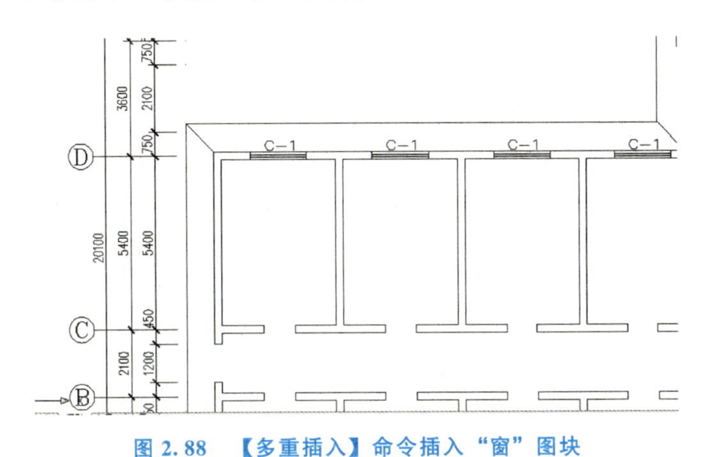


图 2.88　【多重插入】命令插入“窗”图块

(2) 双击插入的“窗”图块，弹出【增强属性编辑器】对话框，将【文字】选项卡中的【宽度比例】修改成“0.7”。

**特别提示**

用【多重插入】命令一次插入的若干个图块为整体关系，不能用【分解】命令将其分解。同时，每个图块具有相同的属性值、比例系数和旋转方向。

7) 插入 5 个“窗”图块

执行【多重插入】命令，插入轴线Ⓐ上轴线①～⑥之间的 5 个 3900mm 窗。

(1) 利用【块编辑器】修改“窗”图块。块编辑器的作用是对图块库内的图块进行修改。

① 执行菜单栏中的【工具】|【块编辑器】命令，则打开了【编辑块定义】对话框，如图 2.89 所示。

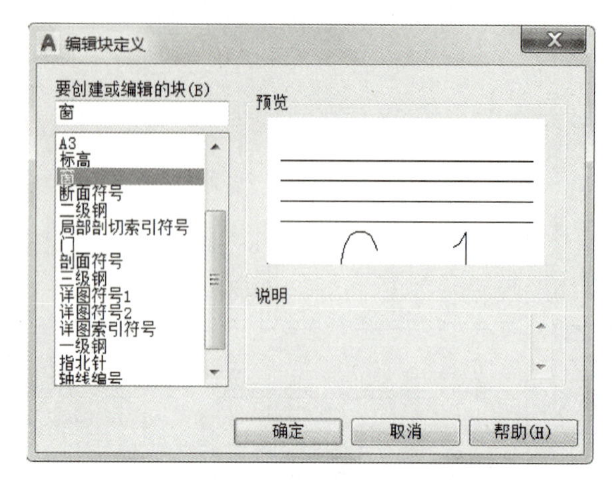


图 2.89 【编辑块定义】对话框

② 选择“窗”图块，单击【确定】按钮，进入【块编辑器】。

③ 如图 2.90 所示选中“C-1”，出现冷夹点。将光标放在冷夹点上单击，使其变成热夹点，然后垂直向下拖动光标，将“C-1”放在如图 2.91 所示处。

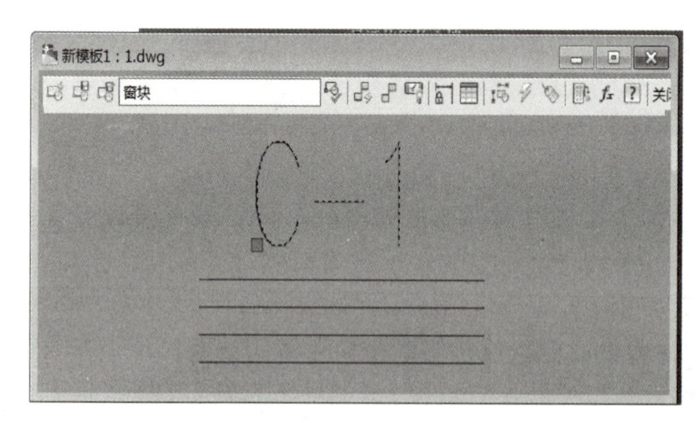


图 2.90 选中“C-1”

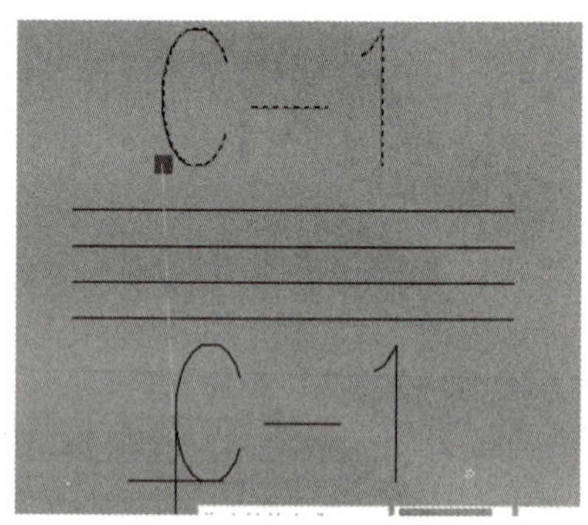


图 2.91 向下挪动“C-1”

④ 单击【块编辑器】上部的 关闭块编辑器(C) 按钮，弹出【是否将修改保存到窗块】对话框，单击【是】按钮来保存修改。

**特别提示**

菜单栏中的【工具】|【块编辑器】命令是对用【创建块】、【写块】命令制作好的图块（图块库内的图块）进行修改，而【工具】|【外部参照和块在位编辑】|【块在位编辑参照】命令是对已经插入图形中的图块进行修改。

(2) 执行【多重插入】命令，插入轴线Ⓐ上轴线①～⑥之间的 5 个 3900mm 窗，结果如图 2.92 所示。注意观察图 2.88 和图 2.92 中“C-1”的不同位置。

(3) 在【增强属性编辑器】对话框中，将【文字】选项卡中的【宽度因子】修改成“0.7”。

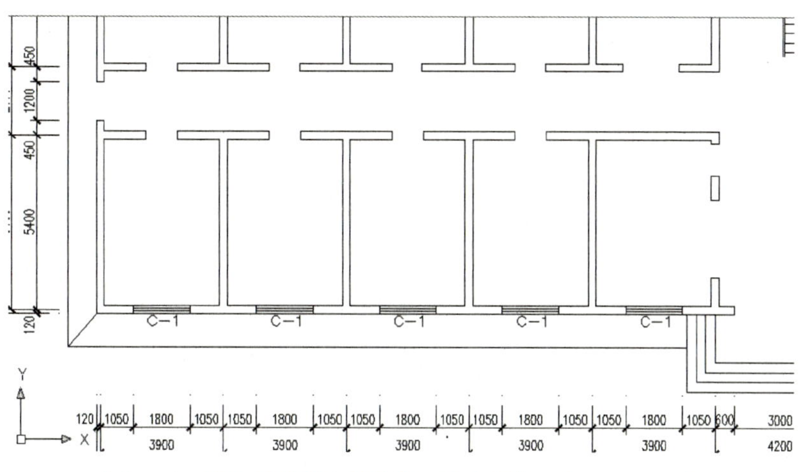


图 2.92　插入轴线Ⓐ上轴线①～⑥之间的 5 个 3900mm 窗

## 2.5.3 符号类图块的制作和插入

### 1. “标高”图块的制作和插入

1）绘制图形

(1) 将【0】图层设为当前层。

(2) 按 1∶1 的比例绘制标高图形。

① 绘制 15mm 长的水平线。

② 将该水平线向下偏移 3mm。

③ 右击【极轴】按钮，在弹出的快捷菜单中选择【设置】命令，打开【草图设置】对话框，对其做如图 2.93 所示的设置。

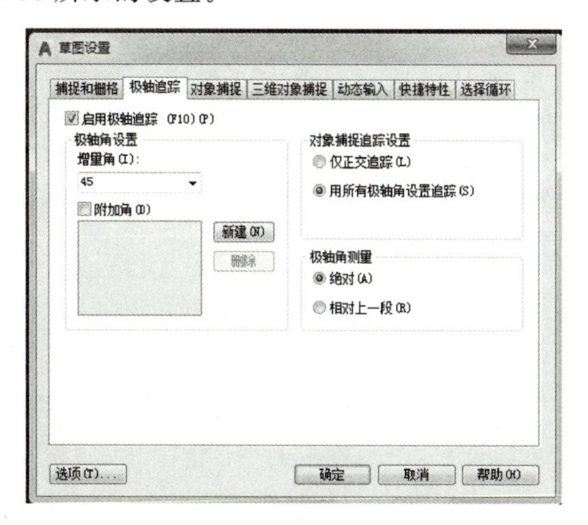


图 2.93　设置极轴追踪

④ 打开【极轴】功能并启动【直线】命令。

⑤ 在_指定第一点提示下，捕捉如图 2.96 所示的 A 点。

⑥ 在指定下一点或［放弃(U)］提示下，将光标沿 45°方向向右下方拖动，直至出现交

点捕捉（图 2.94）后单击。

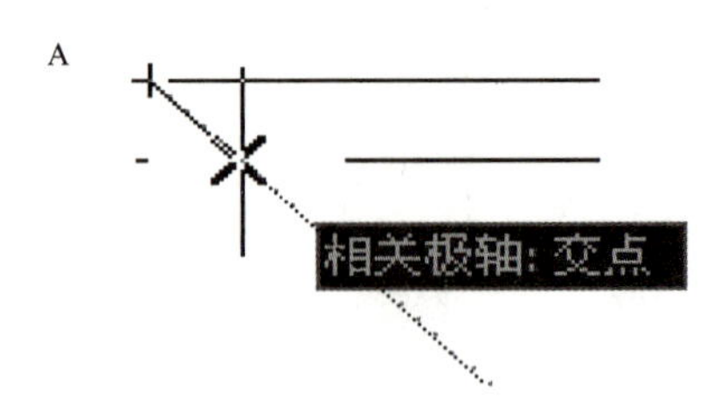


图 2.94　寻找下面的水平线和 45°斜线的交点

⑦ 在指定下一点或［放弃(U)］提示下，将光标沿 45°方向向右上方拖动，直至出现交点捕捉（图 2.95）后单击。

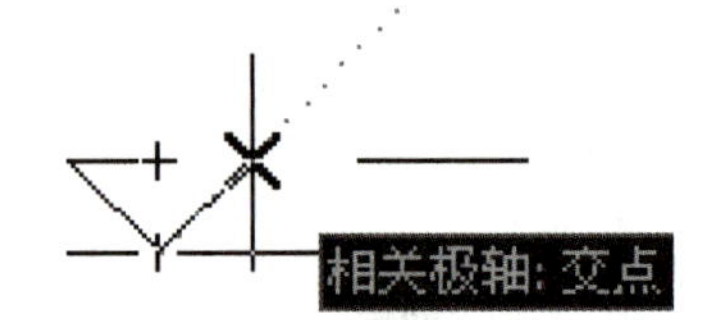


图 2.95　寻找上面的水平线和 45°斜线的交点

⑧ 删除下面的水平线，结果如图 2.96 所示。

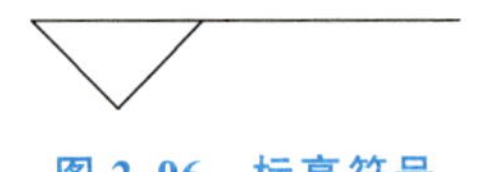

图 2.96　标高符号

2）定义属性

“标高”图块所携带的属性是标高值。

(1) 选择菜单栏中的【绘图】|【块】|【定义属性】命令，则打开了【属性定义】对话框。

(2) 如图 2.97 所示设置对话框后，单击【确定】按钮，关闭对话框。此时“±0.000”的左下角点附着到光标处。

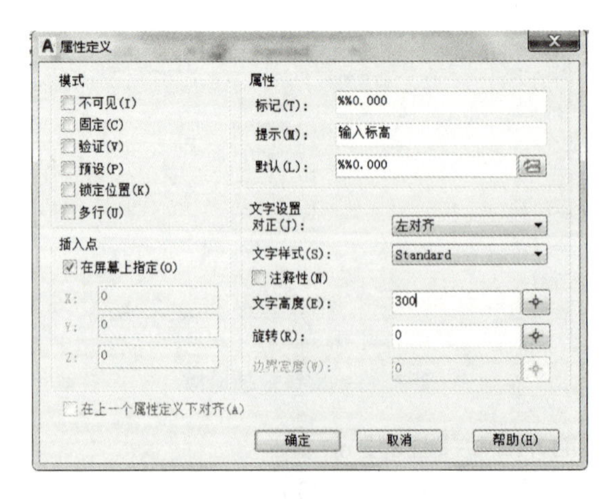


图 2.97　设置【属性定义】对话框

(3) 在**指定起点**提示下，将“±0.000”放到如图 2.98 所示的位置后单击，确定“±0.000”的位置。

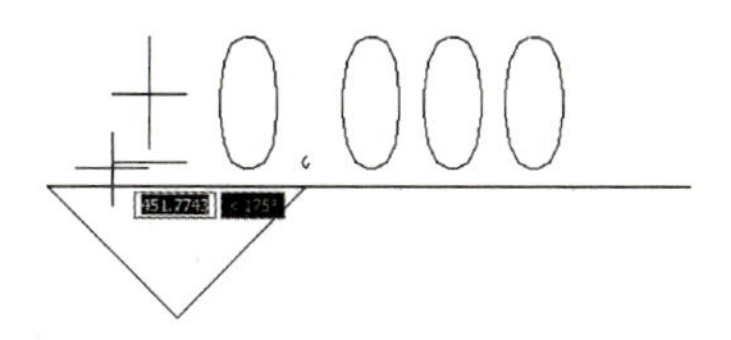


图 2.98 “±0.000”的放置位置

3) 制作图块

(1) 用【创建块】命令制作图块，如图 2.99 所示设置【块定义】对话框。

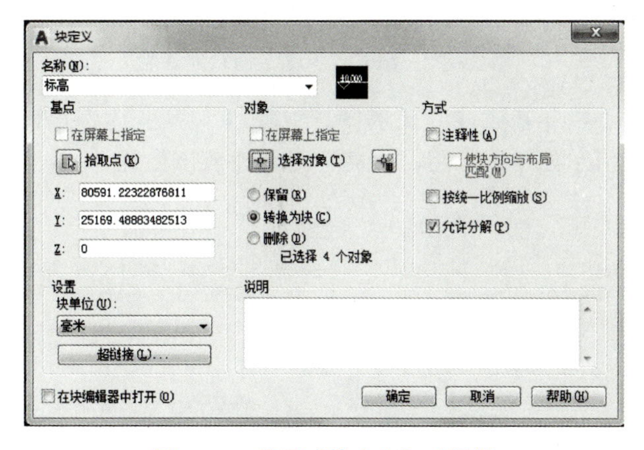


图 2.99 设置【块定义】对话框

(2) 捕捉如图 2.100 所示的点作为“标高”图块的基点。

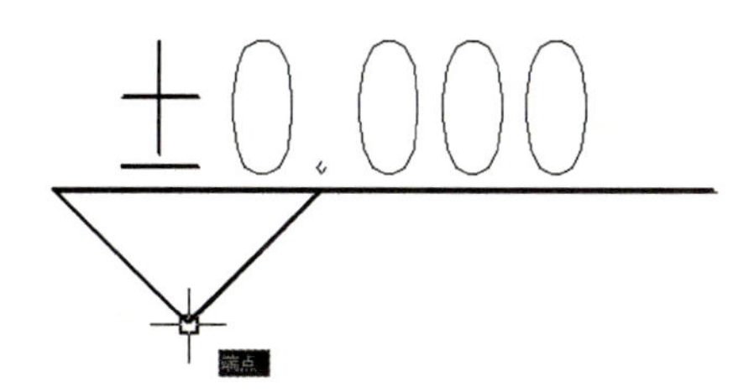


图 2.100 确定“标高”图块的基点

(3) 选择如图 2.101 所示的标高图形和属性作为需要定义为块的对象。

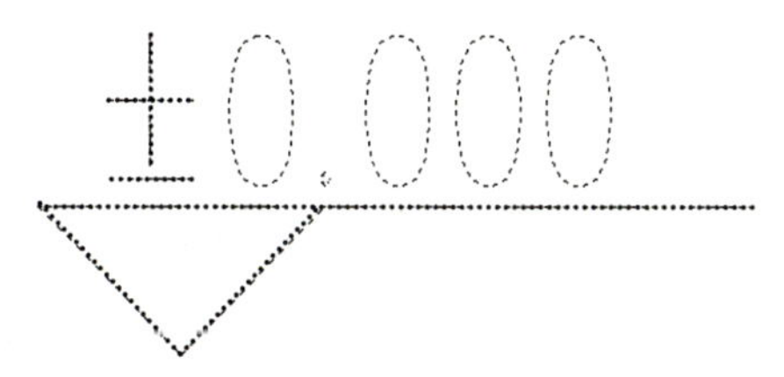


图 2.101 选择制作“标高”图块的对象

4) 插入“标高”图块

(1) 单击【绘图】工具栏上的【插入块】图标，弹出【插入】对话框。

（2）在【插入】对话框中的【名称】下拉列表中选择“标高”图块。对话框中的其他设置如图 2.102 所示，单击【确定】按钮。

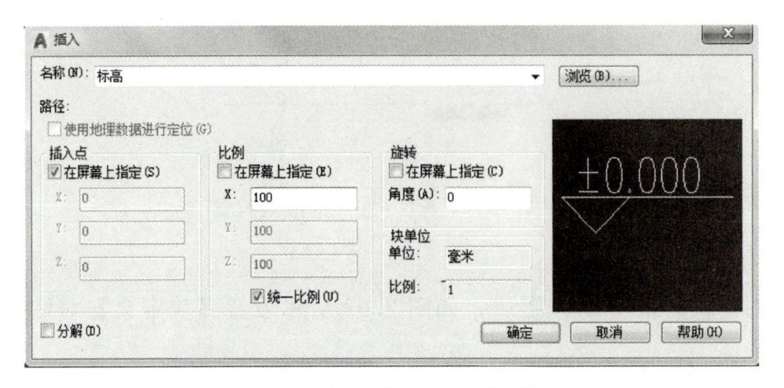

图 2.102 插入“标高”图块对话框

（3）在指定插入点或［基点(B)/比例(S)/旋转(R)/预览比例(PS)/预览旋转(PR)］提示下，在如图 2.103 所示处单击，将“标高”图块插入该位置。

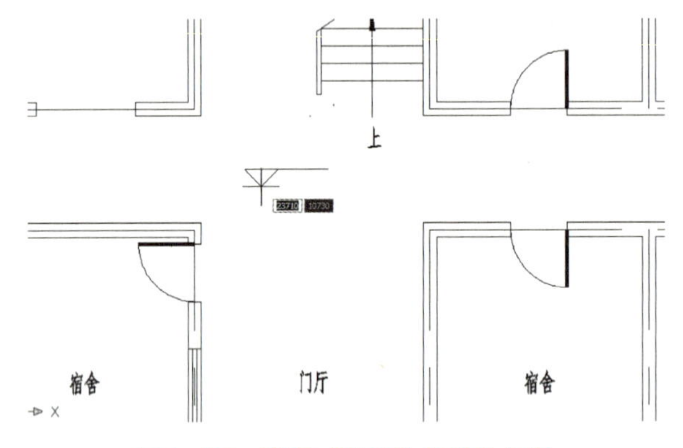


图 2.103 确定“标高”图块的位置

（4）在输入标高值<？.0000>提示下，按 Enter 键执行尖括号内的默认值。

**特别提示**

因为是按照 1∶1 的比例绘制标高符号，所以插入“标高”图块时，应在图 2.102 所示的【插入】对话框中等比例地设定【X】和【Y】的缩放比例，如果将其插入 1∶100 的图中，缩放比例为“100”，即将标高符号放大 100 倍；如果是插入 1∶200 的图中，缩放比例为“200”，即将标高符号放大 200 倍；如果是插入 1∶50 的图中，缩放比例为“50”，即将标高符号放大 50 倍。

由于在图 2.99【块定义】对话框中，勾选了【按统一比例缩放】，所以在图 2.102【插入】对话框中【统一比例】为灰色。

### 2. “轴线编号”图块的制作和插入

1）绘制图形

（1）将【0】图层设为当前层。

(2) 按 1∶1 的比例绘制图形：定位轴线圆圈的直径为 8mm，编号文字的高度为 5mm。

(3) 单击【绘图】工具栏上的【圆】图标 (快捷键 C)，启动【圆】命令。

① 在指定圆的圆心或 [三点(3P)/两点(2P)/相切、相切、半径(T)]提示下，在绘图区域任意位置单击，以确定圆心的位置。

② 在指定圆的半径或 [直径(D)]提示下，输入圆的半径“4”，按 Enter 键。这样就绘制出一个圆心在指定位置，半径为 4mm 的圆。

(4) 启动【直线】命令。

① 在指定第一点提示下，按住 Shift 键右击，则会弹出【临时捕捉】快捷菜单，如图 2.104 所示，选择【象限点】选项。

图 2.104 【临时捕捉】快捷菜单

**特别提示**

【草图设置】对话框中，【对象捕捉】选项卡内所勾选的是永久性捕捉，其允许同时勾选多种捕捉方式，可以随时使用它们。而【临时捕捉】一次只能设置一种捕捉形式，而且只能使用一次，当需要时必须再次设置。因此一般用【临时捕捉】设置使用频率较少的捕捉方式。

② 如图 2.105 所示，将光标放在圆上部的象限点处单击。

图 2.105 确定直线的起点

③ 在指定下一点或 [放弃(U)]提示下，打开【正交】功能，将光标向上拖动，输入“12”后按 Enter 键，表示向上绘制 12mm 长的垂直线。

④ 再次按 Enter 键结束命令，结果如图 2.106 所示。

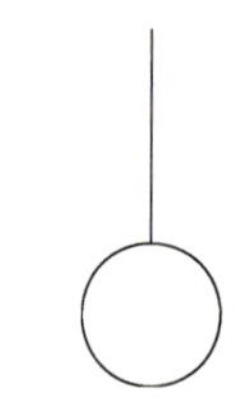

图 2.106　定位轴线图形

2）定义属性

(1) 执行菜单栏中的【绘图】|【块】|【定义属性】命令，打开【属性定义】对话框。按照图 2.107 所示设置【属性定义】对话框。单击【确定】按钮，关闭对话框。

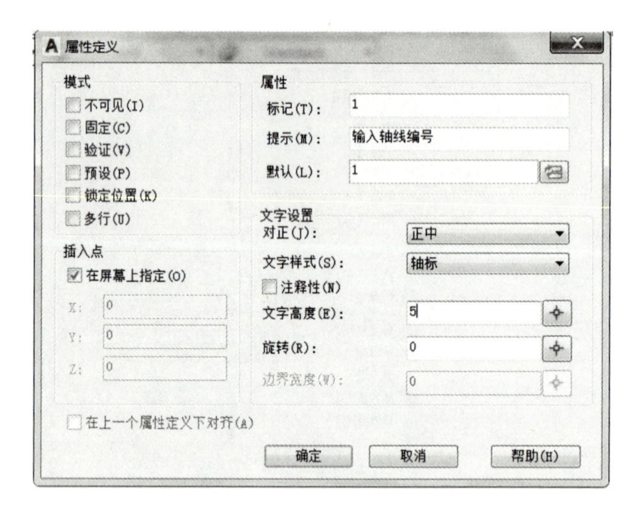


图 2.107　设置【属性定义】对话框

(2) 在**指定起点**提示下，捕捉图 2.108 所示圆心点，结果如图 2.109 所示。

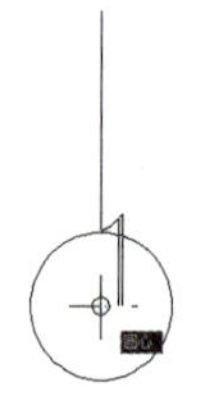

图 2.108　将属性放在圆心处

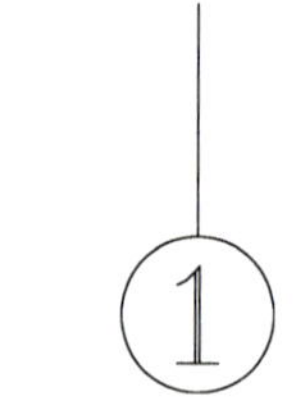


图 2.109　定位轴线编号

3）用【创建块】命令制作图块

用前面介绍的【创建块】命令制作“轴线编号”图块，基点设置为直线的上端点。

4）插入图块

(1) 执行【插入块】命令，弹出【插入】对话框。如图 2.110 所示设置对话框，单击【确定】按钮，关闭对话框。

(2) 在**指定插入点或［基点(B)/比例(S)/旋转(R)/预览比例(PS)/预览旋转(PR)］:** 提示下，捕捉如图 2.111 所示的端点作为插入点。

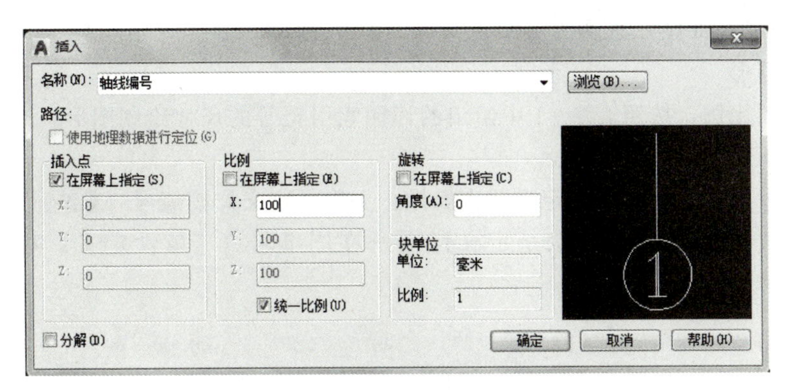


图 2.110 设置【插入】对话框

(3) 在输入轴线编号<1>提示下，输入“A”后按 Enter 键，结果如图 2.112 所示，可以发现文字“A”的方向不对，需要修改。

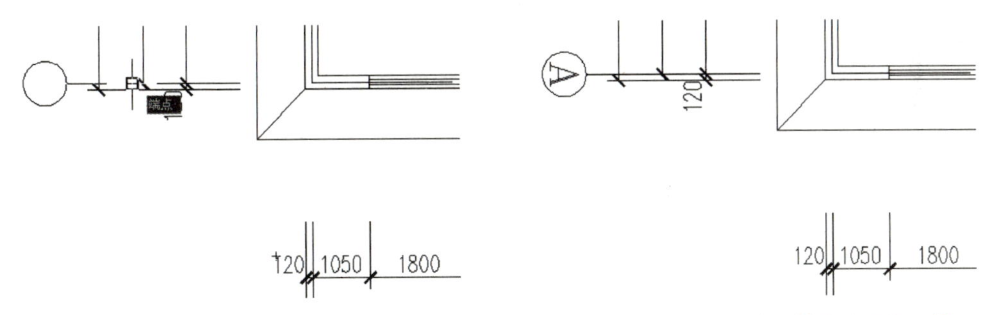


图 2.111 确定图块的插入点

图 2.112 插入后的“轴线编号”图块

5) 编辑属性

双击插入的“轴线编号”图块，打开【增强属性编辑器】对话框，将【文字】选项卡内的【旋转】由“270”修改为“0”，结果如图 2.113 所示。

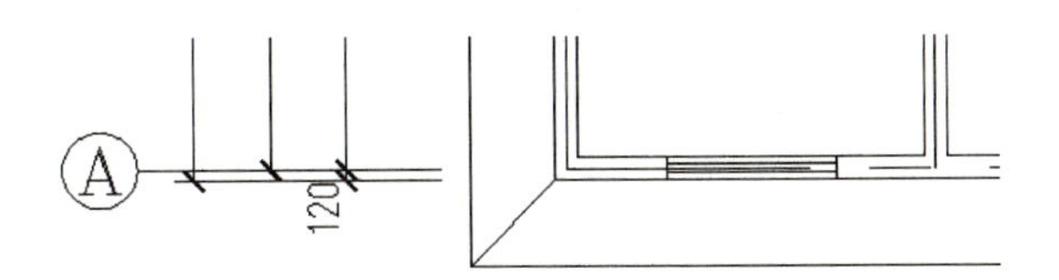


图 2.113 属性值修改后文字“A”的方向符合要求

**特别提示**

横向定位轴线中，编号为“10”以上的图块，应将其属性值的宽高比由“1”修改成“0.8”。

将轴线Ⓐ编号图块分别复制到轴线Ⓑ～Ⓕ处，依次双击打开【增强属性编辑器】对话框，并将【属性】选项卡内的【值】分别改为“B”～“F”，比一个一个插入图块的方法更为便捷。

### 3. “详图索引符号”图块的制作

1）绘制图形

用1∶1的比例，按照表2-1中给出的详图索引符号的尺寸绘制图形。

2）定义属性

“详图索引符号”图块需要定义两次属性：一次是定义详图编号（【属性定义】对话框设置如图2.114所示），另一次是定义详图所在图纸号（【属性定义】对话框设置如图2.115所示）。

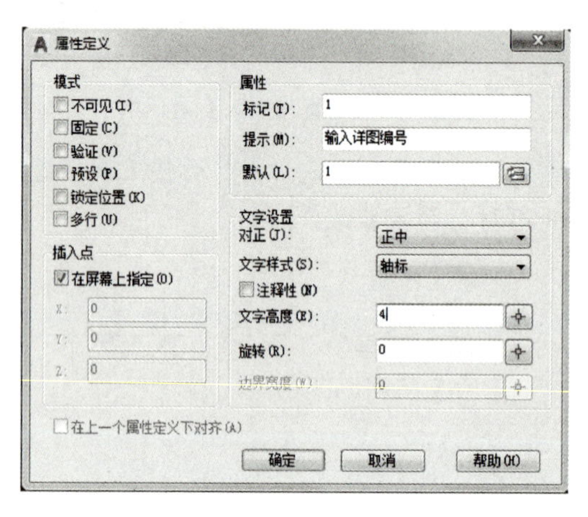


图2.114　定义详图编号属性

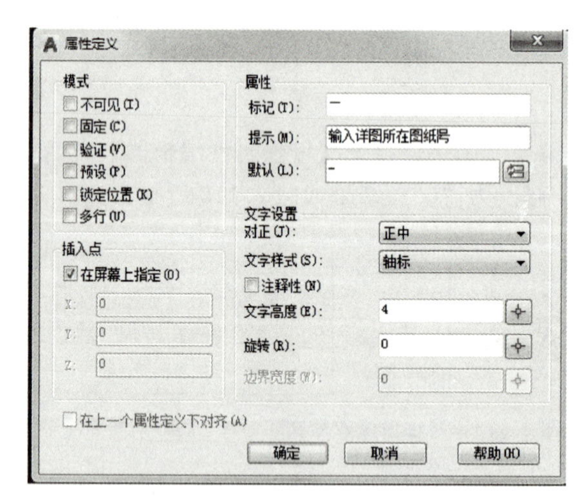


图2.115　定义详图所在图纸号

3）创建“详图索引符号”图块

用【创建块】命令制作名称为“详图索引符号”的图块。

**特别提示**

如果图块定义了两个以上的属性，则在插入图块时命令行会出现两次以上的输入…的提示，根据提示输入相应的属性。

# 2.6 表格

下面分三步介绍表格：表格样式的设定、绘制表格、编辑表格。

## 2.6.1 表格样式（1∶1比例）

（1）执行菜单栏中的【格式】|【表格样式】命令，打开【表格样式】对话框，如图2.116所示。

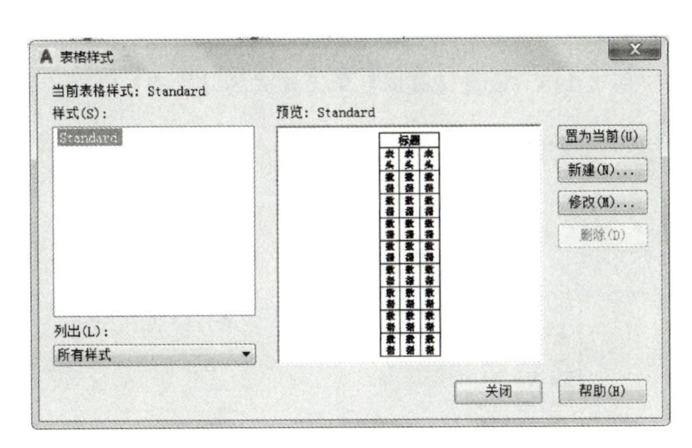

图2.116 【表格样式】对话框

（2）单击图2.116中【表格样式】对话框中的【新建】按钮，弹出【创建新的表格样式】对话框，在【新样式名】文本框内输入“图纸目录”，【基础样式】下拉列表中选择【Standard】表格样式，结果如图2.117所示。单击【继续】按钮，进入【新建表格样式：图纸目录】对话框。

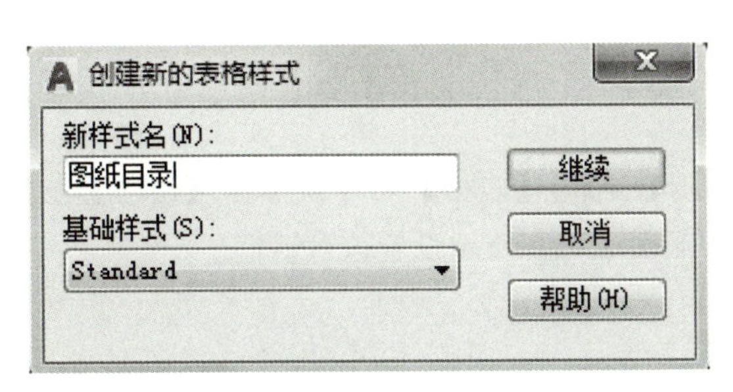


图2.117 【创建新的表格样式】对话框

（3）设置【数据】单元样式的参数。

① 按照图2.118所示，设置【常规】选项卡的参数。

② 按照图2.119所示设置【文字】选项卡的参数。

③【边框】选项卡的参数采用默认设置。

（4）设置【表头】和【标题】单元样式的参数。其中【水平】和【垂直】页边距均设置为“2”，【标题】的【文字的高度】设为“5”。其他同设置【数据】单元样式。

（5）将【图纸目录】表格样式设为当前样式。

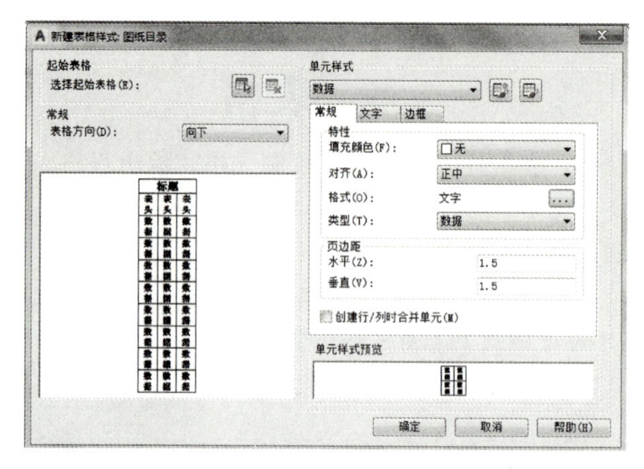


图 2.118　设置【数据】单元样式的【常规】参数

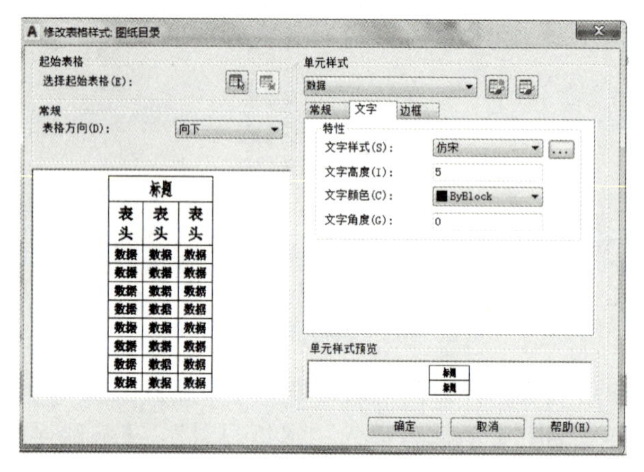


图 2.119　设置【数据】单元样式的【文字】参数

## 2.6.2　插入表格

(1) 执行菜单栏中的【绘图】|【表格】命令或单击【绘图】工具栏上的图标，打开【插入表格】对话框，按照图 2.120 所示设置该对话框。

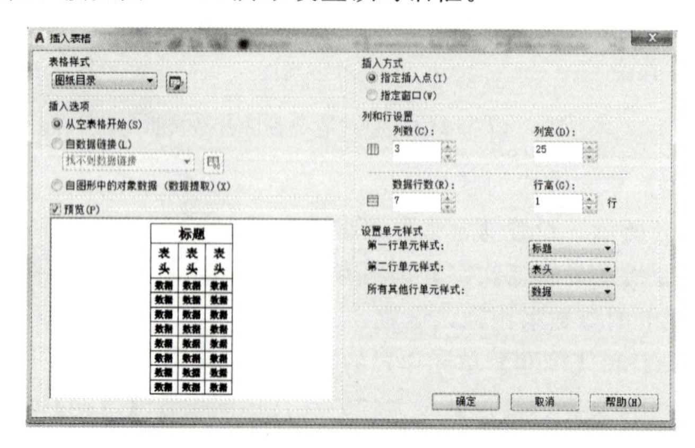


图 2.120　【插入表格】对话框

(2) 单击【确定】按钮，关闭对话框，在**指定插入点**提示下，在绘图区域单击一点以确定表格左上角的位置。

(3) 此时在绘图区域插入了一个空白表格，并且同时打开文字编辑器，此时可以开始输入表格内容，如图 2.121 所示。依次输入相应文字，输完一个单元后，按 Tab 键可以切换到下一个单元，也可用光标切换，结果如图 2.122 所示。

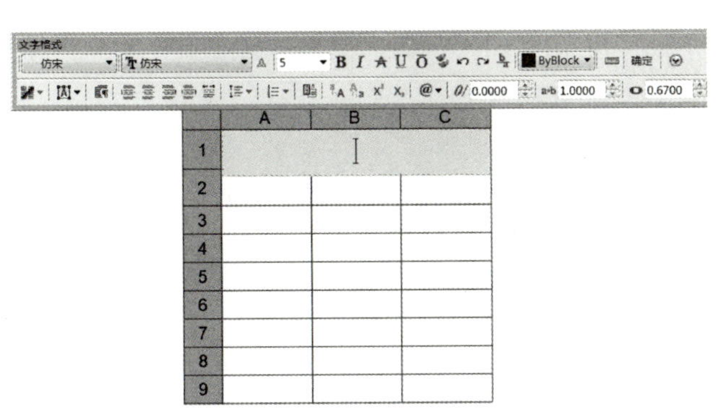


图 2.121 输入表格单元数据

| 图 纸 目 录 | | |
|---|---|---|
| 序号 | 图号 | 图名 |
| 1 | 装施7—1 | 设计说明、图纸目录 |
| 2 | 装施7—2 | 西式餐厅平面布置图 |
| 3 | 装施7—3 | 西式餐厅顶棚平面图 |
| 4 | 装施7—4 | A立面图 |
| 5 | 装施7—5 | B立面图 |
| 6 | 装施7—6 | C立面图 |
| 7 | 装施7—7 | 详图 |

图 2.122 输入数据后的表格单元

(4) 在【插入表格】对话框中，如选择【自数据连接】单选框，可以将计算机中已有的用 Excel 表格插入 AutoCAD 内。

## 2.6.3 编辑表格

表格的编辑主要是对表格的尺寸、单元内容和单元格式进行修改。

(1) 编辑表格尺寸：在命令行无命令的状态下选中表格，会在表格的 4 个角点和各列的顶点处出现夹点。可以通过拖动相应的夹点来改变相应单元的尺寸，如图 2.123 所示。表格中夹点的作用如图 2.124 所示。

| | A | B | C |
|---|---|---|---|
| 1 | 图 纸 目 录 | | |
| 2 | 序号 | 图号 | 图名 |
| 3 | 1 | 装施7—1 | 设计说明、图纸目录 |
| 4 | 2 | 装施7—2 | 西式餐厅平面布置图 |
| 5 | 3 | 装施7—3 | 西式餐厅顶棚平面图 |
| 6 | 4 | 装施7—4 | A立面图 |
| 7 | 5 | 装施7—5 | B立面图 |
| 8 | 6 | 装施7—6 | C立面图 |
| 9 | 7 | 装施7—7 | 详图 |

图 2.123 改变序号的列宽

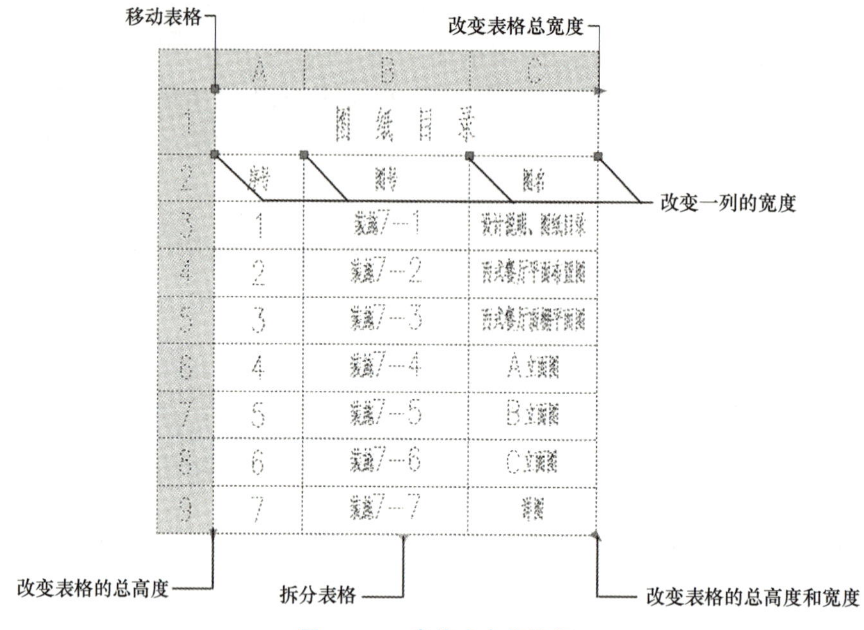


图 2.124　表格夹点的作用

（2）编辑表格单元：在选中一个或多个单元的时候，右击可弹出表格快捷菜单，如图 2.125 所示。在快捷菜单上部是【修剪】、【复制】及【粘贴】等基本编辑选项，往下的【单元对齐】、【边框】等是针对表格的特有选项。其中【匹配单元】选项只有在选定一个单元时才有效，它可以将所选单元的单元特性赋予其他单元。【插入点】|【块】|【字段】|【公式】选项可在单元中插入图块、字段或公式。

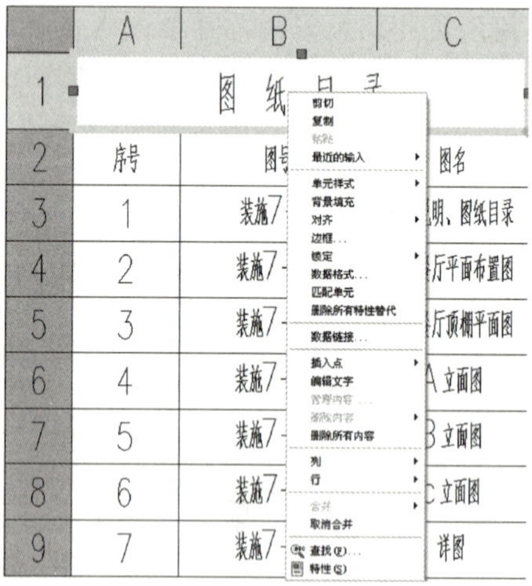

图 2.125　表格快捷菜单

选择快捷菜单最后的【特性】选项可以打开【特性管理器】对话框，可以直接在该对话框中设置表格【单元】属性和【内容】属性。

## 2.6.4 插入 Microsoft Office 表格文件

### 1. 用插入 OLE 对象的方法链接文件

OLE 链接方法是指在 Microsoft Word 或 Excel 软件中做好表格，然后通过 OLE 链接的方法将其插入到 AutoCAD 图形文件中。需要修改表格和数据时，双击表格即可回到 Microsoft Word 或 Excel 软件中。

(1) 在 Microsoft Word 或 Excel 软件中做好表格后保存文件。

(2) 在 AutoCAD 图形文件中执行菜单栏中的【插入】|【OLE 对象】命令，打开【插入对象】对话框，选择【由文件创建】单选按钮，如图 2.126 所示。

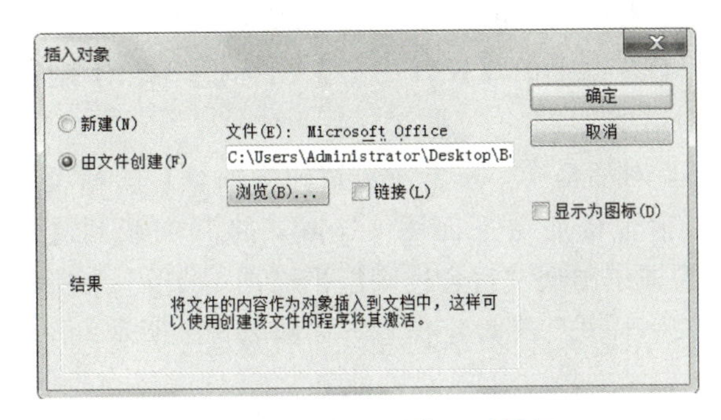


图 2.126 【插入对象】对话框

(3) 单击【浏览】按钮，选择之前保存的 Microsoft Word 或 Excel 文件。

(4) 单击【确定】按钮，关闭【插入对象】对话框，表格插入 AutoCAD 图形文件中。

### 2. 用复制、选择性粘贴的方法插入文件

(1) 在 Microsoft Word 或 Excel 软件中做好表格，然后将其全部选中，执行【复制】命令（组合键 Ctrl+C）。

(2) 回到 AutoCAD 图形文件中，执行菜单栏中的【编辑】|【选择性粘贴】命令，打开【选择性粘贴】对话框，选中“AutoCAD 图元”，如图 2.127 所示。

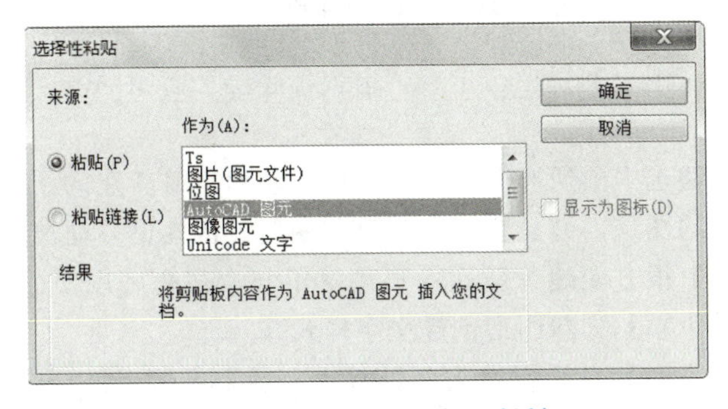


图 2.127 【选择性粘贴】对话框

(3) 单击【确定】按钮，关闭对话框，则表格的左上角附着到光标上。

(4) 在指定插入点或 [作为文字粘贴(T)]提示下，单击确定表格的位置。

# 2.7 绘制其他层建筑平面图

## 2.7.1 利用设计中心加载“宿舍楼底层平面图.dwg”的设定

AutoCAD的设计中心可以看成是一个中心仓库，在这里，设计者既可以浏览自己的设计，又可以借鉴他人的设计。AutoCAD的设计中心能管理和再利用设计对象和几何图形。只需简单拖动，就能轻松地将设计图中的符号、图块、图层、字体、布局和格式复制到另一张图中，既省时又省力。

（1）用【新建】命令创建一个新的图形文件，并将其保存为“标准层平面图”。

（2）单击【标准】工具栏上的【设计中心】图标（组合键Ctrl+2），打开AutoCAD的【设计中心】对话框。

（3）在【设计中心】对话框中，单击左上角的【加载】图标，弹出【加载】对话框，选择前面绘制的“宿舍楼底层平面图.dwg”，将其加载到【设计中心】中。此时，【设计中心】的右侧选项框中出现“宿舍楼底层平面图.dwg”中所包含的“块”“标注样式”“图层”“线型”“文字样式”等设定信息，如图2.128所示。

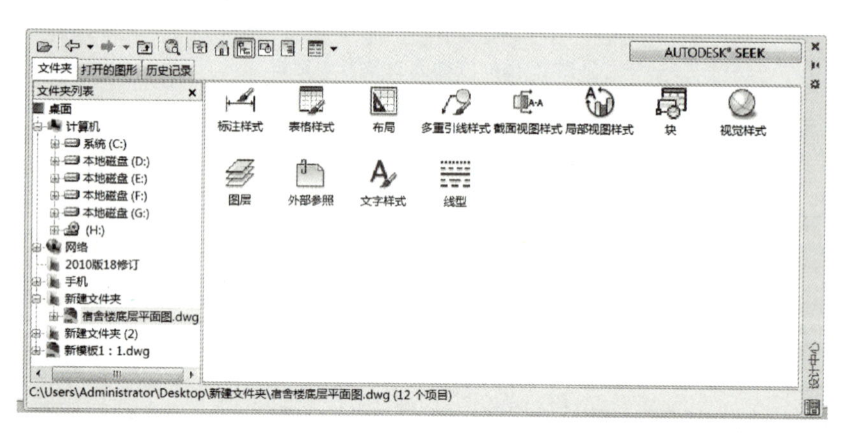


图2.128 在【设计中心】加载文件

（4）双击右侧的【图层】选项，出现“宿舍楼底层平面图.dwg”所包含的所有图层，如图2.129所示。

（5）用框选的方法选中的所有图层，用光标拖动到当前新建的图形中，结果新图形文件自动创建了所选择的图层，并且图层的颜色和线型等特性也自动被复制。

利用【设计中心】很方便地为新建图形创建了与“宿舍底层平面图.dwg”一致的图层。继续利用【设计中心】为新图形创建文字样式。

（6）单击【设计中心】对话框左上部的【上一级】图标，右侧显示如图2.128所示的内容。

（7）双击【文字样式】选项，将出现图2.130所示的3种文字样式，即“宿舍楼底层平面图.dwg”中所包含的所有文字样式。

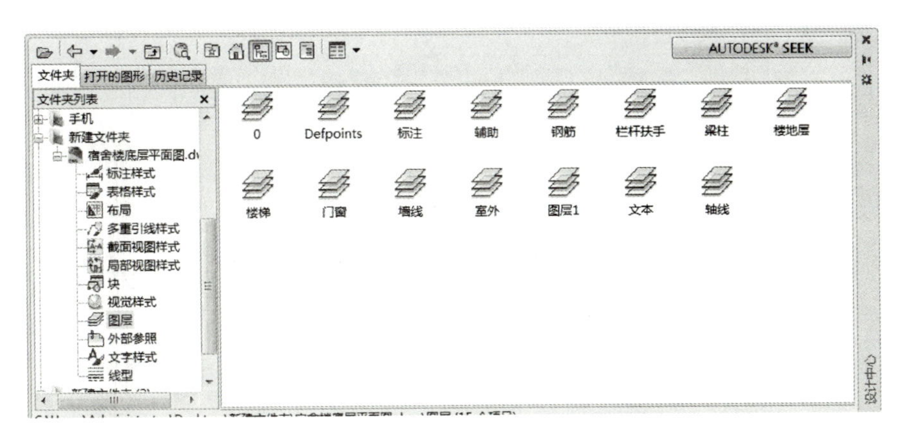


图 2.129 显示载入文件的【图层】

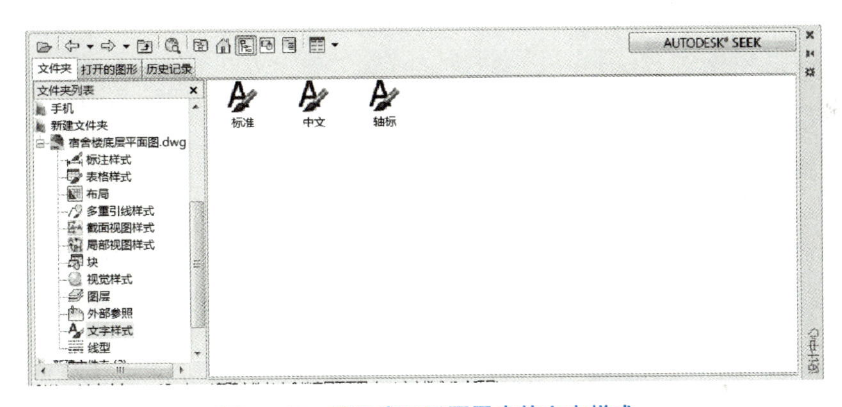


图 2.130 显示底层平面图中的文字样式

(8) 用框选的方法选中所有的文字样式并将其拖动到当前图形中，结果新图形文件自动创建了所选择的文字样式。

可以用相同的方法创建标注样式、图块等信息。

## 2.7.2 在不同的图形窗口中交换图形对象

从 AutoCAD 2000 开始，AutoCAD 支持多文档的设计环境，也就是说，在 AutoCAD 中可以同时打开多个图形文件，一个图形文件就是一个图形窗口，可以在不同的图形窗口中交换图形对象。

(1) 打开 Home-Space Planner 文件，同时新建一个图形文件，执行菜单栏中的【窗口】|【垂直平铺】命令，使打开的两个图形文件呈垂直平铺显示状态，如图 2.131 所示。

(2) 在命令行无命令的状态下，选择 Home-Space Planner 中的某些“家具”(如“沙发”“钢琴”等)，这些“家具”变虚并显示出蓝色夹点。

(3) 将十字光标放到任意一条虚线上(注意不能放在冷夹点上)，按住鼠标左键拖动光标，会发现所选择的“家具”图形随着光标的移动而移动。

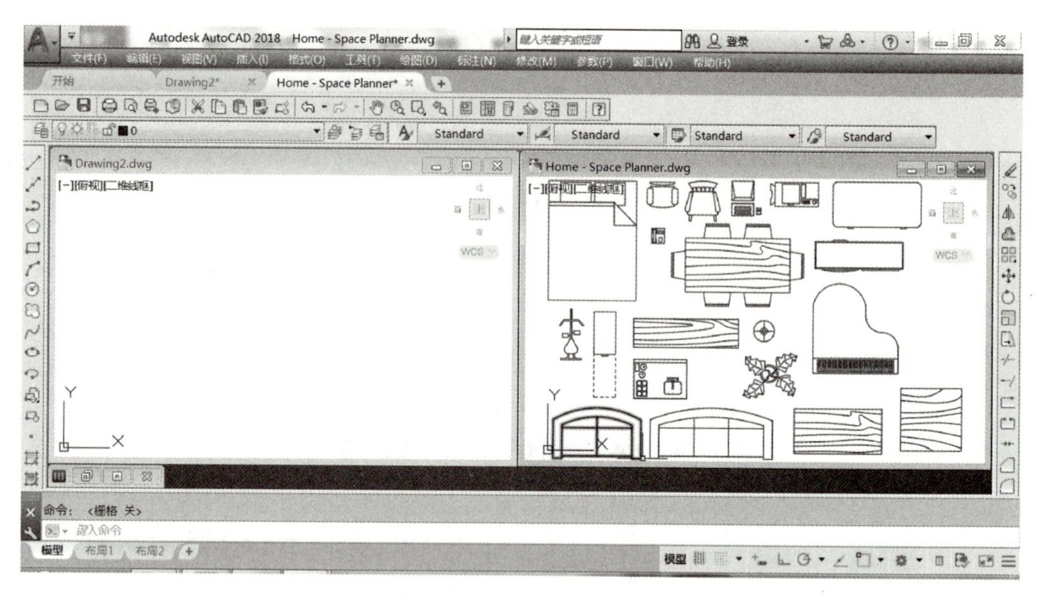


图 2.131 垂直平铺窗口

(4) 继续按住鼠标左键并将图形拖动新窗口中，然后松开鼠标左键，这时选择的“家具”图形被复制到新的图形中，如图 2.132 所示。

图 2.132 将图形拖到新窗口中

AutoCAD 设计中心和多文档的设计环境给用户提供了强大的图形数据共享功能，可以很方便地绘制出其他层建筑平面图。

## 本章小结

本章在项目 1 的基础上进一步深入绘制建筑施工图平面图，介绍了在利用 AutoCAD

绘图时如何标注文字、尺寸、标高及如何绘制指北针、详图索引符号等。要求大家能够计算出各种比例图形中的符号类对象的尺寸。

在本章详细学习了以下内容。

图纸内文字高度的设定、文字样式的设定方法、标注文字、文字的编辑及尺寸标注基本概念、尺寸标注样式的设定方法、标注尺寸、修改尺寸标注。

如何测量房间的面积、直线长度、角度和直线的水平投影和垂直投影的长度。

门窗等图形类图块和标高等符号类图块的制作和使用方法，创建块和写块两种图块制作方法的特点，修改图块属性的方法，块编辑器的使用，多重插入图块。

绘制直线、圆、多段线及圆弧的方法，极轴的使用方法，临时追踪的使用，文字的正中对正。

表格的样式，插入表格、编辑表格尺寸、编辑表格单元及 OLE 链接表格的方法。

AutoCAD 设计中心加载图形对象，不同的图形窗口中交换图形对象。

## 上机指导

### 上机操作一：绘制并修改图形

【操作目的】

练习【矩形】、【分解】、【偏移】及【拉伸】等命令。

【操作内容】

(1) 按图 2.133 所示尺寸绘制图形。

(2) 利用【拉伸】命令将图中的矩形 A 和 B 的长度分别修改为 1000mm，将矩形 A、B、C 的高度修改为 500mm。

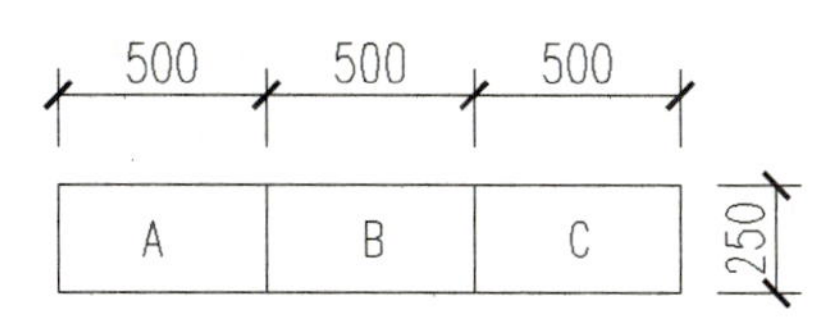


图 2.133 修改图形

### 上机操作二：绘制指北针

【操作目的】

绘制图 2.134 所示的指北针图形，练习【圆】、【直线】、【填充】和【文字】等命令。

【操作内容】

(1) 按尺寸用【圆】、【直线】、【填充】和【文字】等命令绘制图形，N 的字体样式为“complex. shx”。

(2) 将所绘图形用【创建块】命令制作成图块。

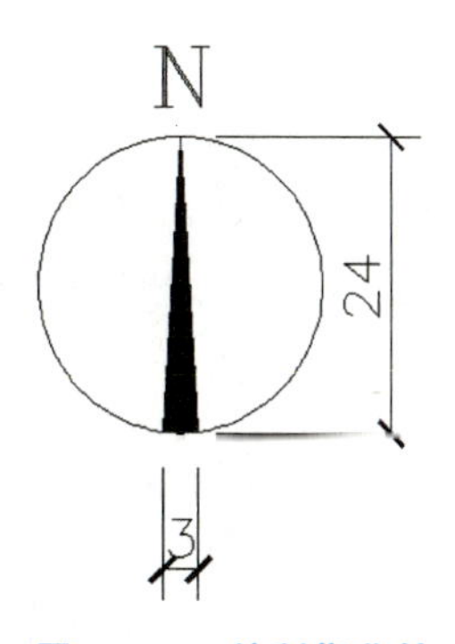


图 2.134 绘制指北针

### 上机操作三：文字的样式

**【操作目的】**

练习新建文字样式。

**【操作内容】**

（1）新建使用“simplex. shx”、“complex. shx”和“T 仿宋”字体的文字样式。

（2）用不同字体分别输入图 2.135 所示文字。

基础墙柱地坪楼板1 2 3 A B C
基础墙柱地坪楼板1 2 3 A B C
基础墙柱地坪楼板1 2 3 A B C

图 2.135　输入文字

### 上机操作四：文字的导入

**【操作目的】**

练习文字的导入命令。

**【操作内容】**

（1）在 Word 内输入下列文字。

本工程为郑州市某公司高层商住楼，位于郑州市桐柏路。本建筑为一类高层公共建筑，设计使用年限为 50 年，主体耐火等级为一级，地下室耐火等级为一级。屋面防水等级为二级，地下室防水等级为二级，抗震设防烈度为 7 度。本建筑地上建筑为 17 层，地下室为 2 层，建筑高度为 57.9m，结构形式为框架剪力墙结构。本工程占地面积 877.5$m^2$。总建筑面积：14897.09$m^2$，其中地下室建筑面积 1766.4$m^2$，地上建筑面积 13130.69$m^2$。

（2）在 Word 内选中输入的文字并复制。

（3）方法一：打开 AutoCAD，执行【编辑】|【选择性粘贴】命令，选中【AutoCAD 图元】选项，指定插入点形成单行文本。

（4）方法二：打开 AutoCAD，执行【绘图】|【文字】|【多行文字】命令，将文字粘贴到多行文字编辑器内形成多行文本。

### 上机操作五：表格的导入

**【操作目的】**

练习表格的导入。

**【操作内容】**

（1）在 Excel 内制作图 2.136 所示的表格。

（2）在 Excel 内选中制作的表格并复制。

采用的主要规范　　　　附表一

| 序　号 | 图　号 | 名　称 |
|---|---|---|
| 1 | GB 50009—2012 | 建筑结构荷载规范 |
| 2 | GB 50011—2010 | 建筑抗震设计规范(2016年版) |
| 3 | GB 50010—2010 | 混凝土结构设计规范(2015年版) |
| 4 | GB 50007—2011 | 建筑地基基础设计规范 |
| 5 | JGJ 79—2012 | 建筑地基处理技术规范 |
| 6 | JGJ 3—2010 | 高层建筑混凝土结构技术规程 |
| 7 | GB 50108—2008 | 地下工程防水技术规范 |
| 8 | GB 50016—2014 | 建筑设计防火规范(2018年版) |

图 2.136　制作表格

(3) 打开 AutoCAD，执行【编辑】|【选择性粘贴】命令，选中【AutoCAD 图元】选项，指定插入点确定表格的位置。

### 上机操作六：表格的制作

【操作目的】

练习【表格】、【多段线】及【旋转】等命令。

【操作内容】

(1) 在 AutoCAD 内制作图 2.137 所示的表格。

楼梯钢筋表

| 编号 | 钢筋简图 | 规格 | 长度 |
|---|---|---|---|
| ② | 1400 | 6 | 1480 |
| ③ | 90 1060 160 | 10 | 1370 |
| ⑤ | 3200 | 12 | 3200 |
| ⑥ | 210 1030 | 10 | 1390 |
| ⑦ | 3240 | 12 | 3240 |
| ⑧ | 90 1070 160 | 10 | 1380 |
| ⑨ | 200 1050 | 10 | 1400 |

图 2.137　绘制表格

(2) 绘制钢筋简图并将其移动到表格内。

## 上机操作七：绘制门

【操作目的】

练习【矩形】、【偏移】、【修剪】、【多段线】、【圆弧】等绘图命令及【线性标注】、【连续标注】及【基线标注】等标注命令。

【操作内容】

(1) 绘制图 2.138 所示的门。

(2) 标注尺寸及图名。

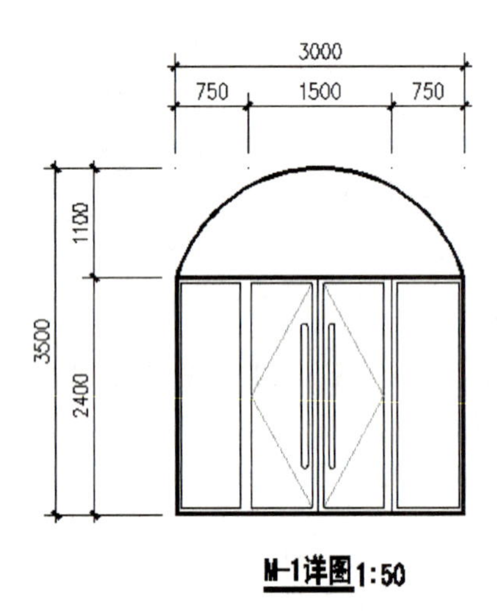


图 2.138　绘制门

## 上机操作八：绘制预埋钢板

【操作目的】

练习【矩形】、【直线】、【修剪】、【分解】、【圆角】、【线性】、【连续】、【基线】及【单行文字】等命令。

【操作内容】

(1) 绘制图 2.139 所示的预埋钢板。

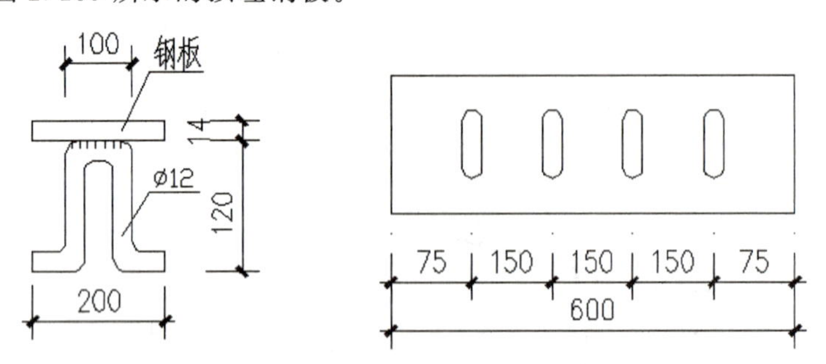


图 2.139　绘制预埋钢板

(2) 标注尺寸及图名。

### 上机操作九：标注命令

【操作目的】

练习标注样式的设定及【半径】、【直径】、【角度】、【对齐】、【圆心标记】及【坐标】等标注命令。

【操作内容】

(1) 按尺寸绘制图 2.140 所示图形。

(2) 标注图中所示的线性尺寸、半径、直径、角度、圆心标记及坐标等。

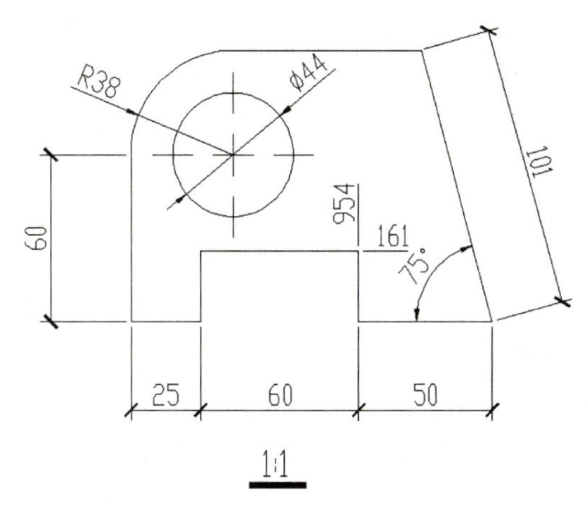


图 2.140 绘制并标注图形

### 上机操作十：AutoCAD 设计中心的使用

【操作要求】

练习使用 AutoCAD 设计中心提供的图库绘图。

【操作内容】

(1) 使用绘图和修改命令绘制图 2.141 所示的图形，墙厚 240mm。

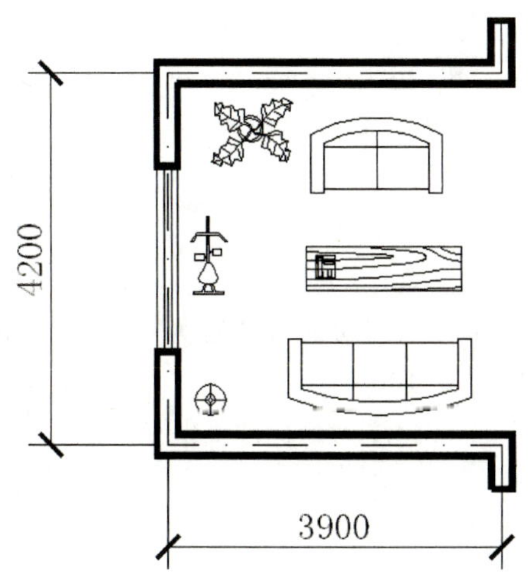


图 2.141 利用 AutoCAD 设计中心绘图

（2）在 AutoCAD 设计中心选择 Home-Space Planner 文件，找到该文件中下列图块并将它们拖动到图形相应位置。

## 习　题

### 一、单选题

1. 在 AutoCAD 中绘制出图比例为 1∶100 的图形时，标高符号的尺寸和 GB/T 50001—2017 内所规定的尺寸相比（　　）。

A. 要大　　B. 要小　　C. 相等

2. 在【文字样式】对话框中将文字高度设定为（　　）。

A. 0　　B. 300　　C. 500

3. “±”的输入方法为（　　）。

A. %%P　　B. %%C　　C. %%D

4. $\phi$ 的输入方法为（　　）。

A. %%P　　B. %%C　　C. %%D

5. 【文字编辑】命令的快捷键为（　　）。

A. ED　　B. DE　　C. RE

6. 【新建标注样式】对话框中，【主单位】选项卡内的【比例因子】为“1”时，为如实标注，如果线长为 1000mm，标注出的尺寸为（　　）mm。

A. 1600　　B. 1000　　C. 2000

7. 【新建标注样式】对话框中【调整】选项卡内的【使用全局比例】和（　　）应一致。

A. 出图比例

B. 绘图比例

C. 局部比例

8. 标注墙段长度和洞口宽度时，第一条尺寸线的第一个尺寸应使用（　　）标注命令来标注。

A. 连续　　B. 基线　　C. 线性

9. 用（　　）命令拉长尺寸界线起点的位置。

A. 夹点编辑

B. 拉伸

C. 延伸

10. 为便于使用，通常将单扇门图块的尺寸定为（　　）mm。

A. 750　　B. 1000　　C. 900

11. 第三条总尺寸用（　　）标注命令标注。

A. 对齐

B. 基线

C. 线性

12. 组成图块的所有图形元素是一个（　　）。

A. 整体

B. 独立个体

C. 都不是

13. 用（　　）的方式制作的图块是存盘的图块，具有公共性。

A. 创建块

B. 写块

C. 创建块和写块

14. 对已经插入到图形中的图块，用（　　）命令进行修改。

A. 块在位编辑参照

B. 创建块

C. 块编辑器

15. 打开或关闭【极轴】的功能键为（　　）键。

A. F10　　B. F8　　C. F7

16. 设定【临时捕捉】后，它能被使用（　　）次。

A. 5　　B. 8　　C. 1

17. 在设定定位轴线编号属性时，文字的对正方式为（　　）对正。

A. 左　　B. 正中　　C. 中间

18. 用圆心、起点、角度的方法画圆弧，角度应按（　　）选择。

A. 逆时针　　B. 顺时针　　C. 都可以

19. 出图比例为 1∶100 的图形内的一般字体高度为（　　）。

A. 350　　B. 35　　C. 3.5

20. 通常在（　　）图层上制作图块。

A. 【0】　　B. 【门】　　C. 【标高】

## 二、简答题

1. 建筑平面图内符号类对象的绘制有什么特点?

2. 设置当前文字样式的方法有哪些?

3. 文字的旋转角度和【文字样式】对话框中的文字的倾斜角有什么不同?

4. 简述设计说明等大量文字的输入方法。

5. 哪些地方涉及“当前”的概念?

6. 简述标注轴线之间距离的第二条尺寸线的方法。

7. 尺寸标注可以做哪些方面的修改?

8. 测量房间面积和测量直线长度的命令分别是什么?

9. 图块有什么作用?

10. 如何设置【属性定义】对话框中的【值】参数?

11. 制作图块的方法有哪些?

12. 定义图块时所设定的基点有什么作用?

13. 如何计算图块的插入比例?

14. 用什么命令对制作好的图块进行修改?

15. 【多重插入】图块命令适合在什么情况下使用？
16. 一个图块是否只能设定一个属性？
17. 简述 OLE 链接表格的方法。
18. AutoCAD 的设计中心有什么作用？
19. 如何在不同的图形窗口中交换图形对象？

# 项目 3 建筑施工图立面图和剖面图的绘制

思维导图

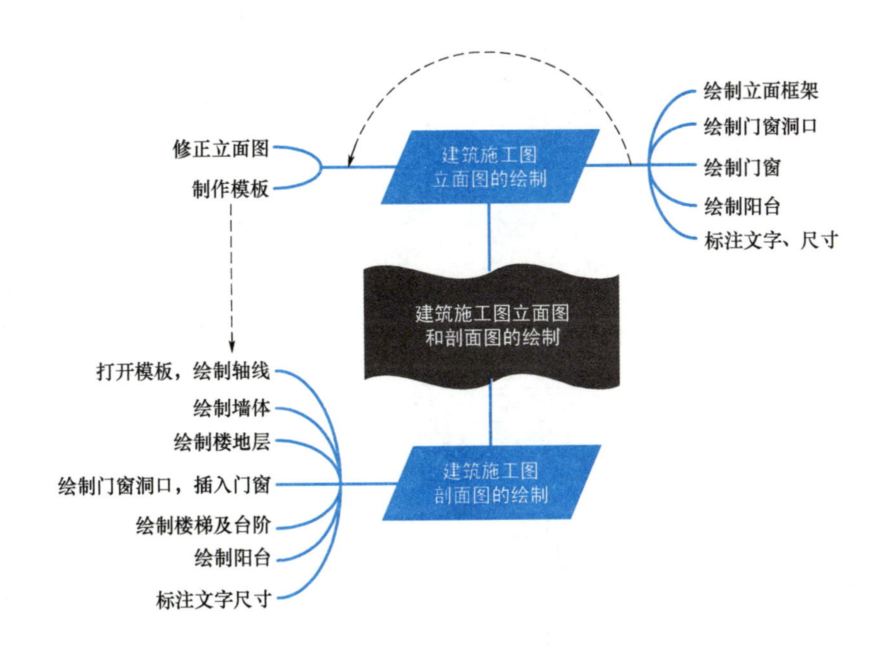

## 课前热身

| 序号 | 图形 | 操作 | 二维码 |
|---|---|---|---|
| 3-1 | 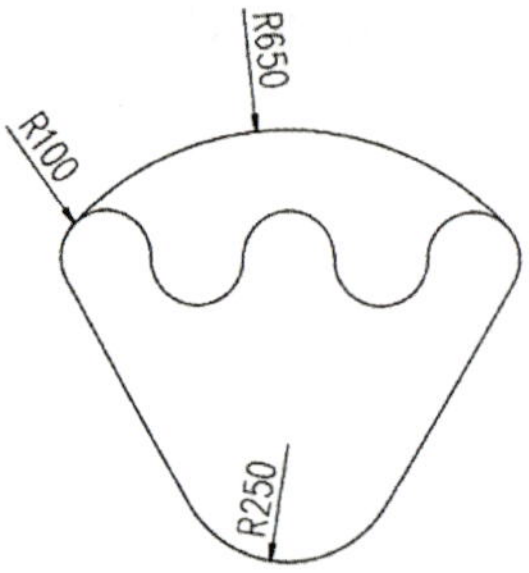 | 直线、定数等分、多段线、圆角、极轴追踪、偏移、镜像、圆、修剪、删除 | |
| 3-2 | 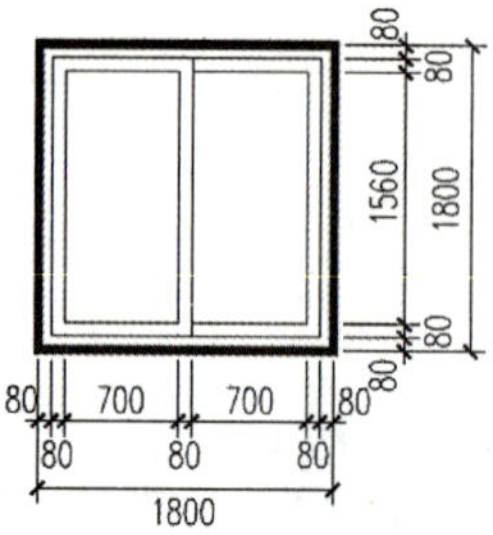 | 矩形、定义坐标基点、偏移、直线、修剪 | |
| 3-3 | 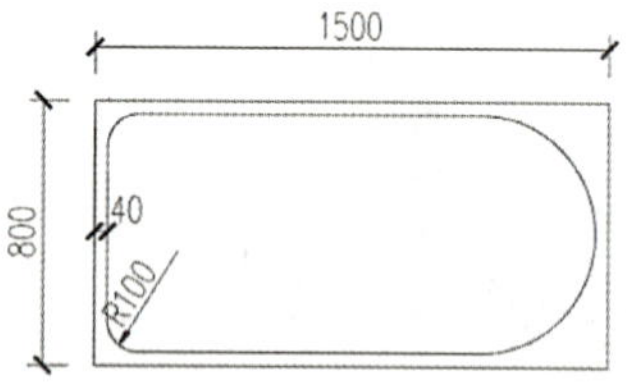 | 矩形、移动、圆、圆角、修剪 | |
| 3-4 | 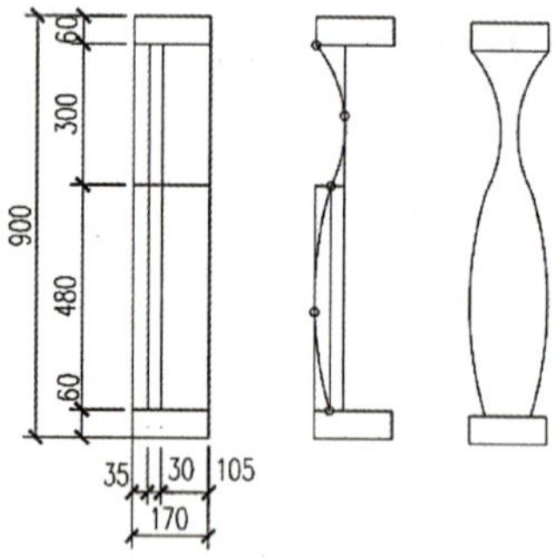 | 矩形、分解、偏移、修剪、打断于点、镜像、圆弧 | |
| 3-5 | 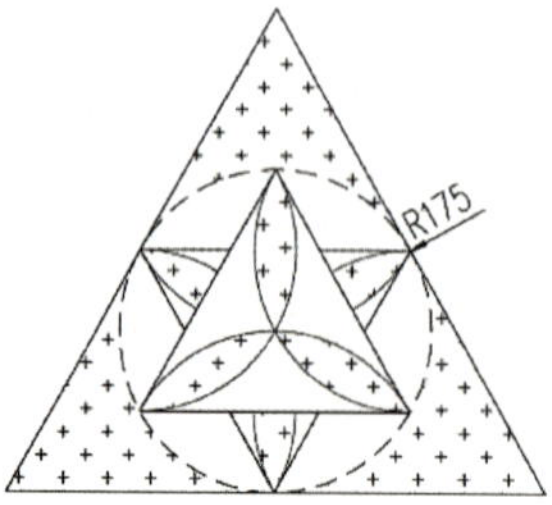 | 圆、多边形、复制、镜像、圆弧、修剪、修改线型、图案填充 | |

续表

| 序号 | 图形 | 操作 | 二维码 |
| --- | --- | --- | --- |
| 3-6 | | 椭圆、直线、偏移、圆弧、圆环、样条曲线、徒手绘图 | |

项目1和项目2中介绍了AutoCAD的基本图形绘制和编辑命令，本章将通过绘制建筑施工图立面图（附图1.2①～⑫轴立面图）和剖面图（附图1.3Ⅰ—Ⅰ剖面图）来进一步加深对已学过命令的理解，并学习新的绘图和编辑命令，积累一些实用的编辑技巧和绘图经验。由于建筑施工图平面图、立面图和剖面图的尺寸应相互一致，所以立面图和剖面图中的部分尺寸是从平面图（附图1.1宿舍楼底层平面图）中得到的，绘制时应不断地参照平面图。

## 3.1 绘制立面框架

### 1. 图形绘制前的准备

新建一个图形并将其命名为“立面图”，利用【图层特性管理器】创建如图3.1所示的图层。

熟悉附图1.2

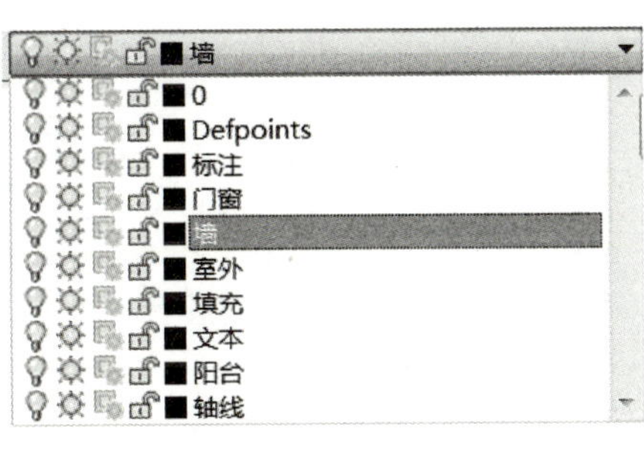


图3.1 立面图的图层

绘制立面框架

### 2. 绘制立面框架

(1) 设置【墙】图层为当前层。

(2) 启动【矩形】命令。

① 在指定第一个角点或［倒角(C)/标高(E)/圆角(F)/厚度(T)/宽度(W)］提示下，在屏幕的左下角单击任意一点作为矩形的第一个角点。

② 在指定另一个角点或［面积(A)/尺寸(D)/旋转(R)］提示下，输入“@42840，14700”后按Enter键结束命令。“42840”是外墙皮到外墙皮的尺寸，“14700”是室外地坪到檐口的距离。

(3) 由于新建图形视图距离比较近，所以只能看到图形的局部，如图3.2所示。双击鼠标滚轮执行【范围缩放】命令将其推远。

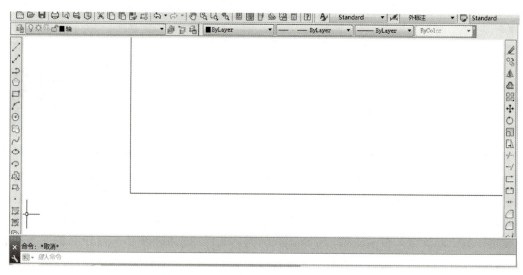

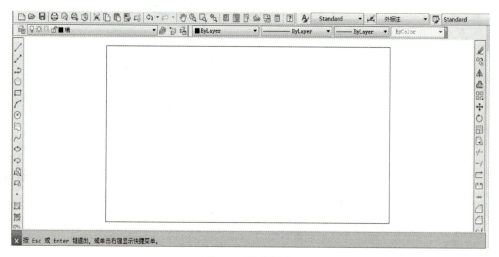


图 3.2　执行【范围缩放】命令前的视图

（4）执行【实时缩放】命令将视图调整到如图 3.3 所示的状态。

图 3.3　调整视图

（5）将矩形最下面的水平线向上偏移 600mm，生成勒脚线。

① 分解矩形：由于矩形是一条闭合多段线，所以其 4 条边为整体关系，在偏移生成勒脚线之前应先将其分解，否则矩形的 4 条边会一起向内偏移。

② 启动【分解】命令。

③ 在**选择对象**提示下，选择矩形为分解对象，然后按 Enter 键结束命令。

**特别提示**

矩形本身是多段线，所以矩形的 4 条边是整体关系。将矩形分解后，组成矩形的 4 条边由一条闭合多段线变成普通的 4 条直线。

④ 启动【偏移】命令，将最下面的水平线向上偏移 600mm，结果如图 3.4 所示。

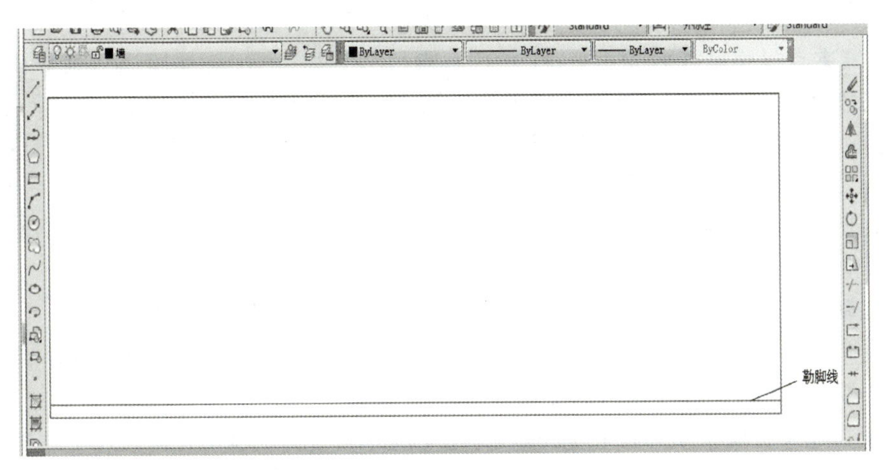


图 3.4　偏移生成勒脚线

⑤ 继续执行【偏移】命令将勒脚线依次向上偏移 800mm、100mm、1800mm、100mm，生成首层的窗台线和窗眉线，结果如图 3.5 所示。

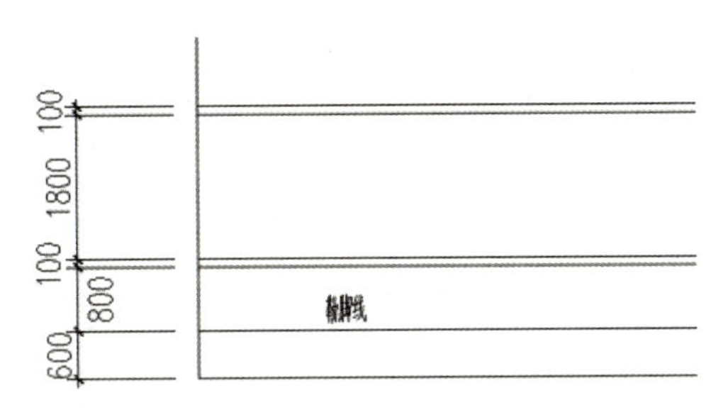


图 3.5　偏移生成首层窗台线和窗眉线

(6) 使用【阵列】命令生成 2、3、4 层的窗台线和窗眉线。

① 启动【阵列】命令。

② 在**选择对象**提示下，按照图 3.6 所示选择窗台线和窗眉线（窗洞口上下各两条水平线）作为阵列对象。

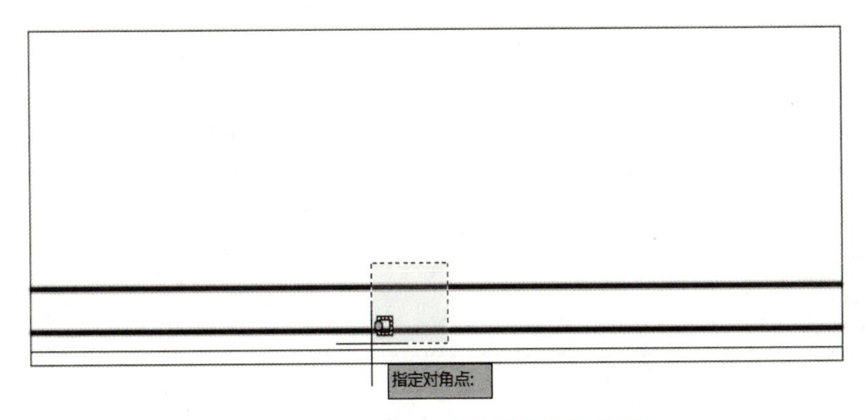


图 3.6　选择窗台线和窗眉线作为阵列对象

③ 在输入阵列类型［矩形(R)路径(PA)极轴(PO)］<矩形>提示下，按 Enter 键选择矩形阵列。

在选择夹点以编辑阵列或［关联(AS)/基点(B)/计数(COU)/间距(S)/列数(COL)/行数(R)/层数(L)/退出(X)］<退出>提示下，输入“AS”后按 Enter 键。

在创建关联阵列［是(Y)/否(N)］(否）提示下，按 Enter 键，将被阵列出的对象设定为不关联。

④ 在选择夹点以编辑阵列或［关联(AS)/基点(B)/计数(COU)/间距(S)/列数(COL)/行数(R)/层数(L)/退出(X)］<退出>提示下，输入“COL”后按 Enter 键。

⑤ 在输入列数数或［表达式(E)］提示下，输入“1”后按 Enter 键。

⑥ 在指定列数之间的距离或［总计(T)/表达式(E)］提示下，按 Enter 键。当列数为 1 时，列数之间的距离为任何数值都是无效的。

⑦ 在选择夹点以编辑阵列或［关联(AS)/基点(B)/计数(COU)/间距(S)/列数(COL)/行数(R)/层数(L)/退出(X)］<退出>输入“R”后按 Enter 键。

⑧ 在输入行数数或［表达式(E)］输入“4”后按 Enter 键。

⑨ 在指定行数之间的距离或［总计(T)/表达式(E)］输入“3300”后按 Enter 键。

⑩ 按 Enter 键结束命令，结果如图 3.7 所示。

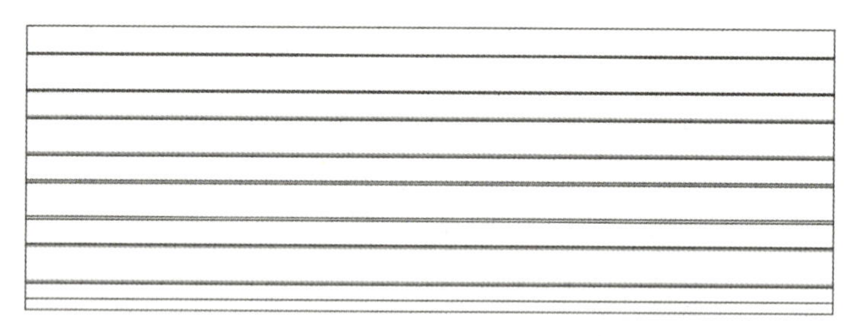

图 3.7　阵列生成 2、3、4 层的窗台线和窗眉线

# 3.2　绘制门窗洞口

## 1. 绘制轴线①～②之间首层的 1800mm×1800mm 窗洞口

（1）调整视图范围如图 3.8 所示。

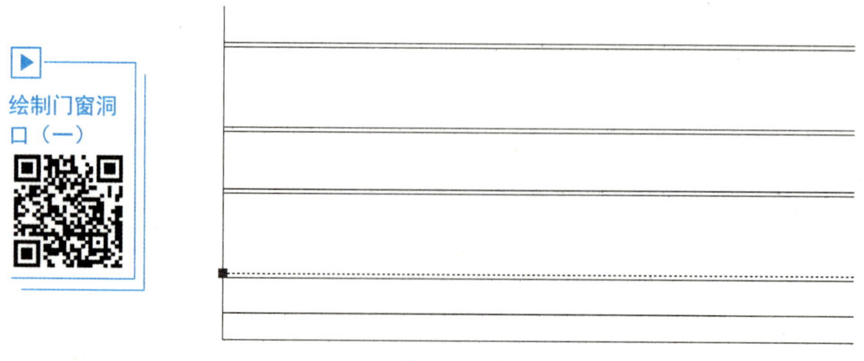


图 3.8　选择首层的窗台线

(2) 在命令行无命令的状态下选择首层的窗台线，则出现冷夹点，如图3.8所示。单击左侧的冷夹点，使其变成热夹点，然后按两下Esc键取消夹点，这样就将该点定义成相对坐标的基本点。

(3) 启动【矩形】命令。

① 在指定第一个角点或［倒角(C)/标高(E)/圆角(F)/厚度(T)/宽度(W)］提示下，输入“W”后按Enter键，表示要改变线宽。

② 在指定矩形的线宽＜0.0000＞提示下，输入“50”后按Enter键，将矩形线宽改为50mm。

③ 在指定第一个角点或［倒角(C)/标高(E)/圆角(F)/厚度(T)/宽度(W)］提示下，输入窗洞口左下角点相对于坐标基点的坐标“@1170，0”后按Enter键。这样就绘出矩形的左下角点，如图3.9所示。

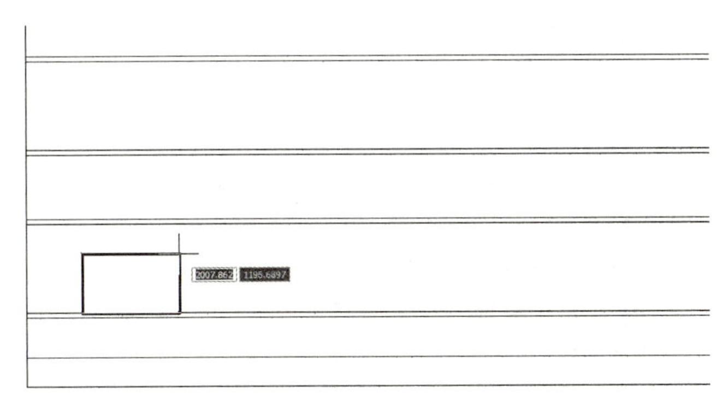

图3.9 绘制窗洞口的左下角点

**特别提示**

平面图中轴线①和②之间C-1窗的尺寸是1800mm×1800mm，轴线①至窗洞口左侧为1050mm，轴线①至左侧外墙皮为120mm，所以窗洞口左侧至外墙皮的距离为1170mm（1170=1050+120）。

④ 在指定另一个角点或［面积(A)/尺寸(D)/旋转(R)］提示下，输入“@1800，1800”后按Enter键结束命令，结果如图3.10所示。

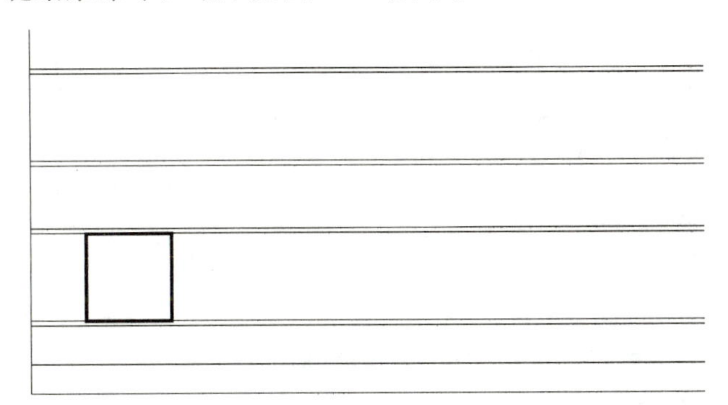

图3.10 绘制出左下角的1800mm×1800mm窗洞口

### 2. 绘制轴线①～⑥之间1～4层的1800mm×1800mm窗洞口

执行【阵列】命令，阵列参数的设定为4行、5列、行偏移距离3300mm、列偏移距离3900mm，结果如图3.11所示。

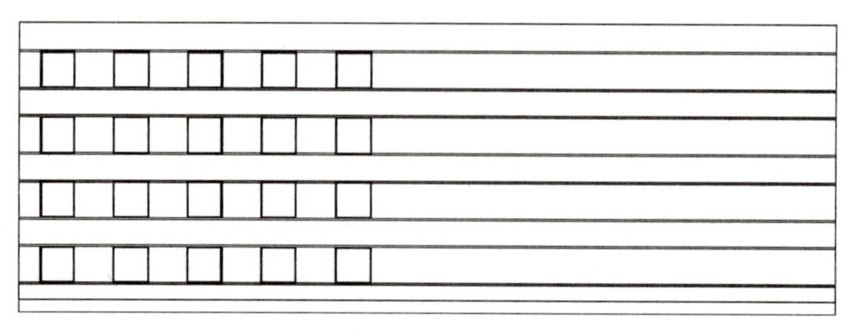

图3.11　阵列生成其他窗洞口

### 3. 绘制轴线⑩～⑫之间1～4层的1500mm×1800mm窗洞口

(1) 执行【矩形】命令绘制右下角的1500mm×1800mm窗洞口，并将其线宽加粗至50mm，结果如图3.12所示。

图3.12　绘制右下角的1500mm×1800mm窗洞口

(2) 对1500mm×1800mm窗洞口执行【阵列】命令，阵列参数设定为4行、2列、行偏移距离3300mm、列偏移距离－3600mm，结果如图3.13所示。

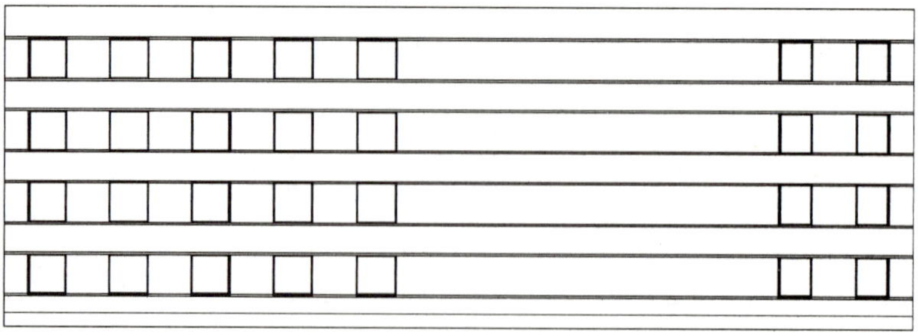

图3.13　阵列生成所有的1500mm×1800mm窗洞口

### 4. 绘制轴线⑦～⑩的1800mm×1800mm窗洞口

(1) 启动【复制】命令。

① 在选择对象提示下，选择轴线⑤～⑥之间首层的窗洞口A并按Enter键进入下一

步命令。

② 在指定基点或［位移(D)］＜位移＞提示下，在屏幕上任意单击一点作为复制基点。打开【正交】功能并将光标缓缓向右拖动，输入“8100”（8100=4200+3900）后按Enter键结束命令，如图3.14所示，这样就复制生成⑦～⑧轴线之间首层的窗洞口B。

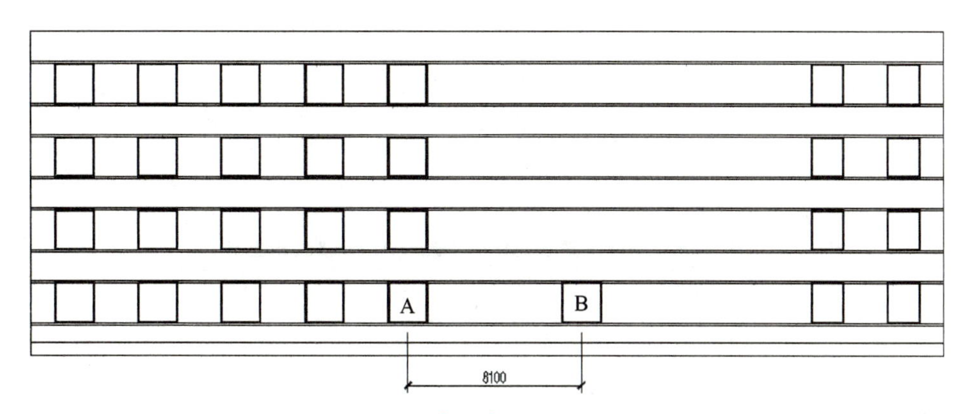


图3.14 复制生成⑦～⑧轴线之间1层的窗洞口

（2）使用【阵列】命令生成轴线⑦～⑩之间1～4层的1800mm×1800mm窗洞口。阵列参数设定为4行、3列、行偏移距离3300mm、列偏移距离3900mm，结果如图3.15所示。

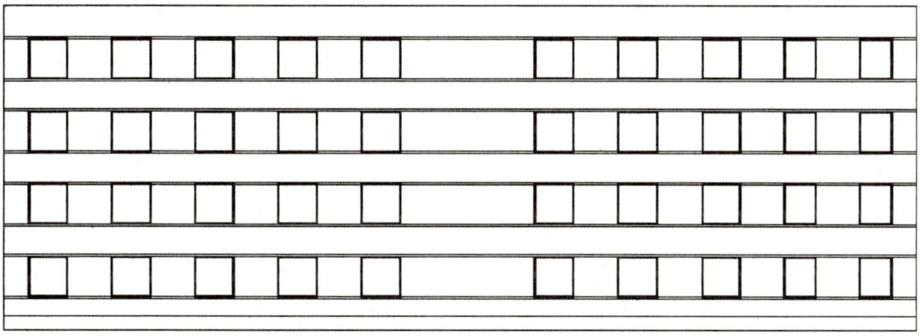

图3.15 阵列生成轴线⑦～⑩所有的1800mm×1800mm窗洞口

### 5. 绘制轴线⑥～⑦之间1～4层的3000mm×2700mm阳台门洞口

（1）启动【矩形】命令。

① 在指定第一个角点或［倒角(C)/标高(E)/圆角(F)/厚度(T)/宽度(W)］提示下，输入“W”后按Enter键。

② 在指定矩形的线宽＜0.0000＞提示下，输入“50”后按Enter键，表示将矩形线宽改为50mm。

③ 在指定第一个角点或［倒角(C)/标高(E)/圆角(F)/厚度(T)/宽度(W)］提示下，单击【对象捕捉】工具栏上的【捕捉自】图标。

④ 在指定第一个角点或［倒角(C)/标高(E)/圆角(F)/厚度(T)/宽度(W)］_FROM基点提示下，捕捉A点，即以A点为基点（A点的位置如图3.17所示）。

⑤ 在指定第一个角点或［倒角(C)/标高(E)/圆角(F)/厚度(T)/宽度(W)］_FROM基点：

＜偏移＞提示下，输入轴线⑥～⑦首层门的左下角点相对于A点的坐标“@1650，－900”，其中1650＝1050＋600。这样就绘出了轴线⑥～⑦首层门洞口的左下角点，如图3.16所示。

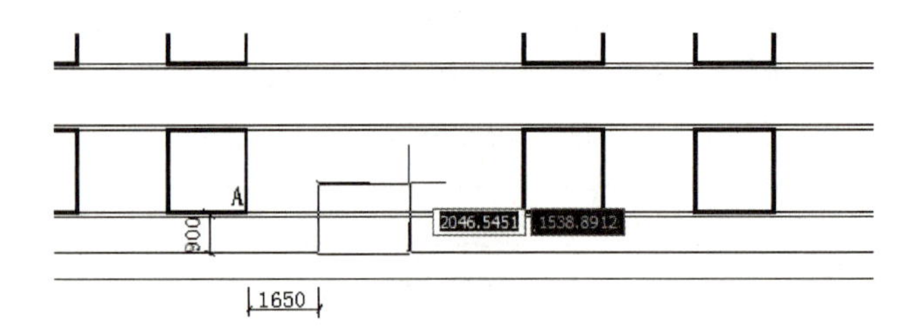

图3.16　绘制⑥～⑦轴线首层门洞

⑥ 在指定另一个角点或［面积(A)/尺寸(D)/旋转(R)］提示下，输入“@3000，2700”，然后按Enter键结束命令，结果如图3.17所示。

图3.17　绘制轴线⑥～⑦首层门洞口

(2) 使用【阵列】命令生成轴线⑥～⑦之间2～4层的3000mm×2700mm阳台门洞口。阵列参数设定为4行、1列、行偏移距离3300mm，结果如图3.18所示。

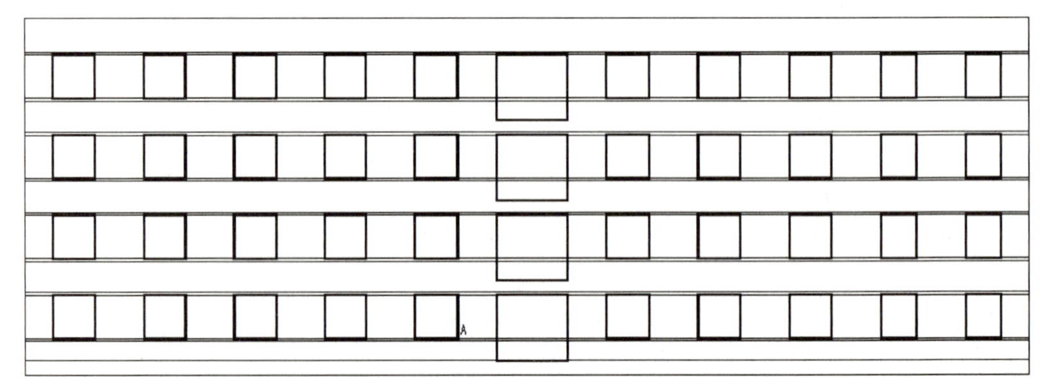


图3.18　阵列生成轴线⑥～⑦之间的阳台门洞口

(3) 启动【修剪】命令，剪掉与门洞口相交的窗台线，结果如图3.19所示。

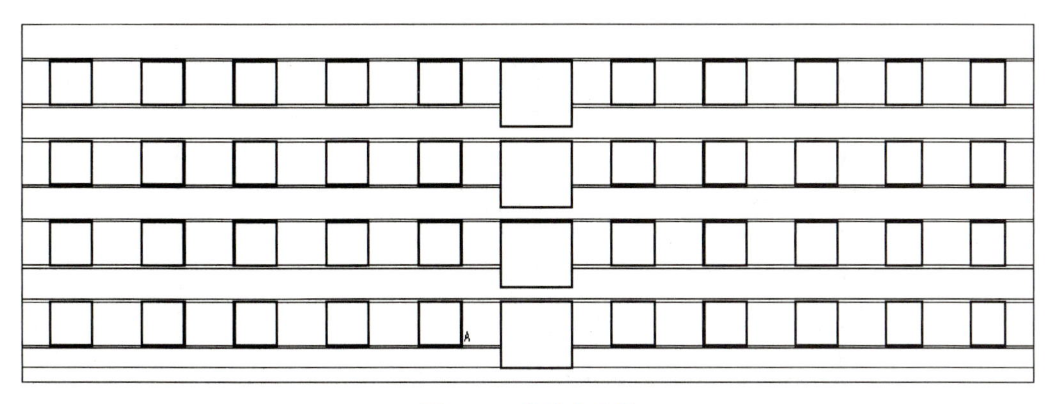

图 3.19　修剪窗台线

## 3.3　绘制立面窗

### 1. 绘制左下角的立面窗

（1）设置【门窗】图层为当前层，用【窗口缩放】命令将左下角的窗洞口放大。

（2）使用【偏移】命令将窗洞口线以 80mm 间距向内偏移两次。由于偏移生成的每个矩形线宽为 50mm，需用【分解】命令将其 4 条边变成 4 根独立直线，线宽也变为 0mm，结果如图 3.20 所示。

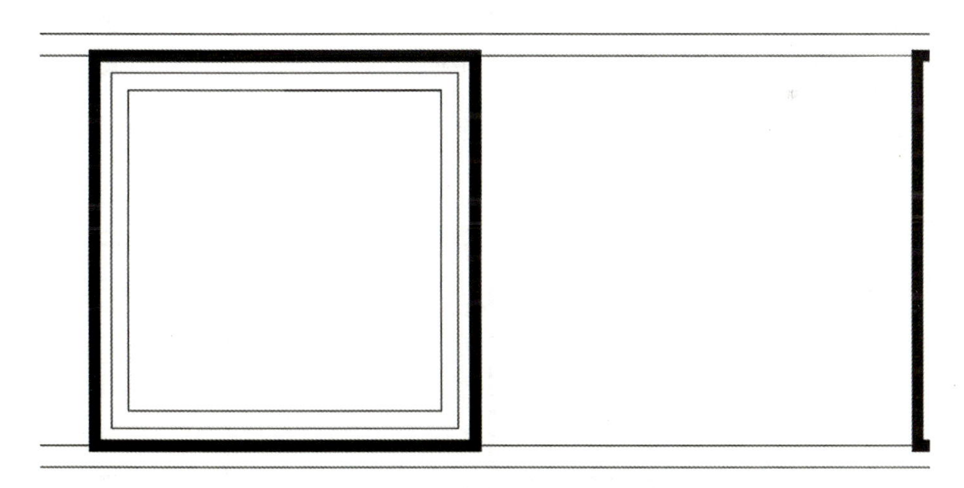

图 3.20　偏移生成窗框和窗扇的轮廓线

（3）执行菜单栏中的【工具】|【绘图设置】命令，打开【草图设置】对话框并勾选【对象捕捉】选项卡中的【中点】复选框。

（4）用【直线】命令并借助中点捕捉绘制窗扇的中间线，结果如图 3.21 所示。

（5）用【偏移】命令将上面绘制的中线向左偏移 80mm，结果如图 3.22 所示。

（6）用【修剪】命令把多余的线修剪掉，结果如图 3.23 所示。

### 2. 绘制其他立面窗

（1）通过上述操作，在左下角绘制了一个 1800mm×1800mm 窗，用相同的方法绘制

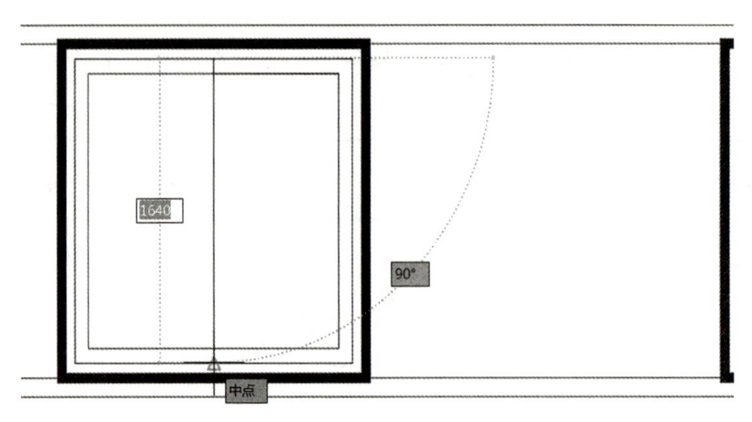


图 3.21　绘制窗扇的中间线

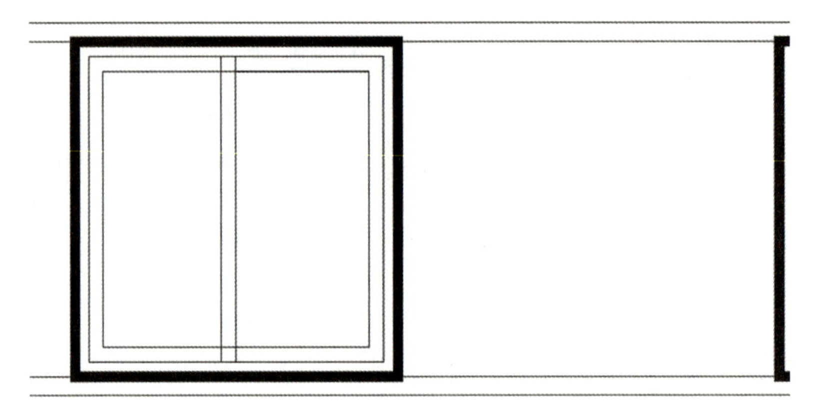

图 3.22　向左偏移中间线

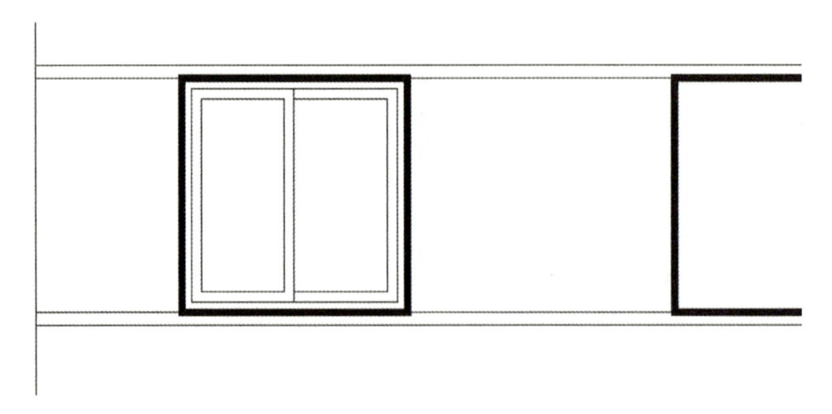

图 3.23　修剪窗扇多余的线

右下角的 1500mm×1800mm 窗。

（2）绘制完成后将【墙】图层锁定，用【阵列】或【复制】等命令生成其他 1800mm×1800mm 和 1500mm×1800mm 的窗，结果如图 3.24 所示。

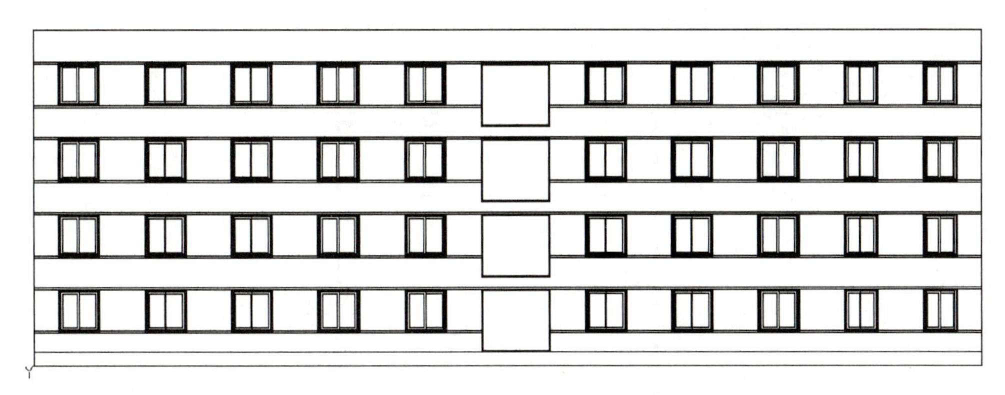

图 3.24 绘制其他立面窗

## 3.4 绘制立面门

### 1. 绘制立面门的门框

(1) 设置【门窗】图层为当前层，用【窗口缩放】命令将首层的门洞口放大至如图 3.25 所示的状态。

(2) 用【偏移】命令将门洞口线向内偏移 80mm，并用【分解】命令将其分解。由于门框没有下边框，所以需将最下面的线删除，结果如图 3.25 所示。

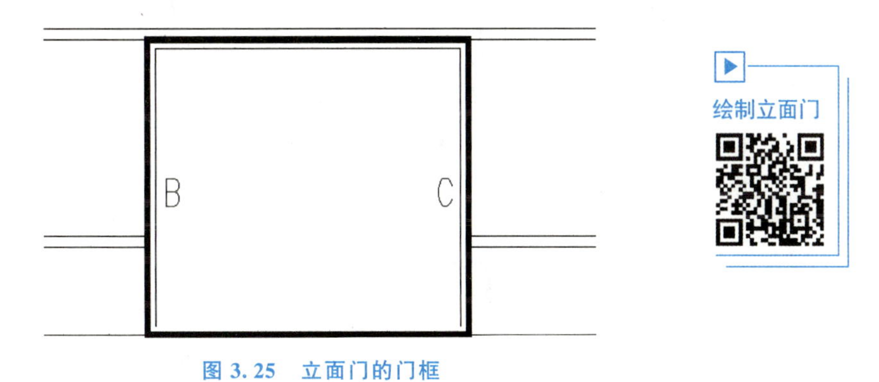


图 3.25 立面门的门框

(3) 用【延伸】命令将 B、C 线向下延伸至门洞口线处，结果如图 3.26 所示。这样就绘制出了门框的上框和左、右边框。

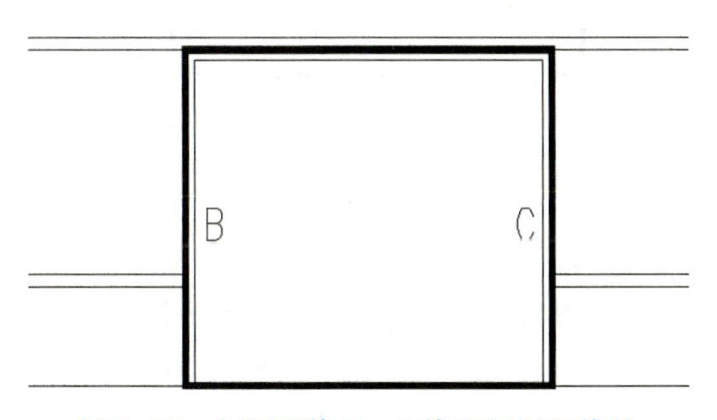


图 3.26 向下延伸 B、C 线至门洞口线处

（4）绘制中横框：用【偏移】命令将A线向下偏移520mm后，再向下偏移80mm，结果如图3.27所示。

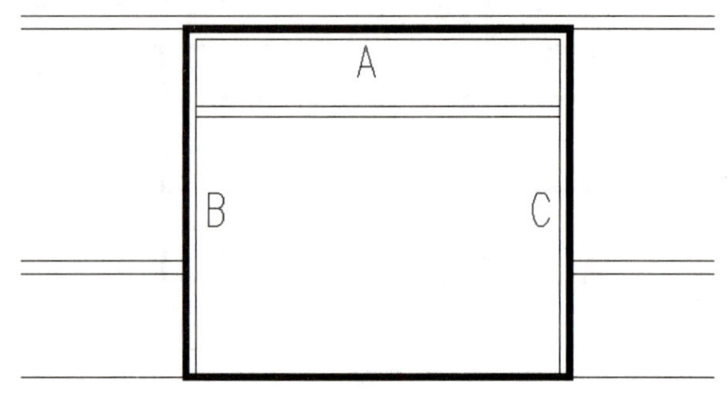

图3.27　偏移生成中横框

（5）绘制中竖框：用【偏移】命令将B线向右偏移675mm后，再向右偏移80mm，将C线向左偏移675mm后，再向左偏移80mm，结果如图3.28所示。

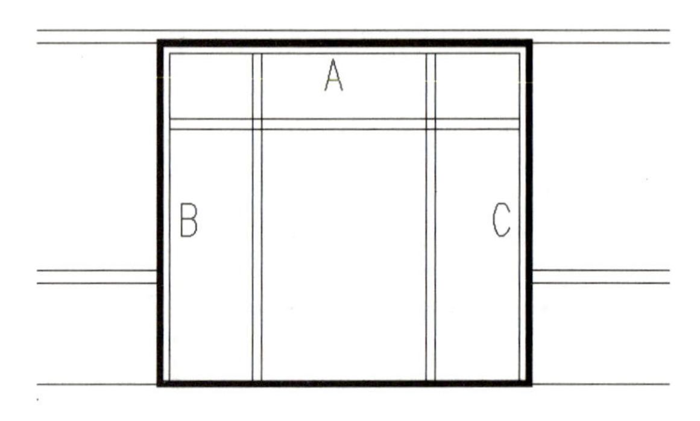

图3.28　偏移生成中竖框

（6）用【修剪】命令把多余的线修剪掉，结果如图3.29所示。

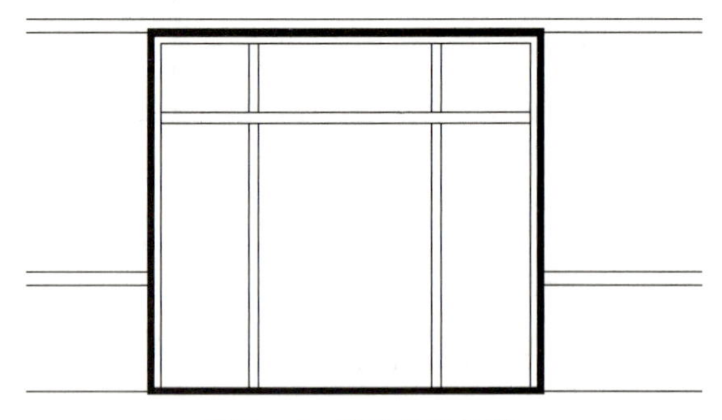
图3.29　修剪多余的线

2. 绘制立面门的门扇

（1）启动【矩形】命令。

① 在指定第一个角点或［倒角(C)/标高(E)/圆角(F)/厚度(T)/宽度(W)］提示下，捕捉如图3.30所示的M点，把矩形的第一个角点绘制在M点处。

② 在指定另一个角点或［面积(A)/尺寸(D)/旋转(R)］提示下，输入“@510，1860”

后按 Enter 键结束命令，结果如图 3.31 所示。

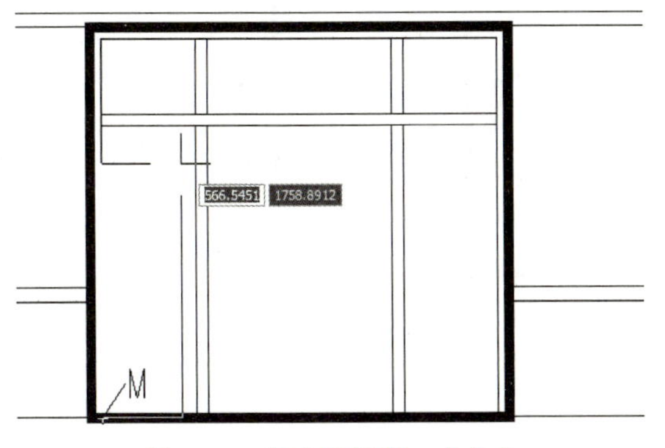


图 3.30　指定矩形第一个角点

图 3.31　绘制出矩形

(2) 启动【移动】命令（快捷键 M）。

① 在选择对象提示下，选择上面绘制的矩形并按 Enter 键进入下一步命令。

② 在指定基点或［位移(D)］＜位移＞提示下，捕捉矩形的左下角点（图 3.31 所示的 M 点）作为移动的基点。

③ 在指定第二个点或＜使用第一个点作为位移＞提示下，输入“@80，80”并按 Enter 键结束命令。这样将矩形向右上角移动，水平向右偏移 80mm，垂直向上偏移 80mm，结果如图 3.32 所示。

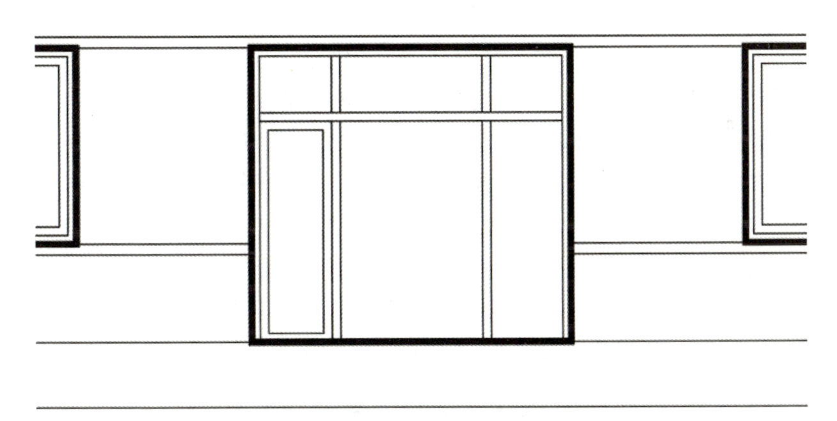

图 3.32　移动矩形

(3) 执行菜单栏中的【绘图】|【圆】|【相切、相切、相切】命令，启动【相切、相切、相切】命令画圆。

① 在指定圆的圆心或［三点(3P)/两点(2P)/相切、相切、半径(T)]：_3p 指定圆上的第一个点提示下，将光标放到如图 3.34 所示的 2 线偏上部位，当出现切点捕捉后单击。

② 在指定圆上的第二个点提示下，将光标放到 1 线上，当出现切点捕捉后单击。

③ 在指定圆上的第三个点提示下，将光标放到 4 线偏上部位，当出现切点捕捉后单击。

这样，就用【相切、相切、相切】命令画好了一个圆，如图 3.33 所示。圆的大小和位置取决于与圆相切的 3 个对象的位置关系。

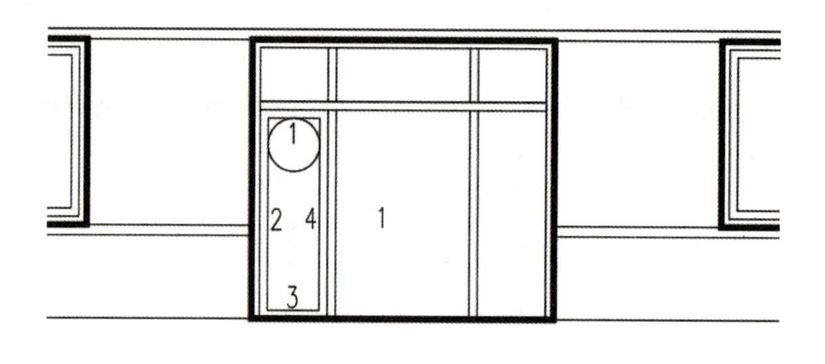


图 3.33 【相切、相切、相切】命令画圆

(4) 用【修剪】命令把多余的线修剪掉，结果如图 3.34 所示。

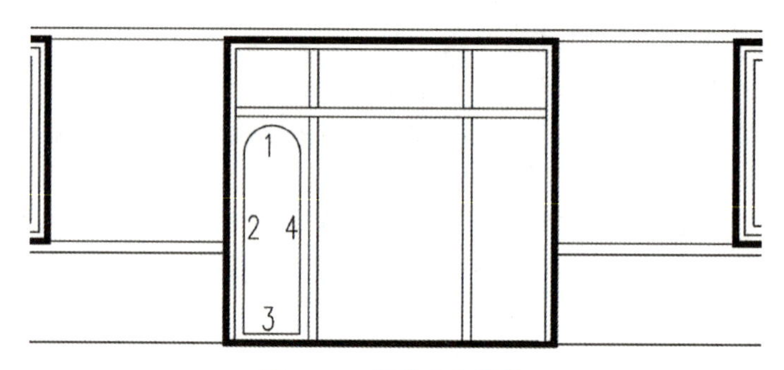


图 3.34 修剪多余的线

(5) 执行菜单栏中的【绘图】|【圆】|【相切、相切、半径】命令。

① 在指定圆的圆心或［三点(3P)/两点(2P)/相切、相切、半径(T)］：_ttr 指定对象与圆的第一个切点提示下，将光标放到 2 线偏下部位，当出现切点捕捉后单击。

② 在指定对象与圆的第二个切点提示下，将光标放到 3 线偏左部位，当出现切点捕捉后单击。

③ 在指定圆的半径<255.0000>提示下，输入“100”，按 Enter 结束命令。这样就绘制出一个半径为 100mm 且与 2、3 线相切的圆，结果如图 3.35 所示。

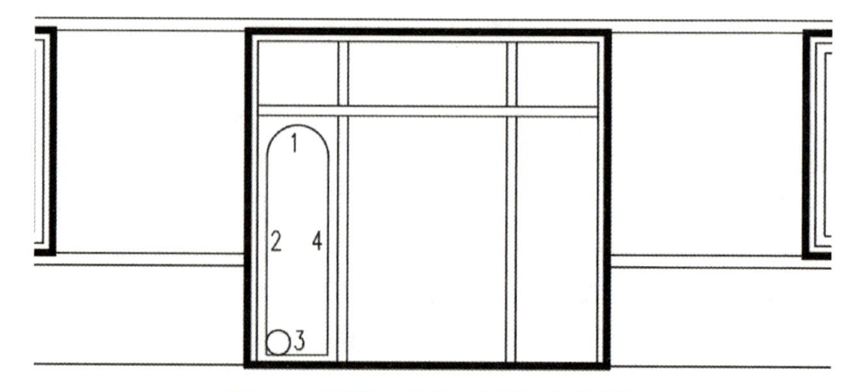


图 3.35 【相切、相切、半径】命令画圆

(6) 用【修剪】命令，将图 3.35 所示图形修剪成如图 3.36 所示的状态。

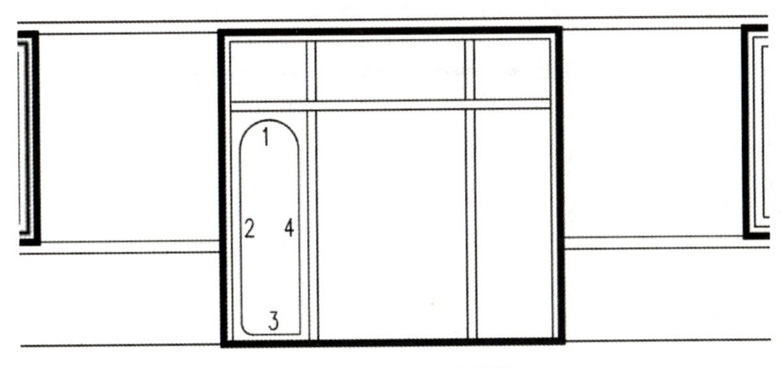


图 3.36　修剪多余的线

(7) 启动【圆角】命令（快捷键 F）。

① 在当前设置：模式＝修剪，半径＝0.0000，选择第一个对象或［放弃(U)/多段线(P)/半径(R)/修剪(T)/多个(M)］提示下，输入“R”后按 Enter 键，指定要修改圆角的半径。

② 在指定圆角半径提示下，输入“100”，指定圆角半径为 100mm。

③ 在选择第一个对象或［放弃(U)/多段线(P)/半径(R)/修剪(T)/多个(M)］提示下，单击 3 线偏右的位置，选择 3 线。

④ 在选择第二个对象，或按住 Shift 键选择要应用角点的对象提示下，单击 4 线偏下的位置，选择 4 线，结果如图 3.37 所示。

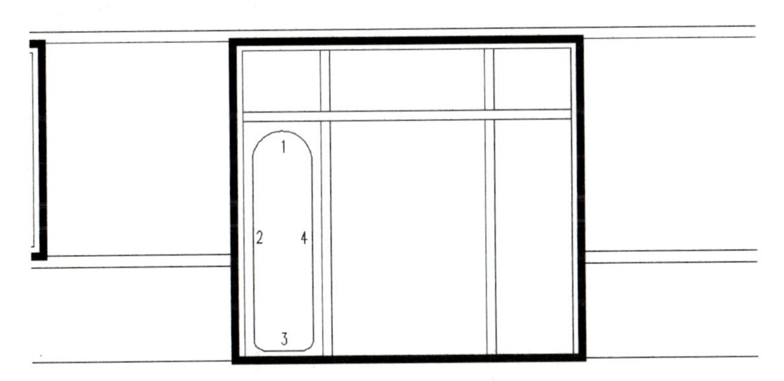


图 3.37　门扇右下角倒出半径为 100mm 的圆角

(8) 用【直线】命令绘制中间门扇的分隔线，如图 3.38 所示。

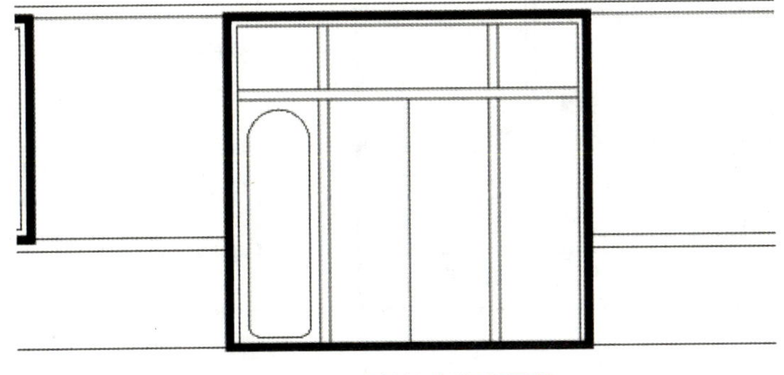

图 3.38　绘制门扇的分隔线

（9）用【复制】命令生成其他门扇，结果如图 3.39 所示。

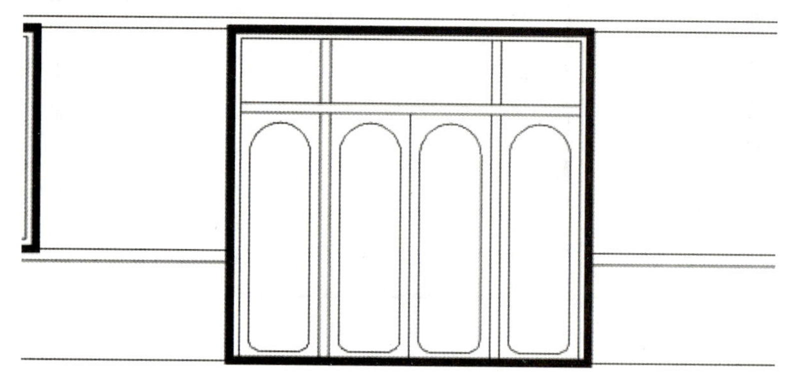

图 3.39　复制生成其他门扇

（10）用【阵列】命令生成 2、3、4 层的阳台门，阵列参数设定为 4 行、1 列、行偏移距离 3300mm，结果如图 3.40 所示。

图 3.40　【阵列】命令生成 2、3、4 层的阳台门

## 3.5　绘制立面阳台

### 1. 绘制立面阳台框架

（1）设置【阳台】图层为当前层，并用【窗口缩放】命令将视图放大至如图 3.41 所示的状态。

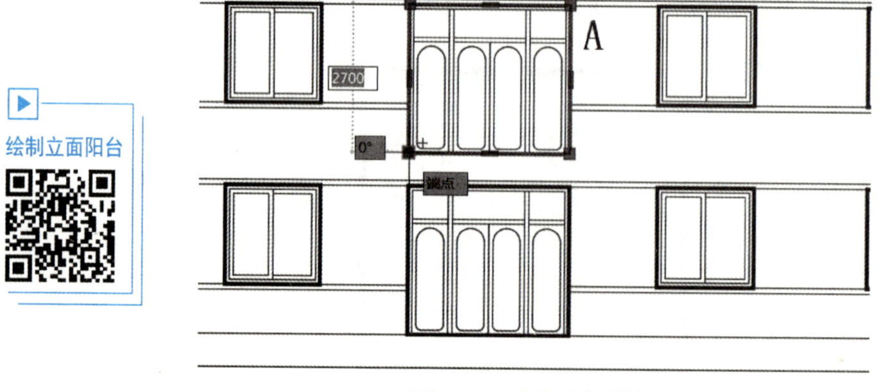


图 3.41　定义坐标基点

(2) 在命令行无命令状态下，单击如图 3.41 所示的 A 线（阳台门洞口线），此时出现 4 个夹点，然后单击左下角的冷夹点使其变成热夹点，按两次 Esc 键取消夹点。通过此步操作定义下一步操作的相对坐标基点。

(3) 启动【矩形】命令。

① 在**指定第一个角点或［倒角(C)/标高(E)/圆角(F)/厚度(T)/宽度(W)］**提示下，输入“W”后按 Enter 键。

② 在**指定矩形的线宽＜0.0000＞**提示下，输入“50”后按 Enter 键，将矩形的线宽改为 50mm。

③ 在**指定第一个角点或［倒角(C)/标高(E)/圆角(F)/厚度(T)/宽度(W)］**提示下，输入“@－600，－300”后按 Enter 键，指定矩形的第一个角点在相对坐标基点的左下部，水平向左偏移 600mm，垂直向下偏移 300mm。

④ 在**指定另一个角点或［面积(A)/尺寸(D)/旋转(R)］**提示下，输入“@4200，1400”后按 Enter 键结束命令，结果如图 3.42 所示。4200mm 为阳台的长度，1400mm 为阳台栏板的高度 1100mm 加上封边梁的高度 300mm。

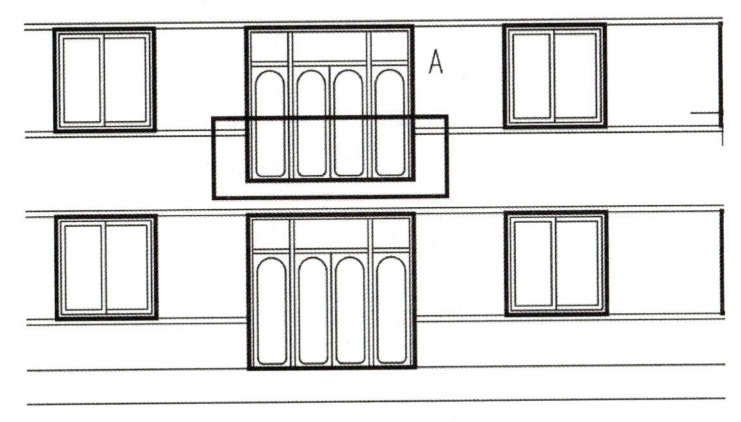


图 3.42　绘制出阳台的轮廓

(4) 用【修剪】命令和【删除】命令，把与阳台重叠的阳台门和窗台线修整至图 3.43 所示的状态。

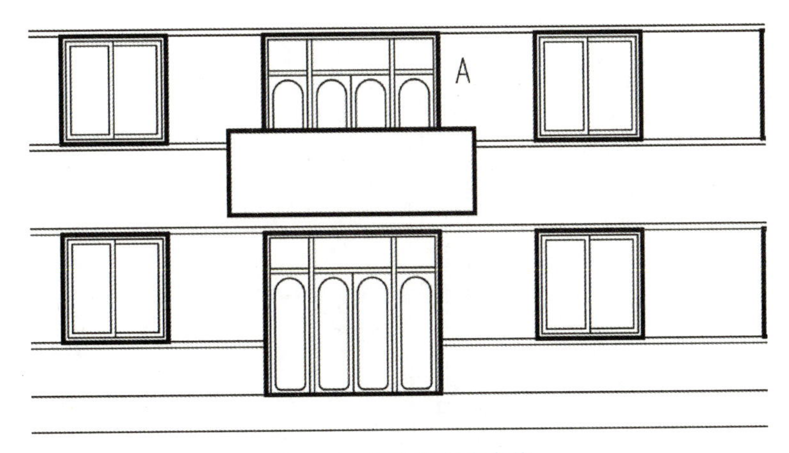


图 3.43　阳台门和窗台线

（5）打开【正交】、【对象捕捉】和【对象捕捉追踪】功能。

（6）启动【直线】命令。

① 在**指定第一点**提示下，将光标放到阳台的左下角点，当出现端点捕捉后不单击，然后将光标轻轻地向上拖出虚线，此时输入“300”后按 Enter 键，指定直线的起点位于距离阳台左下角点垂直向上 300mm 处。

② 在**指定下一点或［放弃(U)］**提示下，将光标向右拖动，输入“4200”后按 Enter 键结束命令，指定直线的长度为 4200mm，结果如图 3.44 所示。

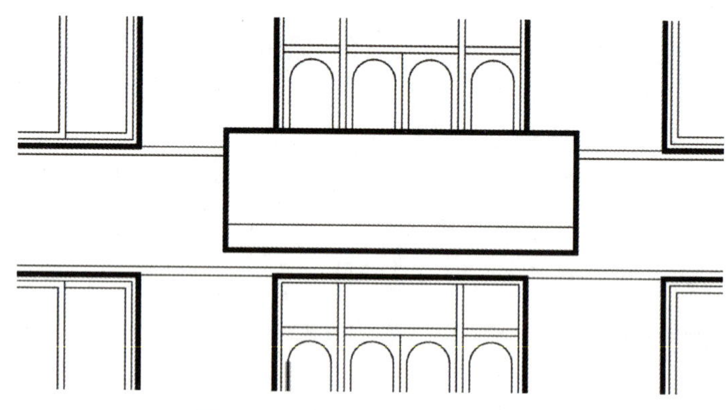

图 3.44　绘制阳台板下部分隔线

（7）用【偏移】命令将上面所绘制的直线向上偏移 900mm，结果如图 3.45 所示。

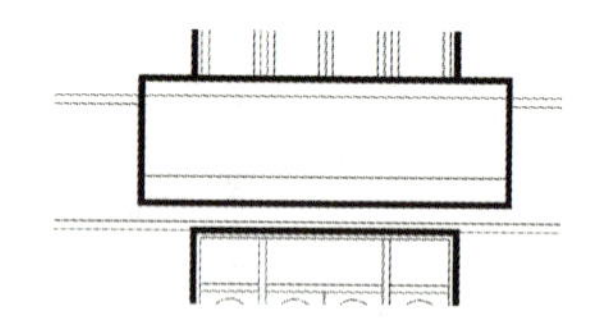

图 3.45　绘制阳台板上部分隔线

### 2. 绘制立面阳台的“花瓶”形状栏杆

（1）在阳台旁边，按照图 3.46 所示的尺寸，用【矩形】、【分解】、【偏移】和【修剪】等命令绘制图形。

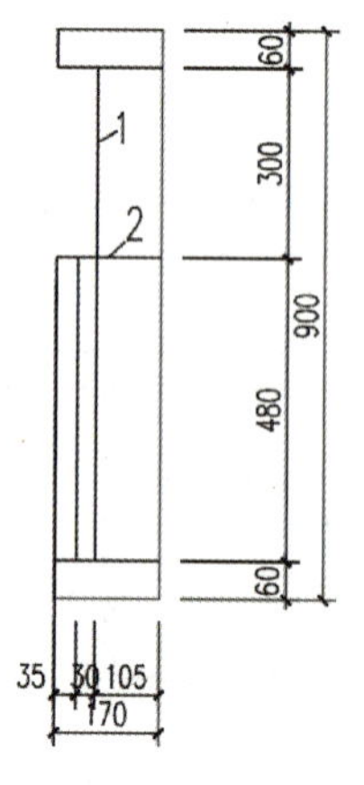


图 3.46　绘制“花瓶”的辅助线

(2) 在命令行无命令的状态下，单击1线，1线高亮并且出现3个夹点，如图3.47所示。观察图3.46所示的尺寸，可知1线的长度是780mm。

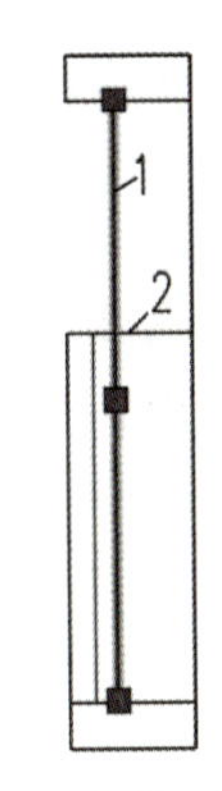

图3.47 观察1线的长度

(3) 单击【修改】工具栏上的【打断于点】图标，启动【打断于点】命令。

① 在**选择对象**提示下，选择1线。

② 在**指定第一个打断点**提示下，按照图3.48所示捕捉1线和2线的交点后命令自动结束。

在命令行无命令的状态下，单击2线以上部分的1线，可以观察到仅2线以上的1线部分高亮显示，并且也出现3个夹点，如图3.49所示。这说明通过【打断于点】命令，从1线与2线相交处将1线打断，1线从而变成了上下两根线，上面的线长为300mm，下面的线长为480mm。

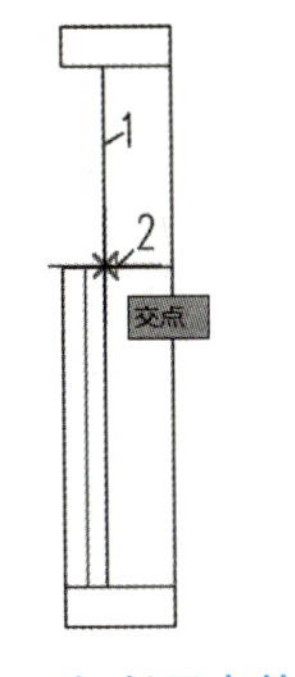

图3.48 打断于点的位置

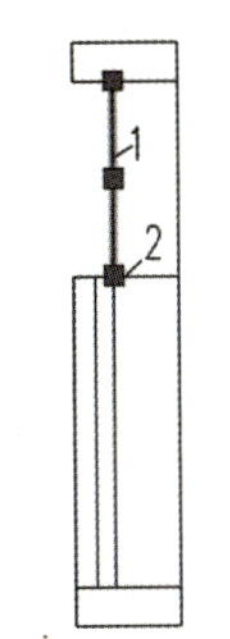

图3.49 再次观察1线的长度

**特别提示**

【打断】命令是将一条线从中间截断出一段，而【打断于点】命令则是将一条线从某个位置打断。

(4) 启动【圆弧】的命令（快捷键A）。

① 在**指定圆弧的起点或［圆心(C)］**提示下，捕捉图3.50所示的A点作为圆弧的起点。

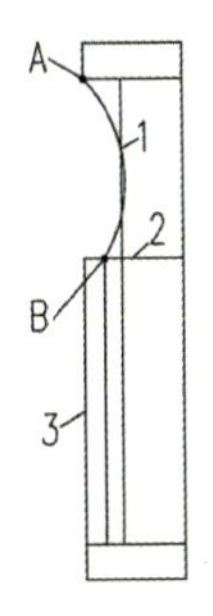

图3.50 绘制“花瓶”第1段圆弧

② 在指定圆弧的第二个点或［圆心(C)/端点(E)］提示下，捕捉1线的中点作为圆弧的第二个点。

③ 在指定圆弧的端点提示下，捕捉B点作为圆弧的端点，结果如图3.51所示。

(5) 重复【三点画弧】命令，起点、第二点和端点分别选在B点、3线的中点和C点处，结果如图3.51所示。

(6) 用【修剪】和【删除】命令将图3.51整理成如图3.52所示的状态。

(7) 在命令行无命令的状态下，选择如图3.53所示的1、2圆弧和3线，并单击3线中间的夹点使其变红。

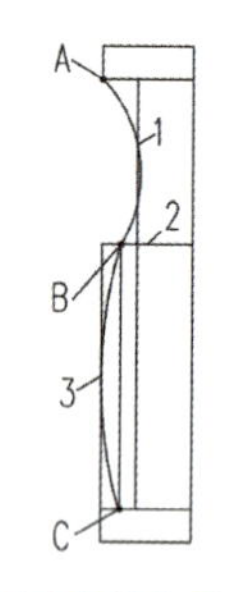


图3.51 绘制“花瓶”第2段圆弧

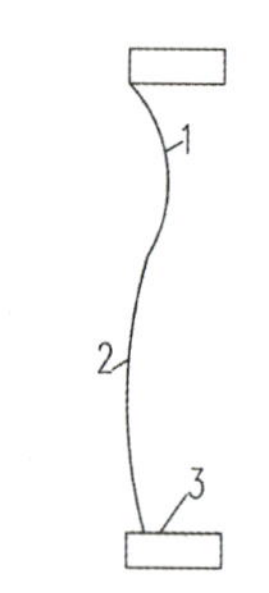


图3.52 整理图形

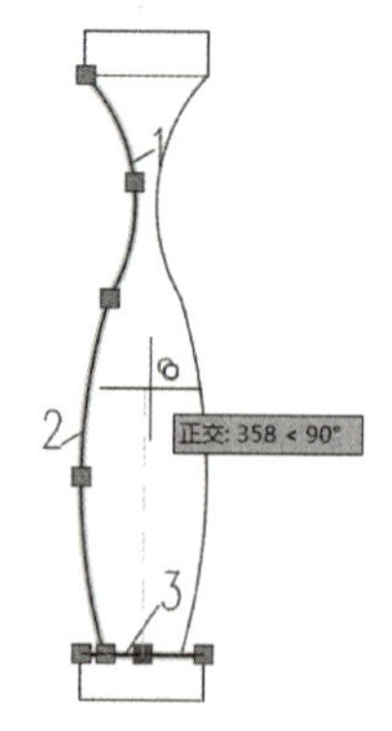


图3.53 用【夹点编辑】命令生成“花瓶”的另半部分

(8) 查看命令行，此时命令行显示为【拉伸】命令，反复按Enter键直至命令滚动至【镜像】命令。

① 在指定第二点或［基点(B)/复制(C)/放弃(U)/退出(X)］提示下，输入“C”后按Enter键，执行【复制】命令。

② 在指定第二点或［基点(B)/复制(C)/放弃(U)/退出(X)］提示下，打开【正交】功能，将光标垂直拖动，在任意位置单击。

③ 按Esc键取消夹点。

**特别提示**

上面用夹点编辑执行了【镜像】命令，如果输入“C”，执行的是不删除源对象的镜像；如果不输入“C”，则执行的是删除源对象的镜像。镜像线的起点位于红夹点的位置，另一个端点为光标垂直拖动后指定的任意位置。

### 3. 放置立面阳台的“花瓶”形状栏杆

1）点样式的设定

利用插入点的方法来定位“花瓶”，首先需要设定点的样式。

执行菜单栏中的【格式】|【点样式】命令，打开【点样式】对话框，按照图3.54所示设定后，单击【确定】按钮关闭对话框。

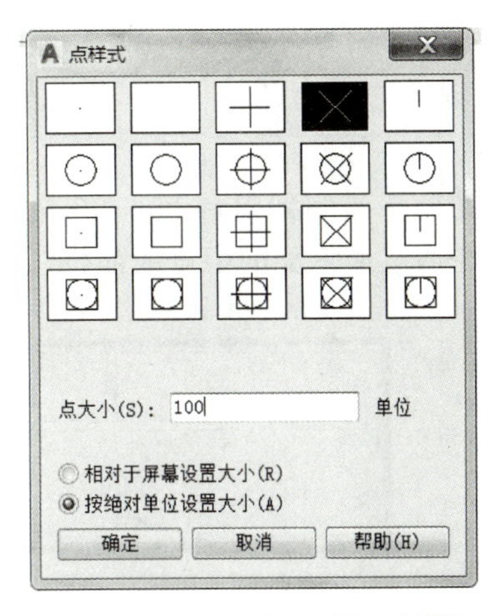


图3.54　设置【点样式】对话框

**特别提示**

在【点样式】对话框中，【点大小】如果选择【相对于屏幕设置大小】单选按钮，则设置的点的大小为屏幕的百分之几，如点的大小为屏幕的3%；【点大小】如果选择【按绝对单位设置大小】单选按钮，则设定的是点的大小的绝对尺寸，比如点的大小为100单位（mm）。

2）利用定数等分的方法定位“花瓶”

(1) 执行菜单栏中的【绘图】|【点】|【定数等分】命令（快捷键DIV）。

① 在选择要定数等分的对象提示下，选择图3.55所示的A线。

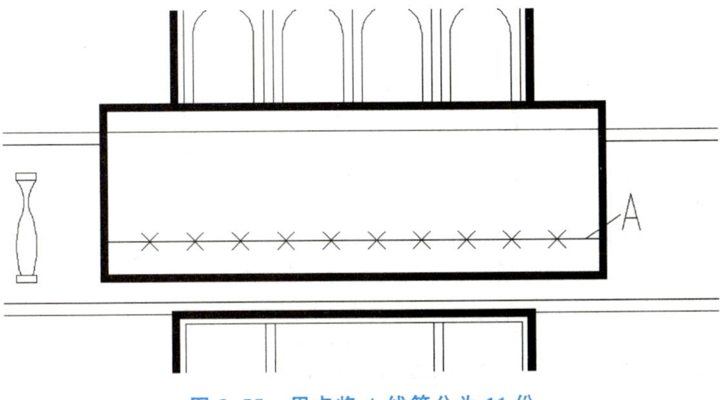


图3.55　用点将A线等分为11份

② 在输入线段数目或［块(B)］提示下，输入“11”，表示用点将A线等分为11份，结果如图3.55所示。

(2) 右击状态栏上的【对象捕捉】按钮，在弹出的快捷菜单中选择【对象捕捉设置】，打开【草图设置】对话框，勾选【节点】复选框。

**特别提示**

通常用【定数等分】命令等分对象。
【节点捕捉】命令是用于捕捉“点”的。

(3) 用【复制】命令将“花瓶”复制到阳台上，“花瓶”最下部的中点和“点”相重合，所以复制基点应选择在“花瓶”最下部的中点的部位，结果如图3.56所示。

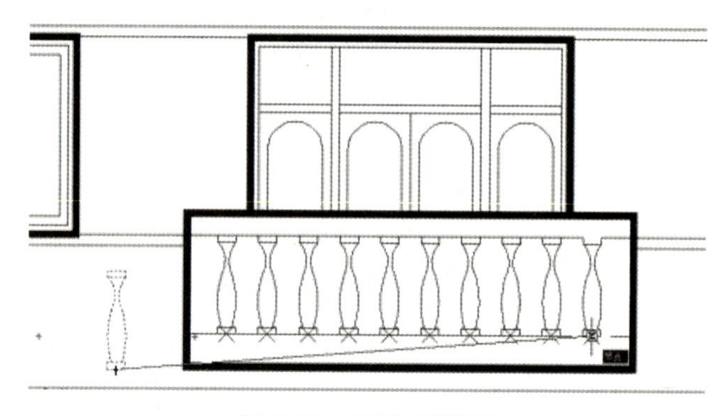

图3.56　复制“花瓶”

(4) 最后删除定数等分插入的点。

3) 利用定距等分的方法定位“花瓶”

(1) 执行菜单栏中的【绘图】|【点】|【定距等分】命令（快捷键ME)。

① 在选择要定距等分的对象提示下，单击A线的左半部分，选择A线。

② 在指定线段长度或［块(B)］提示下，输入“380”，表示从A线左边开始，用380mm的距离对A线进行测量。结果从A线左端点每380mm插入一个点，如图3.57所示。

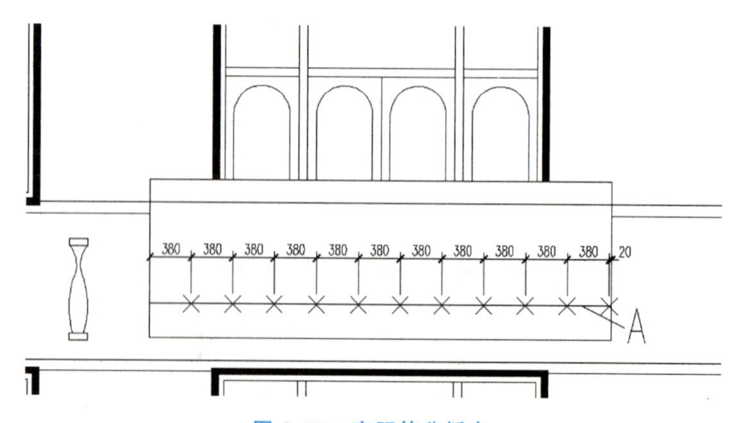


图3.57　定距等分插点

**特别提示**

如果被等分对象的长度不是输入距离的整倍数，使用【定距等分】命令时，定距等分对象选择的位置不同，结果就不一样。因为距离的测量是从离选择对象处最近的端点开始的。

(2) 用【复制】命令将“花瓶”复制到阳台上，注意，“花瓶”的左下角点应与上面插入的点相重合。

4) 利用定距插块的方法定位“花瓶”

(1) 使用【创建块】命令把“花瓶”制作成名为“花瓶”的图块，块的基点定在花瓶的右下角点处。

(2) 启动【定距等分】命令。

① 在选择要定距等分的对象提示下，单击A线的左半部分，选择A线。

② 在指定线段长度或［块(B)］提示下，输入“B”，表示用块进行测量。

③ 在输入要插入的块名提示下，输入“花瓶”以确定要插入的图块。

④ 在是否对齐块和对象？［是(Y)/否(N)］<Y>提示下，输入“Y”，表示块与被测量对象是对齐的。

⑤ 在指定线段长度提示下，输入“257”，结果从A线左端点每257mm插入一个花瓶块，如图3.58所示。

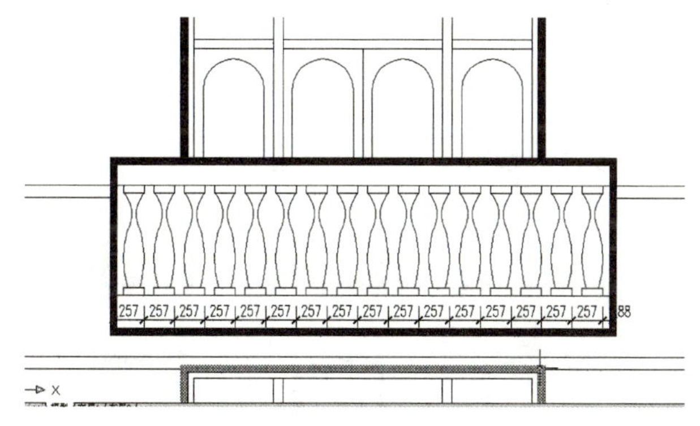


图3.58 定距等分插块

(3) 用【复制】命令生成其他阳台，并将图形修整至图3.59所示的状态。

图3.59 复制生成其他阳台

# 3.6 修整立面图

## 1. 修整地平线

1）拉长地平线

（1）打开【正交】功能，在命令行无命令状态下单击最下面的水平线（地平线），出现冷夹点，然后单击左边的冷夹点使其变成热夹点，查看命令行。

（2）在指定拉伸点或［基点(B)/复制(C)/放弃(U)/退出(X)］提示下，将光标水平向左拖动，输入“2000”后按 Enter 键，结果如图 3.60 所示，地平线从左端点处向左加长 2000mm。

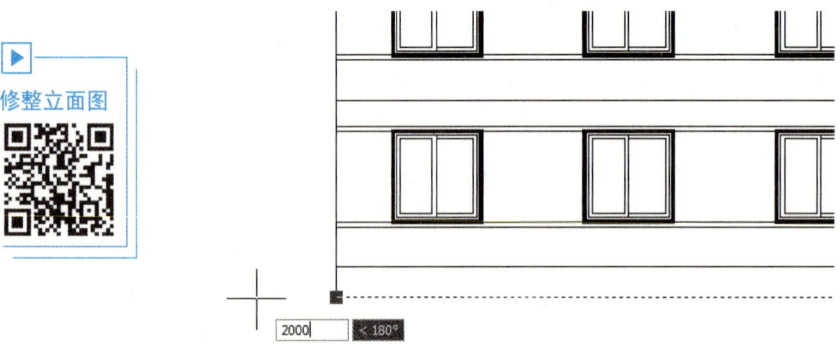


图 3.60　加长地平线

（3）用同样的方法将地平线从右端点处向右加长 2000mm。

2）加粗地平线

执行【修改】|【对象】|【多段线】命令，将地平线加粗至 140mm，结果如图 3.61 所示。

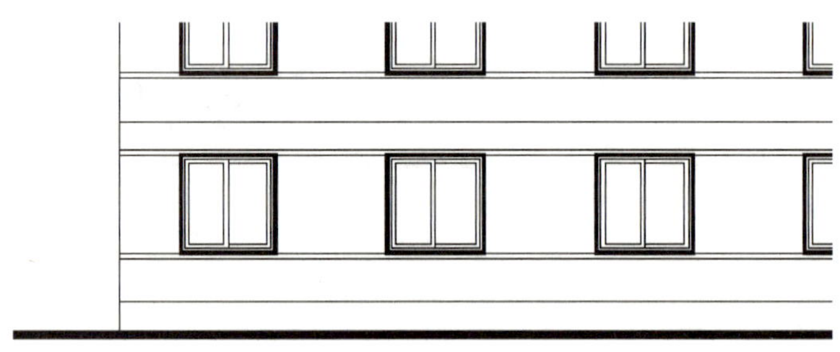

图 3.61　加粗地平线

## 2. 绘制台阶

（1）定义相对坐标基点：在命令行无命令的状态下，单击首层门洞口矩形，并单击其左下角夹点使其变红（图 3.62），然后按两下 Esc 键取消夹点。

（2）立面台阶的尺寸：踏高为 150mm，踏宽为 300mm，平台的长度为 4200mm。

（3）启动绘制【多段线】命令。

① 在指定起点提示下，输入“@－1500，－600”后按 Enter 键，指定直线起点为距离相对坐标基点水平向左 1500mm、垂直向下 600mm 处，结果如图 3.63 所示。

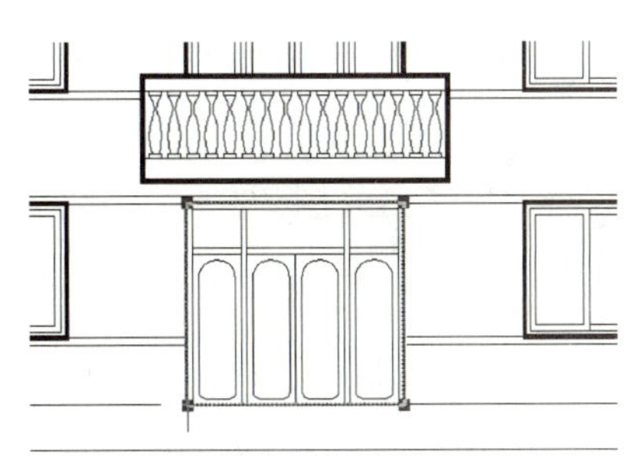

图 3.62 【对象捕捉】工具栏

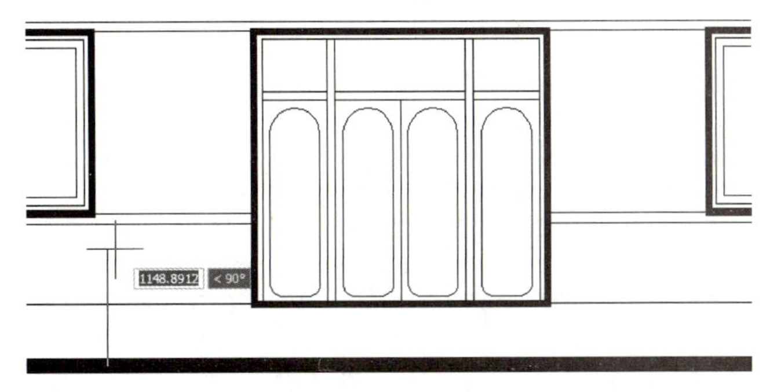

图 3.63 确定台阶的起点

② 在当前线宽为 0.0000，指定下一个点或 [圆弧(A)/半宽(H)/长度(L)/放弃(U)/宽度(W)]提示下，输入“W”后按 Enter 键，指定要修改线宽。

③ 在指定起点宽度<0.0000>提示下，输入“50”。

④ 在指定端点宽度<0.0000>提示下，输入“50”。将多线的线宽由“0”改为“50”。打开【正交】功能并将光标垂直向上拖动。

⑤ 在指定下一个点或 [圆弧(A)/半宽(H)/长度(L)/放弃(U)/宽度(W)]提示下，输入“150”后按 Enter 键，这样就画出台阶的高度 150mm。

⑥ 在指定下一个点或 [圆弧(A)/半宽(H)/长度(L)/放弃(U)/宽度(W)]提示下，将光标水平向右拖动，输入“300”后按 Enter 键，这样就画出台阶的宽度 300mm，结果如图 3.64 所示。

重复⑤～⑥步绘制出其他踏步和平台，结果如图 3.65 所示。

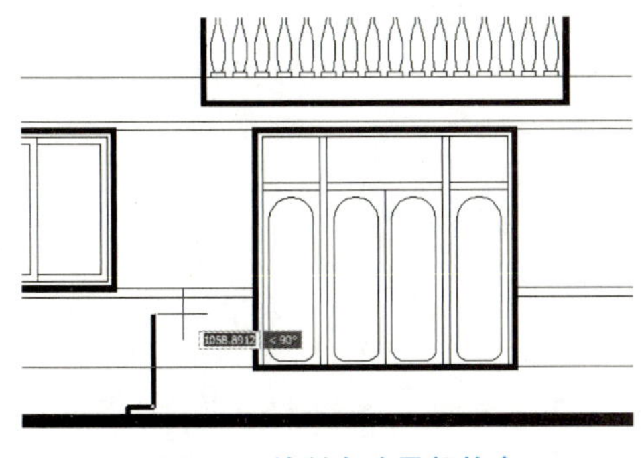

图 3.64 绘制台阶局部轮廓

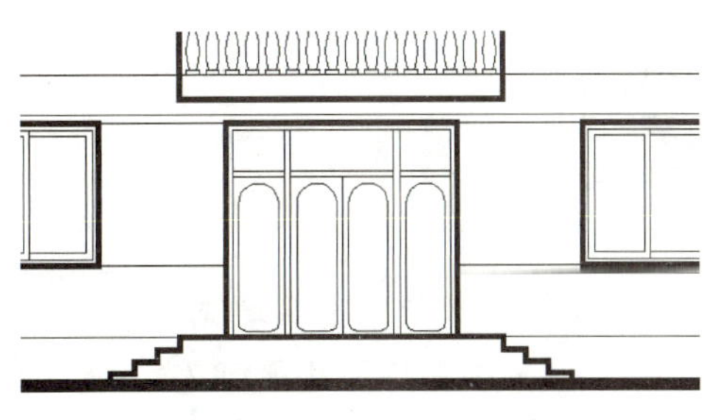

图 3.65 绘制台阶全部轮廓

（4）用【直线】命令绘制立面台阶踏步线，结果如图 3.66 所示。

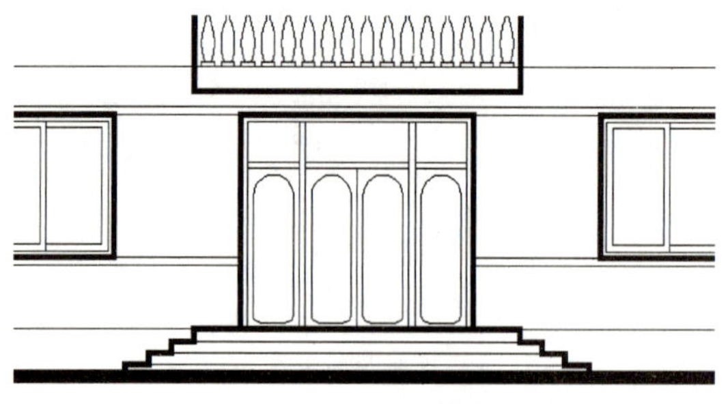

图 3.66　绘制立面台阶踏步线

### 3. 加粗建筑的轮廓线

执行【修改】|【对象】|【多段线】命令，将建筑的轮廓线加粗至 100mm，结果如图 3.67 所示。

图 3.67　修整立面图

### 4. 填充勒脚

（1）设置【填充】图层为当前层。

（2）单击【绘图】工具栏上的【图案填充】图标（快捷键 H），打开【图案填充和渐变色】对话框，然后打开【类型】下拉列表框，如图 3.68 所示，可知填充类型分为预定义、用户定义和自定义 3 种。

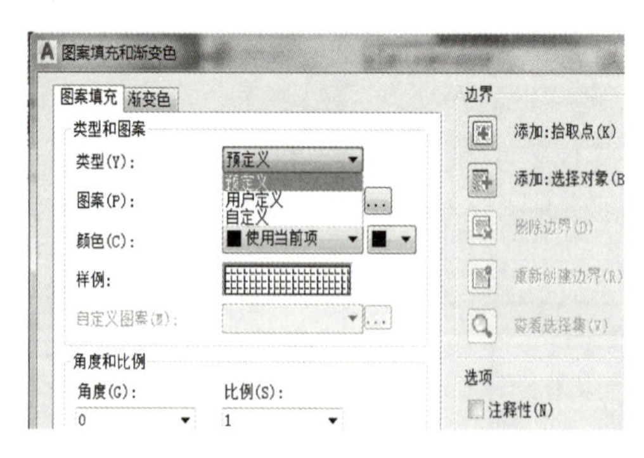


图 3.68　填充类型

（3）用【预定义】图案填充。

① 将填充类型选为【预定义】，然后单击【图案】文本框右侧的...按钮，打开【填充图案选项板】对话框，选择【其他预定义】选项卡中的【AR-B816】图案选项，如图 3.69 所示。

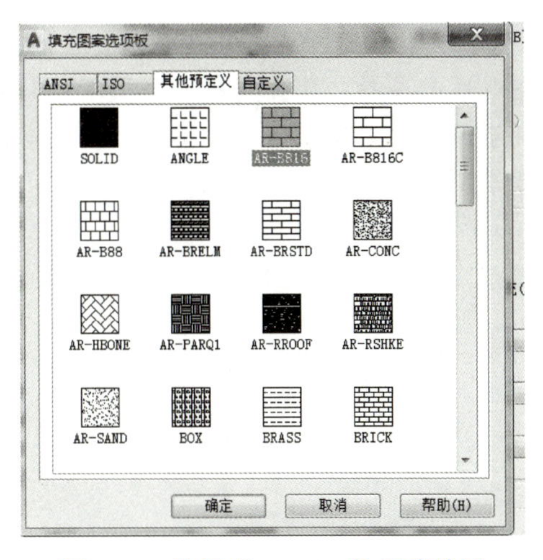


图 3.69 选择【AR-B816】图案选项

特别提示

【其他预定义】选项卡中的【AR-CONC】是混凝土图案，【AR-SAND】是砂浆图案，【ANSI31】是砖图案，将【AR-CONC】和【ANSI31】叠加后即为钢筋混凝土图案。

② 单击【确定】按钮回到【图案填充和渐变色】对话框，则【图案】文本框内显示为【AR-B816】，如图 3.70 所示。

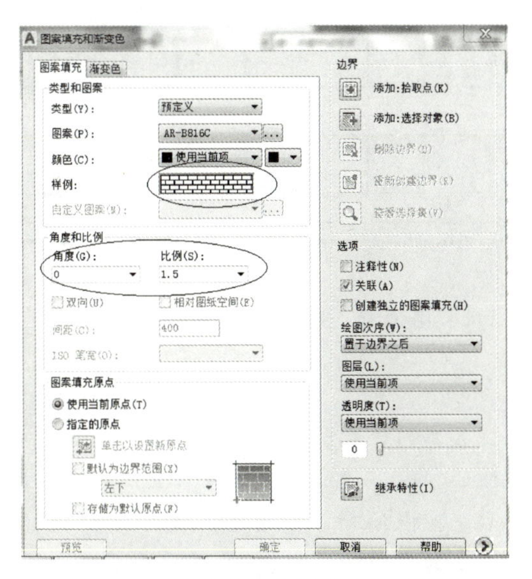


图 3.70 【图案填充和渐变色】对话框

③ 将角度设置为“0”，表示填充时不旋转填充图案；将比例设置为“1.5”，表示填充时将图案放大 1.5 倍，如图 3.73 所示。

**特别提示**

填充比例是控制图案疏密的参数，比例值越大，图案越稀疏；比例值越小，图案越密集。当比例参数设置不合适时，图案会显示不出来，所以在设置比例参数时应反复试验预览以获得最佳效果。

④ 在【图案填充原点】选项组内选择【指定的原点】单选按钮，此时【单击以设置新原点】按钮使其高亮显示，如图 3.71 所示。

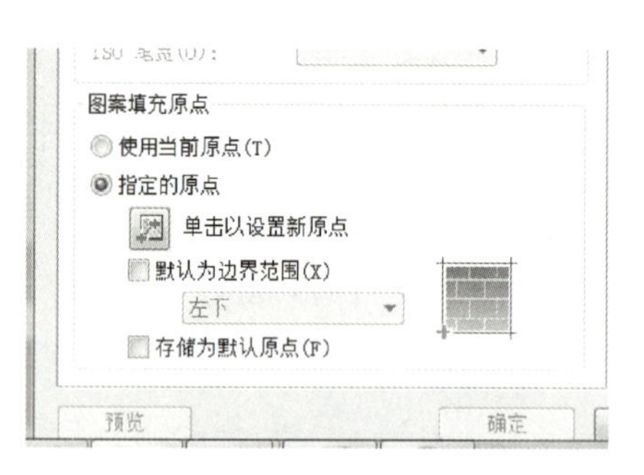


图 3.71 选择【指定的原点】单选按钮

⑤ 单击【单击以设置新原点】按钮，在**指定原点**提示下，选择勒脚线的左端点为图案填充的新原点，如图 3.72 所示。

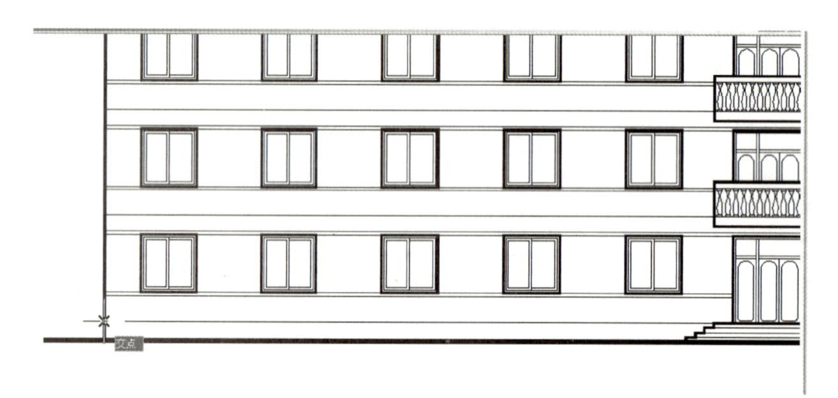

图 3.72 选择图案填充的新原点

**特别提示**

如果图案填充原点位置不同，相同图案填充的效果也就不一样。默认状态下图案填充原点位于被填充区域的中心。该案例中选择左上角点为图案填充的新原点，这时填充图案从左上角点向右下角点绘制，当填充区域的尺寸不是填充图案的整数倍时，不完整的图案放在填充区域的下部和右侧。

⑥ 单击【拾取点】按钮，以指定被填充区域的内部点，这时关闭对话框。

⑦ 在**拾取内部点或 [选择对象(S)/删除边界(B)]**提示下，分别在台阶两侧要填充的区域内部单击，此时 AutoCAD 检测到包含这一点的封闭区域的边界并呈虚线显示，如

图 3.73 所示。

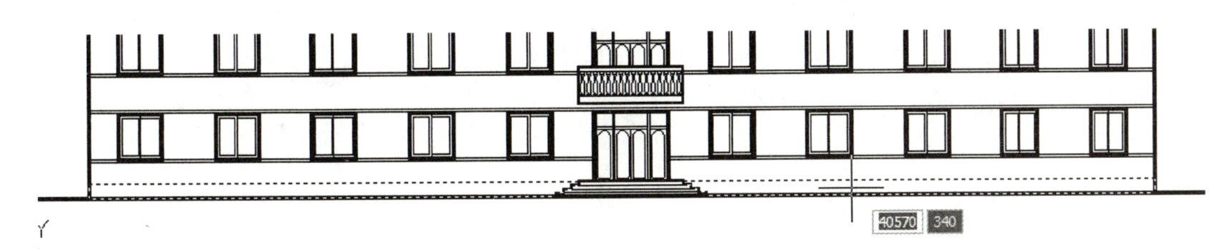


图 3.73　选择被填充的区域

⑧ 按 Enter 键返回【图案填充和渐变色】对话框。单击【预览】按钮，观察填充效果，按 Esc 键再次返回【图案填充和渐变色】对话框。单击【确定】按钮关闭对话框，结果如图 3.74 所示。

图 3.74　填充勒脚

**特别提示**

【预览】功能并没有真正地执行填充过程，只有单击【确定】按钮后，填充结果才能写进图形数据库。

在预览状态下，如果对填充效果满意，按 Enter 键或单击鼠标右键接受图案填充；如果对填充效果不满意，则按 Esc 键返回【图案填充和渐变色】对话框修改参数。

被填充区域必须是封闭的区域，否则将无法填充。

单击【图案填充和渐变色】对话框右下角的⊙图标可展开高级选项。

(4) 用【用户定义】图案填充。

① 打开【图案填充和渐变色】对话框，然后在【类型】下拉列表选择【用户定义】选项，结果如图 3.75 所示。

② 观察图 3.75 中【样例】选项右边的图案，可以发现图案为水平的线条状。勾选【双向】复选框，再次观察【样例】选项右边的图案，可以发现图案变为网格状。

③ 设定【角度】为“45”,【间距】为“400”。

④ 单击【拾取点】按钮，关闭对话框，在拾取内部点或 [选择对象(S)/删除边界(B)]提示下，分别在台阶两侧要填充的区域内部单击，选择填充区域。

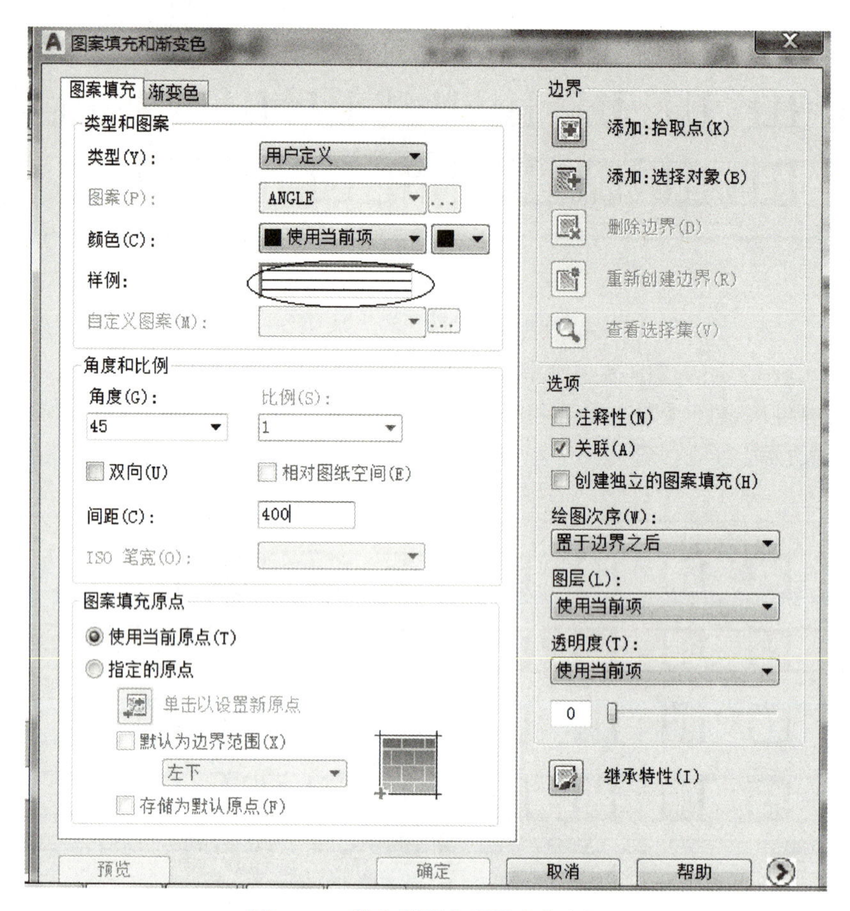


图 3.75　填充类型为【用户定义】

⑤ 按 Enter 键返回【图案填充和渐变色】对话框，单击【确定】按钮关闭对话框，结果如图 3.76 所示。

图 3.76　用【用户定义】图案填充填充散水

⑥ 启动【测量距离】命令。任意单击矩形填充图案相邻的两个角点，可知矩形边长为 400mm。

特别提示

将图案填充的类型选为【预定义】时，只能通过控制【缩放】数值来大致控制填充图案的大小。

将图案填充的类型选为【用户定义】时，AutoCAD允许用户准确地设定图案的尺寸。

### 5. 绘制配景

AutoCAD为用户提供了【徒手绘图】命令，可以自由地绘制图形。

1）修改SKPOLY系统变量

（1）在命令行输入“SKPOLY”后按Enter键。

（2）在**输入SKPOLY的新值<0>**提示下，输入“1”后按Enter键结束命令。这样就将SKPOLY系统变量由“0”修改为“1”。

特别提示

SKPOLY系统变量为“0”时，用【徒手绘图】命令绘制的图形由一些碎线组成（图3.77），不便于图形修改；SKPOLY系统变量为“1”时，用【徒手绘图】命令绘制的图形为一根多段线（图3.78），便于修改。

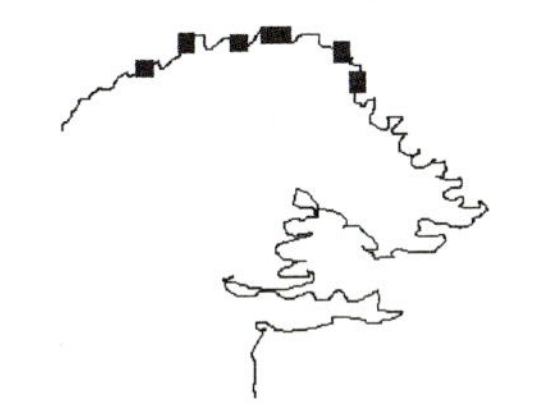

图3.77　SKPOLY系统变量为“0”时

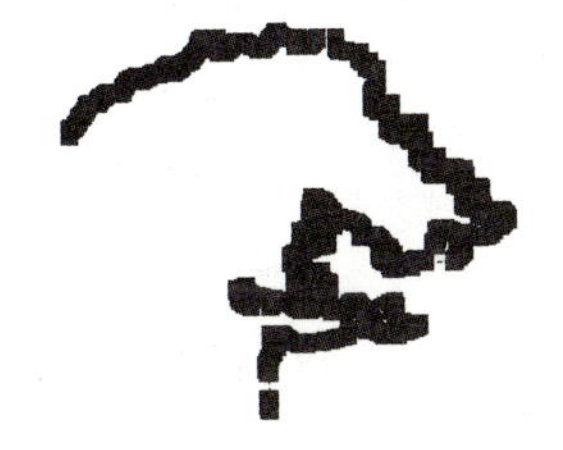

图3.78　SKPOLY系统变量为“1”时

2）使用【徒手绘图】命令绘制图形

（1）在命令行输入“SKETCH”后按Enter键，启动【徒手绘图】命令。

（2）在**记录增量<1.0000>**提示下，输入“10”。记录增量是用于AutoCAD自动记录点时的最小距离间隔，也就是说，只有光标的当前位置点与上一次记录点之间的距离大于10mm时，才将其作为一个点记录。

（3）在**徒手画［画笔(P)/退出(X)/结束(Q)/记录(R)/删除(E)/连接(C)］**提示下，在需要绘制配景的地方单击一点作为徒手画的起点，此时命令行提示**<笔 落>**，表示“画笔”已经落下。

（4）按照树的形状轮廓移动光标，观察绘图区域，屏幕上会出现显示光标轨迹的绿线，如图3.79所示。

特别提示

如果当前层为绿色，那么执行【徒手绘图】命令时的线将显示为红色。

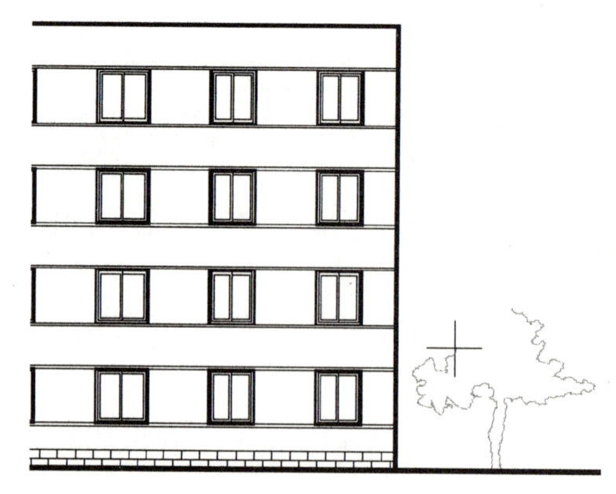

图 3.79　光标移动轨迹绿线

（5）绘制完一段树木后单击，此时命令行提示＜笔 提＞，表示“画笔”抬起，这时可以将光标挪到其他位置，由于处于“提笔”状态，因此 AutoCAD 并不记录这段光标的轨迹。

（6）按 Enter 键结束命令，结果绘制的绿线变为当前层的颜色，结果如图 3.80 所示。

图 3.80　【徒手绘图】命令绘制配景

**特别提示**

在使用【徒手绘图】命令时，无法通过键盘输入坐标。另外，在使用【徒手绘图】命令时应关闭状态栏上的【捕捉】和【正交】按钮。

### 6. 标注立面图上的尺寸、文字、符号

（1）通过 3 道尺寸线分别标注室内外高差、窗台高、窗高、窗顶至上一层楼面的高度、女儿墙的高度，层高和建筑的总高度。

（2）标注标高符号。

（3）标注详图索引符号。

（4）标注轴线①和轴线⑫。

（5）标注图名。

结果如图 3.81 所示。

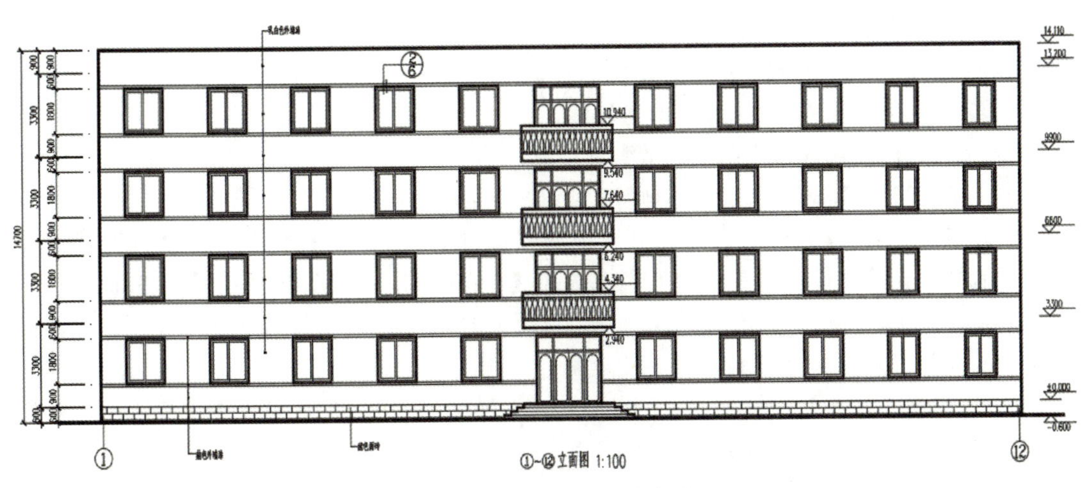


图 3.81 完成立面图的绘制

## 3.7 模板的制作

### 1. 模板的作用

前面在绘制平面图和立面图时，需要先新建一个图形，然后建立图层、设置线型比例、设置文字样式等，这里面包含大量的重复性工作。如果建立一个符合用户绘图习惯的模板，模板内已经包含了以上基本设定，就能直接进入模板绘制新图形，可以省去大量重复性的工作，使绘图速度大大提高。下面学习建立绘图比例为 1∶1 的模板文件。

### 2. 1∶1 模板的制作方法

(1) 新建一个图形文件。

(2) 建立图层：参照 1.4 节中的“1. 建立图层”，建立【轴线】、【墙】、【门窗】、【楼梯】、【栏杆扶手】、【梁板】、【柱】、【室外】、【文本】、【标注】和【辅助】等图层，将轴线的线型加载为 CENTER2 线型，设定图层颜色。

(3) 线型比例：由于建立的是绘图比例为 1∶1 的模板文件，所以，执行菜单栏中的【格式】|【线型】命令，打开的【线型管理器】对话框设置【全局比例因子】为“1”。

(4) 设置文字样式：参照 2.2.2 节设置文字样式。

(5) 设置标注样式：参照 2.3.2 节设置尺寸标注样式。

(6) 设置多线样式：按照 1.10.1 节设置 WINDOW 多线样式，并将 STANDARD 设置为当前样式。启动【绘图】|【多线】命令，将对正方式改为“无”，比例改为“240”。

(7) 设置点样式：按照 3.5 节中的“3. 放置立面阳台的‘花瓶’形状栏杆”设置点样式。

(8) 制作基本图块。

① 参照 2.5.2 节，制作“门”和“窗”图块。

② 参照 2.5.3 节，按照 1∶1 比例制作“定位轴线编号”“标高”“指北针”“详图索引符号”“局部剖切索引符号”“详图符号”“剖切符号”“断面剖切符号”“对称符号”以及“A1 图框”“A2 图框”“A3 图框”等图块。

模板的制作与使用

（9）调整视图范围。

① 打开【正交】功能并启动【直线】命令。

② 绘制一条长度为15000mm的水平线。

③ 双击鼠标滚轮执行【范围缩放】命令。

④ 启动【删除】命令将水平线删除。

（10）将图形文件另存：执行菜单栏中的【文件】|【另存为】命令，打开【图形另存为】对话框，在【文件类型】下拉列表中选择【AutoCAD图形样板（*.dwt)】选项，此时AutoCAD自动选择AutoCAD 2018安装目录下的Template（样板）文件夹。将文件命名为“模板”，如图3.82所示。

（11）单击【保存】按钮后，AutoCAD 2018弹出如图3.83所示的【样板选项】对话框，在【说明】文本框中可以输入“1∶1模板”。

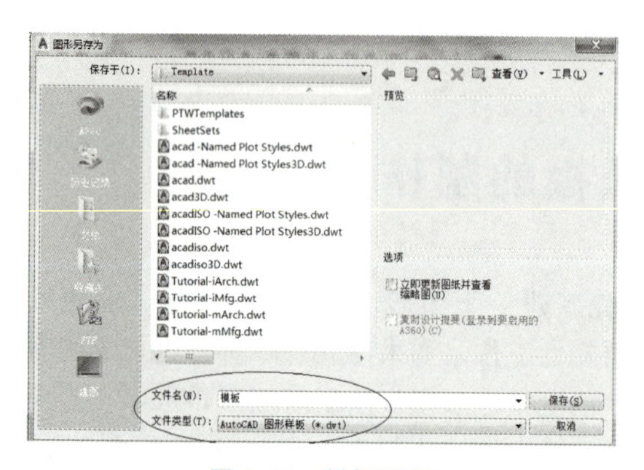


图3.82　样板说明

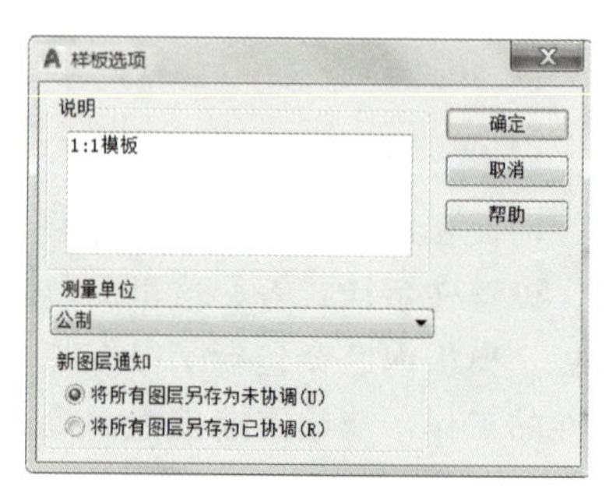


图3.83　另存图形文件

**特别提示**

本书素材压缩包中项目3附有样板文件“模板”，供读者参考使用。

下面将借助剖面图的绘制，介绍图形样板的使用方法。

## 3.8　绘制出图比例为1∶100的剖面图

### 1. 新建图形

（1）选择【开始】选项卡，单击【样板】右侧的下拉按钮，如图3.84所示。

（2）选择上一节制作的“模板.dwt”文件，则进入1∶1模板内。我们也可以执行菜单栏中的【文件】|【新建】命令，打开【选择样板】对话框，双击“模板”文件。

熟悉附图1.3

（3）将该文件存盘并命名为“1∶100剖面图”。

### 2. 修改部分参数

如果要绘制图形的比例为1∶1，则不需对模板做任何修改。但这里将要绘制的剖面图的比例为1∶100，所以需对下列参数进行修改。

1）线型比例：要求与出图比例一致

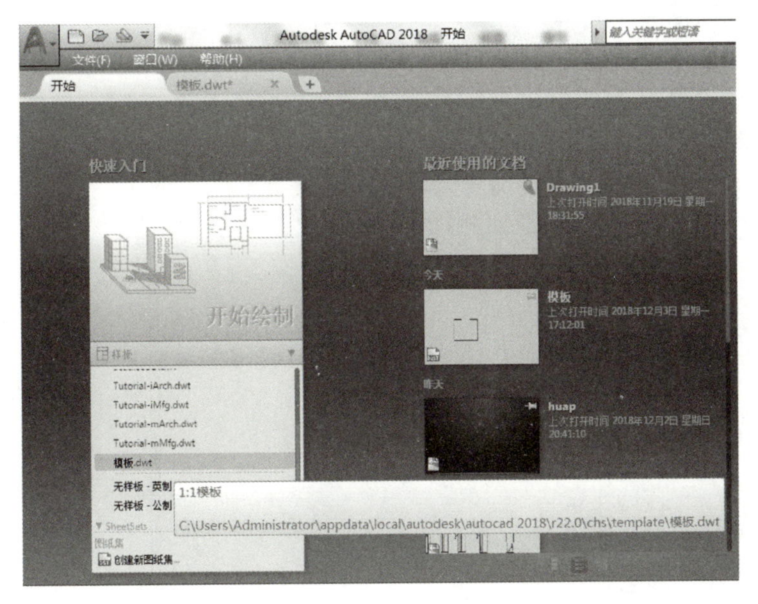


图 3.84 选择样板

(1) 执行菜单栏中的【格式】|【线型】命令，打开【线型管理器】对话框。

(2) 将对话框中的【全局比例因子】改为“100”。

2) 使用全局比例：要求与出图比例一致

(1) 选择菜单栏中的【格式】|【标注样式】命令，打开【标注样式管理器】对话框。

(2) 选中【标注】样式，然后单击【修改】按钮，进入【修改标注样式】对话框。

(3) 选择【调整】选项卡并将该选项卡内的【使用全局比例】改为“100”

由于 1∶1 模板内的所有符号类图块是按照 1∶1 的比例制作的，所以在 1∶100 的剖面图中插入符号类图块时应将这些图块放大 100 倍。

### 3. 绘制轴线

(1) 将【轴线】图层设置为当前层。

(2) 绘制长度为 14700mm(14700＝3300×4＋600＋900)的垂直线，并自左向右依次偏移 5400mm、2100mm、5400mm，结果如图 3.85 所示。

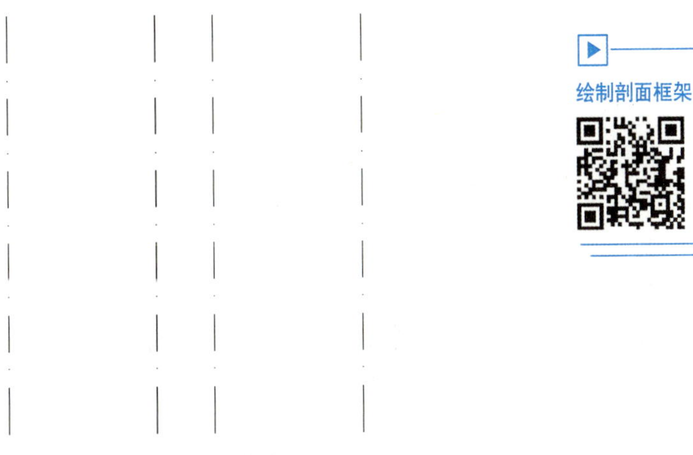


图 3.85 绘制轴线

4. 绘制外墙

（1）将【墙】图层设置为当前层，用【多线】命令绘制外墙。注意，制作样板时已经将当前多线样式设置为【STANDARD】，且将对正方式修改为“无”，比例修改为“240”，所以启动【多线】命令后，不需对任何参数修改就可以直接绘制240mm厚的墙体，结果如图3.86所示。

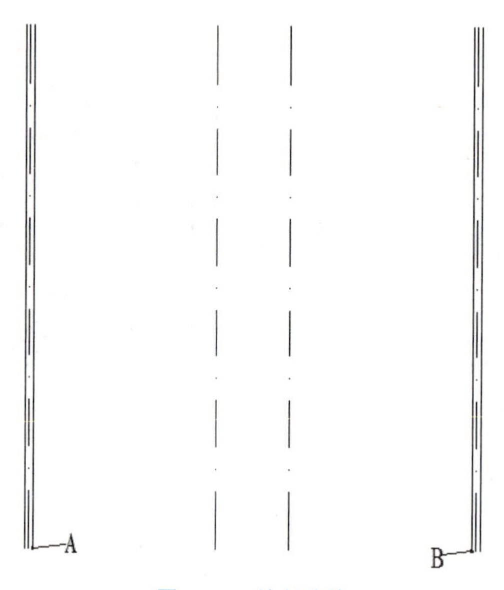


图3.86 绘制外墙

（2）执行【分解】命令，分解上面绘制的外墙。

5. 绘制楼地面

（1）将【梁板】图层设置为当前层并绘制一条水平线，线的起点和终点分别在图3.86所示的A和B处，结果如图3.87所示。

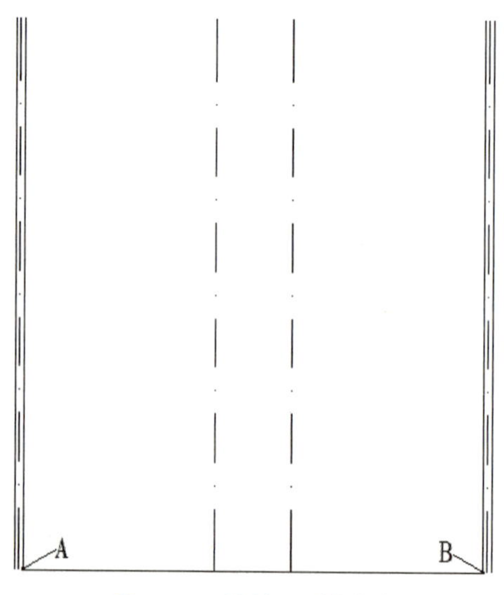


图3.87 绘制AB辅助线

(2) 依次将该线向上偏移 600mm(室内外高差)、3180mm(楼板下表面至一层室内地坪的距离)和 120mm(楼板的厚度),这样就偏移生成一层地面和二层楼板,最后删除 AB 线,结果如图 3.88 所示。

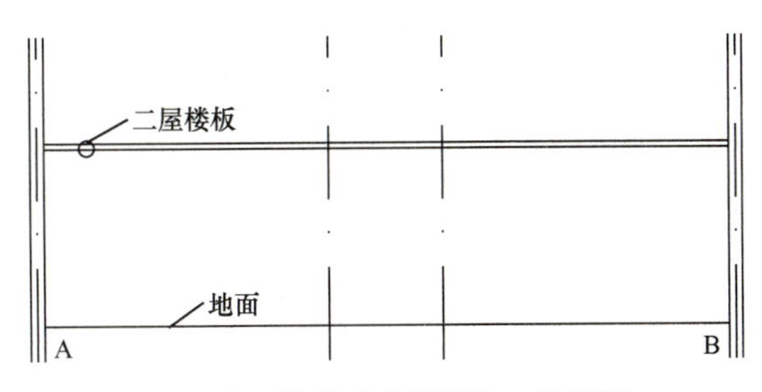


图 3.88　偏移生成地面和二层楼板

(3) 将图 3.88 所示的楼板修改成图 3.89 所示的状态。

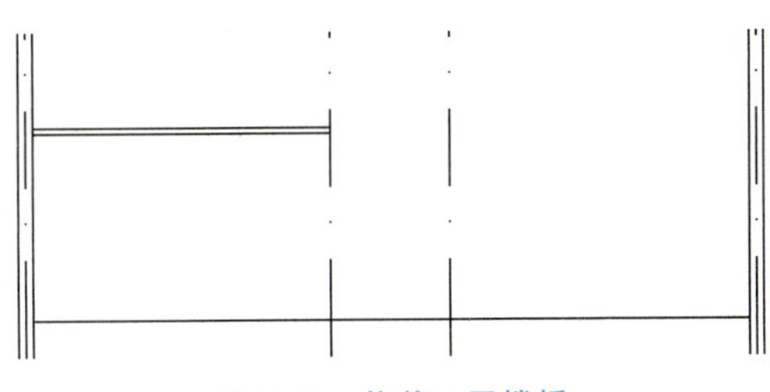

图 3.89　修剪二层楼板

(4) 绘制梁 L-1:按照图 3.90 所给的尺寸绘制梁 L-1,并关闭【轴线】图层。用【填充】命令填充楼板和梁 L-1,填充图案选择【其他预定义】中的【SOLID】图案选项,同时用【编辑多段线】命令,将地面线加粗为 80mm,结果如图 3.90 所示。

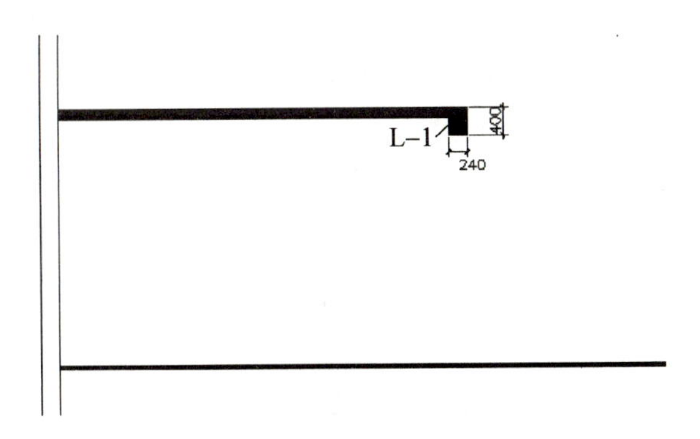


图 3.90　填充楼板并绘制梁 L-1

(5) 用【阵列】命令生成三、四层楼板和屋面板,参数设为 4 行、1 列、行偏移距离 3300mm,结果如图 3.91 所示。

(6) 用【延伸】命令将屋面板延伸至轴线Ⓓ外墙处,并复制生成屋面板下部另一根梁,两根梁的间距为 2100mm,结果如图 3.92 所示。

### 6. 绘制台阶

(1) 打开【正交】功能并启动【多段线】命令。

(2) 在指定起点提示下，捕捉地面线的左端点。

(3) 在当前线宽为 0.0000，指定下一个点或［圆弧(A)/半宽(H)/长度(L)/放弃(U)/宽度(W)］提示下，输入“W”后按 Enter 键。

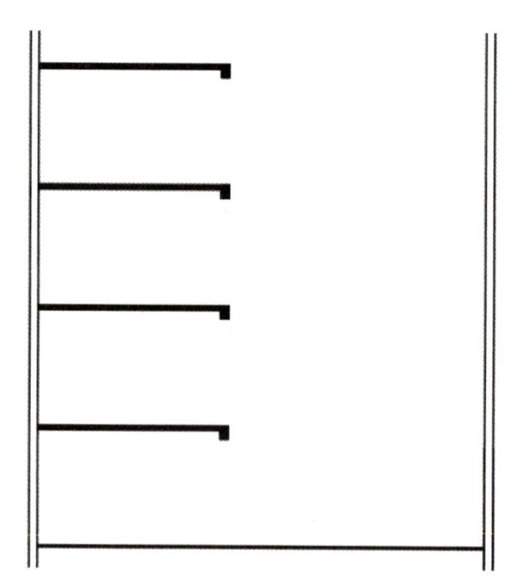
图 3.91 阵列生成楼板和屋面板

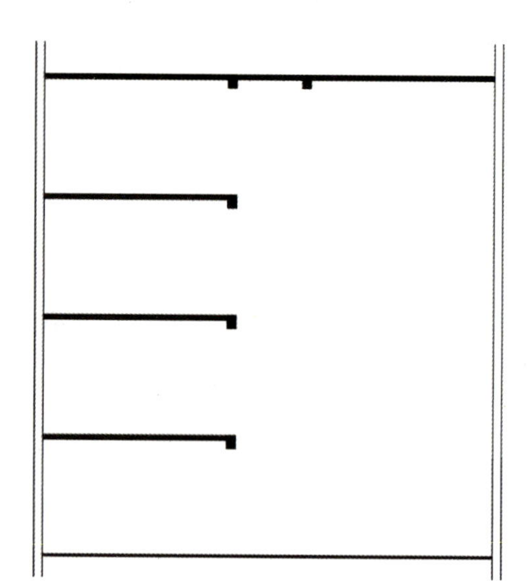
图 3.92 修整屋面板

(4) 在指定起点宽度<0.0000>提示下，输入“80”后按 Enter 键。

(5) 在指定端点宽度<80.0000>提示下，按 Enter 键。

(6) 在指定下一个点或［圆弧(A)/半宽(H)/长度(L)/放弃(U)/宽度(W)］提示下，将光标水平向左拖动，输入“1740”(1740=1500+240)后按 Enter 键。

(7) 在指定下一个点或［圆弧(A)/半宽(H)/长度(L)/放弃(U)/宽度(W)］提示下，将光标垂直向下拖动，输入“150”后按 Enter 键。

(8) 在指定下一个点或［圆弧(A)/半宽(H)/长度(L)/放弃(U)/宽度(W)］提示下，将光标水平向左拖动，输入“300”后按 Enter 键。

(9) 重复(7)～(8)步直至如图 3.93 所示的状态。

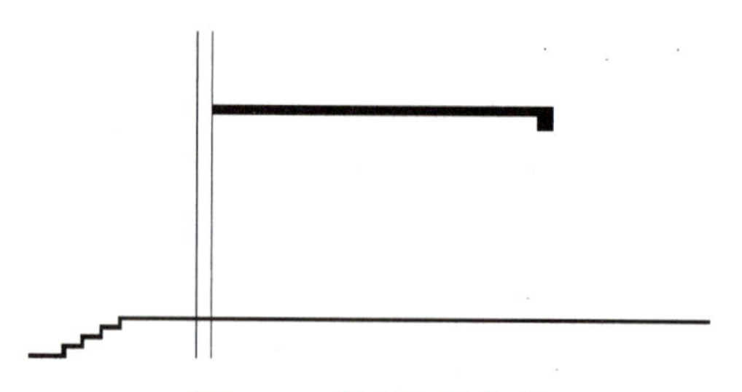
图 3.93 绘制室外台阶

## 7. 绘制阳台

(1) 将当前层换为【室外】图层，按照图 3.94 所示的尺寸绘制二层的阳台、圈梁及一层门过梁。

(2) 执行【阵列】命令，生成三层和四层阳台、圈梁及过梁，参数设为 3 行、1 列、行偏移距离 3300mm。

（3）绘制出一～四层的圈梁和过梁并剪出门洞口，结果如图 3.95 所示。

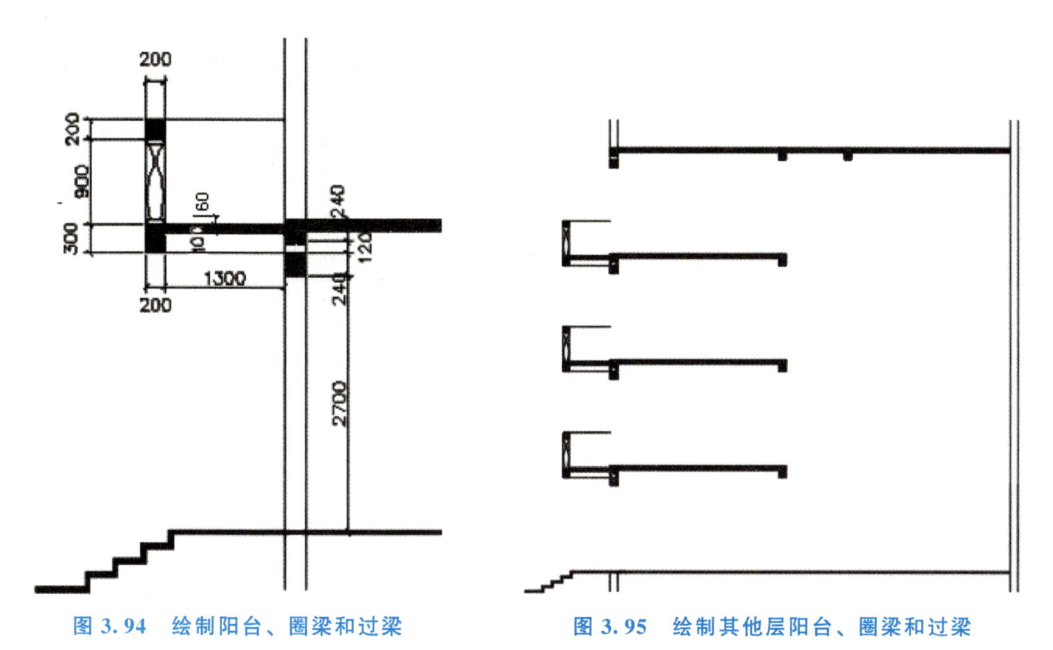


图 3.94　绘制阳台、圈梁和过梁　　　图 3.95　绘制其他层阳台、圈梁和过梁

### 8. 绘制门窗洞口

（1）将【墙】图层设置为当前层。

（2）绘制轴线Ⓓ上的剖面窗。

① 打开【正交】、【对象捕捉】和【对象捕捉追踪】功能，启动【直线】命令，在_指定第一点提示下，捕捉地面线的右端点，不单击，然后将光标轻轻向上拖出虚线，输入“2750”（2750=1650+1100）后按 Enter 键，如图 3.96 所示。

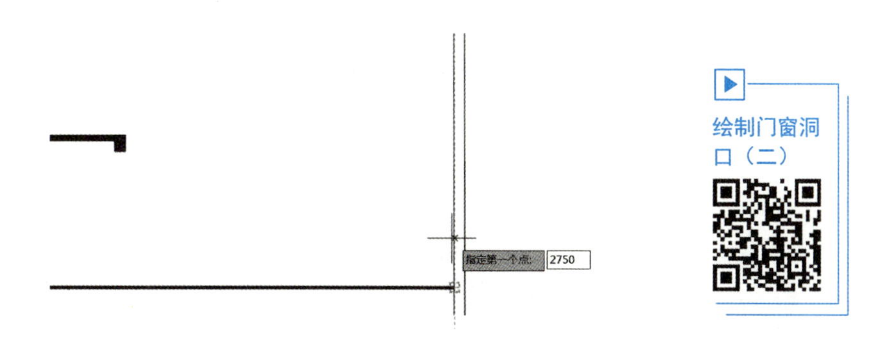


图 3.96　利用【对象捕捉追踪】辅助工具寻找水平线的起点

② 在指定下一点或［放弃(U)］提示下，将光标向右拖动并输入“240”，然后按 Enter 键。

③ 按 Enter 键结束【直线】命令，这样在距离地面高 2750mm 的地方绘制了一条长 240mm 的水平线。

④ 启动【偏移】命令，将上面绘出的水平线依次向上偏移 1500mm（窗高）和 240mm（过梁高），然后填充过梁，结果如图 3.97 所示。

⑤ 用【阵列】命令生成二层和三层休息平台的窗洞口线及过梁，参数设为 3 行、1 列、行偏移距离 3300mm。然后用【修剪】命令修剪出窗洞口，结果如图 3.98 所示。

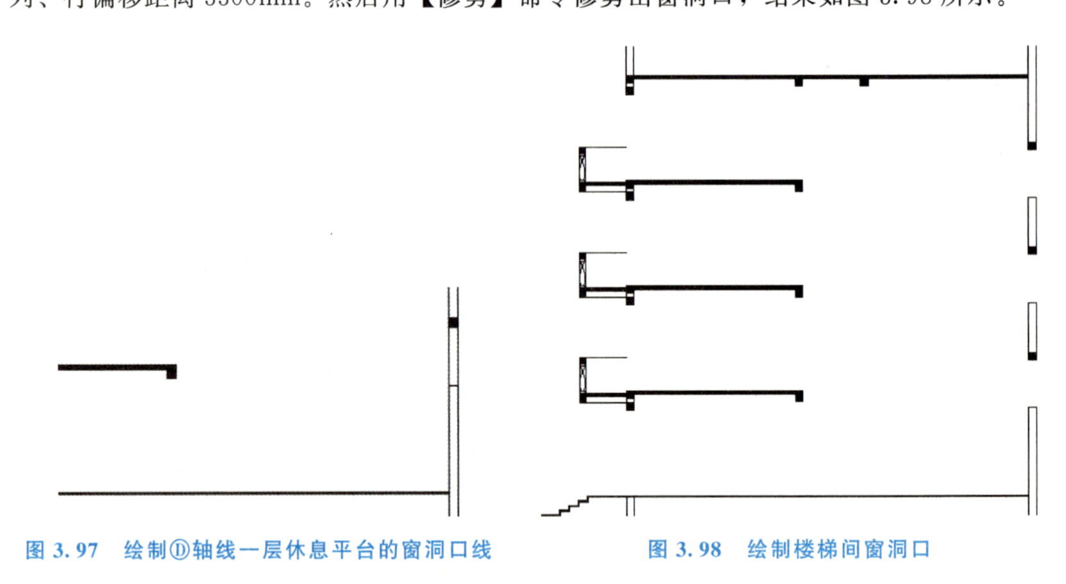

图 3.97　绘制①轴线一层休息平台的窗洞口线　　图 3.98　绘制楼梯间窗洞口

⑥ 修整剖面图：用【编辑多段线】命令将墙体加粗并绘制出屋面坡度线和门窗，结果如图 3.99 所示。

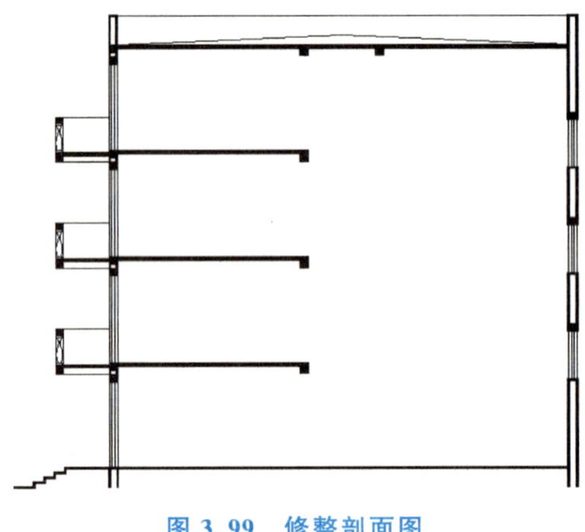

图 3.99　修整剖面图

### 9. 绘制楼梯

1）新建文件

执行菜单栏中的【文件】|【新建】命令，然后进入 1∶1 模板内，将该文件存盘并命名为“楼梯”。

2）绘制辅助线

(1) 将【辅助】图层设置为当前层，打开【正交】功能并选择菜单栏中的【绘图】|【构造线】命令。

① 在指定点或 [水平(H)/垂直(V)/角度(A)/二等分(B)/偏移(O)]提示下，在绘图区域任意位置单击。

② 在指定通过点提示下，将光标垂直向下拖动，形成垂直线后单击。这样就绘出一条垂直构造线。

(2) 用【阵列】命令生成其他垂直构造线，参数设为 1 行、10 列、列偏移距离 300mm，结果如图 3.100 所示。

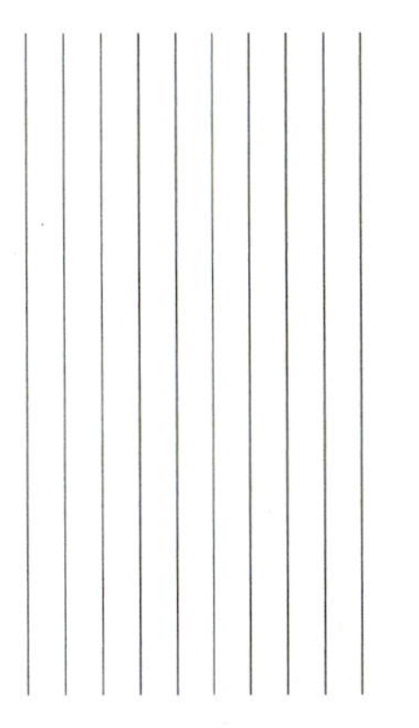

图 3.100 绘制垂直构造线

(3) 任意绘制一条水平构造线，结果如图 3.101 所示。

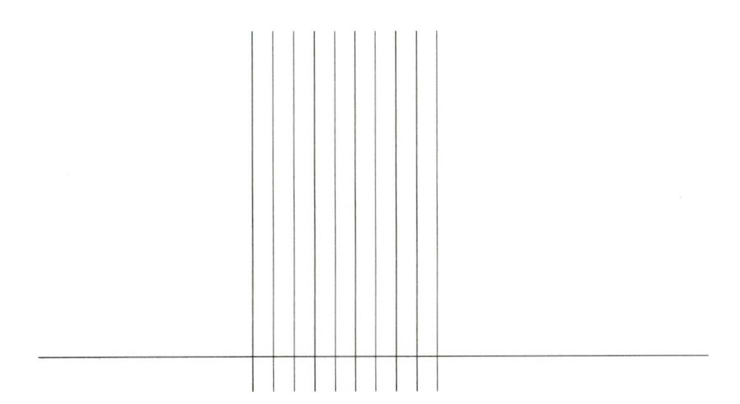

图 3.101 绘制一条水平构造线

(4) 用【阵列】命令生成其他水平构造线，参数设为 21 行、1 列、行偏移距离 165mm，结果如图 3.102 所示。

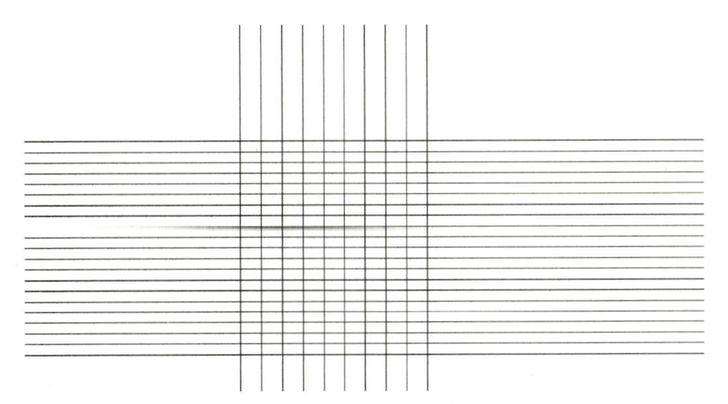

图 3.102 阵列生成水平构造线

(5) 将第一条垂直构造线向左偏移 2400mm，将最后一条垂直构造线向右偏移 2280mm，结果如图 3.103 所示。2400mm 为走道的宽度 2100mm 和缓冲平台的宽度 300mm 之和，2280mm 为楼梯休息平台的宽度。

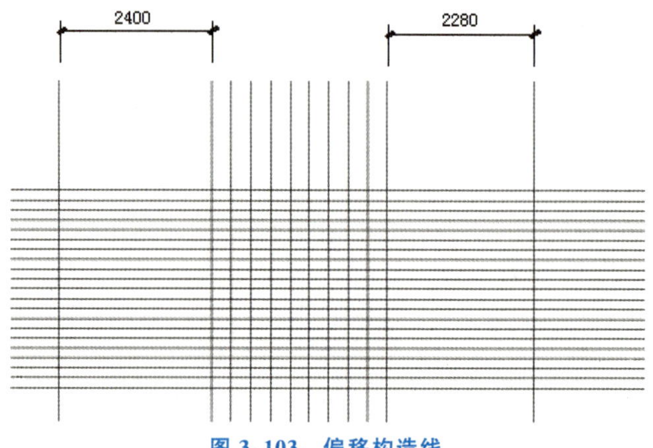


图 3.103 偏移构造线

3) 绘制楼梯

(1) 将【楼梯】图层设置为当前层，用【直线】命令描出平台板和梯段，结果如图 3.104 所示。

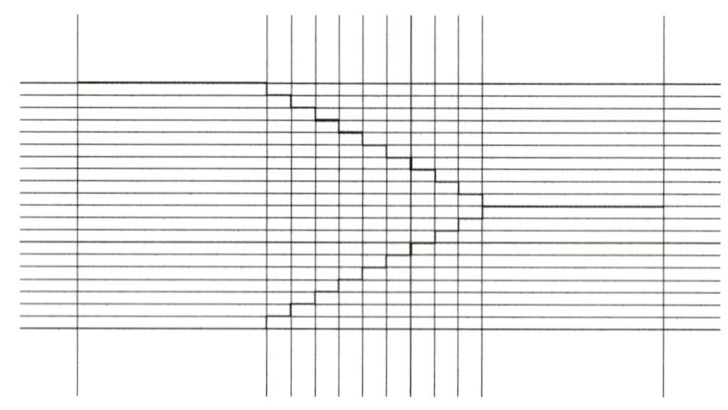

图 3.104 描出平台板和楼梯段

(2) 将【辅助】图层关闭，然后用【直线】命令绘制 AB 和 CD 直线，结果如图 3.105 所示。

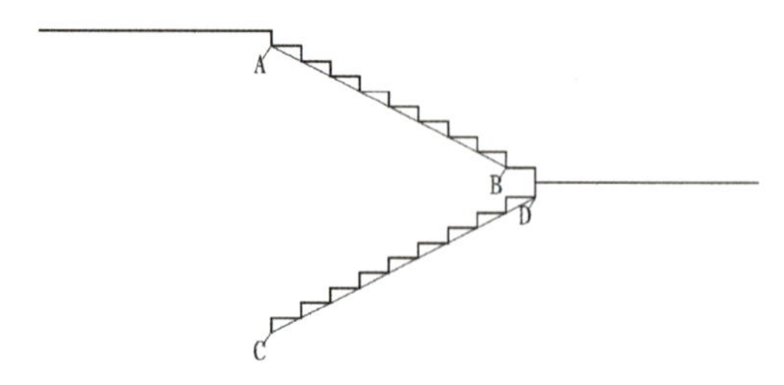


图 3.105 绘制 AB 和 CD 直线

(3) 将 AB 和 CD 直线分别向下偏移 110mm，然后删除 AB 和 CD 直线，结果如图 3.106 所示。

(4) 按照图 3.107 所给的尺寸绘制平台梁。

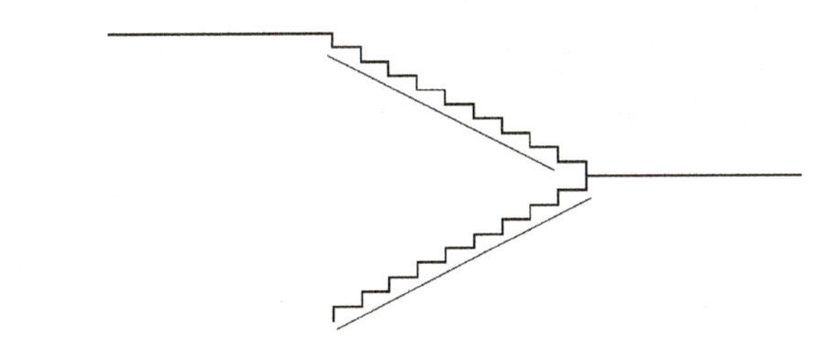

图 3.106 偏移并删除 AB 和 CD 直线

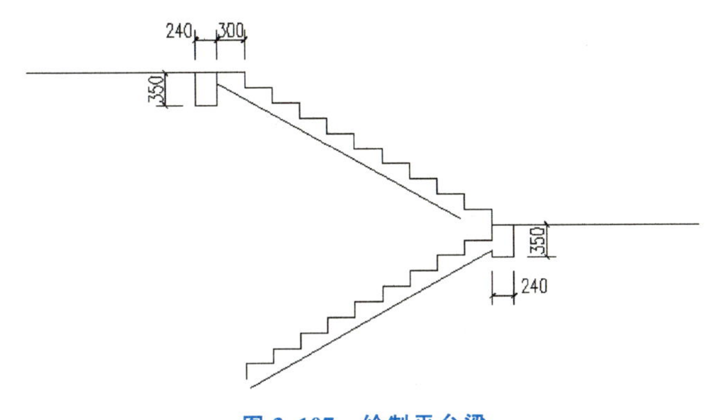


图 3.107 绘制平台梁

(5) 将平台板线向下偏移 100mm，然后修整梯段，结果如图 3.108 所示。

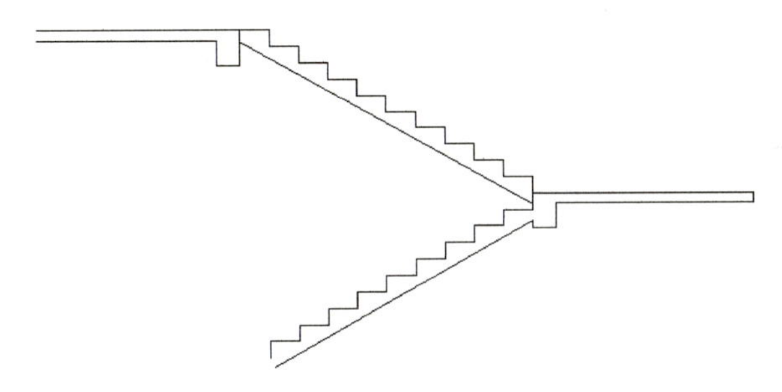

图 3.108 偏移平台板线并修整梯段

4) 绘制栏杆扶手

(1) 将【栏杆扶手】图层设置为当前层，分别在 M、N、O 和 P 踏口处向上绘制 900mm 高的垂直线，然后用直线分别连接 M、N 处垂直线的上端和 P、O 处垂直线的上端，形成扶手线，结果如图 3.109 所示。

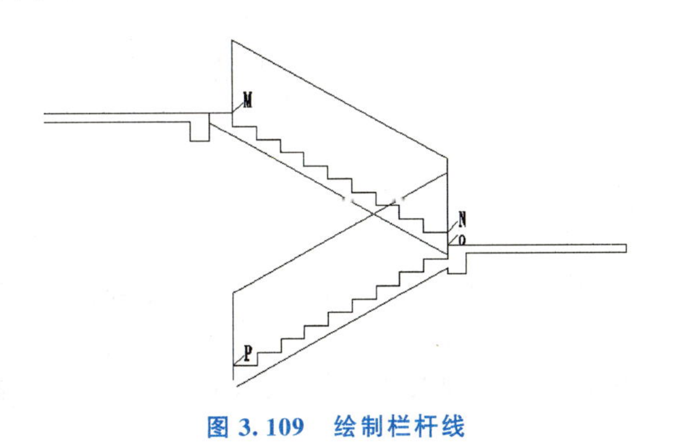

图 3.109 绘制栏杆线

（2）将P和M处的垂直线向左偏移150mm，将O处的垂直线向右偏移150mm，然后删除M、N和P处的垂直线，结果如图3.110所示。

（3）启动【圆角】命令，选择【修剪】模式，半径为“0.0000”，将垂直线和斜线连接在一起，结果如图3.111所示。

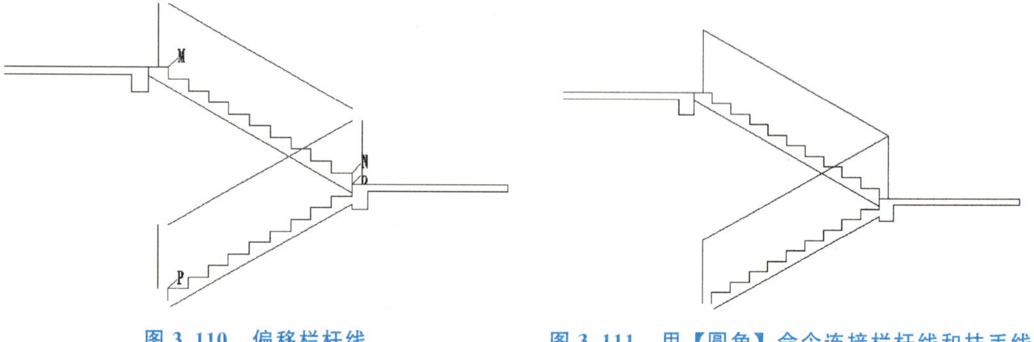


图3.110　偏移栏杆线　　　　图3.111　用【圆角】命令连接栏杆线和扶手线

（4）将上下行扶手线分别向下偏移60mm，结果如图3.112所示。

（5）按照图3.113所示的形状和尺寸修整上下行扶手相交处。

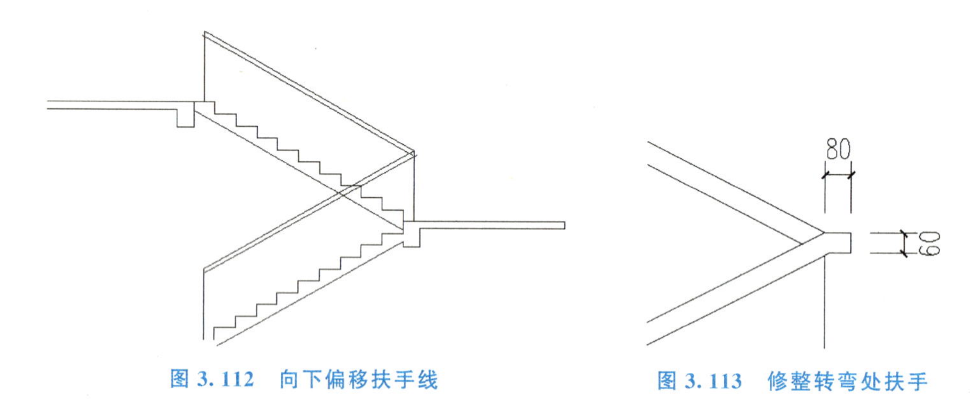


图3.112　向下偏移扶手线　　　　图3.113　修整转弯处扶手

（6）绘制栏杆，填充剖切梯段，结果如图3.114所示。

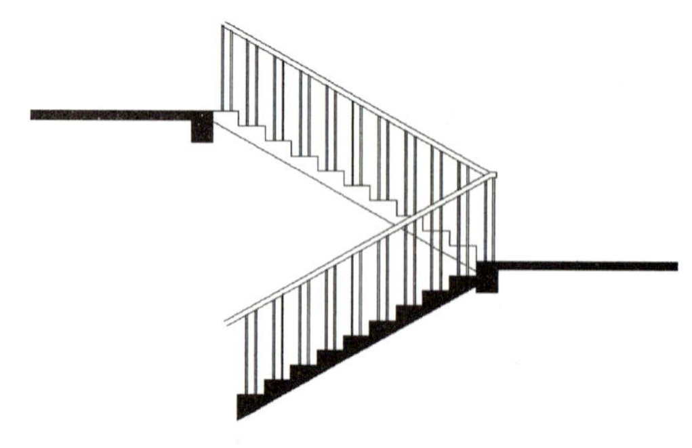

图3.114　绘制栏杆并填充剖切梯段

（7）用【阵列】命令生成其他楼梯，参数设为3行、1列、行偏移距离3300mm，结果如图3.115所示。

（8）图3.115内的圆圈处上下行梯段的前后关系不正确，需将其修整至图3.116所示的状态。

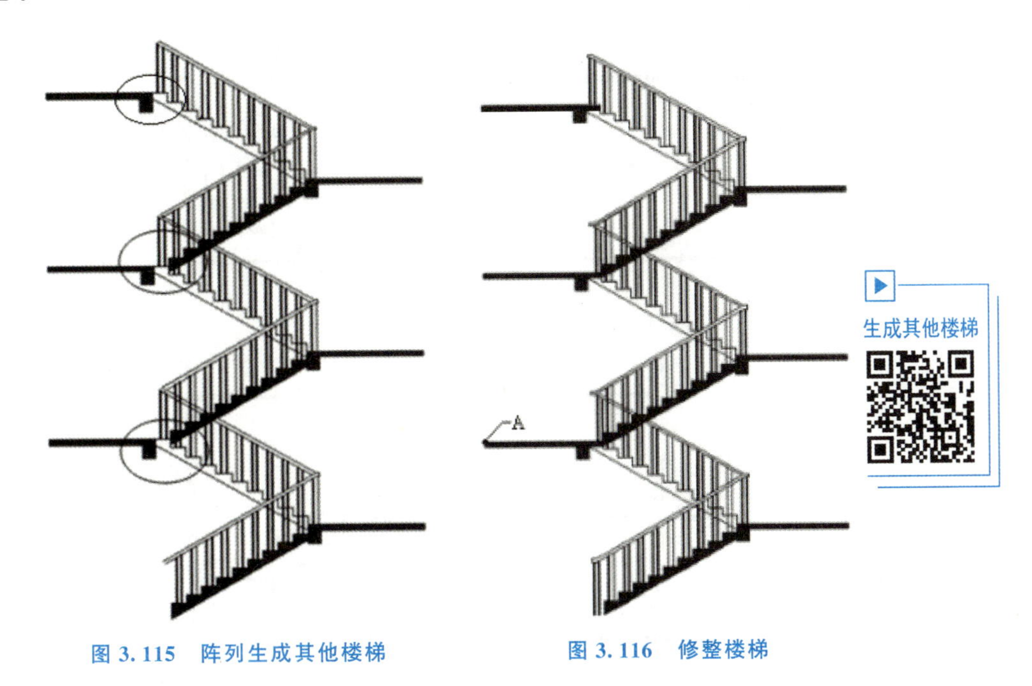


图 3.115　阵列生成其他楼梯　　　　图 3.116　修整楼梯

5）按照图 3.117 所示的尺寸绘制楼梯基础

6）将绘制好的楼梯复制到“1∶100 剖面图”文件中

（1）同时打开“1∶100 剖面图”文件和“楼梯”文件，并将“楼梯”文件置为当前文件，然后执行菜单栏中的【编辑】|【带基点复制】命令。

（2）在**指定基点**提示下，选择如图 3.117 所示的 A 点作为复制的基点。

（3）在**选择对象**提示下，将绘制好的楼梯全部选中，按 Enter 键结束命令。

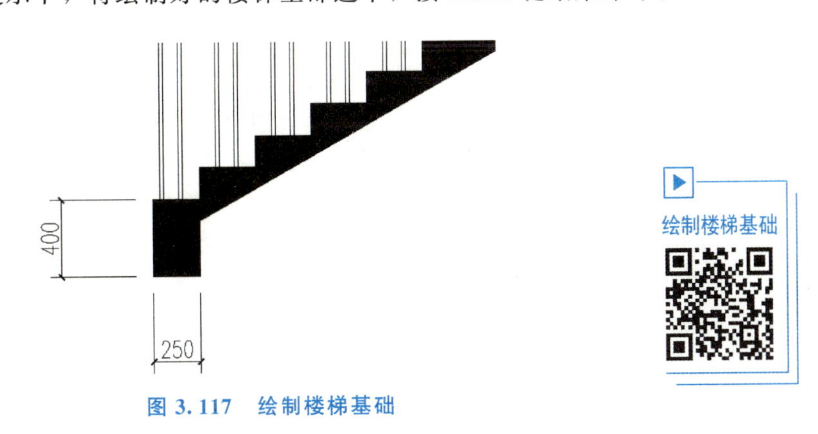


图 3.117　绘制楼梯基础

（4）执行菜单栏中的【窗口】|【1∶100 剖面图 .dwg】命令，将“1∶100 剖面图”文件设置为当前文件。

（5）执行菜单栏中的【编辑】|【粘贴】命令（组合键 Ctrl+C），在**指定插入点**提示下，捕捉如图 3.118 所示处，这样就将楼梯跨文件复制到“1∶100 剖面图”中，结果如图 3.119 所示。

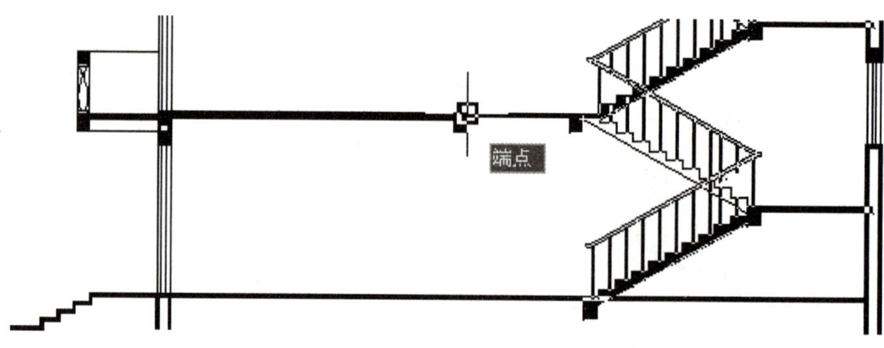


图 3.118 指定插入点

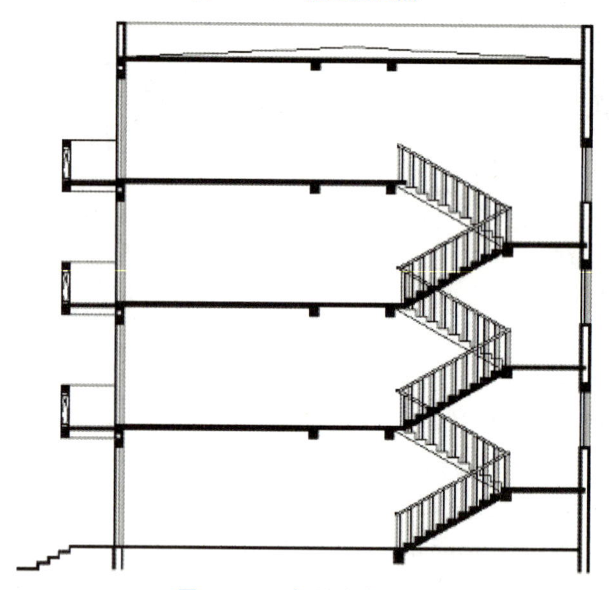

图 3.119 复制生成楼梯

**特别提示**

菜单栏中的【修改】|【复制】命令是用于文件内部的图形复制命令，如将某平面图中的门由 A 处复制到 B 处；而【编辑】|【复制】命令或【编辑】|【带基点的复制】命令用于将图形复制到系统剪贴板上，是跨文件的复制，如将 A 平面图中的门复制到 B 平面图中或将 AutoCAD 图形复制到 Word 文档中。

【编辑】|【复制】命令的复制基点默认在文件的左下角点，不允许修改；【编辑】|【带基点的复制】命令则允许根据需要确定复制基点，便于粘贴时准确定位。

绘制阳角线

7）绘制阳角线

绘制剖面图中走道两侧的阳角线，结果如图 3.120 所示。

### 10. 标注尺寸

1）标注进深尺寸

将【标注】图层设置为当前层并打开【轴线】图层，将当前标注样式设为【标注】，用【线性】和【连续】命令标注出进深尺寸。

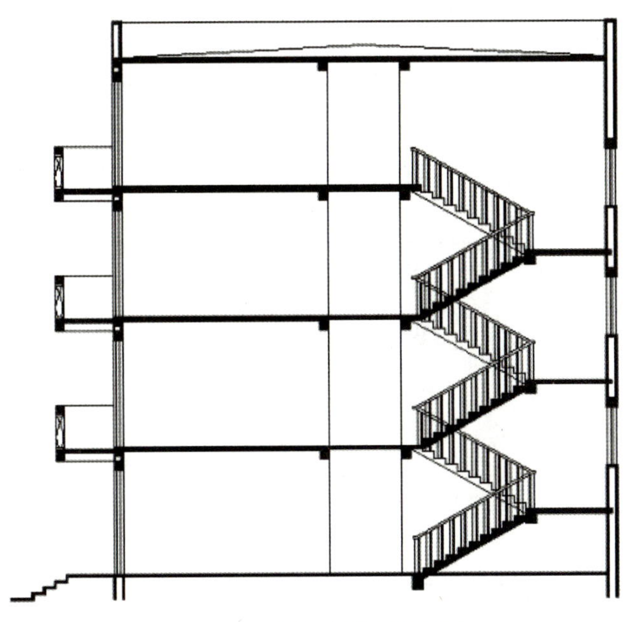

图 3.120 插入楼梯后的剖面

2）插入图块

(1) 插入定位轴线编号：1∶1 模板内的图块是按照 1∶1 的比例制作的，所以插入到 1∶100 的剖面图内时，须将图块沿 $X$、$Y$ 方向等比例放大 100 倍。

① 执行菜单栏上的【插入】|【块】命令，弹出【插入】对话框。按照图 3.121 所示设置对话框，然后单击【确定】按钮关闭对话框。

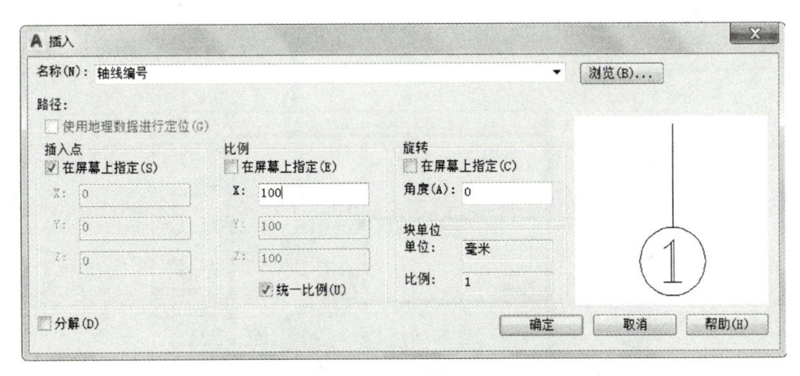


图 3.121 【插入】对话框

② 在指定插入点或［基点(B)/比例(S)/旋转(R)/预览比例(PS)/预览旋转(PR)］提示下，捕捉图 3.122 所示处作为插入点。

③ 在输入轴线编号<1>提示下，输入“A”。

④ 将上面插入的定位轴线复制到轴线Ⓑ、Ⓒ、Ⓓ处，结果如图 3.123 所示。

⑤ 启动【文字编辑】命令，将后面 3 个轴线的编号分别修改为“B”“C”“D”。

(2) 插入楼板和地面的标高。

3）标注标高及图名

标注外墙 3 道尺寸线及相应的标高，注写图名，结果如图 3.124 所示。

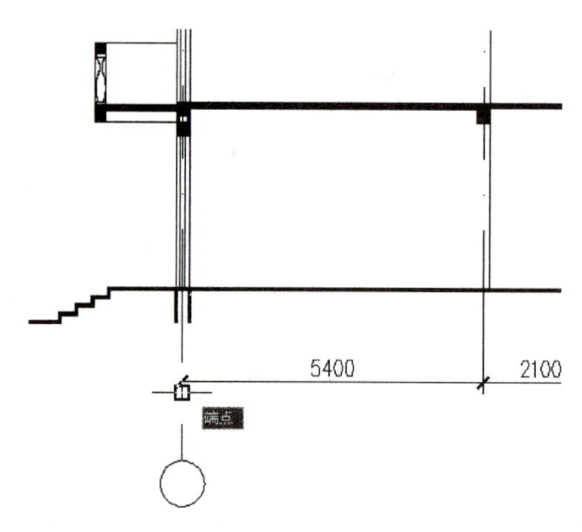


图 3.122 捕捉插入点

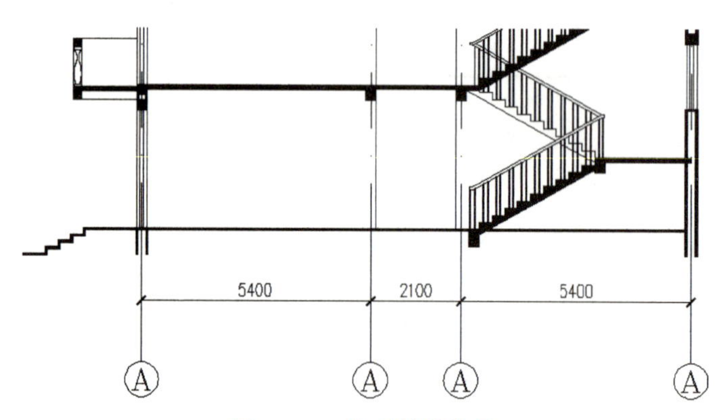


图 3.123 复制轴线编号

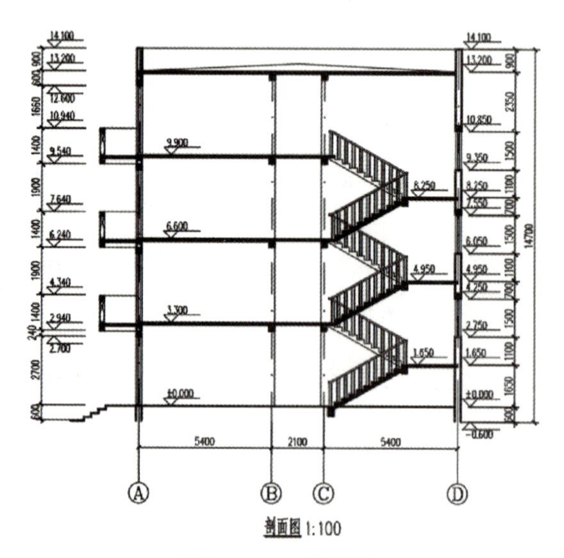

图 3.124 剖面图

## 本章小结

本章主要介绍了建筑施工图立面图和剖面图的基本绘图步骤以及绘制平面图和剖面图所涉及的绘图和编辑命令。大家首先应看懂附录中所给的建筑施工图立面图（附图 1.2）和剖面图（附图 1.3），要求了解基本绘图步骤和方法，并在理解的基础上掌握新的绘图和编辑命令。

另外，在绘图时对前几章所学的命令加以重复使用，以达到深入理解和熟练掌握的目的。

本章重复使用的命令有【矩形】、【分解】、【相对坐标基点的定义】、【复制】、【圆角】、【捕捉自】、【偏移】、【修剪】、【直线】、【移动】、【对象捕捉追踪】、【多段线】及【编辑多段线】等。

本章学习的新命令有【编辑】|【复制】、【编辑】|【带基点的复制】、【编辑】|【粘贴】、【圆】|【相切、相切、相切】、【圆】|【相切、相切、半径】、【打断于点】、【圆弧】|【三点】、利用【夹点编辑】镜像图形、利用【夹点编辑】拉伸图形、【定数等分】、【定距插块】、【填充】、【徒手绘图】。

利用适合的模板绘图可以省去大量的重复性工作，提高绘图速度，所以应掌握本章学习的模板的制作和使用方法。

## 上机指导

### 上机操作一：绘制浴盆

**【操作目的】**

绘制图 3.125 所示图形，练习【矩形】、【偏移】、【相切、相切、相切】、【相切、相切、半径】、【圆角】及【修剪】等命令。

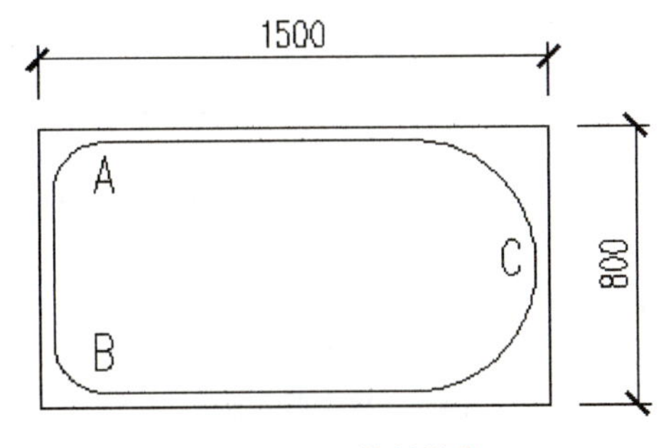


图 3.125 绘制浴盆

**【操作内容】**

(1) 绘制 1500mm×800mm 矩形并将矩形向内偏移 40mm。

(2) 用【相切、相切、半径】命令画圆，$R$=200mm，用【修剪】命令修整成 A 弧。

(3) 用【圆角】命令绘制 B 弧，$R$=200mm。

(4) 用【相切、相切、相切】命令画圆，用【修剪】命令修整成C弧。

## 上机操作二：填充图形

【操作目的】

绘制图3.126所示图形，练习【图案填充】命令。

【操作内容】

绘制矩形，并按图3.126要求填充图案。

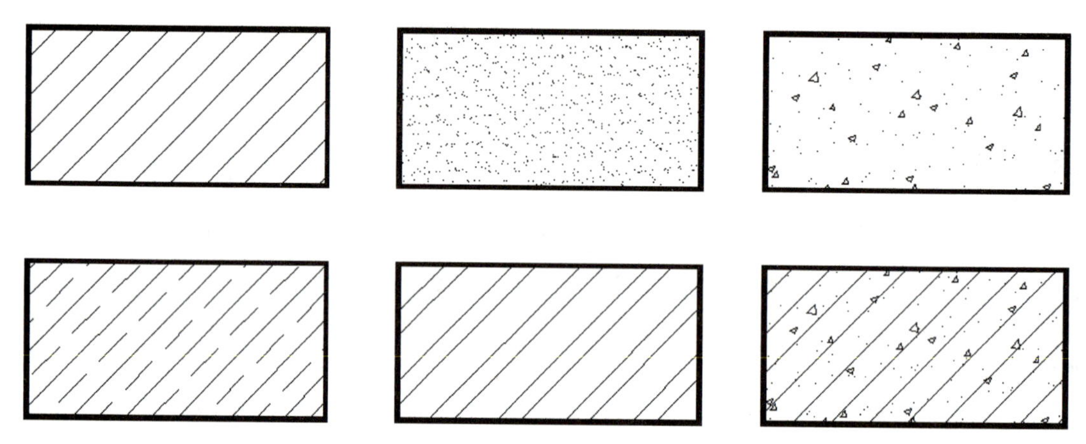

图3.126 填充图形

## 上机操作三：插入点

【操作目的】

绘制图3.127所示图形，练习点样式设定及【定距插点】命令。

【操作内容】

(1) 执行【格式】|【点样式】命令，按图3.127所示选择点样式，并将点大小设定为100单位mm。

(2) 绘制长度为10000mm的直线。

(3) 用【定距插点】命令插入点。

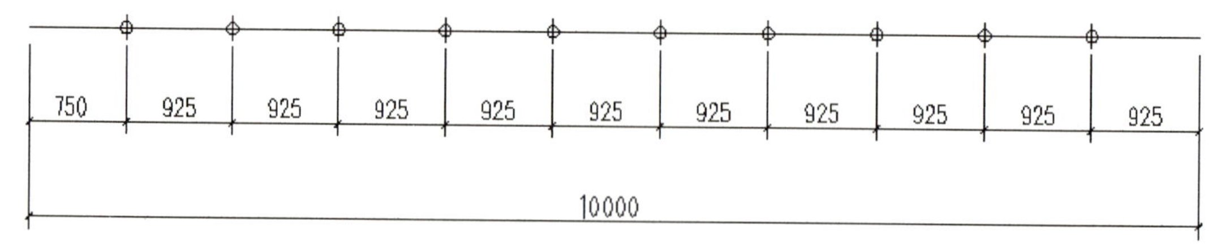


图3.127 插入点

## 上机操作四：孤岛检测

【操作目的】

练习【图案填充】命令。

【操作内容】

按以下要求填充图3.128所示图形。

(1) 孤岛检测选择“普通”，拾取点设在矩形和圆之间。

(2) 孤岛检测选择“外部”，拾取点设在矩形和圆之间。

(3) 孤岛检测选择“忽略”，拾取点设在矩形和圆之间。

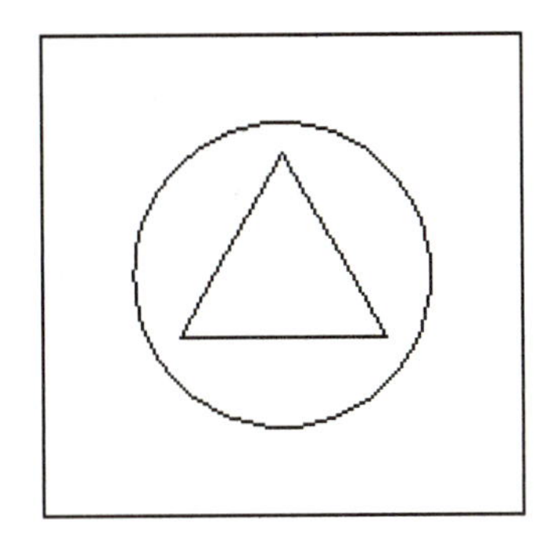

图 3.128 孤岛检测

## 上机操作五：移动图形

【操作目的】

练习【移动】命令。

【操作内容】

(1) 按照图 3.129 所示尺寸绘制图形。

(2) 只执行一次【移动】命令将图 3.129 中的圆移到矩形的中心。

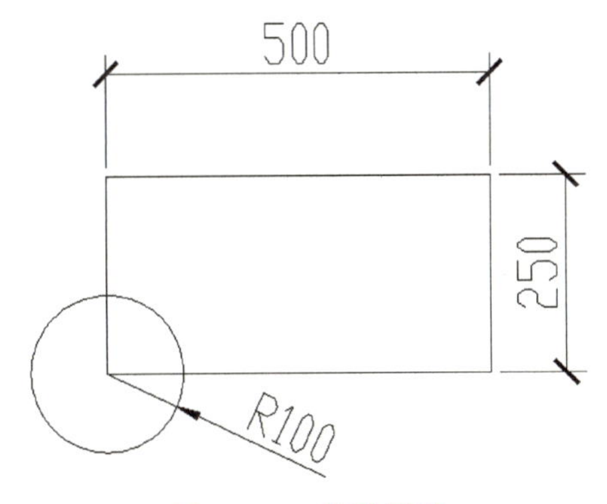


图 3.129 移动图形

## 上机操作六：环形阵列

【操作目的】

绘制图 3.130 所示图形，练习【圆】、【环形阵列】及【修剪】等命令。

【操作内容】

(1) 绘制一个直径为 35mm 的圆。

(2) 对其进行环行阵列，阵列数量为 8 个，阵列中心为圆的象限点。

(3) 使用【修剪】命令将多余的线段删除。

(4) 以阵列中心为圆心画圆，圆直径为 35mm。

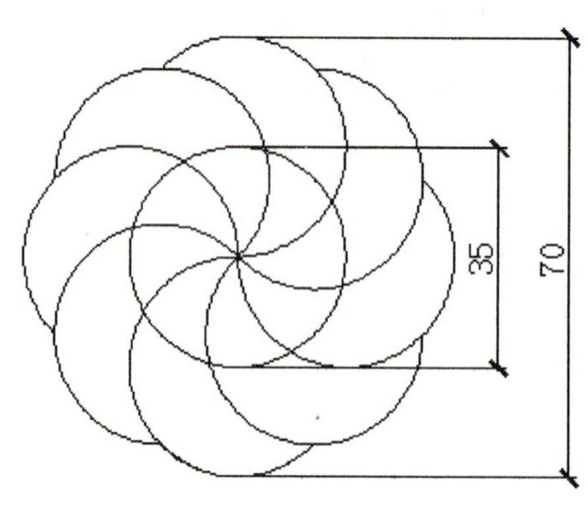


图 3.130　环形阵列

## 上机操作七：【极轴】辅助绘图工具的使用

**【操作目的】**

绘制图 3.131 所示图形，练习【圆】、【多边形】、【直线】命令及【极轴】辅助绘图工具。

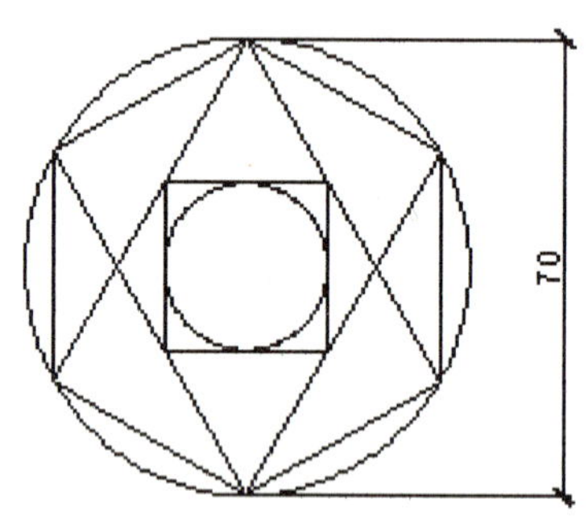


图 3.131　使用极轴

**【操作内容】**

(1) 绘制直径为 70mm 的圆。

(2) 以所画的圆为内接圆绘制正六边形。

(3) 连接六边形的端点，绘制图中的直线。

(4) 设置极轴的增量角为 45°，打开【极轴】辅助绘图工具。

(5)【对象捕捉模式】勾选“交点”，打开【对象捕捉】辅助绘图工具。

(6) 使用【直线】命令画正方形。直线第一点为圆心，第二点用极轴追踪捕捉到的正方形角点，依次画出正方形的四条边。

(7) 绘制正方形的内接圆。

## 上机操作八：综合训练

**【操作目的】**

综合训练。

**【操作内容】**

(1) 绘制如图 3.132 所示的立面图。

（2）标注尺寸、标高、图名及比例。

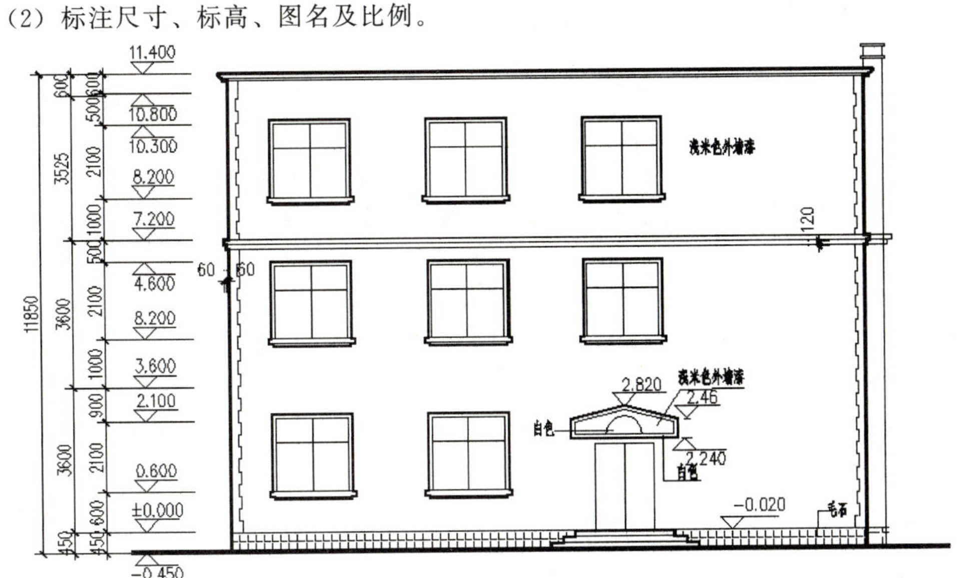


①-④轴线立面图 1:100

图 3.132 绘制立面图

### 一、单选题

1. 如果用【偏移】命令偏移一个用【矩形】命令绘制的正方形的一条边，需要将正方形（　　）。

A. 【延伸】　　B. 【分解】　　C. 【修剪】

2. 执行【阵列】命令时，如果向上生成图形，则行偏移为（　　）。

A. 正　　B. 负　　C. 不分正负

3. 红色夹点是（　　）夹点，是编辑图形的基点。

A. 热　　B. 冷　　C. 温

4. 绘制直线时，如果直线的起点在已知点左上方的某个位置，可以利用定义坐标基点和（　　）方法寻找直线的起点。

A. 【对象捕捉追踪】　　B. 【极轴】　　C. 【捕捉自】

5. 用【编辑多段线】命令连接线时，要求被连接的线必须（　　）。

A. 首尾相连　　B. 以任何方式相连　　C. 中间相连

6. （　　）只能使用一次，再次使用时，需要重新启动它。

A. 所有捕捉　　B. 临时捕捉　　C. 永久性捕捉

7. 执行【阵列】命令时，如果向左生成图形，则列偏移为（　　）。

A. 正　　B. 负　　C. 不分正负

8. 【图案填充和渐变色】对话框中的【图案填充原点】的位置不同，相同图案填充的效果（　　）。

A. 相同　　B. 不相同　　C. 相似

9.【草图设置】对话框中的【节点】是用来捕捉（　　）。

A. 直线的端点和中点　　B. 直线的端点　　C. 点

10. 绘制矩形时，如果矩形的一个角点在已知点水平向左的某个位置，可以利用（　　）方法寻找矩形的这个角点。

A.【栅格】　　B.【正交】　　C.【对象捕捉追踪】

11.【图案填充和渐变色】对话框中的【填充比例】是控制图案（　　）的参数。

A. 远近　　B. 大小　　C. 形状

12. 用【矩形】命令绘制的正方形的4条边为（　　）。

A. 多段线　　B. 直线　　C. 多线

13. 填充600mm×600mm的地板砖时，应该用（　　）填充类型。

A. 预定义　　B. 自定义　　C. 用户定义

14. 在预览状态下，如果对填充效果不满意，则按（　　）键返回【图案填充和渐变色】对话框来修改参数。

A. Enter　　B. Del　　C. Esc

15. AutoCAD图形样板文件的扩展名为（　　）。

A. .dwg　　B. .dwt　　C. .dwv

## 二、简答题

1.【打断】和【打断于点】命令有什么区别？

2.【移动】命令中的基点有什么作用？

3. 在【点样式】对话框中如何设置点的大小？有什么作用？

4. 执行【徒手绘图】命令时，SKPOLY系统变量对绘制出的图形有什么影响？

5. 执行【填充】命令时，被填充的区域有什么要求？

6.【捕捉】和【对象捕捉】辅助工具有什么区别？

7. 制作1∶1的模板和1∶100的模板有哪些不同？两者使用方法是否相同？

8.【编辑】|【复制】和【编辑】|【带基点的复制】两个命令有什么不同？

9.【复制】命令和Ctrl+C组合键的作用有什么不同？

10. 什么是方向、长度的方法画线？

11. 简述3种绘制窗的方法。

## 三、操作题

1. 通过使用【编辑】菜单中的【粘贴】、【粘贴为块】和【选择性粘贴】命令，总结这些命令的差别。

2. 通过使用【构造线】和【射线】命令，总结这两个命令的差别。

3. 用【样条曲线】命令绘制立面图中的“花瓶”形状栏杆。

# 项目4 结构施工图的绘制

思维导图

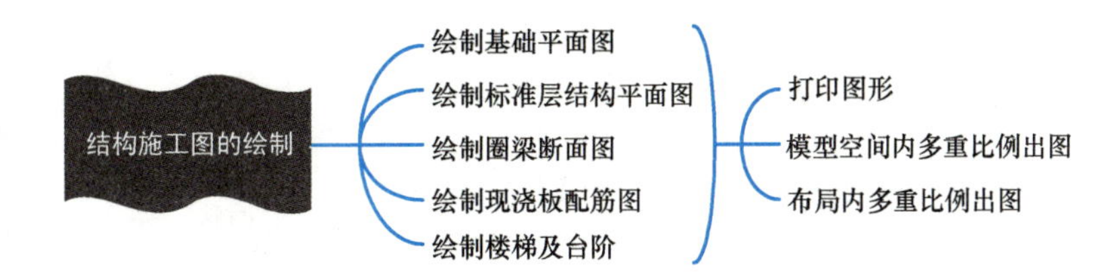

## 课前热身

| 序号 | 图形 | 操作 | 二维码 |
| --- | --- | --- | --- |
| 4-1 | 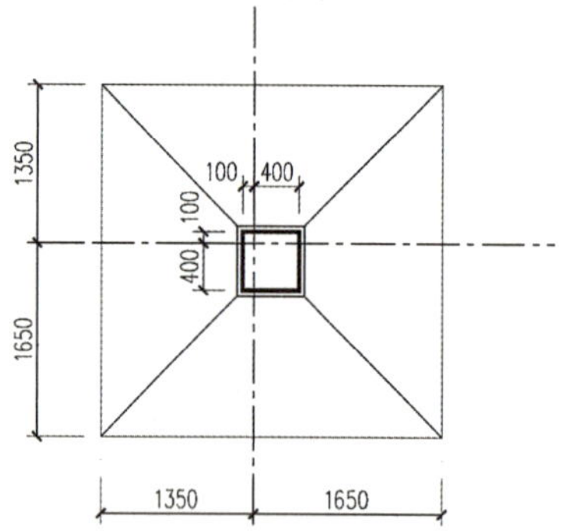  | 捕捉自、矩形、偏移、直线、编辑多段线 |  |
| 4-2 | 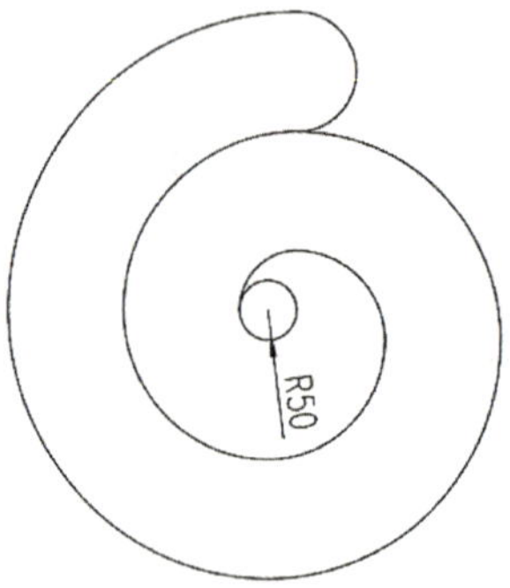  | 圆、矩形、圆弧、偏移 |  |
| 4-3 | 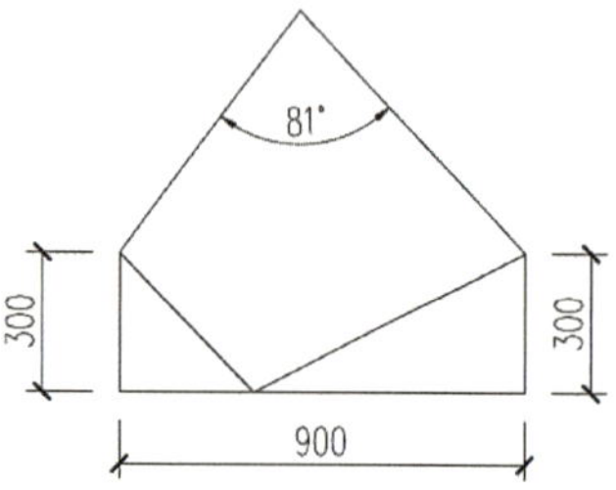  | 射线、旋转、复制、直线、修剪、编辑多段线 |  |
| 4-4 | 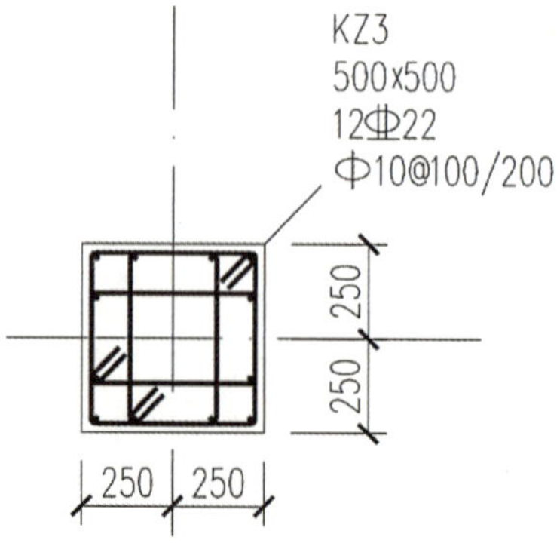  | 矩形、偏移、定数等分、圆环、多段线、夹点编辑 |  |

续表

| 序号 | 图形 | 操作 | 二维码 |
| --- | --- | --- | --- |
| 4-5 |  | 矩形、直线、圆、偏移、修剪、圆角、对象追踪 |  |

这一章主要学习宿舍楼基础平面图、标准层结构平面图、柱网平面布置图及柱配筋图等结构施工图的绘制方法。同时，借助结构施工图介绍多重比例的出图方法及注释性比例。

## 4.1 绘制宿舍楼基础平面图

前面已经绘制了宿舍楼底层平面图，宿舍楼基础平面图（比例为1∶100）可在底层平面图的基础上进行绘制。宿舍楼基础平面图的尺寸可以参照基础平面图（附图1.4）。

### 1. 新建图形文件

1）选择样板

执行菜单栏中的【文件】|【新建】命令，默认状态下会弹出【选择样板】对话框，如图4.1所示。选择“模板”文件，进入该模板绘制1∶100基础平面图并保存该文件。

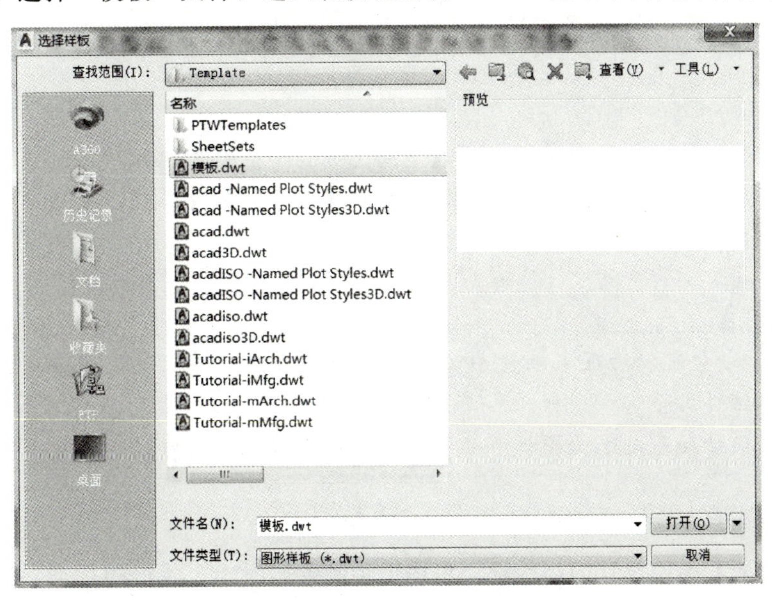


图4.1 【选择样板】对话框

2）修改图层

（1）修改图层名称：打开【图层特性管理器】，选中【墙】图层，然后按F2键激活该图层，将【墙】改为【基础墙】，然后再新建【大放脚】图层。

（2）清理图层。

① 执行菜单栏中的【文件】|【绘图实用工具】|【清理】命令，打开【清理】对话框并展开图层选项，如图4.2所示。

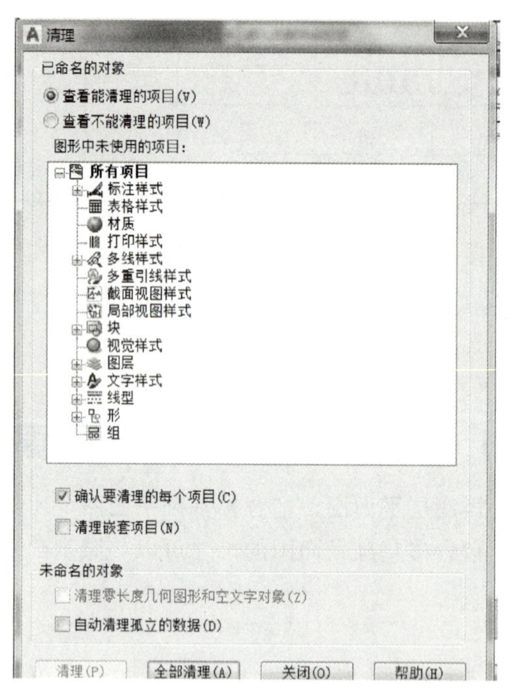


图4.2 【清理】对话框

② 清除除【基础墙】、【轴线】、【标注】、【大放脚】、【文本】及【辅助】图层之外的其他图层。

3）修改部分参数

（1）将【线型管理器】对话框中的【全局比例因子】设为“100”。

（2）打开【标注样式管理器】对话框，修改【标注】标注样式，将【调整】选项卡内的【使用全局比例】改为“100”。

**特别提示**

【清理】命令可以清理未经使用的图层、多线样式、图块、文字样式、线型、表格样式和标注样式等。

后面我们借助基础平面图讲解注释性比例及在布局空间内进行多重比例出图。

### 2. 图形准备

将【基础墙】图层设置为当前层，将图形绘制到如图4.3所示的状态，接下来将在该图基础上绘制基础平面图。

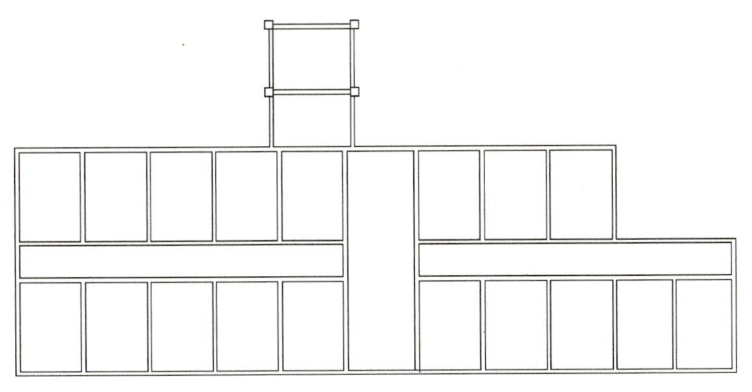

图 4.3　图形准备

**特别提示**

这里也可以利用跨文件的复制将该图从底层平面图中复制过来。

### 3. 绘制大放脚

1）绘制大放脚（一）

（1）启动【偏移】命令，参照基础平面图（附图 1.4）中的尺寸标注偏移基础墙，结果如图 4.4 所示。

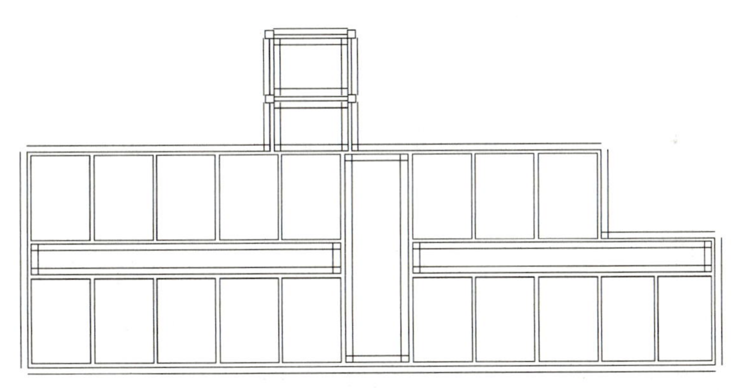

图 4.4　偏移基础墙

（2）用【圆角】命令修改偏移得到的每一组相邻直线，选择【修剪】模式，圆角半径为“0”，修改的结果如图 4.5 所示。

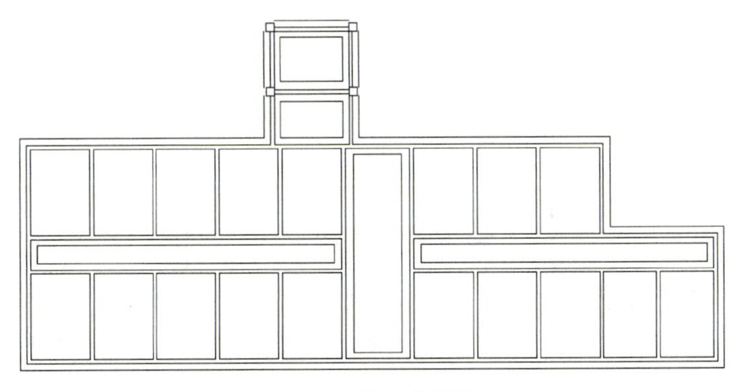

图 4.5　修整大放脚

（3）如图 4.6 所示，将 A 和 B 大放脚分别向外偏移 480mm。

（4）如图 4.7 所示，用【圆角】命令修改 A 和 B 偏移得到的直线。

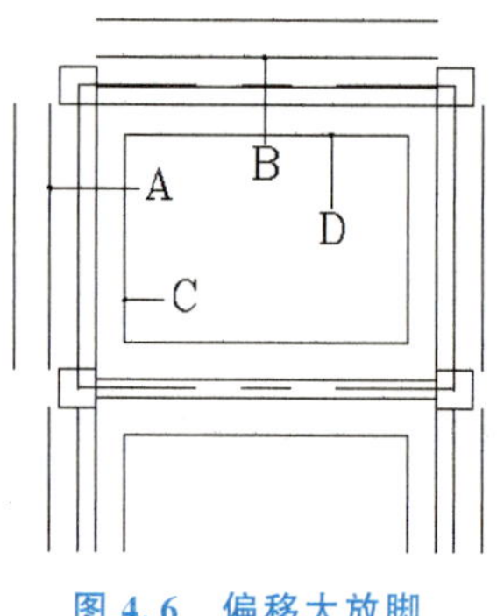

图 4.6 偏移大放脚

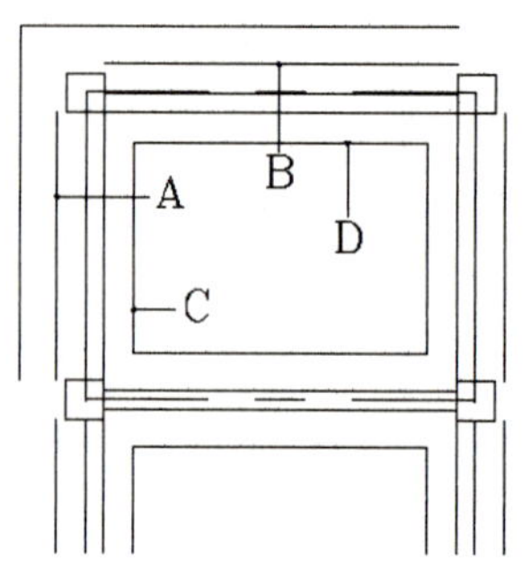

图 4.7 修整大放脚

（5）拉长 D 大放脚：在命令行无命令的状态下选中 D 大放脚，出现 3 个冷夹点。单击左侧夹点使其变成热夹点，打开【正交】功能，然后向左水平拉长 D 大放脚，结果如图 4.8 所示。

（6）用相同的方法向上拉长 C 大放脚，向下拉长 E 大放脚，向左拉长 F 和 G 大放脚，结果如图 4.9 所示。

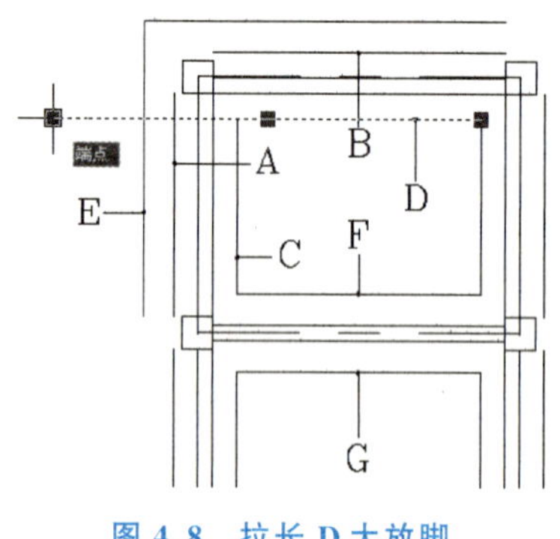

图 4.8 拉长 D 大放脚

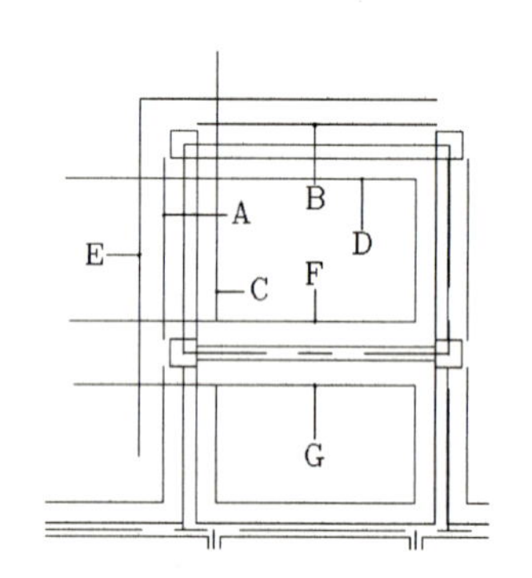

图 4.9 拉长 C、E、F、G 大放脚

（7）用【修剪】命令将图 4.9 修整至图 4.10 所示的状态。

（8）将左侧两个构造柱的大放脚镜像复制到右侧并进行进一步修剪，结果如图 4.11 所示。

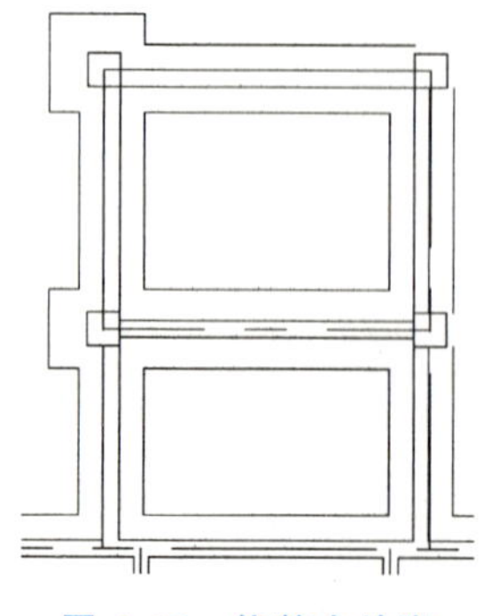
图 4.10 修整大放脚

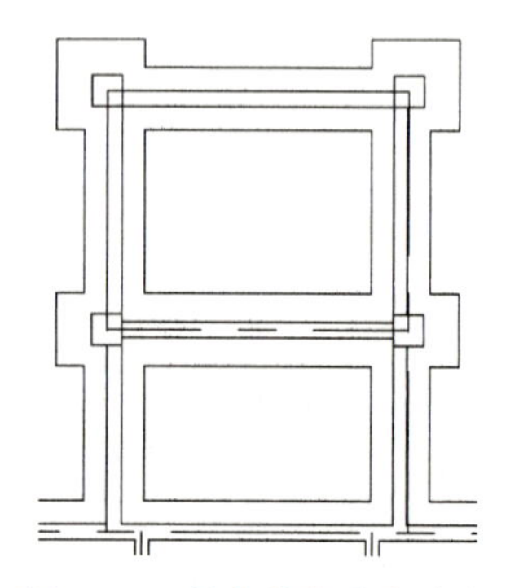
图 4.11 镜像并修剪大放脚

(9) 换图层：由于大放脚是由基础墙偏移形成的，所示目前所有的大放脚都在【基础墙】图层上，需将它们由【基础墙】图层换到【大放脚】图层上。

**特别提示**

首先，用【图层】工具栏将某条大放脚换到【大放脚】图层上，然后用【特性匹配】命令将剩余的大放脚换到【大放脚】图层上。

2）绘制大放脚（二）

(1) 将左上角的基础墙放大，并参照基础平面图（附图 1.4）的尺寸标注偏移大放脚，结果如图 4.12 所示。

(2) 用【圆角】命令修改偏移得到的每一组相邻直线，选择【修剪】模式，圆角半径为“0”，结果如图 4.13 所示。

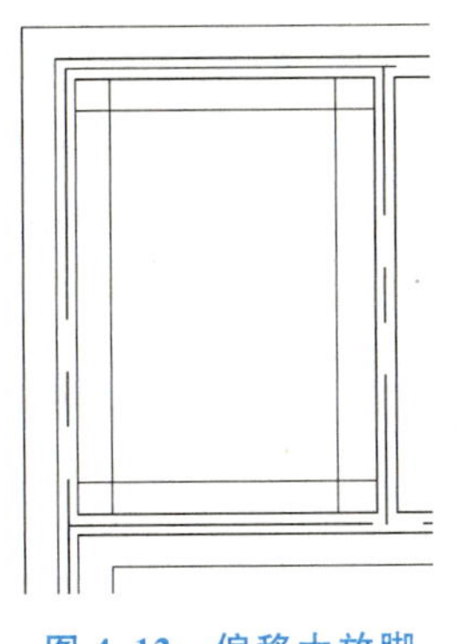

图 4.12 偏移大放脚

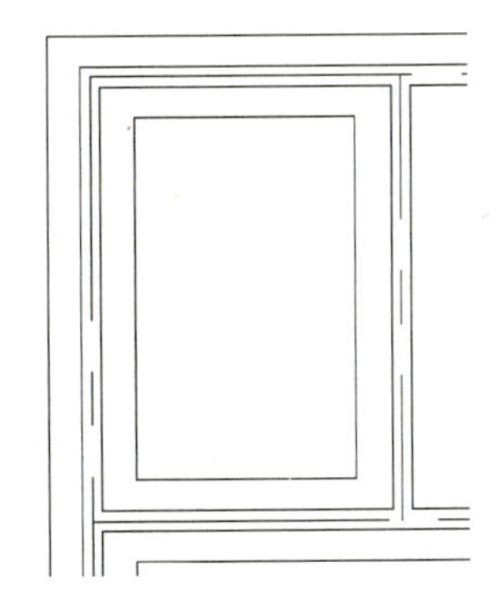

图 4.13 用【圆角】命令修角

(3) 将上面绘制的大放脚由【基础墙】图层换到【大放脚】图层。

(4) 启动【复制】命令。

① 在选择对象提示下，选择刚才偏移并经修剪后的大放脚作为被复制的对象，按 Enter 键进入下一步命令。

② 在指定基点或［位移(D)］＜位移＞提示下，捕捉 A 点作为复制基点。

③ 在指定第二个点或＜使用第一个点作为位移＞提示下，分别捕捉所有 3900mm 开间的基础墙左上角阴角点，如图 4.14 所示。

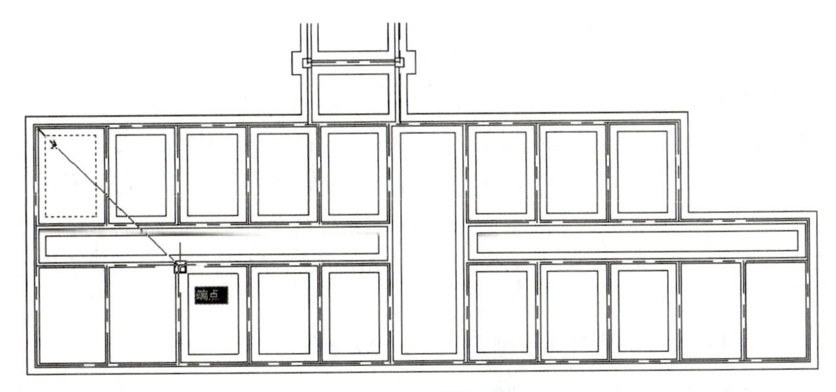


图 4.14 复制大放脚

④ 用相同的方法绘制右下角两个3600mm开间的大放脚。

### 4. 绘制构造柱

（1）关闭【轴线】图层，并将【构造柱】图层设置为当前层。

（2）启动【矩形】命令，在如图4.15所示的基础平面图左下角的位置绘制240mm×240mm的正方形，并选择【SOLID】图案将其填充。

（3）将【轴线】、【基础墙】和【大放脚】图层锁定。启动【阵列】命令，参数设为2行、6列、行偏移距离12900mm、列偏移距离3900mm。如图4.16所示，用窗选的方法选择阵列对象。阵列后的结果如图4.17所示。

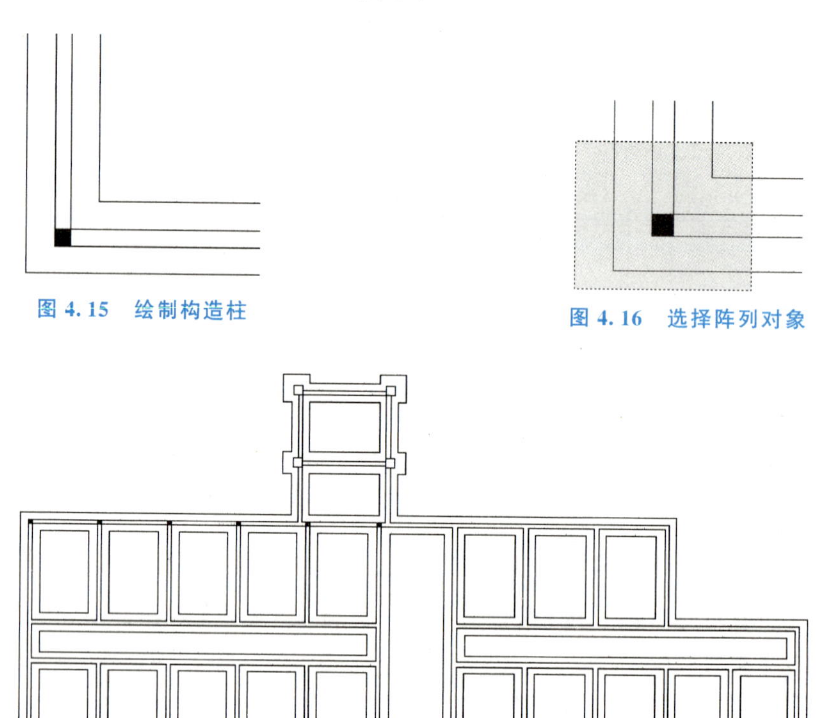

图4.15　绘制构造柱

图4.16　选择阵列对象

图4.17　阵列复制构造柱

（4）参照附图1.4，用相同的方法生成剩余的GZ1和GZ2。选择【SOLID】图案填充GZ3，结果如图4.18所示。

### 5. 修整图形

（1）加粗基础墙线。

将【大放脚】、【构造柱】和【轴线】图层锁定，启动【编辑多段线】命令。

① 在选择多段线或［多条(M)］提示下，输入“M”后按Enter键，表示一次要编辑多条多段线。

② 在选择对象提示下，输入“All”后按Enter键，结果屏幕上所有基础墙线高亮显示。

③ 在选择对象提示下，按Enter键进入下一步命令。

④ 在是否将直线和圆弧转换为多段线？［是(Y)/否(N)］？<Y>提示下，按Enter键

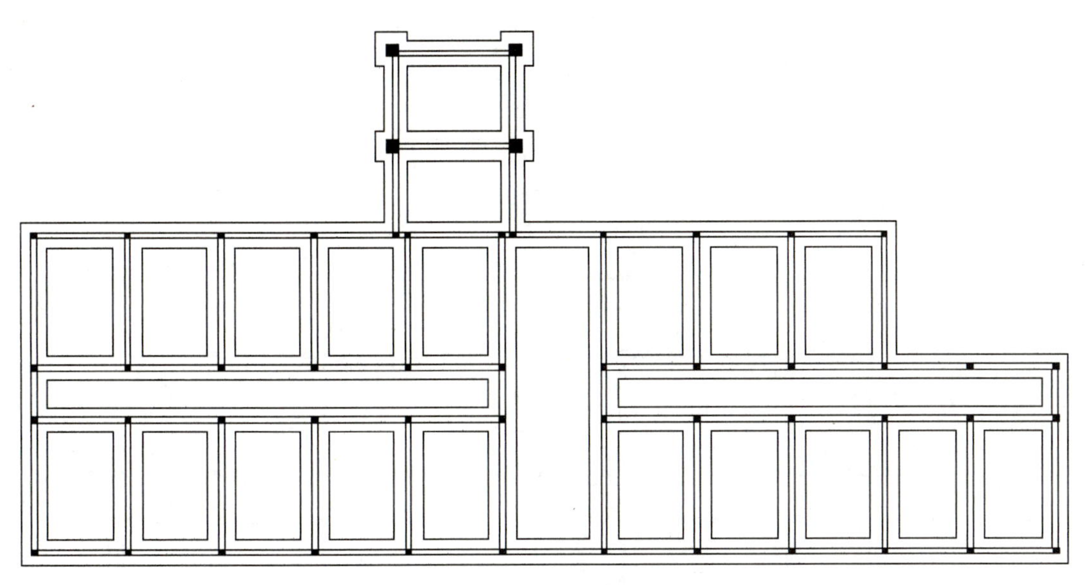

图 4.18 绘制构造柱

执行尖括号内的默认值“Y”，表示要将所有选中的对象转化为多段线。

⑤ 在输入选项［闭合(C)/合并(J)/宽度(W)/编辑顶点(E)/拟合(F)/样条曲线(S)/非曲线化(D)/线型生成(L)/放弃(U)］提示下，输入“J”后按 Enter 键，表示要执行【合并】子命令。这样，AutoCAD 将第②步全选的基础墙中所有首尾相连的对象连接在一起。

⑥ 在输入模糊距离或［合并类型(J)］<0.0000>提示下，按 Enter 键，表示执行尖括号内默认的模糊距离“0.0000”。

⑦ 在输入选项，［打开(O)/合并(J)/宽度(W)/编辑顶点(E)/拟合(F)/样条曲线(S)/非曲线化(D)/线型生成(L)/放弃(U)］提示下，输入“W”后按 Enter 键，表示要改变线的宽度。

⑧ 在指定所有线段的新宽度提示下，输入“50”，表示将线的宽度由“0”改为“50”，结果如图 4.19 所示。

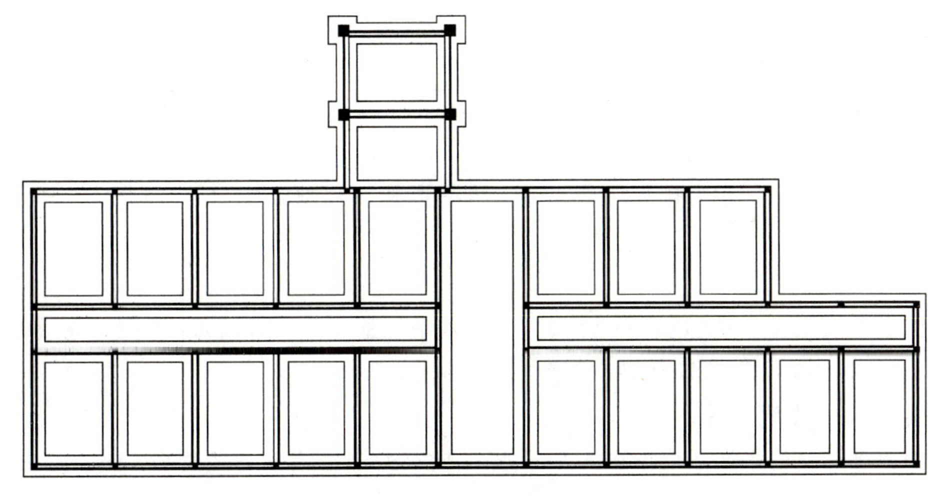

图 4.19 加粗基础墙

(2) 参照基础平面图（附图1.4)，标注轴线、尺寸、断面编号和图名，结果如图4.20所示。

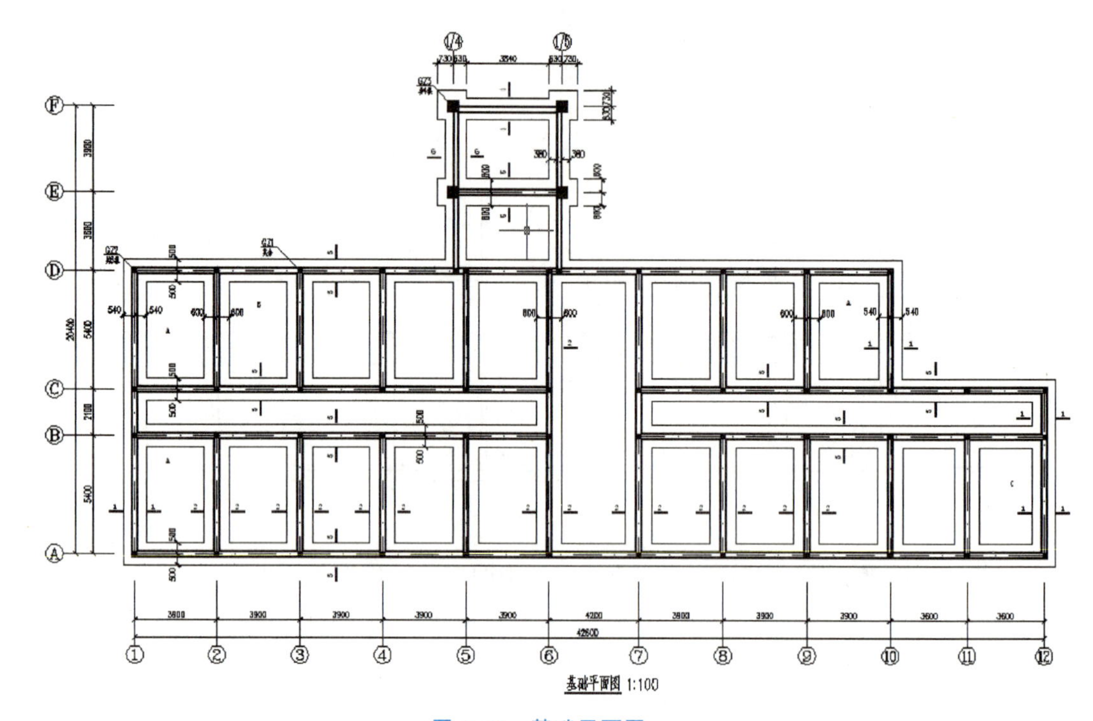

图4.20　基础平面图

# 4.2　绘制宿舍楼标准层结构平面图

1∶100的宿舍楼标准层结构平面图和基础平面图一样，也是在宿舍楼底层平面图的基础上绘制的。同时，在绘制标准层结构平面图时，需要参照标准层结构平面图（附图1.5)中的尺寸标注。

## 4.2.1　图形的准备

### 1. 绘制标准层结构平面图

参照项目1绘制的宿舍楼底层平面图，将图形修整至图4.21所示的状态，下面将在图4.21基础上绘制标准层结构平面图。

### 2. 修改图层

将图层修改至图4.22所示的状态，单击其中任意的Continuous线型，在【选择线型】对话框内加载HIDDEN线型，如图4.23所示。

### 3. 修改墙的线型

参照标准层结构平面图（附图1.5)，将被楼板所遮盖墙体的线型由Continuous改为HIDDEN。

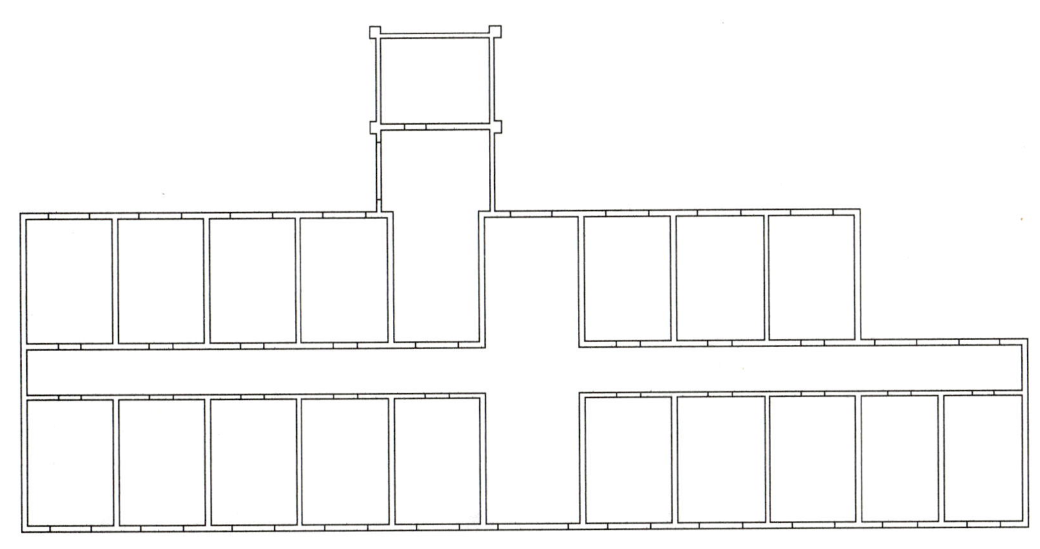

图 4.21 图形准备

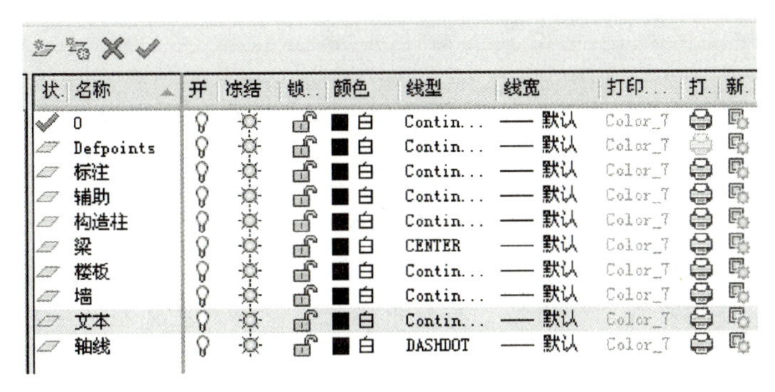


图 4.22 准备图层

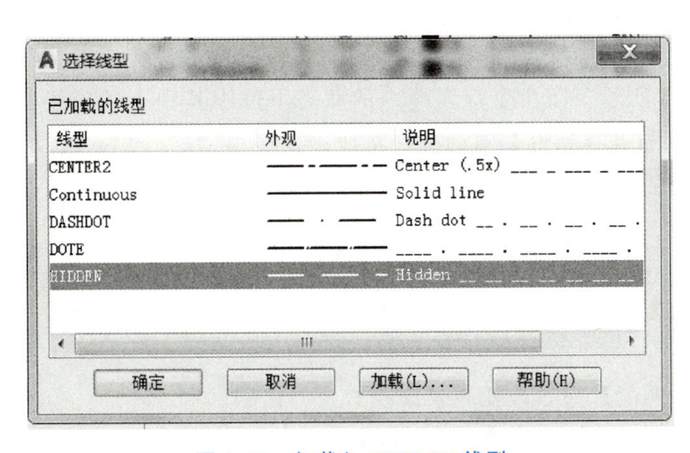


图 4.23 加载入 HIDDEN 线型

(1) 在命令行无命令的状态下，选中需要修改线型的墙体，然后打开【对象特征】工具栏上的【线型】下拉列表，如图 4.24 所示，选择“HIDDEN”选项。

(2) 按 Esc 键取消夹点，可以看到刚才所有被选中的线由实线变为虚线。

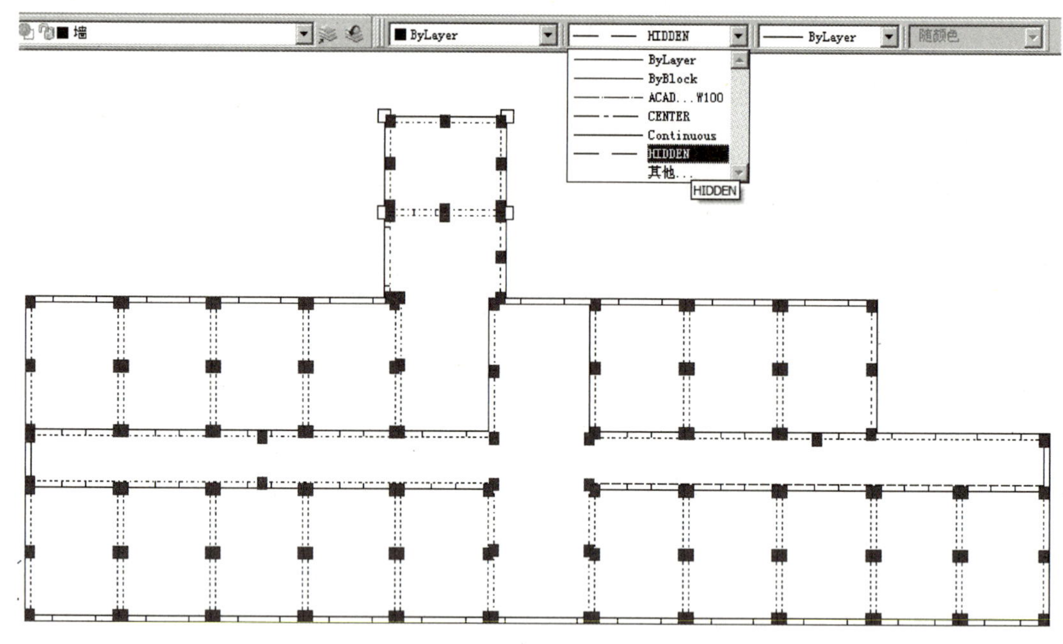


图 4.24　给部分墙换线型

**特别提示**

刚才换了线型的墙仍然位于【墙】图层上，它们的线型不再是 ByLayer（随层），而是变成了 HIDDEN。也就是说，虽然这些线在【墙】图层上，但其线型不再随着图层线型走，而是拥有自己的线型。为便于修改图形的对象特征，一般情况下线型选择 ByLayer。

(3) 修改虚线的线型比例：取消夹点后，可以看出虚线的线段太长、不美观。接下来修改虚线的线型比例以改变虚线的显示。

(4) 如图 4.25 所示，在命令行无命令的状态下选中其中一条虚线，单击【标准】工具栏上的图标，打开【特性】对话框，将线型比例由“1”改为“0.5”，然后关闭对话框。可以发现虚线的显示状态随线型比例发生了变化。

**特别提示**

通常需要反复修改线型比例，直至合适为止。

(5) 用【特性匹配】命令改变剩余虚线的线型比例。

① 执行菜单栏中的【修改】|【特性匹配】命令。

② 在选择源对象提示下，选择第 (1) 步操作得到的虚线，此时光标变成“刷子”的形状。

③ 在选择目标对象或［设置(S)］提示下，选择其他未改变线型比例的虚线，然后按 Enter 键结束命令，结果所有虚线的线型比例都发生了变化。

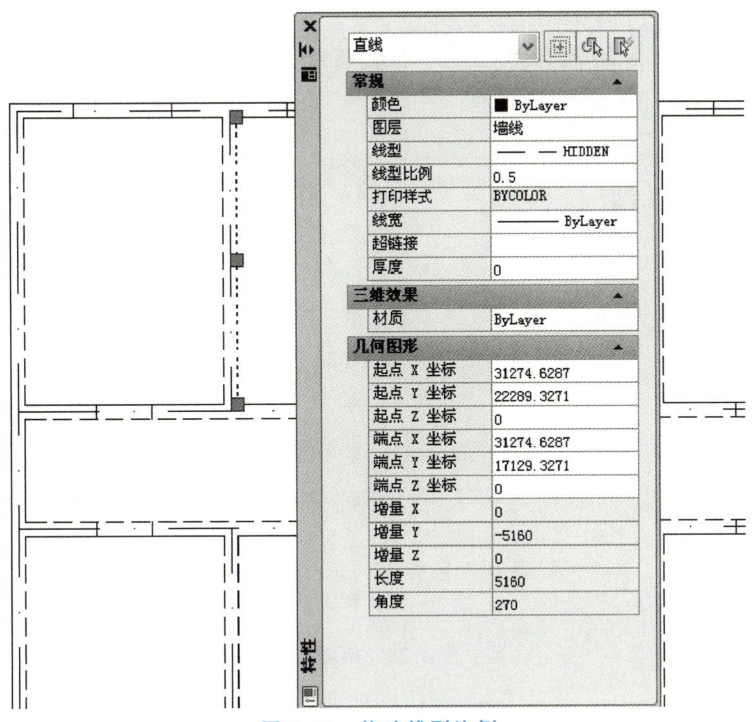


图 4.25 修改线型比例

## 4.2.2 绘制预制楼板的平面布置图并标出配板符号

下面以轴线①、②和Ⓒ、Ⓓ所围合的房间为例介绍楼板的平面布置方式及配板符号标注方法。

### 1. 绘制预制楼板的平面布置图

(1) 启动【偏移】命令，将 A 线以 620mm(620＝600＋20)的距离向下偏移 7 次，如图 4.26 所示。

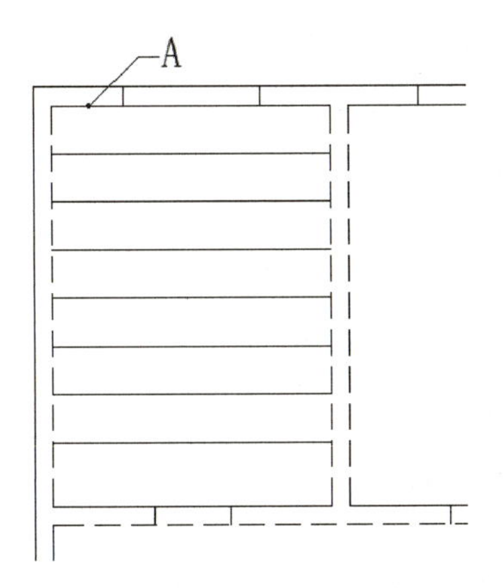


图 4.26 偏移形成楼板

(2) 换图层：由于楼板线是由墙线偏移得来的，所以楼板线目前位于【墙】图层上，需要将楼板线换到【楼板】图层上。

① 在命令行无命令的状态下选中所有楼板线，打开【图层控制】下拉列表并选择【楼板】图层，如图 4.27 所示。

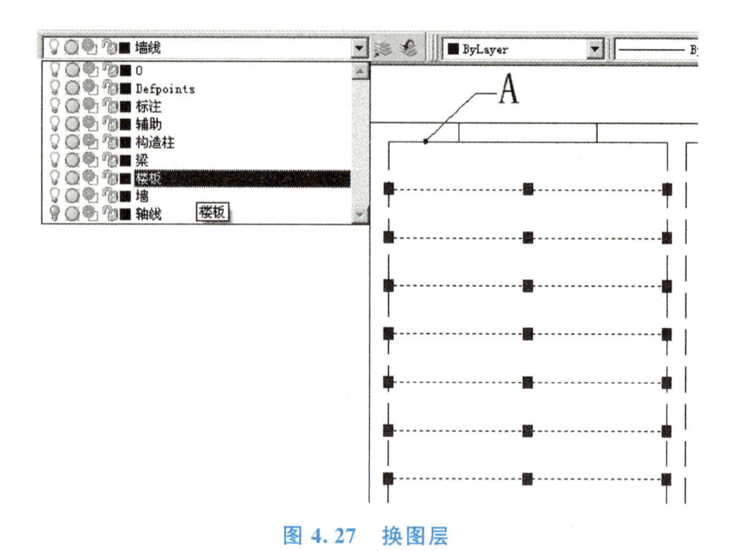


图 4.27　换图层

② 按 Esc 键取消夹点，这样所有被选中的楼板线由【墙】图层换到【楼板】图层上。

③ 打开【轴线】层，将楼板线两端用【延伸】命令延伸至轴线，生成楼板的支撑长度，结果如图 4.28 所示。

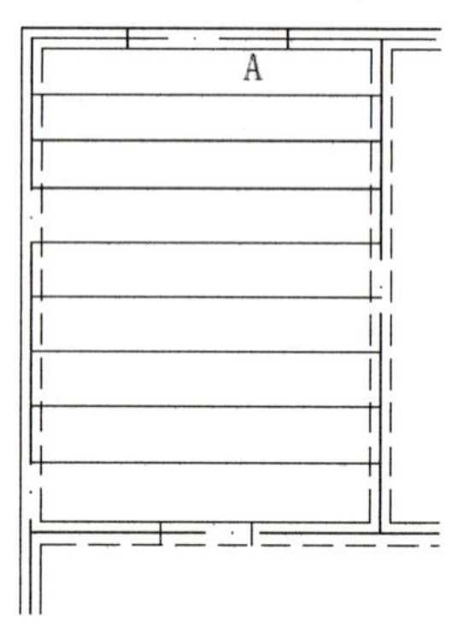


图 4.28　延伸楼板线

## 2. 标出配板符号

1）将【楼板】图层设置为当前层

2）启动【直线】命令和【圆环】命令

如图 4.29 所示，启动【直线】命令绘制直线；启动【圆环】命令（快捷键 DO），绘制内径为“0”、外径为“70”的圆环。

3）写配板文字

(1) 将【Standard】字体样式设为当前字体样式，启动【单行文字】命令。

(2) 在指定文字的起点或［对正(J)/样式(S)］提示下，在适当的位置单击使其作为文字的起点位置。

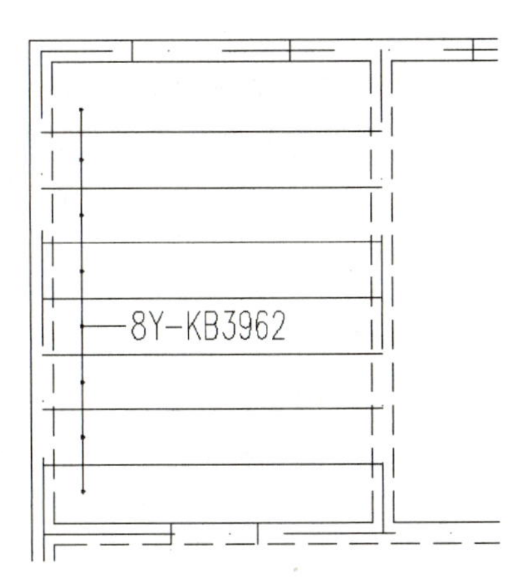


图 4.29　标出配板符号

(3) 在指定高度<2.5000>提示下，输入“300”，表示字高为 300mm。

(4) 在指定文字的旋转角度<0>提示下，按 Enter 键。

(5) 输入“8Y-KB3962”，按两次 Enter 键结束命令。

3. 绘制配板编号

(1) 启动绘制【圆】命令。

① 在指定圆的圆心或 [三点(3P)/两点(2P)/相切、相切、半径(T)]提示下，在房间左上角适当的位置单击使其作为圆的圆心。

② 在指定圆的半径或 [直径(D)]提示下，输入“300”后按 Enter 键结束命令。这样就绘制了圆心在指定位置，半径为 300mm 的圆。

(2) 用【单行文字】或【多行文字】命令在圆圈内标出配板编号“甲”，字高 500mm。

(3) 用【修剪】命令，以圆为边界修剪掉和圆相重合的楼板线，结果如图 4.30 所示。

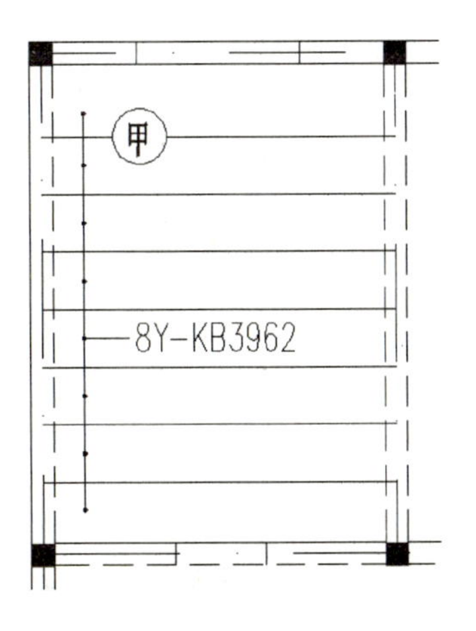


图 4.30　标出配板编号

(4) 将配板编号复制到楼板布置相同的房间内。

4. 用相同的方法标出其他的配板符号和配板编号

用相同的方法标出标准层结构平面图（附图 1.5）内轴线Ⓐ、Ⓑ与⑩、⑪及轴线Ⓐ、Ⓑ与⑥、⑦所围合的宿舍和走廊内的配板符号和配板编号，结果如图 4.31 所示。

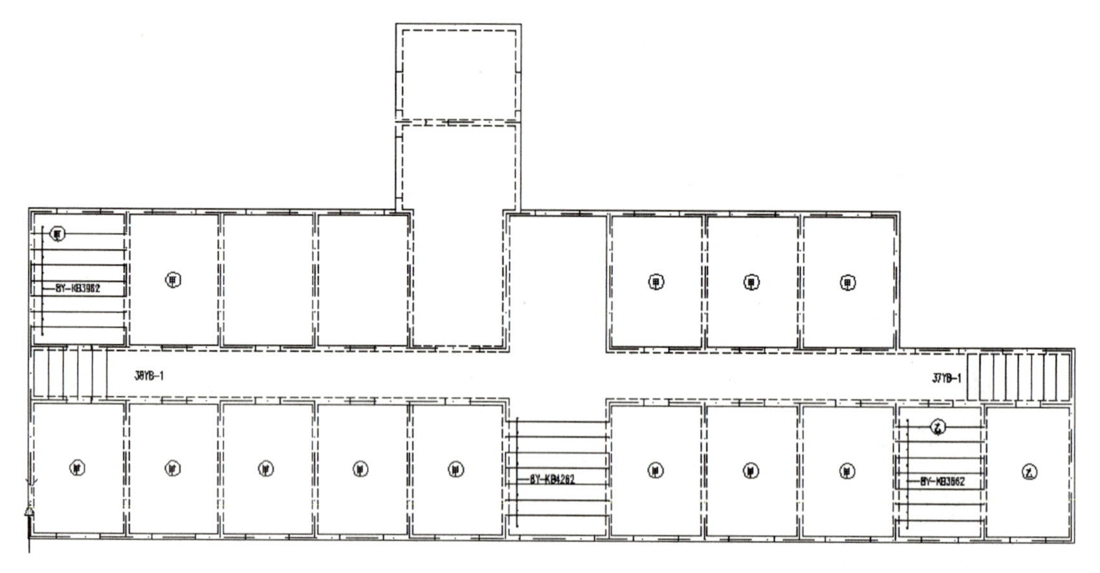


图 4.31　绘制配板编号

## 4.2.3　绘制梁

1. 设置当前层

将【梁】图层设置为当前层。

2. 绘制梁和挑梁

启动【多段线】命令，将当前线宽设定为“50”，按照图 4.32 所示的位置绘制 L-1、L-2、L-3 和 TL-1。

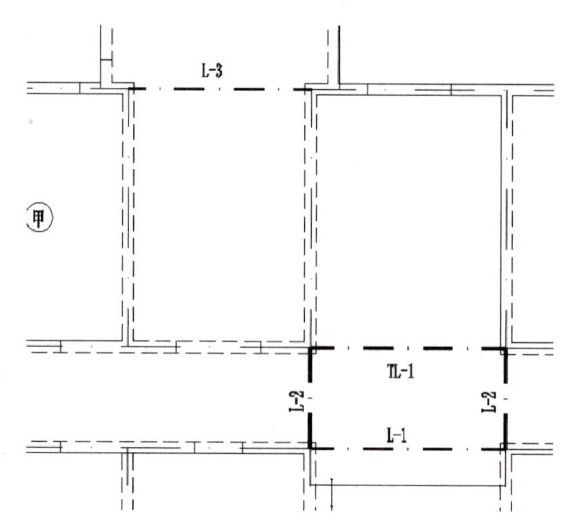


图 4.32　绘制 L-1、L-2、L-3 和 TL-1

### 3. 绘制阳台的挑梁和封边梁

1）绘制梁线

启动【多段线】命令，将当前线宽设定为“50”。

（1）在指定起点提示下，捕捉图 4.33 所示的 A 点。

（2）在指定下一个点或 [圆弧(A)/半宽(H)/长度(L)/放弃(U)/宽度(W)]提示下，打开【正交】功能，将光标垂直向下拖动，输入“1500”。

（3）在指定下一个点或 [圆弧(A)/半宽(H)/长度(L)/放弃(U)/宽度(W)]提示下，将光标水平向右拖动，输入“4200”，如图 4.33 所示。

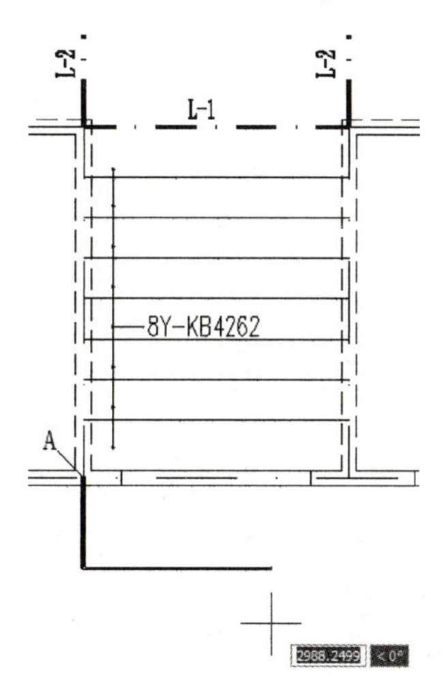


图 4.33 绘制阳台的挑梁和封边梁

（4）在指定下一个点或 [圆弧(A)/半宽(H)/长度(L)/放弃(U)/宽度(W)]提示下，将光标垂直向上拖动，输入“1500”。

2）形成托梁

在命令行无命令的状态下单击上面所绘制的阳台的挑梁，出现冷夹点。单击图 4.34 所示的夹点使其变成热夹点，打开【正交】功能，并将光标垂直向上拖动，输入“3000”

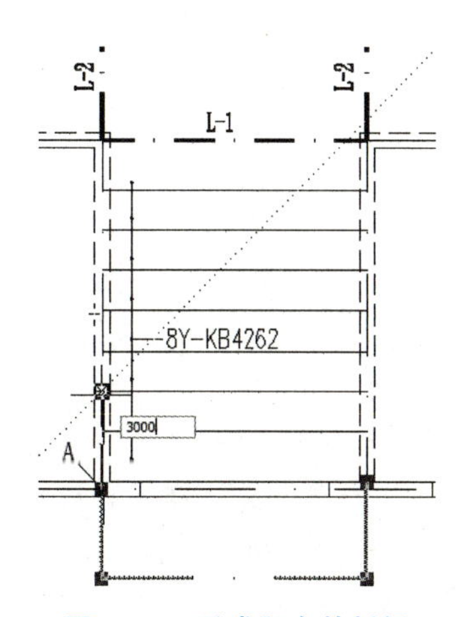


图 4.34 形成阳台的托梁

后按 Enter 键，这样就形成了阳台挑梁的托梁部分。

用同样的方法绘制右边的托梁。

3）标出阳台挑梁编号

4）修改梁线型比例

将所有梁的【线型比例】修改为“0.3”，结果如图 4.35 所示。

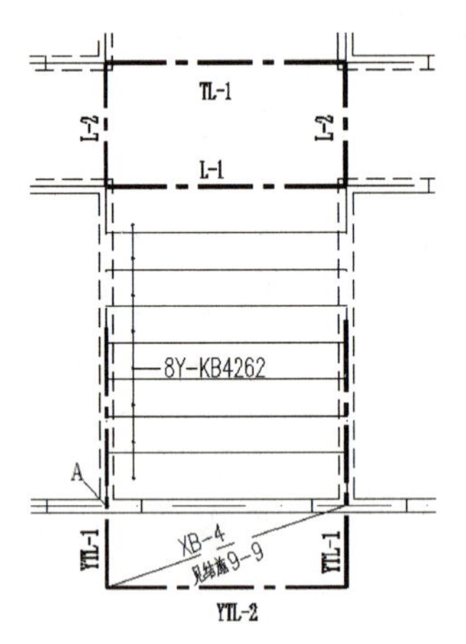


图 4.35　绘制阳台的边梁和封边梁

## 4.2.4　标出现浇板的配板符号

首先标注轴线Ⓔ、Ⓕ与⑭、⑯所围合卫生间的现浇板配板符号。

1）绘制斜线

保持当前层仍为【楼板】图层。启动【直线】命令绘制斜线，注意斜线的起止位置，结果如图 4.36 所示。

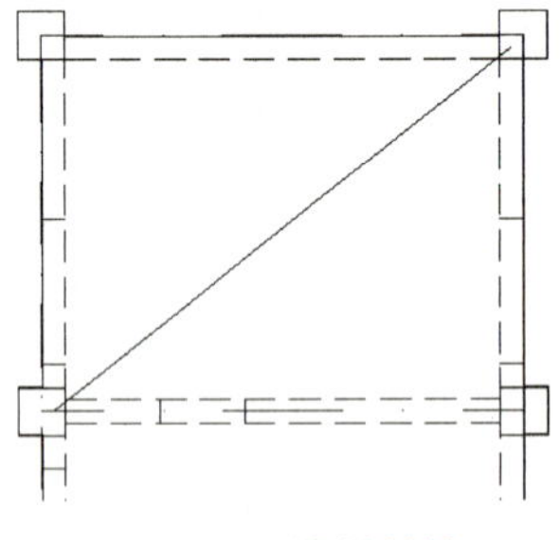

图 4.36　绘制斜线

2）写配板文字

（1）执行菜单栏中的【工具】|【查询】|【角度】命令，测得斜线的角度为 38°。

（2）将【Standard】文字样式设为当前文字样式，启动【单行文字】命令。

① 在指定文字的起点或［对正(J)/样式(S)］提示下，在斜线上方适当的位置单击，来确定文字的起点位置。

② 在指定高度<2.5000>提示下，输入“300”，表示字高为 300mm。

③ 在指定文字的旋转角度<0>提示下，输入“38”后按 Enter 键，表示文字逆时针旋转 38°。

④ 输入“XB-1”，按两次 Enter 键结束命令，结果如图 4.37 所示。

(3) 启动【复制】命令，将“XB-1”复制到斜线下部并用【文字编辑】命令将其修改为“见本图”，结果如图 4.38 所示。

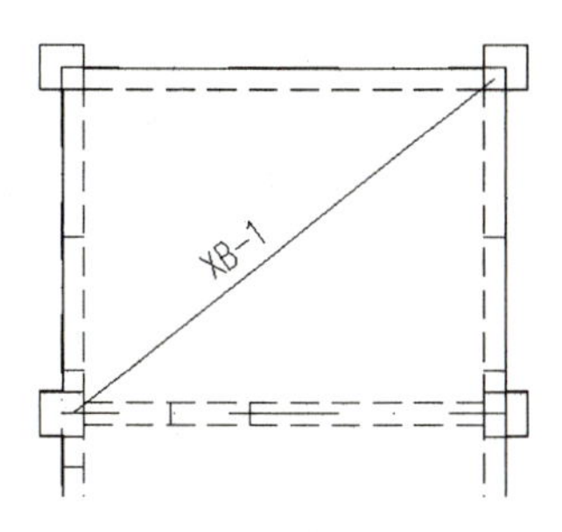


图 4.37 标注配板编号

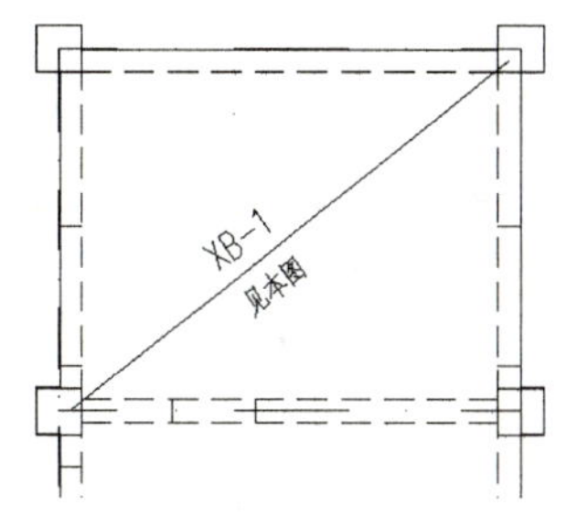


图 4.38 标注配板文字

**特别提示**

将已标注的文字复制后修改要比重新标注文字方便。

用相同的方法标注其他现浇板的配板文字，结果如图 4.39 所示。

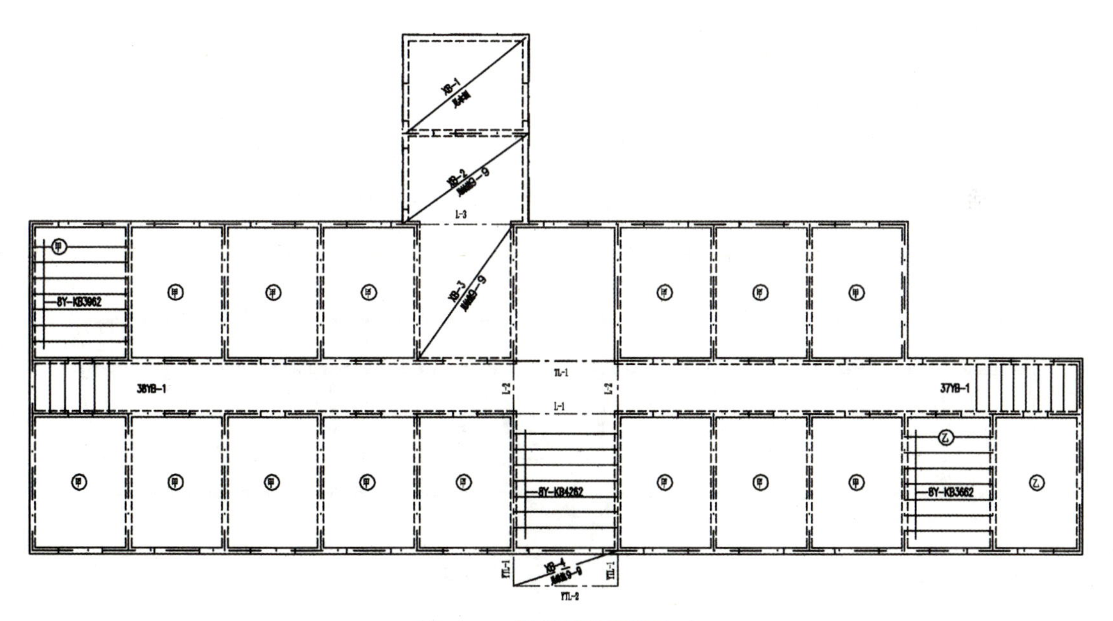


图 4.39 现浇板的配板文字

## 5.2.5 构造柱平面布置

(1) 打开基础平面图，锁定除【构造柱】以外的其他图层。

(2) 执行菜单栏中的【文件】|【带基点的复制】命令。

① 在**指定基点**提示下，捕捉图 4.40 所示的位置作为复制的基点。

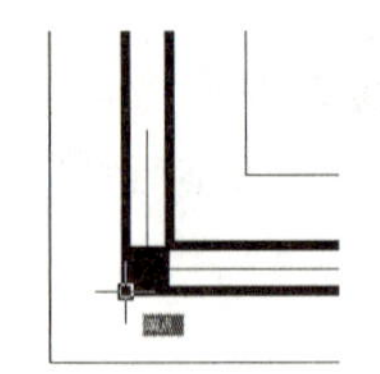

图 4.40 选择复制基点

② 在**选择对象**提示下，输入“ALL”后按 Enter 键。

(3) 按 Ctrl+Tab 组合键，将标准层结构平面图设置为当前图形文件，然后按 Ctrl+V 组合键。在**指定插入点**提示下，捕捉图 4.41 所示的位置作为插入点，结果如图 4.42 所示。

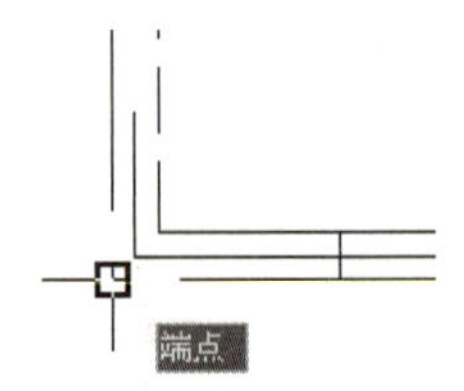


图 4.41 确定插入点

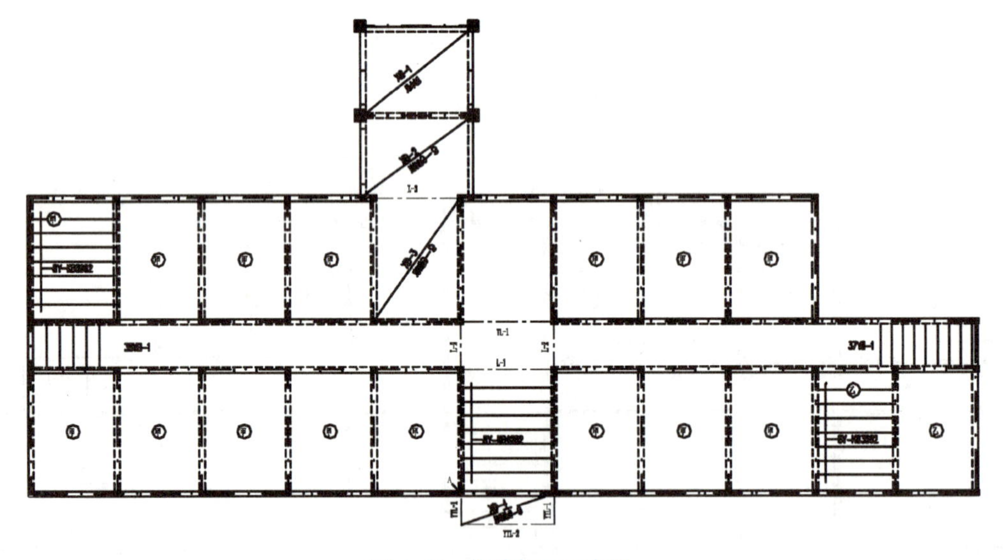

图 4.42 构造柱平面布置

## 4.2.6 修整标准层结构平面图

参照标准层结构平面图（附图 1.5），分别绘制雨篷和楼梯代号，断面符号和详图索引号，标注尺寸和轴线编号，标注构造柱的编号和图名，结果如图 4.43 所示。

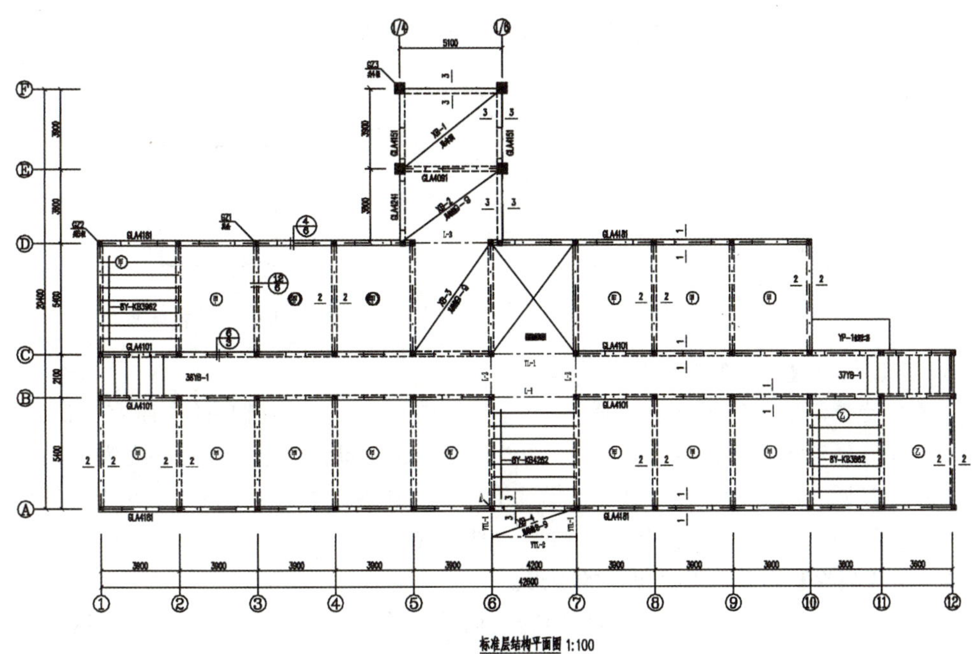


图 4.43 绘制标准层结构平面图

# 4.3 绘制圈梁 1—1 断面图和现浇板 XB-1 配筋图

参见标准层结构平面图（附图 1.5），可知圈梁 1—1 断面图绘制在标准层结构平面图的左上部，其出图比例为 1∶20；卫生间的现浇板 XB-1 配筋图绘制在标准层结构平面图的右上部，其出图比例为 1∶50。

## 4.3.1 绘制出图比例为 1∶20 的圈梁 1—1 断面图

### 1. 在标准层结构平面图左上部绘制

（1）将【梁】图层设置为当前层。

（2）启动【矩形】命令。

① 在指定第一个角点或［倒角(C)/标高(E)/圆角(F)/厚度(T)/宽度(W)］提示下，在圈梁 1—1 断面图所处的位置单击，将该点作为圈梁断面图的左下角点。

② 在指定另一个角点或［面积(A)/尺寸(D)/旋转(R)］提示下，输入“@240，240”后按 Enter 键结束命令，结果绘制出圈梁断面图的外轮廓。

（3）用【偏移】命令将圈梁断面图的外轮廓依次向内偏移“30”（25mm 厚的保护层＋半个线宽 5mm）和“10”，结果如图 4.44 所示。

（4）启动【编辑多段线】的命令。

① 在选择多段线或［多条(M)］提示下，选择中间的矩形。

② 在输入选项［打开(O)/合并(J)/宽度(W)/编辑顶点(E)/拟合(F)/样条曲线(S)/非曲线化(D)/线型生成(L)/放弃(U)］提示下，输入“W”并按 Enter 键。

③ 在指定所有线段的新宽度提示下，输入“10”后按 Enter 键，然后再按 Enter 键结束命令，结果如图 4.45 所示。

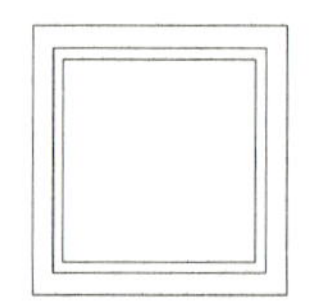

图 4.44　绘制圈梁断面图轮廓

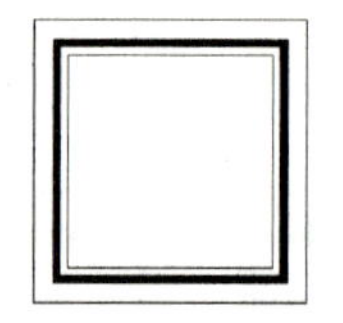

图 4.45　绘制箍筋

(5) 启动绘制【圆环】的命令。

① 在指定圆环的内径提示下，输入“0”后按 Enter 键，设定圆环的内径为 0mm。

② 在指定圆环的外径提示下，输入“10”后按 Enter 键，设定圆环的外径为 10mm。

③ 在指定圆环的中心点或<退出>提示下，分别捕捉最里面矩形的 4 个角点，就绘制出了圈梁直径为 10mm 的 4 根纵向钢筋，结果如图 4.46 所示。

(6) 用【删除】命令删除最里面的矩形。

(7) 用 10mm 宽的多段线在左上角绘制箍筋的弯钩，结果如图 4.47 所示。这样就绘制出圈梁的 1—1 断面图。

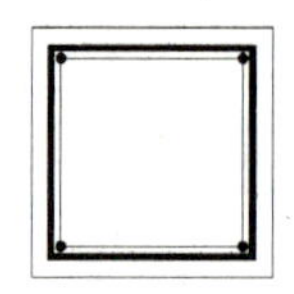

图 4.46　绘制圈梁纵向钢筋

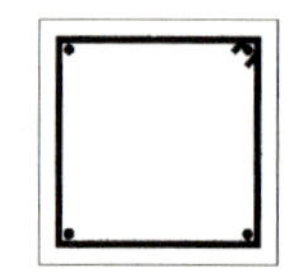

图 4.47　绘制箍筋钢筋弯钩

### 2. 按照 1∶20 的出图比例标注尺寸、标高、文字及图名

1) 标注尺寸

(1) 设定 1∶20 的标注样式。

① 打开【标注样式管理器】对话框（快捷键 D）。

② 选中【标注】标注样式，然后单击【新建】按钮，弹出【创建新标准样式】对话框，在【新样式名】文本框中输入“1∶20”。

③ 单击【继续】按钮进入【新建标注样式】的参数设置对话框，该对话框共有 7 个选项卡，除【调整】选项卡中的【使用全局比例】设置为“20”外，其他设置均与 2.3.2 尺寸标注样式中的【标注】相同。

④ 将【1∶20】标注样式设为当前标注样式。

(2) 用【线性】标注命令标注梁的宽度和高度。

2) 标注标高

标高符号的三角形高度为 60mm（60=3×20）。

3) 标注文字

一般文字高度为 70mm（70=3.5×20），图名文字高度为 140mm（140=7×20）。

4) 绘制钢筋索引圆圈

钢筋索引圆圈直径为 120mm（120=6×20），结果如图 4.48 所示。

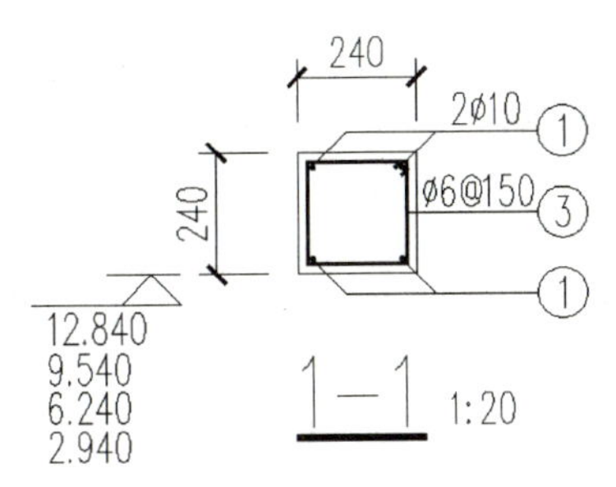


图 4.48 绘制圈梁断面

## 4.3.2 绘制现浇板 XB-1 配筋图

### 1. 绘制现浇板 XB-1 配筋图

在标准层结构平面图的右上角，绘制现浇板 XB-1 配筋图。

1) 调整图层

创建【钢筋】图层。

2) 图形准备

(1) 启动【复制】命令。

(2) 在选择对象提示下，按照图 4.49 所示选择图形。

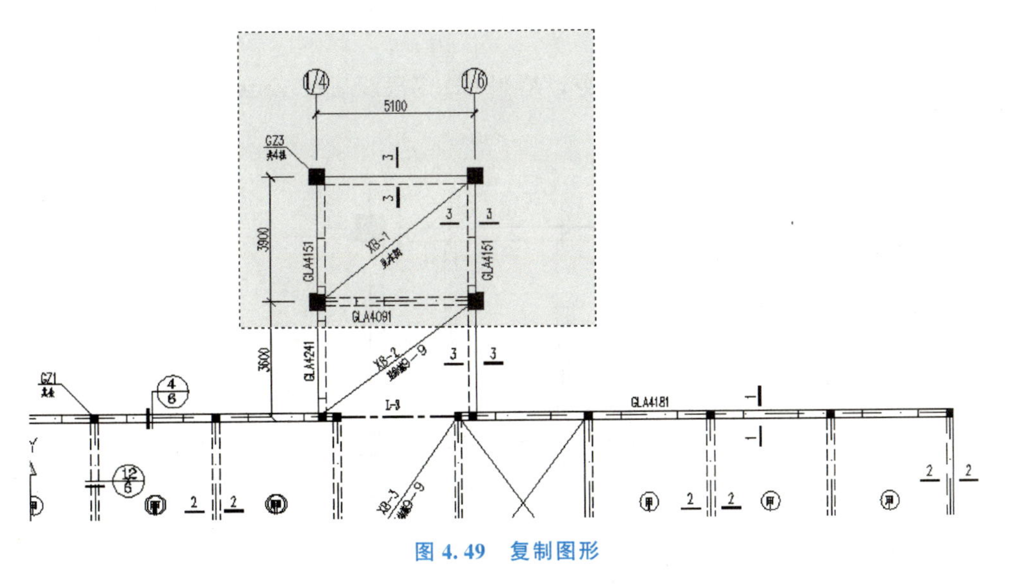


图 4.49 复制图形

(3) 在指定基点或［位移(D)］<位移>提示下，在 XB-1 内部任意位置单击一点作为复制基点。

(4) 在指定第二个点或<使用第一个点作为位移>提示下，将图形放到标准层结构平面图的右上角空白处。

(5) 将上面复制出的图形修整至图 4.50 所示的状态。

3) 绘制板底梁

(1) 用【偏移】命令将轴线⑭向左偏移 1500mm，轴线⑯右偏移 1500mm，结果如

图 4.51 所示。

（2）用【对象特性管理器】将图 4.51 中的轴线的【线型比例】修改为“0.5”。

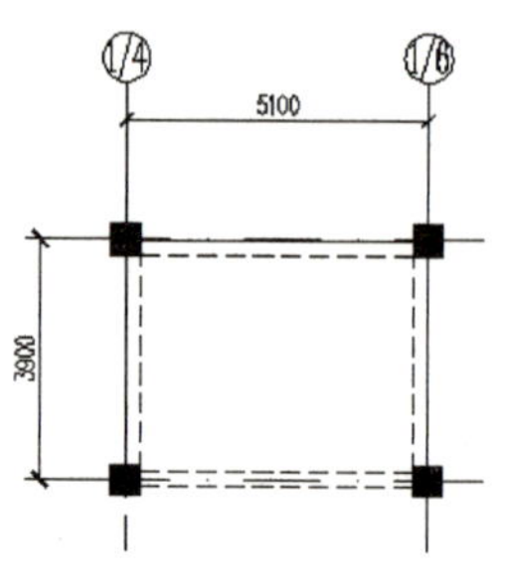


图 4.50　复制并修整图形

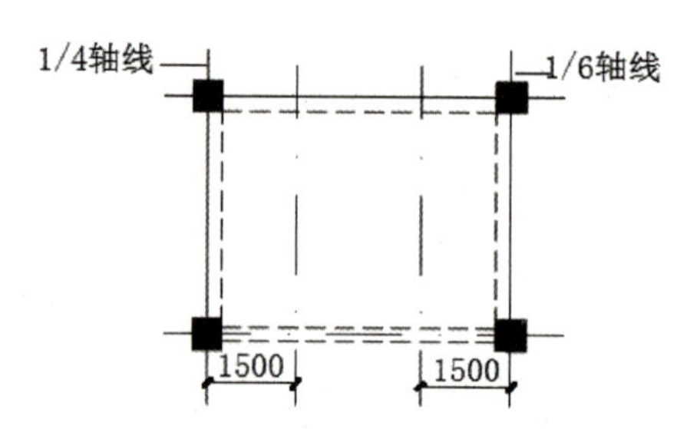


图 4.51　偏移生成梁的轴线

（3）将【虚线】图层设置为当前层。

（4）启动【多线】命令。

① 在当前设置：对正＝无，比例＝240.00，样式＝STANDARD，指定起点或［对正(J)/比例(S)/样式(ST)］提示下，输入“S”后按 Enter 键。

② 在输入多线比例<240.00>提示下，输入“200”（板底梁的宽度为 200mm）后按 Enter 键。

③ 在指定起点或［对正(J)/比例(S)/样式(ST)］提示下，捕捉 A 点作为多线的起点。

④ 在指定下一点或［闭合(C)/放弃(U)］提示下，捕捉 B 点作为多线的终点，然后按 Enter 键结束命令。

（5）按 Enter 键重复【多线】命令，绘制 CD 多段线后按 Enter 键结束命令，结果如图 4.52 所示。

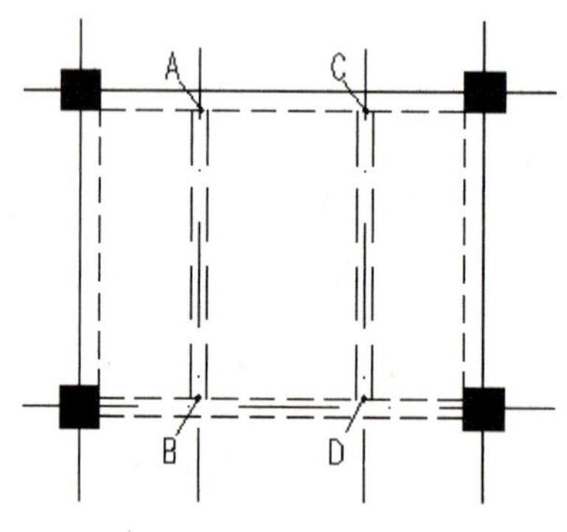


图 4.52　绘制板底梁

（6）用【对象特性管理器】将图 4.52 中的两根板底梁的【线型比例】修改为“0.5”。

4）绘制板下部的受力钢筋

（1）将【钢筋】图层设置为当前层。

（2）启动【偏移】命令将轴线⑭和⑯外墙的外侧墙线分别向内偏移 120mm，然后绘制一条水平辅助线，结果如图 4.53 所示。

（3）启动绘制【多段线】命令。

① 在指定起点提示下，捕捉辅助线和轴线⑭外墙的内墙的交点。

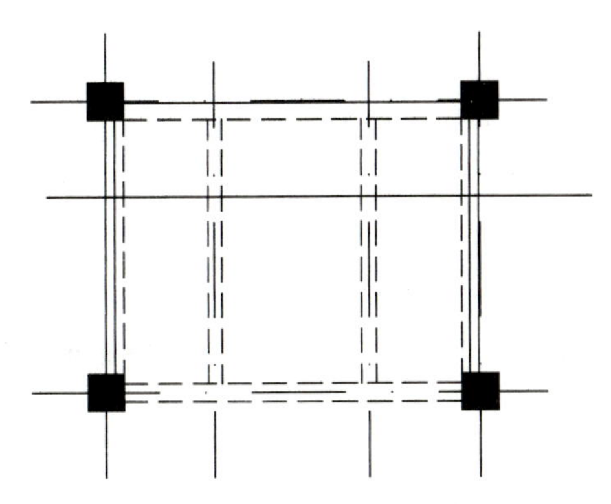

图 4.53 向内偏移外墙

② 当前线宽为 0.0000，在指定下一个点或［圆弧(A)/半宽(H)/长度(L)/放弃(U)/宽度(W)］提示下，输入“W”后按 Enter 键。

③ 在指定起点宽度<0.0000>提示下，输入“35”后按 Enter 键。

④ 在指定端点宽度<35.0000>提示下，按 Enter 键。

**特别提示**

现浇板 XB-1 配筋图的出图比例为 1∶50，打印出图后钢筋为 0.7mm 宽的中粗线，所以出图前钢筋的线宽 35mm（35=0.7×50）。

⑤ 在指定下一个点或［圆弧(A)/半宽(H)/长度(L)/放弃(U)/宽度(W)］提示下，捕捉辅助线和轴线⑯外墙的内侧墙线的交点。

⑥ 在指定下一个点或［圆弧(A)/半宽(H)/长度(L)/放弃(U)/宽度(W)］提示下，输入“A”并按 Enter 键，表示要绘制圆弧。

⑦ 在指定圆弧的端点或［角度(A)/圆心(CE)/闭合(CL)/方向(D)/半宽(H)/直线(L)/半径(R)/第二个点(S)/放弃(U)/宽度(W)］提示下，输入“A”并按 Enter 键，表示要以指定角度的方法绘制圆弧。

⑧ 在指定包含角提示下输入“180”并按 Enter 键，指定圆弧的旋转角度为逆时针 180°。

⑨ 在指定圆弧的端点或［圆心(CE)/半径(R)］提示下，打开【正交】功能，将光标垂直向上拖动，然后输入“100”。

⑩ 在指定圆弧的端点或［角度(A)/圆心(CE)/闭合(CL)/方向(D)/半宽(H)/直线(L)/半径(R)/第二个点(S)/放弃(U)/宽度(W)］提示下，输入“L”并按 Enter 键，表示要绘制直线。

⑪ 在指定下一个点或［圆弧(A)/半宽(H)/长度(L)/放弃(U)/宽度(W)］提示下，向左水平拖动鼠标指针，然后输入“80”并按 Enter 键，结果如图 4.54 所示。

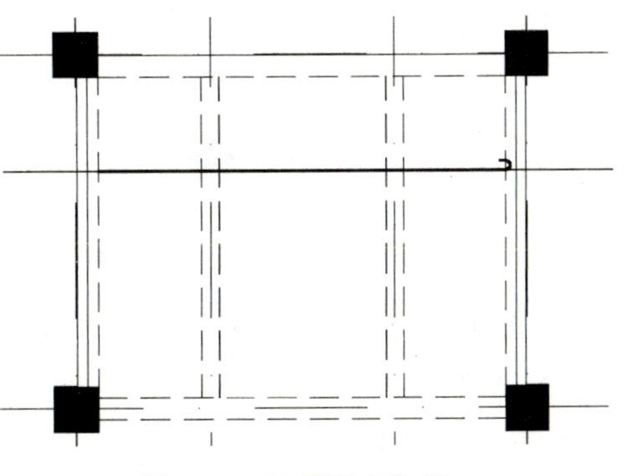

图 4.54 绘制受力钢筋 1

特别提示

为了能够表示出板下部受力钢筋端部的180°弯折形状，弯折形成的短弯钩没有按照实际尺寸绘制。

（4）重复【多段线】命令，绘制出钢筋左侧的180°弯钩。

（5）锁定【轴线】和【墙】图层，用【拉伸】命令将钢筋左右两端拉伸至墙的中心线的位置，最后删除辅助线，结果如图4.55所示。

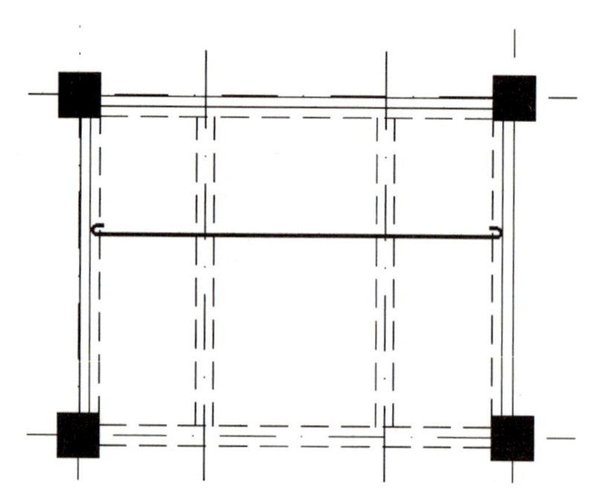

图4.55　绘制受力钢筋2

5）绘制板上部的支座负筋

重复【多段线】命令绘制板上部的支座负筋，结果如图4.56所示。支座负筋的线为中粗线，线宽为35mm，支座负筋的长度如图4.58所示，弯钩长度为85mm（85=100−15）。

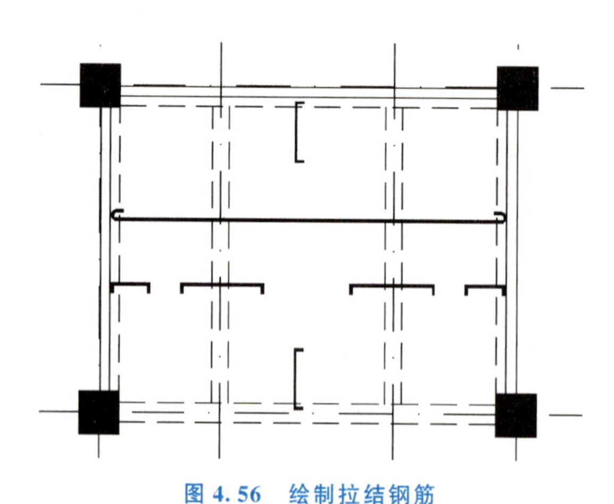

图4.56　绘制拉结钢筋

### 2. 按照1∶50的出图比例标注尺寸、文字及图名

1）字体高度

一般字体高度为175mm（175=3.5×50），如“φ8@200”。图名字体高度为350mm（350=7×50），图名旁边的比例字体高度为250mm（250=5×50）。

2）圆圈

钢筋编号圆圈的直径为 300mm（300＝6×50），钢筋编号圆圈内的字高为 250mm（250＝5×50）。定位轴线圆圈的直径为 500mm（500＝10×50），定位轴线圆圈内的字高为 250mm（250＝5×50）。

3）标注样式

以【标注】标注样式为基础样式创建1∶50的标注样式（图4.57），由于【标注】是1∶100的标注样式，所以只需将【调整】选项卡内的【使用全局比例】修改为“50”即可。

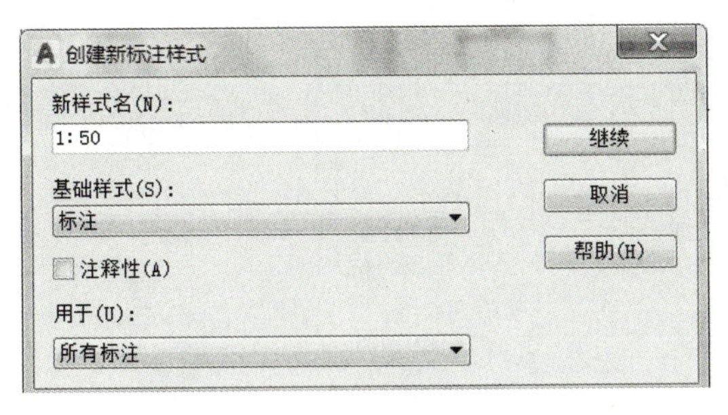


图4.57　创建1∶50的标注样式

以1∶50的标注样式为当前标注样式，标注板上部的拉结钢筋的尺寸，结果如图4.58所示。

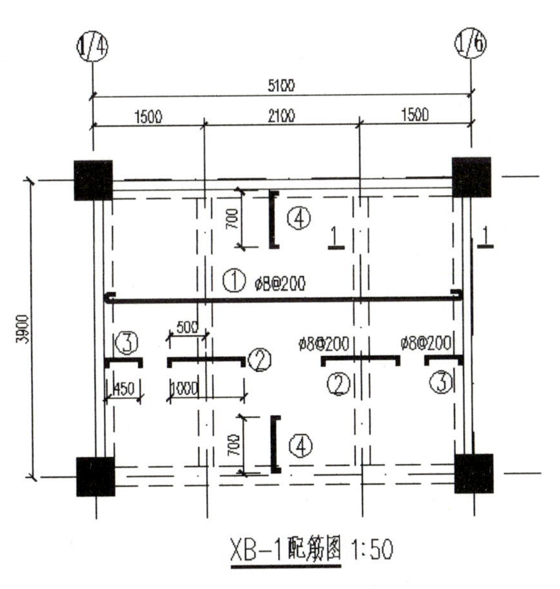


图4.58　XB-1配筋图

## 4.4　多重比例的出图

在标准层结构平面图（附图1.5）中布置3个图形：一是“标准层结构平面图”，比例为1∶100；二是圈梁的“1—1断面图”，比例为1∶20；三是现浇板的“XB-1配筋图”，比例为1∶50，这就涉及较难理解的多重比例的出图问题。

注意，在一张图纸上布置两种以上比例的图形时，出图后各种比例图形中的文字高度、标注高度及标高等各种符号的大小应该是一致的。

## 4.4.1 在模型空间进行多重比例的出图

（1）打开标准层结构平面图。

（2）用【写块】命令将“1—1 断面图”和“XB-1 配筋图”制作成图块。注意【块定义】对话框中的【对象】选项组，选择【转换为块】单选框，如图 4.59 所示。

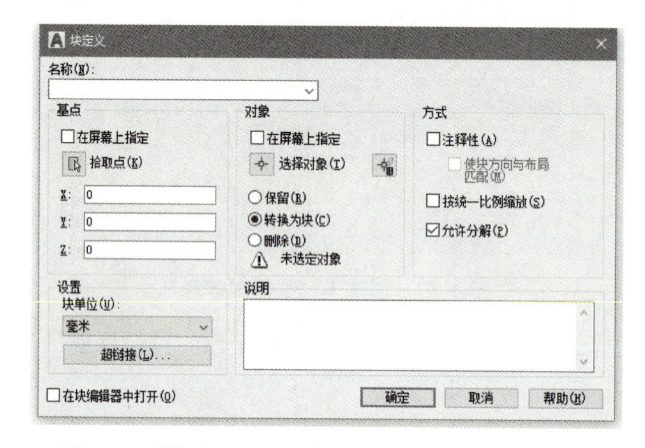


图 4.59 【块定义】对话框中【对象】选项组的设置

（3）将“1—1 断面图”图块放大 5 倍。

① 启动【比例缩放】命令。

② 在**选择对象**提示下，选择“1—1 断面图”图块。

③ 在**指定基点或［位移(D)］<位移>**提示下，选择“1—1 断面图”图块的左下角作为放大图像的基点。

④ 在**指定比例因子或［复制(C)/参照(R)］<1.0000>**提示下，输入“5”后按 Enter 键，表示将图形放大 5 倍，结果如图 4.60 所示。

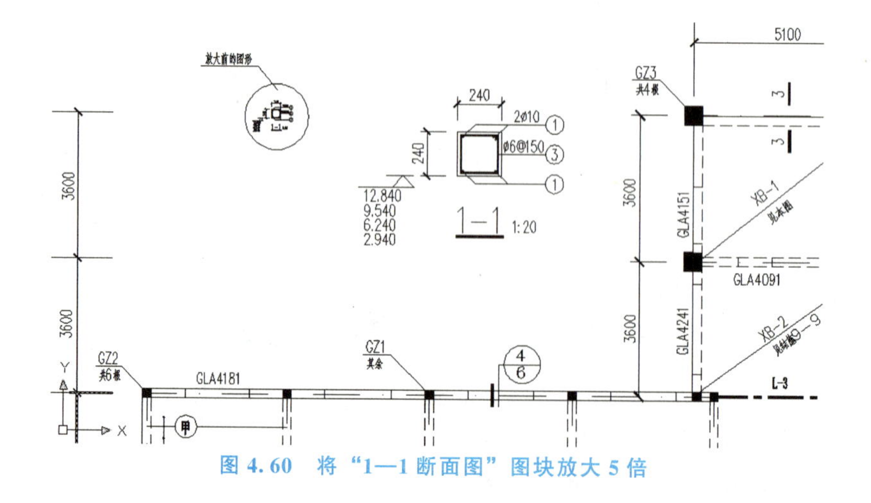


图 4.60 将“1—1 断面图”图块放大 5 倍

## 知识链接

### 为什么要将“1—1断面图”做成图块并放大5倍？

在图4.60中，特意保留了放大前的图形，经对比可知，右侧的梁断面图为放大后的“1—1断面图”的图形。这里需要进行下列计算。

#### 1. 图形尺寸的计算

(1) 在模型空间内是按照主图（1∶100标准层结构平面图）的比例打印出图的，打印时图纸上的所有图形均缩小到原来的1/100，所以需要将1∶20的“1—1断面图”再放大5倍（5=100/20）。

(2) “1—1断面图”图形是按1∶1的比例绘制的，所以梁断面的高度和宽度都是240mm。用【比例缩放】命令将其放大5倍后，梁断面的高度和宽度均变成1200mm（1200=240×5），打印出图时随着主图缩小到原来的1/100后为12mm（12=1200/100），这样便形成1∶20出图比例的梁断面图。

(3) 将“1—1断面图”放大5倍后，梁断面的高度和宽度尺寸变成1200mm，观察图4.60，标注的梁宽和梁高仍然为240mm，这是由于“1—1断面图”被做成了图块，组成“1—1断面图”的众多图元变成一个图元，【比例缩放】命令只是将这个图元放大，而组成这个图元的内部众多图元被锁定，所以图形变大了而尺寸标注值并未随之改变。

#### 2. 文字、尺寸标注和标高符号大小的计算

(1) 在1∶20的“1—1断面图”中，文字“2Φ10”和尺寸标注值的高度均为70mm（70=3.5×20），标高符号三角形的高度为60mm（60=3×20），将图块放大5倍后，文字“2Φ10”和尺寸标注值的高度均变为350mm（350=70×5），标高符号三角形的高度变为300mm（300=60×5）。

(2) 主图的出图比例为1∶100，图中文字高度为350mm（350=3.5×100），标高符号三角形的高度变为300mm（300=3×100）。

(3) 观察图4.60，对比可知主图和放大后“1—1断面图”图块内的文字高度是相同的。打印缩小到原来的1/100后，1∶100的主图和1∶20的“1—1断面图”图块内文字高度、尺寸标注值高度及标高等各种符号的大小是一致的。

**特别提示**

1∶20的比例即将图形缩小到原来的1/20，梁断面尺寸240mm×240mm缩小到原来的1/20后的尺寸大小为12mm×12mm。

(4) 将“XB-1配筋图”图块放大2倍(2=100/50)。

**特别提示**

想一想，“XB-1配筋图”做成图块后放大2倍，轴线⑭和⑯之间的距离变成多少？但尺寸标注出的值是多少？为什么两者不一致？

将“XB-1配筋图”做成图块后如果需要修改，可以执行【工具】|【外部参照和在位编辑】|【在位编辑参照】命令将图块激活后进行修改，然后单击【参照编辑】工具栏上的【保存参照编辑】按钮关闭对话框。

执行【在位编辑参照】命令将会对过去插入的所有该图块进行修改，这就是图块的联动性。

(5) 插入“A2”图框：由于“A2”图框图块是按1：1比例制作的，所以在【插入】对话框中勾选【统一比例】复选框，将比例值设置为“100”，结果如图4.61所示。

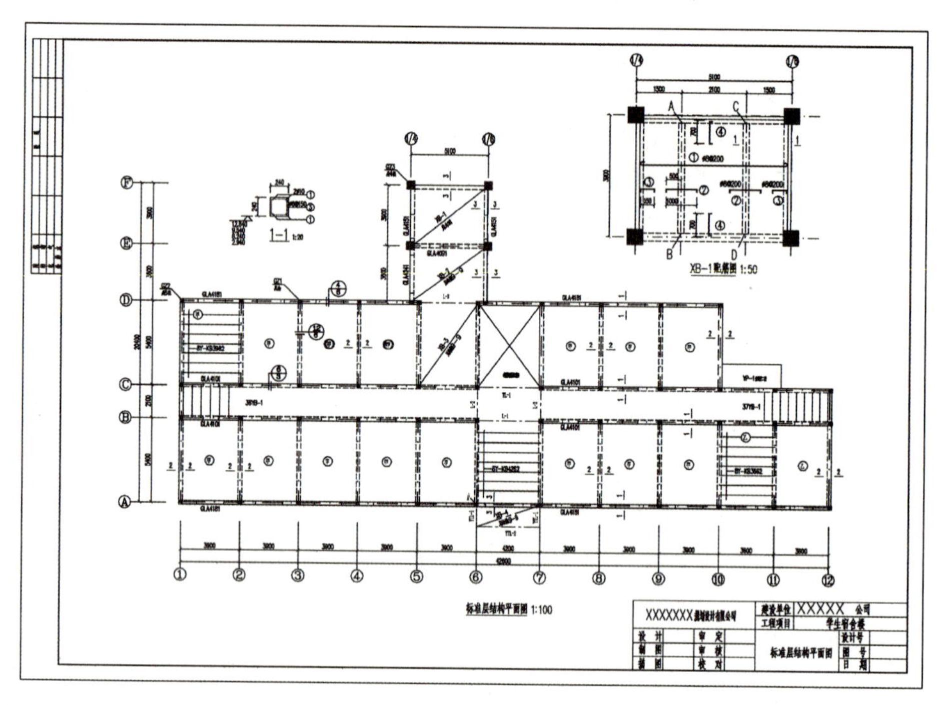


图4.61 布置图形

(6) 执行菜单栏中的【文件】|【打印】命令，打开【页面设置-布局】对话框，按照图4.62所示设置该对话框。

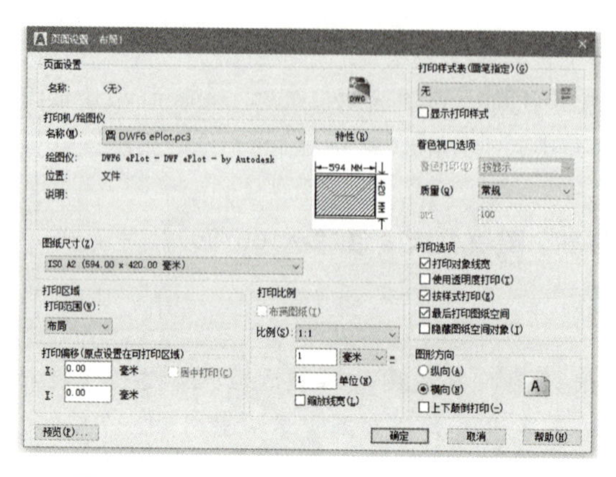


图4.62 设置【页面设置-布局】对话框

**特别提示**

利用模型空间进行多重比例出图时，【页面设置-布局】对话框内的【打印比例】选项组设置是按照主图的比例设定的，该案例中主图比例为1∶100。

当计算机没有连接打印机时，可以选择AutoCAD内自带的【DWF6 ePlot. pc3】绘图仪进行打印设置。

## 4.4.2 在布局内进行多重比例的出图

（1）布局和模型空间关系的理解：图形是在模型空间内绘制的，布局好像将一张不透明的白纸蒙在模型空间上，在这张白纸上挖洞就可以看到相应位置上的模型空间内的图形，其他部位模型空间内的图形是被白纸覆盖遮挡的。这里提到的“洞”的概念在Anto-CAD内称为“视口”。

（2）打开图4.43所示的图形文件，然后单击操作界面下方【布局1】视口选项卡进入该视口进行多重比例的布图，如图4.63所示。

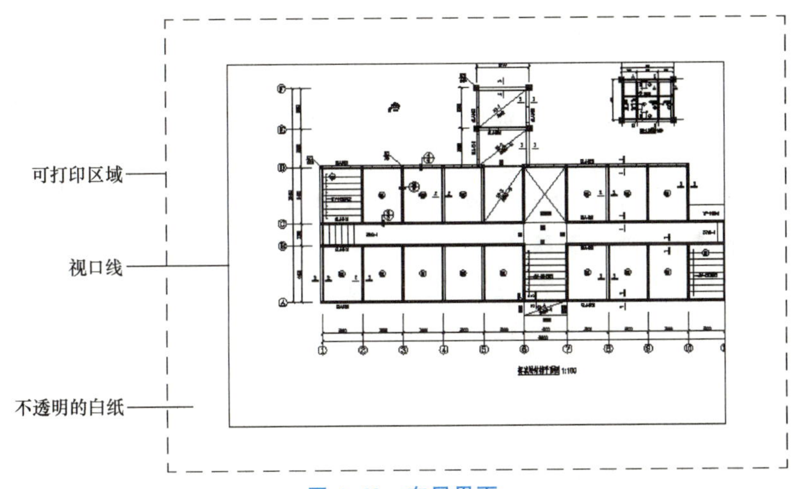


图4.63　布局界面

（3）单击视口线，出现冷夹点，然后按Delete键将此视口删除，这时相当于在不透明的白纸上没有洞口，所以看不到任何图形。

（4）设置【页面设置管理器】。

① 右击【布局1】，在弹出的快捷菜单中选择【页面设置管理器】命令，打开【页面设置管理器】对话框。

② 单击【修改】按钮，则进入【页面设置-布局1】对话框，按照图4.64所示设置该对话框。

（5）插入“A2”图框图块：选择菜单栏中的【插入】|【图块】命令，打开【插入】对话框，选择“A2”图框图块并在该对话框中勾选【统一比例】复选框，将比例值设置为“1”。

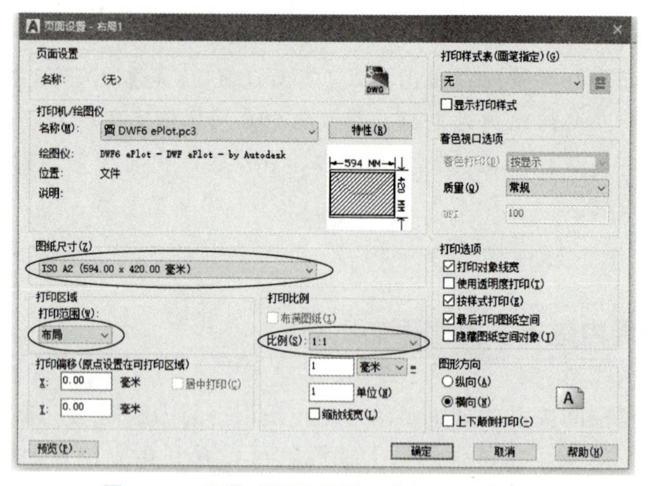

图 4.64　设置【页面设置－布局 1】对话框

特别提示

在布局内是按照 1∶1 的比例出图的，而所有图块都是按 1∶1 的比例制作的，所以将图块插入布局内时不需放大。

（6）创建视口。

① 创建【视口】图层，所有的视口均应绘制在【视口】图层上，这样在打印时可以将该图层冻结，以免将视口线打印出来。

② 光标对着任意一个按钮右击，在快捷菜单中选择【视口】调出【视口】工具栏，单击该工具栏上的【单个视口】按钮。

在指定视口的角点或［开(ON)/关(OFF)/布满(F)/着色打印(S)/锁定(L)/对象(O)/多边形(P)/恢复(R)/2/3/4］<布满>提示下，在如图 4.65 所示的视口左上角点位置单击。

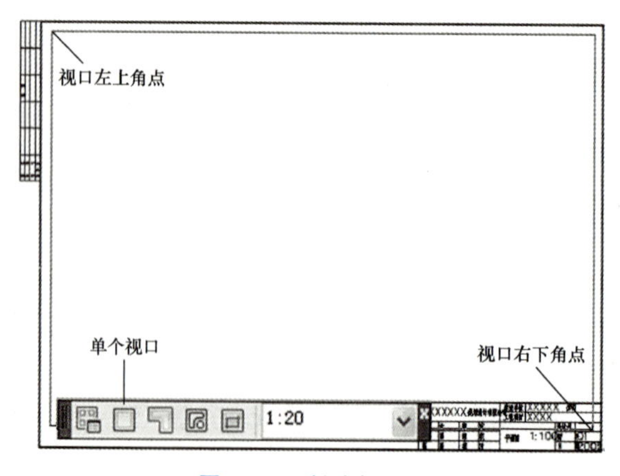


图 4.65　创建视口

在指定对角点提示下，在图 4.65 所示的视口右下角点位置单击，这样就创建了一个矩形视口。

③ 修整视口：用【视口】工具栏上的【裁剪现有视口】命令将上面建立的视口修整

至图 4.66 所示的状态。

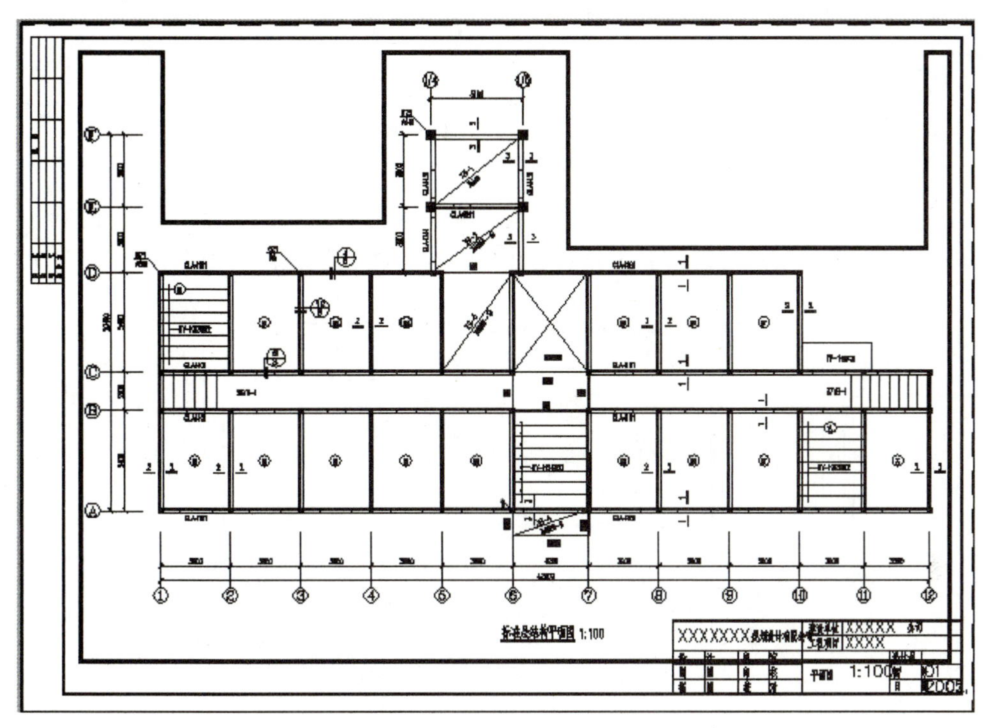


图 4.66 修整视口

④ 用【视口】工具栏上的【单个视口】命令创建图 4.67 所示的两个视口。注意观察

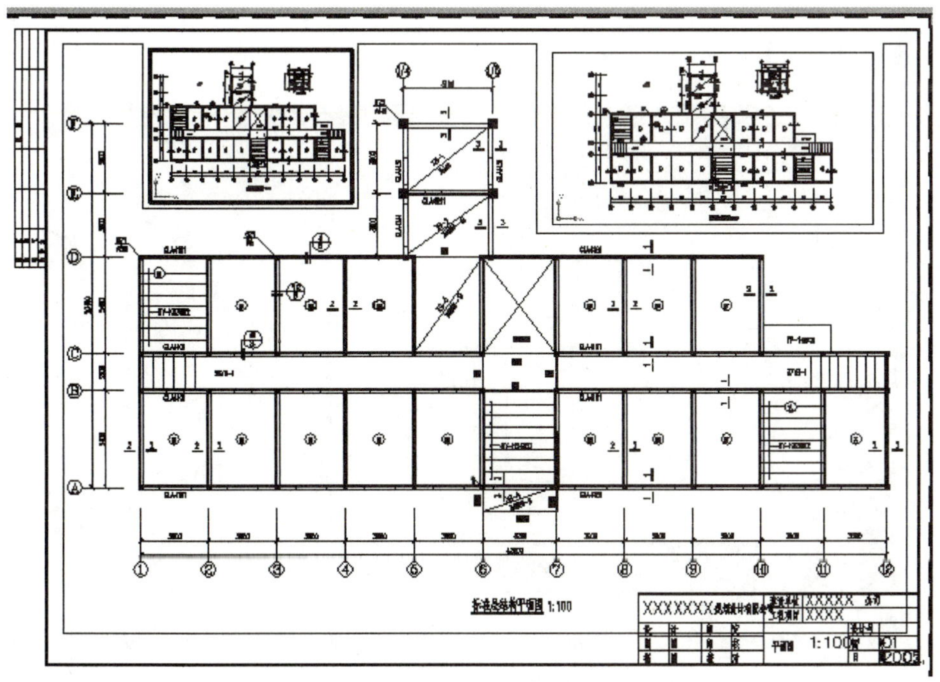


图 4.67 新建两个视口

图4.67，左上角的视口线为粗线，另外两个视口线为细线，其中粗视口线的视口为当前视口。只需在某个视口内单击，就可以将该视口设定为当前视口。

**特别提示**

如果有多个视口，各视口之间允许交叉、重叠。

⑤ 将左上角视口设为当前视口，并将窗口调整至只显示“1—1断面图”的状态，如图4.68所示。最后，在【视口】工具栏右侧的文本框内设置该图的出图比例为“1∶20”。

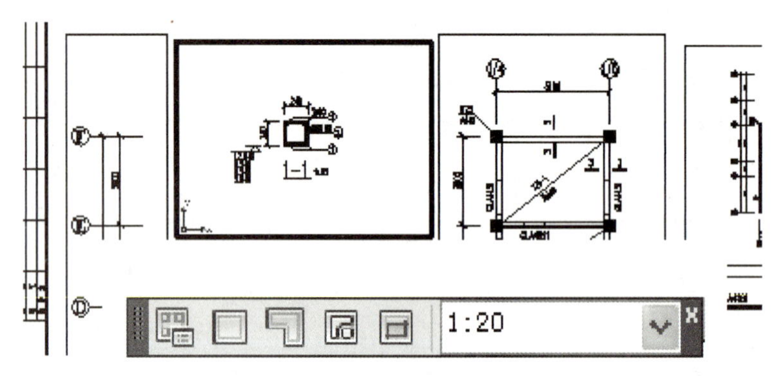


图4.68 调整视图并设置出图比例

⑥ 将右上角视口设定为当前视口，并将视图调整至只显示“XB-1配筋图”状态，在【视口】工具栏右侧的文本框内设置该图的出图比例为“1∶50”。

⑦ 将主图视口设定为当前视口，并在【视口】工具栏右侧的文本框内设置该图的出图比例为“1∶100”。

⑧ 冻结【视口】图层，结果如图4.69所示。

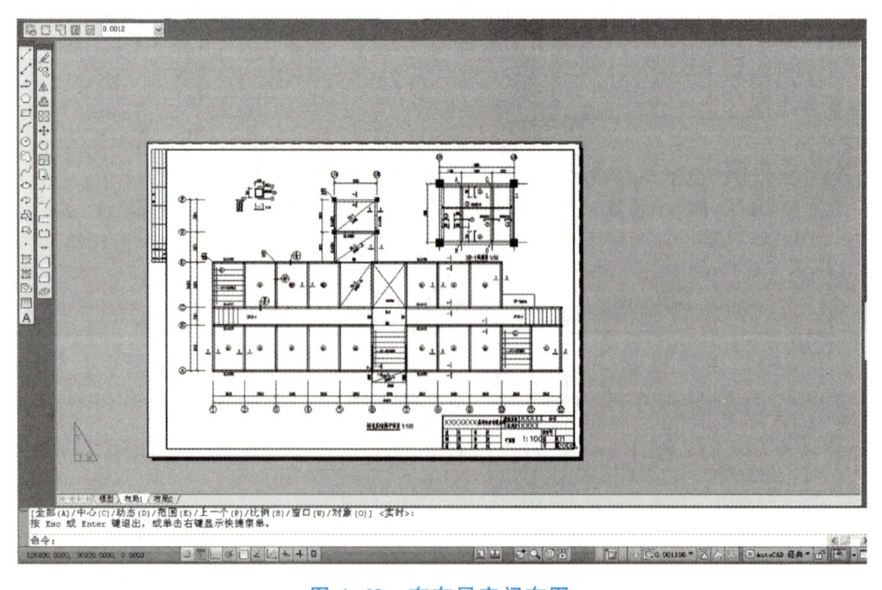

图4.69 在布局空间布图

（7）打印出图。

① 将【视口】图层冻结。

② 右击【布局 1】，在快捷菜单中选择【打印】命令，打开【打印-布局 1】对话框，如图 4.70 所示，单击【确定】按钮即可打印图形。

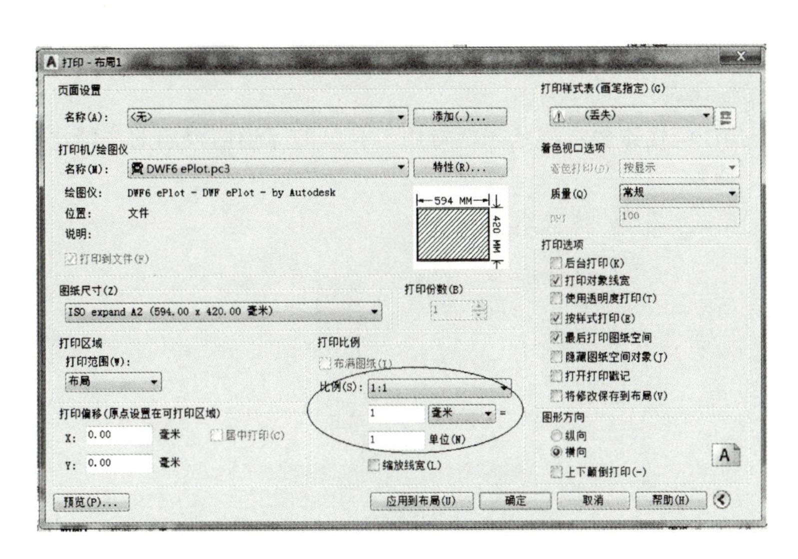


图 4.70 设置【打印-布局 1】对话框

**特别提示**

由于前面在【页面设置管理器】内已经对打印设备、图纸尺寸和打印比例进行了设置，所以图 4.70 的【打印-布局 1】对话框内不需做任何设置。

注意，在布局空间内是以 1∶1 的比例出图的。

# 4.5 AutoCAD 注释性功能

项目 2 中我们已经介绍了文字和尺寸的样式设定方法及标注方法。本节重点介绍 AutoCAD 注释性功能在文字标注和尺寸标注中的应用。

## 1. 初步理解注释性功能

前面我们介绍过符号类对象（文字标注、尺寸标注、图框、标高符号、定位轴线编号、立面投影符号等）出图后的尺寸是一定的，但在 AutoCAD 模型空间内的尺寸（出图前的尺寸）是不固定的，随着出图比例的变化而变化。例如，打印在图纸上的文字高度是 3mm，打印前 1∶100 绘图比例的图纸文字高度是 300mm(300＝3×100)，1∶50 绘图比例的图纸内文字高度是 150mm(150＝3×50)。在标注文字时，用户需要根据出图比例对文字高度做简单的换算，即将图纸空间的文字高度换算为模型空间的文字高度。

使用注释性功能需首先设定注释性比例（出图比例），文字高度和标注样式的设定不需按出图比例进行换算，均按图纸空间的尺寸输入，AutoCAD 会自动根据注释性比例将其放大为模型空间内的尺寸。

**特别提示**

新建一个图形文件，默认的注释性比例为1∶1。

注释性比例只对设定后标注的文字和尺寸有效，所以应先设定注释性比例再进行标注。

### 2. 设定注释性比例

（1）设定全局注释性比例：将状态栏常用工具区的【当前视图的注释比例】设为【1∶100】，如图4.71所示。

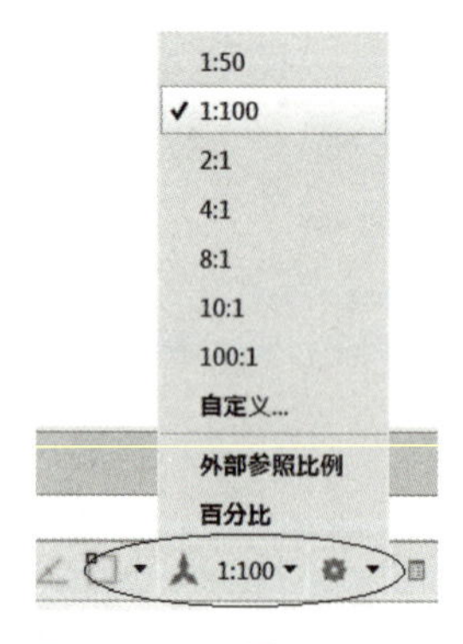


图4.71　设置图形比例

（2）设定注释性文字样式：执行菜单栏中的【格式】|【文字样式】命令，则打开了【文字样式】对话框。对话框的设定如图4.72所示。

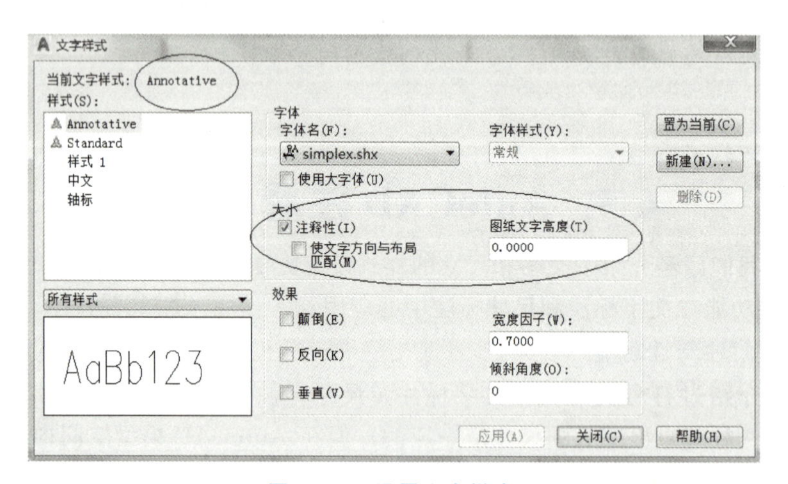


图4.72　设置文字样式

① 勾选【注释性】复选框，注意此时对话框内的【高度】变成【图纸文字高度】。“图纸文字高度”是指出图后的文字高度，一般文字高度为3.5mm，图名文字高度为5～7mm。

② 勾选【注释性】复选框，用【单行文字】或【多行文字】命令标注文字时，输入的文字高度为出图后的文字高度。

(3) 设置注释性标注样式：执行菜单栏中的【格式】|【标注样式】或【标注】|【标注样式】命令，打开【标注样式管理器】对话框。

① 如图 4.73 所示，选中注释性的【Annotative】标注样式，然后点【修改】按钮进入【修改标注样式】对话框。

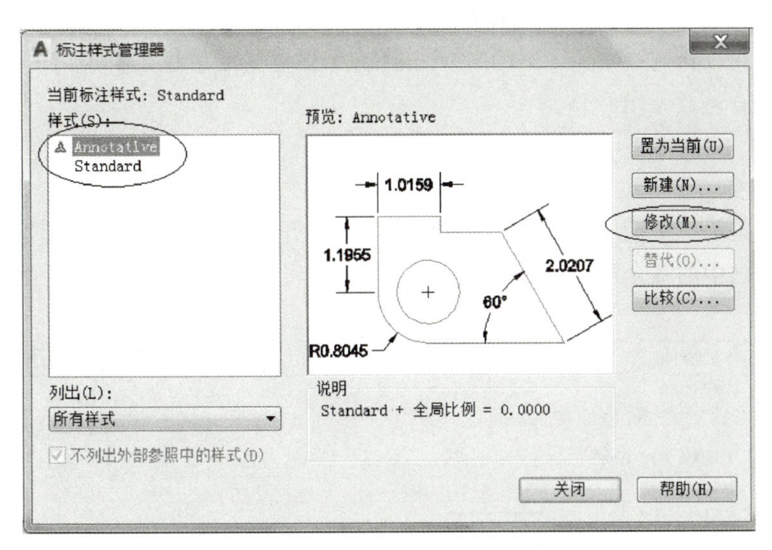


图 4.73 修改注释性的【Annotative】标注样式

② 其中【线】、【符号和箭头】、【文字】和【主单位】选项卡的设定与项目 2 保持一致。

③【调整】选项卡内勾选【注释性】复选框，如图 4.74 所示。此时【使用全局比例】变为灰色，不能使用。

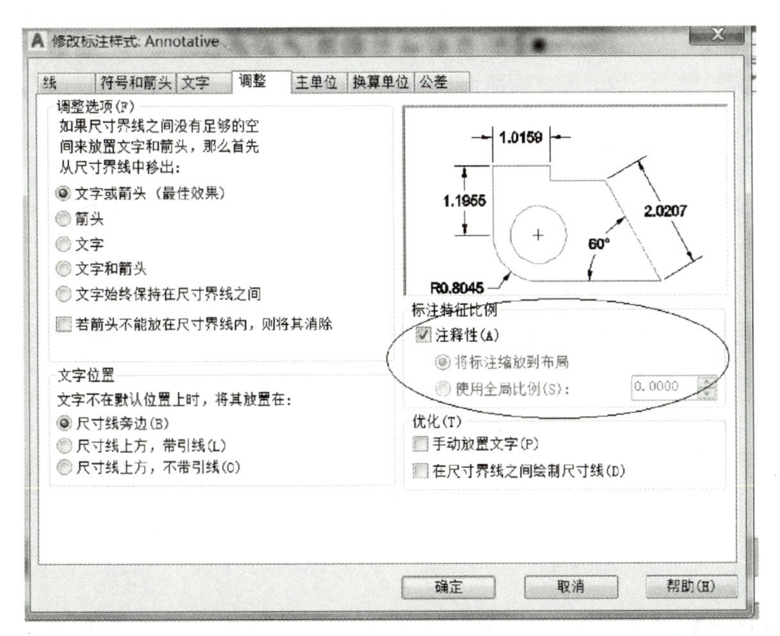


图 4.74 设置【Annotative】标注样式的【调整】选项卡

④ 如果勾选【注释性】复选框，【线】、【符号和箭头】、【文字】和【主单位】选项卡内的设定均为出图后的尺寸标注的设定。

特别提示

注释性的【文字样式】和【标注样式】前面带有 ▲ 图标。

全局注释性比例设定为 1∶100，AutoCAD 会将【文字样式】和【标注样式】内所有的设定自动放大 100 倍。

### 3. 绘图准备

(1) 执行菜单栏中的【格式】|【线型】命令，打开【线型管理器】对话框，如图 4.75 所示。该对话框中的【全局比例因子】为“100”，【当前对象的缩放比例】为“1”。

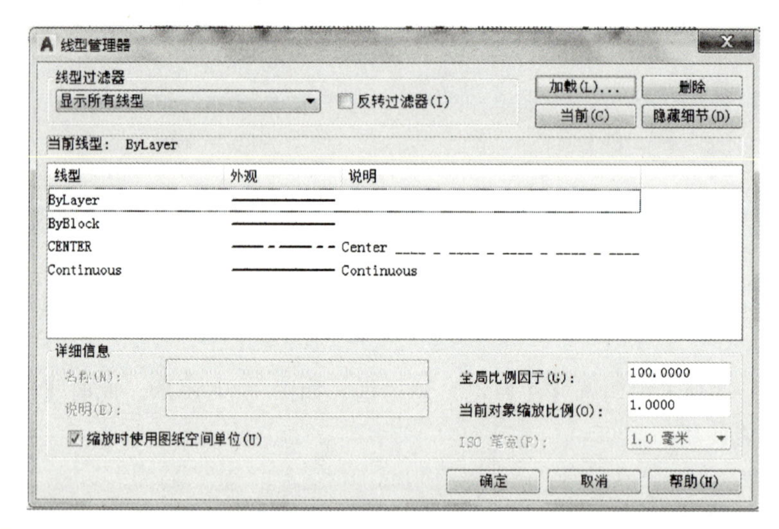


图 4.75　设置线型比例

特别提示

如果绘图过程中需要修改注释性比例，可以用【特性匹配】命令修改之前绘制图形的注释性比例。

(2) 参照附图 1.6 绘制“柱网平面布置图及柱配筋图”，如图 4.76 所示。

特别提示

为了能够清楚地表示出柱的截面配筋，4 个柱的截面配筋图按 1∶1 的比例绘制后放大了 4 倍。

### 4. 使用注释性功能

(1) 将【样式】工具栏的当前文字样式和标注样式均设置为注释性样式【Annotative】，如图 4.77 所示。

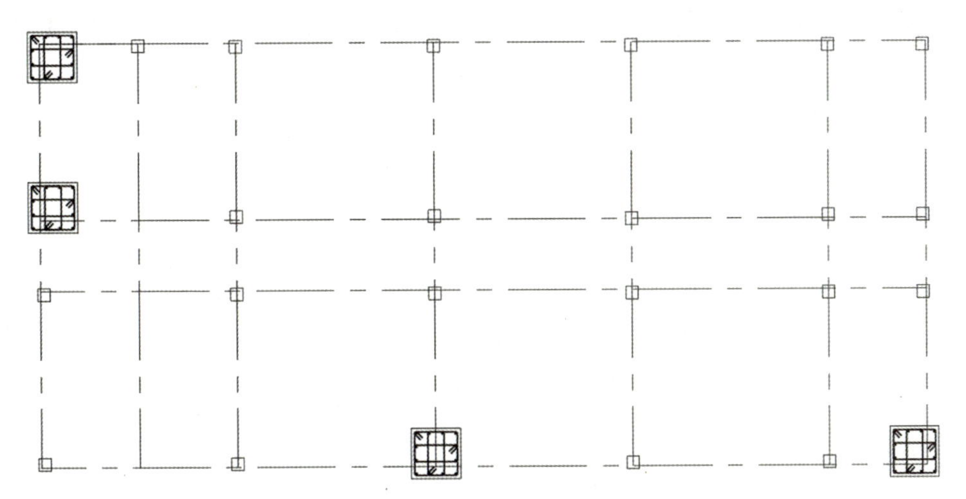

图 4.76　柱网平面布置图及柱配筋

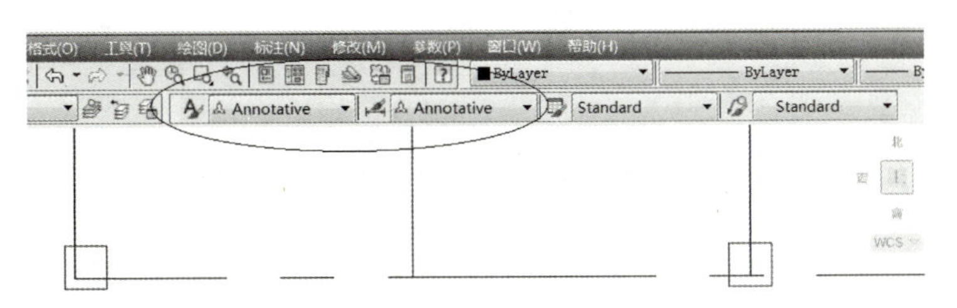


图 4.77　设置当前文字样式和标注样式为【Annotative】

(2) 启动【多行文字】命令。

① 在指定第一角点提示下，在轴线①与轴线Ⓐ相交处的柱子的右上方单击，作为文字框的左上角点。

② 在指定对角点或［高度(H)/对正(J)/行距(L)/旋转(R)/样式(S)/宽度(W)］提示下，光标向右下角拖出矩形框后单击，此时弹出【文字格式】对话框和【文字输入】窗口。

③ 在【文字格式】对话框中，当前字体为【Annotative】，字高设为“3.5”，然后在文字输入窗口内输入“KZ2”，如图 4.78 所示，单击【确定】按钮后关闭对话框。重复【多行文字】命令标注出柱子的截面注写和所有柱子的编号，字高均设为“3.5”。重复【多行文字】命令标注图名，字高设为“7”。

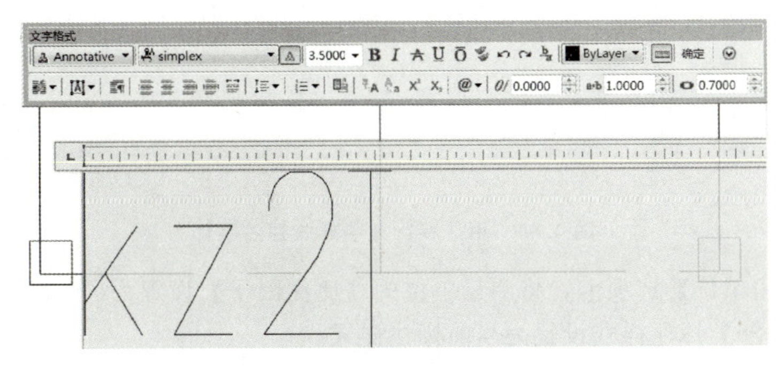


图 4.78　用注释行文字样式标注字体

（3）参照附图 1.6，用【线性】、【连续】和【基线】标注命令标注尺寸，结果如图 4.79 所示。

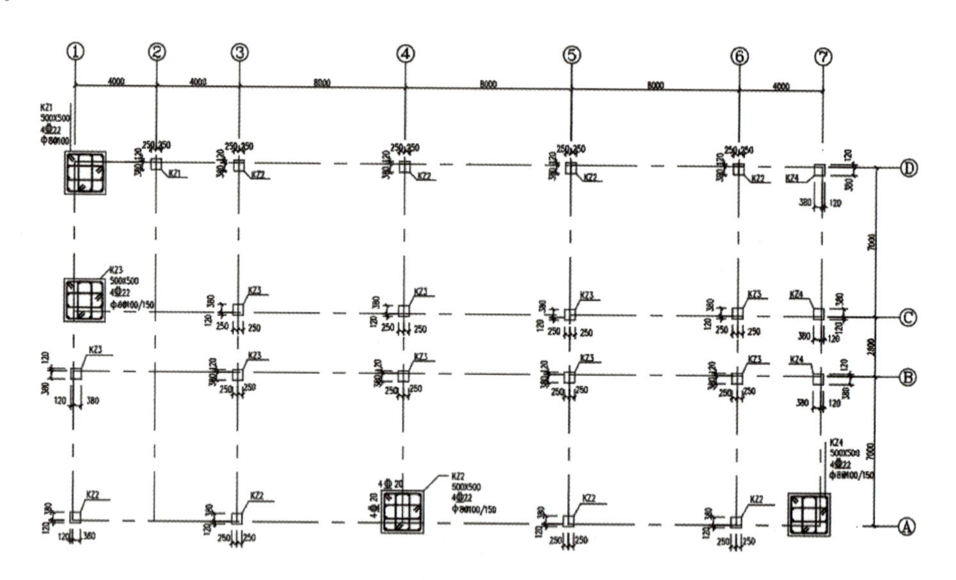


图 4.79　用注释行文字样式标注字体

（4）标注轴线①与轴线Ⓒ、轴线①与轴线Ⓓ、轴线④与轴线Ⓐ、轴线⑦与轴线Ⓐ相交处柱子的截面尺寸。

① 打开【标注样式管理器】，选中【Annotative】样式后单击【新建】按钮，新样式名为“1∶25”，如图 4.80 所示。

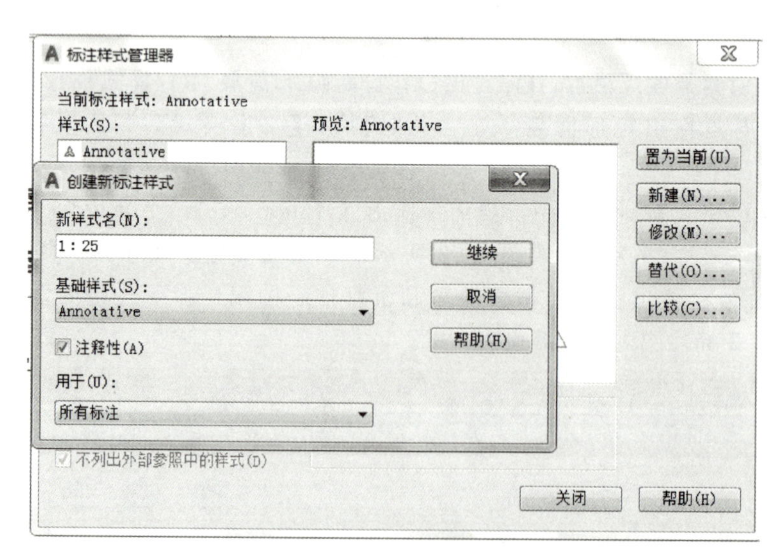


图 4.80　用注释行文字样式标注字体

② 选择【主单位】选项卡，将测量单位的【比例因子】设置为“0.25”。

③ 将【1∶25】标注样式设置为当前标注样式。

④ 标注轴线①与轴线Ⓒ、轴线①与轴线Ⓓ、轴线④与轴线Ⓐ、轴线⑦与轴线Ⓐ相交处柱子的截面尺寸，结果如图 4.81 所示。

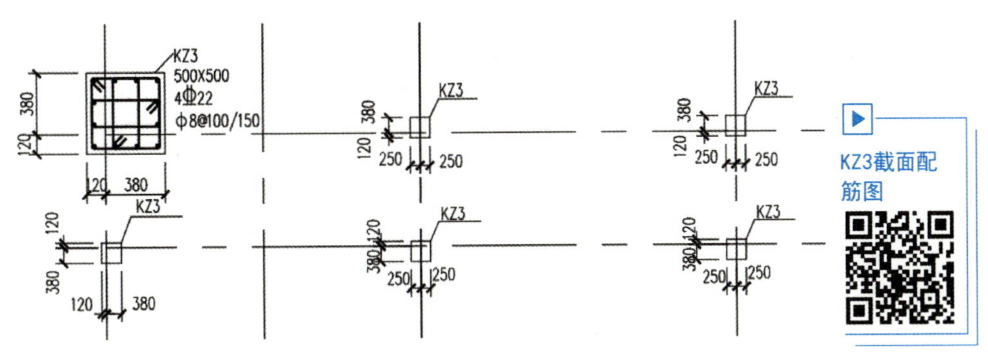


图 4.81 标注柱子截面尺寸

**特别提示**

为了能够清楚地表示出柱子的配筋，轴线①与轴线Ⓒ相交处的柱子绘制出配筋后，截面放大了 4 倍，正方形柱子的边长变成 2000mm（2000＝500×4）。为了能够标出真实尺寸，将测量单位的【比例因子】设置为“0.25”后，标出的尺寸缩小为原来的 1/4。

### 5. 进一步理解 AutoCAD 注释性功能

在命令行无命令的状态下单击文字标注“KZ3”，执行菜单栏中的【修改】|【特性】命令，打开【特性】对话框，如图 4.82 所示。

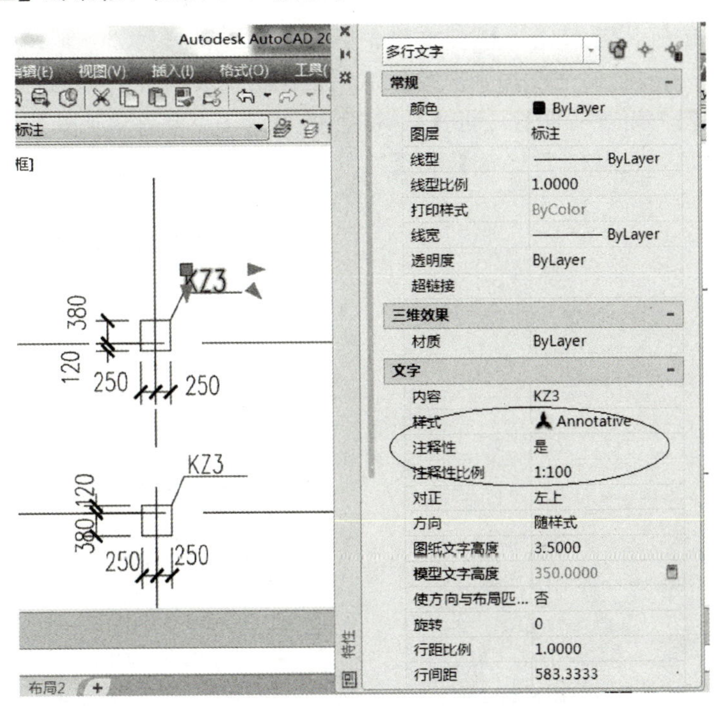


图 4.82 多行文字的【特性】

观察如图 4.82 所示的多行文字【特性】对话框。

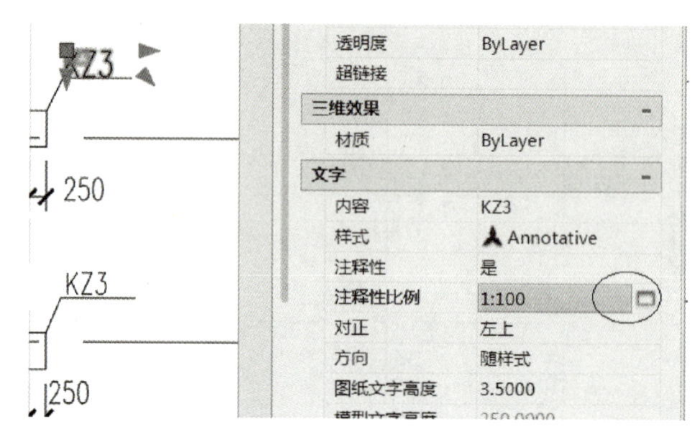


图 4.83　打开【特性】对话框

① 多行文字的【Annotative】样式为“注释性”样式，前面带有注释性图标 ，【注释性比例】为 1∶100。

② 多行文字的【图纸文字高度】为 3.5mm，【模型文字高度】为 350mm。

其中模型文字高度 350mm 是 AutoCAD 自动将我们输入的图纸文字高度按注释比例放大，即 350mm（350＝3.5×100）。

我们在 AutoCAD 的模型空间中绘制图形时所看到的文字高度就是“模型文字高度”。

### 6. 修改注释性比例

（1）执行菜单栏中的【修改】|【特性】命令，打开【特性】对话框，选择文字标注“KZ3”。

（2）在注释性比例的【1∶100】右侧单击，会出现一个对话框按钮，如图 4.83 所示。

（3）单击该按钮，进入【注释对象比例】对话框，如图 4.84 所示。单击右上角的【添加】按钮，弹出【将比例添加到对象】对话框，这里选择【1∶50】，如图 4.85 所示。单击【确定】按钮关闭对话框后，将【1∶50】添加到【注释对象比例】对话框的对象比例列表内。此时，列表内有【1∶50】和【1∶100】两个注释性比例。

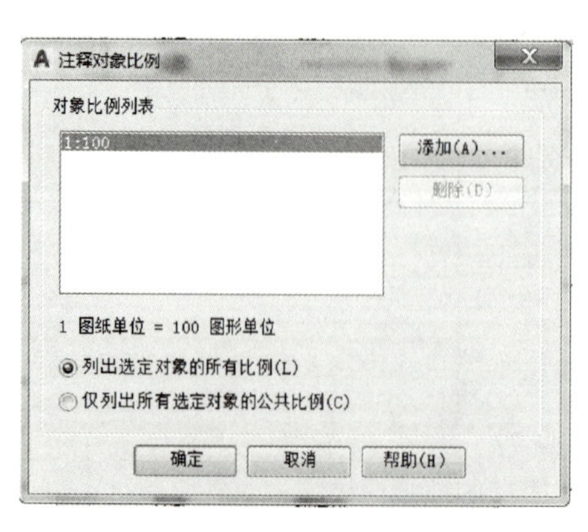


图 4.84　【注释对象比例】对话框

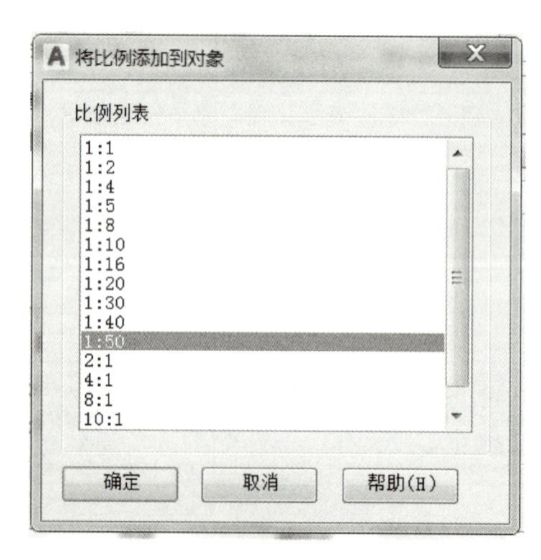


图 4.85　添加注释对象比例

(4) 选中1∶100，单击【删除】按钮。这样文字的注释性比例由【1∶100】修改为【1∶50】。注意，如果不删除【1∶100】，注释性比例不会改变。

**特别提示**

通过状态栏的常用工具区设置【注释比例】，只对将要标注的文字和尺寸起作用，已经标注的文字和尺寸的注释性比例，只能用【特性匹配】命令或在【对象特性管理器】及【快捷特性】对话框内修改。

## 本章小结

本章在前几章的基础上进一步深入学习绘制结构施工图基础平面图、标准层结构平面图。在绘图过程中对过去所学命令重复使用，达到熟练掌握的目的。同时，在绘制上述结构施工图时，进一步领悟不同图形的绘制方法。

本章还介绍了较难理解的注释性比例功能和多重比例的出图方法，实际工作中经常会在一张图纸上布置不同比例的图形，大家需要在参照宿舍楼施工图实例绘图的基础上用心体会。

### 上机操作一：绘制标准层楼梯平面图

**【操作目的】**

综合练习。

**【操作内容】**

按图4.86中所示尺寸绘制标准层楼梯平面图并进行标注（未标注墙体厚度为240mm）。

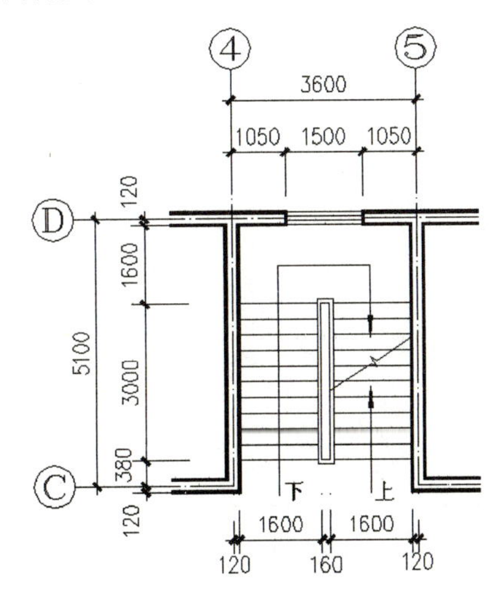


图4.86 楼梯平面图

### 上机操作二：绘制墙身节点详图

**【操作目的】**

综合练习。

**【操作内容】**

按图 4.87 中所示尺寸绘制墙身节点详图并进行标注（未标注墙体厚度为 240mm）。

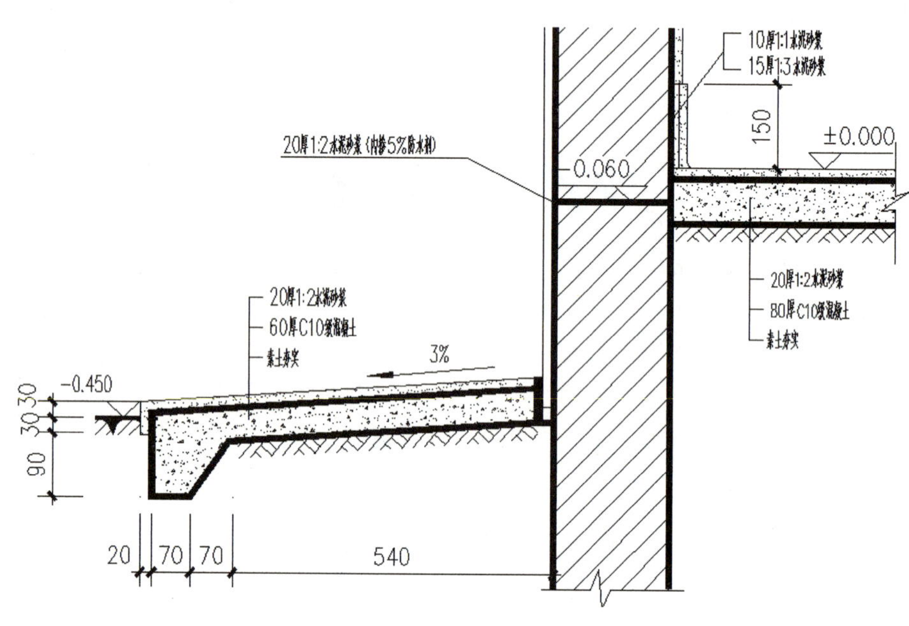


图 4.87　墙身节点详图

### 上机操作三：绘制电气施工图

**【操作目的】**

练习【圆环】、【矩形】、【直线】、【圆】及【多段线】等绘图命令，学习使用【栅格】辅助绘图工具。

**【操作内容】**

绘制图 4.88 所示电气施工图。

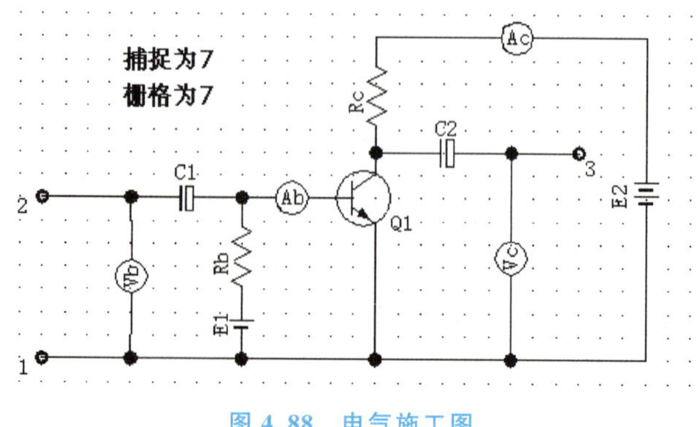


图 4.88　电气施工图

## 上机操作四：绘制地面拼花图

**【操作目的】**

练习【圆环】、【矩形】、【定数等分】及【图案填充】等绘图命令。

**【操作内容】**

绘制图 4.89 所示地面拼花图。

## 上机操作五：绘制残疾人坡道栏杆详图

**【操作目的】**

综合练习。

**【操作内容】**

绘制图 4.90 所示残疾人坡道栏杆详图。

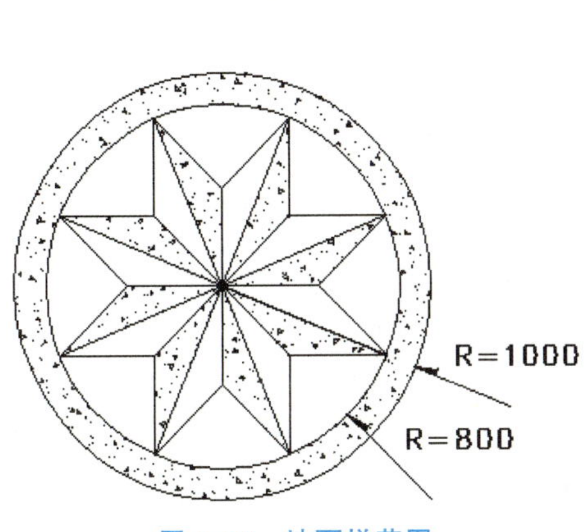


图 4.89 地面拼花图

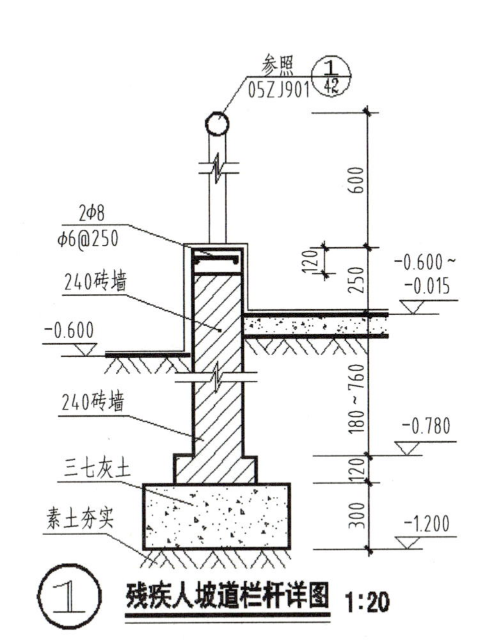


图 4.90 残疾人坡道栏杆详图

## 上机操作六：绘制露台女儿墙详图

**【操作目的】**

综合练习。

**【操作内容】**

绘制图 4.91 所示露台女儿墙详图。

## 上机操作七：绘制剪力墙柱图

**【操作目的】**

综合练习。

**【操作内容】**

绘制图 4.92 所示剪力墙柱图。

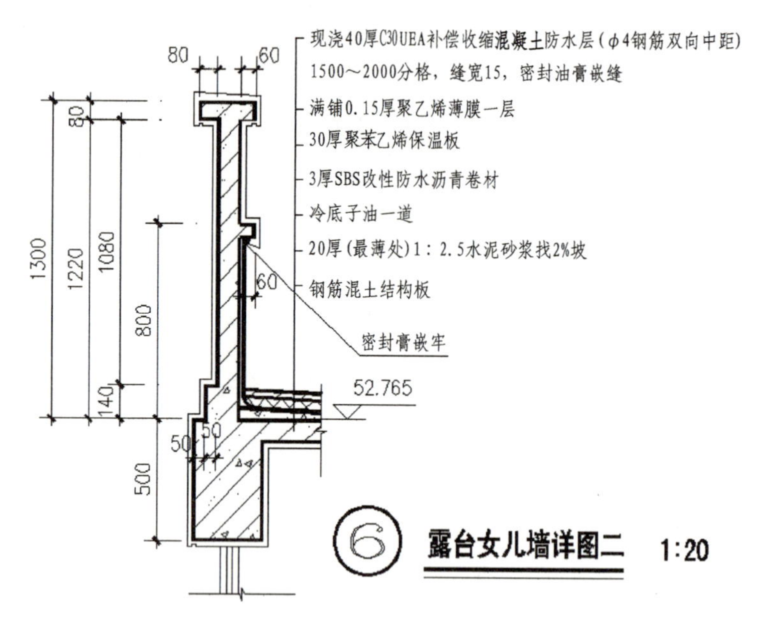


图 4.91　露台女儿墙详图

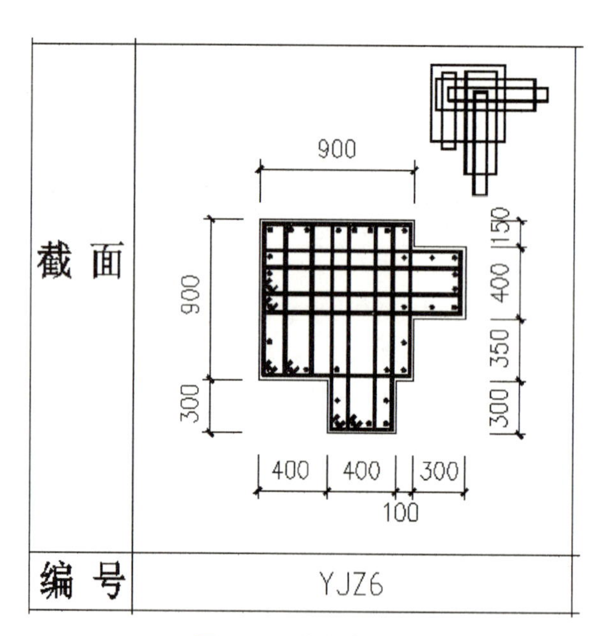


图 4.92　剪力墙柱图

## 上机操作八：绘制板的配筋图

【操作目的】

综合练习。

【操作内容】

绘制图 4.93 所示板的配筋图。

## 上机操作九：绘制给排水施工图

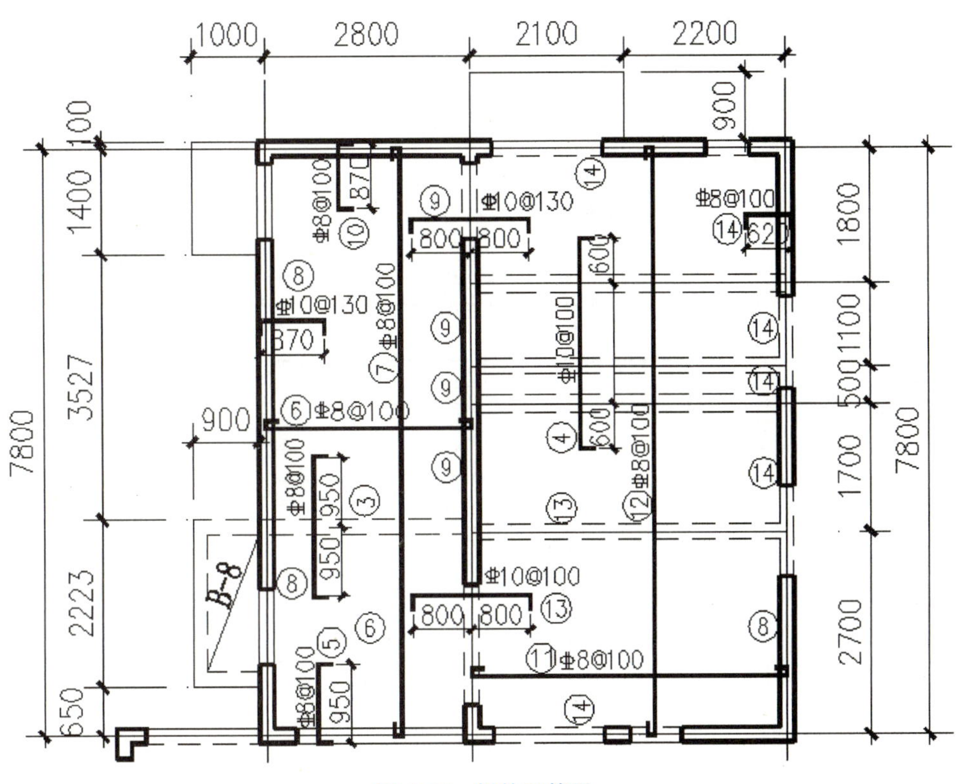

图 4.93　板的配筋图

【操作目的】

综合练习。

【操作内容】

绘制图 4.94 所示给排水施工图。

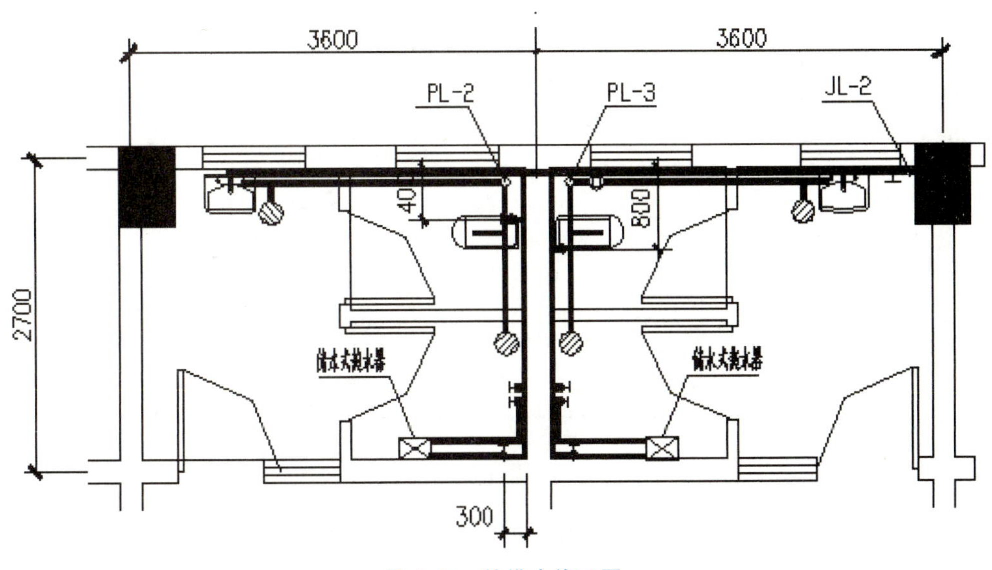

图 4.94　给排水施工图

## 上机操作十：绘制梁纵断面图

【操作目的】

综合练习。

【操作内容】

绘制图4.95所示1∶20 L-1梁纵断面图。

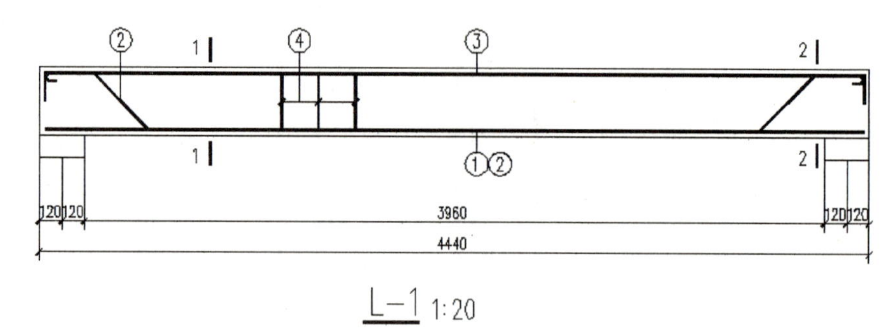


图4.95　1∶20 L-1梁纵断面图

## 上机操作十一：绘制楼梯配筋图

【操作目的】

综合练习。

【操作内容】

绘制图4.96所示1∶20楼梯配筋图。

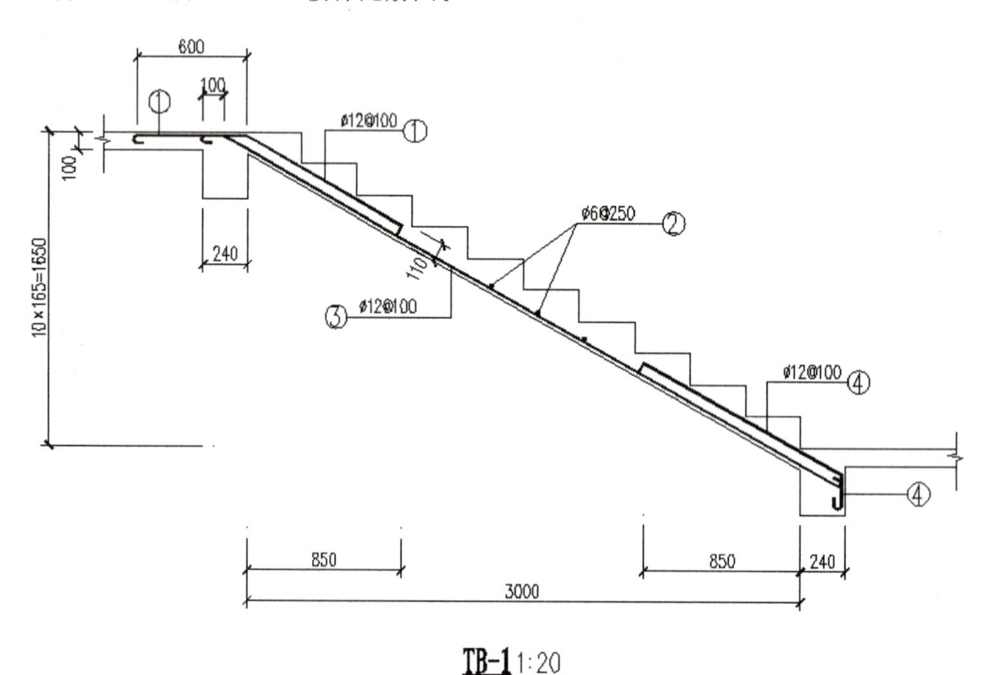


图4.96　1∶20楼梯配筋图

### 上机操作十二：绘制梁横断面图

【操作目的】

综合练习。

【操作内容】

绘制图 4.97 所示 1∶25 TL-2 梁横断面图。

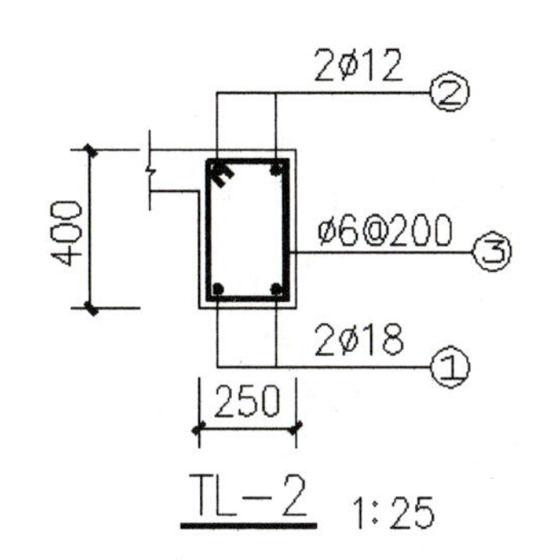


图 4.97　1∶25 TL-2 梁横断面图

## 习　题

### 一、单选题

1. 出图比例为 1∶100 的基础平面图在布局内打印时，打印比例为（　　）。

A. 1∶100　　B. 1∶50　　C. 1∶1

2. 设置当前视口的方法是在（　　）单击。

A. 视口内　　B. 视口外　　C. 视口线上

3. 将按照 1∶1 比例制作的图块插入布局内时，图块（　　）。

A. 需要放大　　B. 不需放大　　C. 需要缩小

4. 打印时，【视口】图层一般应（　　）。

A. 冻结　　B. 显示　　C. 锁定

5. 如果有多个视口，各视口之间（　　）交叉、重叠。

A. 不允许　　B. 允许　　C. 不可能

6. 利用模型空间进行多重比例出图时，在【打印】对话框内，【打印比例】选项的设置是按照（　　）的出图比例设定的。

A. 主图　　B. 附图　　C. 都可以

7. 虚线图层应将线型加载为（　　）。

A. HIDDEN　　B. Continuous　　C. DASHDOT

8. 用【圆角】命令修角，模式为【修剪】模式，圆角半径为（　　）。

A. 50　　B. 0　　C. 30

9. 当图层被锁定后，该图层上的图形不能被（　　）。

A. 打印　　B. 修改　　C. 显示

10. 创建出图比例为 1∶20 的图形标注样式，应将【调整】选项卡内的【使用全局比例】值设为（　　）。

A. 10　　B. 20　　C. 25

## 二、简答题

1. 【清理】命令有什么作用？
2. 简述基础平面图的绘制步骤。
3. 将实线变成虚线的方法有哪些？它们之间有什么区别？
4. 修改线型比例的方法有哪些？
5. 如何测得一条斜线的角度？
6. 出图比例为1∶20的图内，出图前的文字高度一般是多少？
7. 什么是视口？
8. 没有设定视口时，为什么看不到图形？
9. 出图比例为1∶50的图，如何在其模型空间内插入按照1∶1比例制作的图块？
10. 为什么“1—1断面图”图块放大5倍后，标注出的尺寸值不变？

# 项目 5 三维图形的绘制

## 思维导图

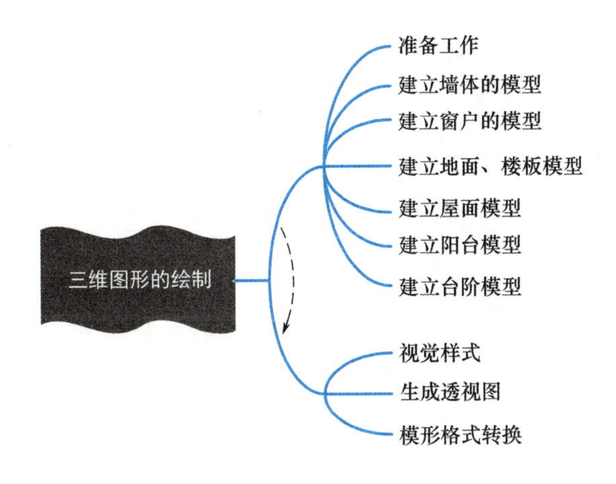

## 课前热身

| 序号 | 图形 | 操作 | 二维码 |
|---|---|---|---|
| 5-1 | 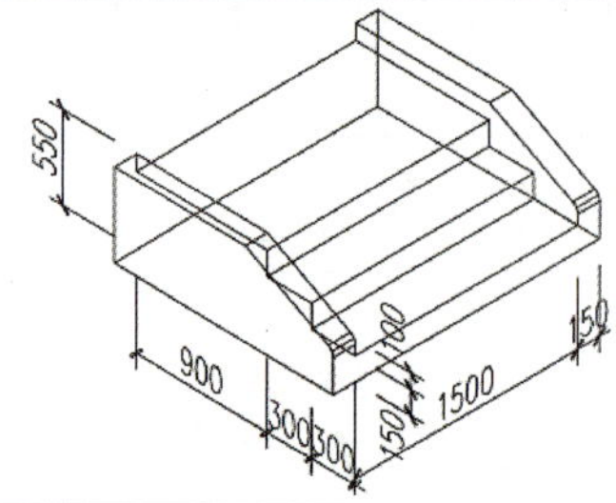 | 三维多段线、拉伸、布尔和、圆角 | |
| 5-2 | 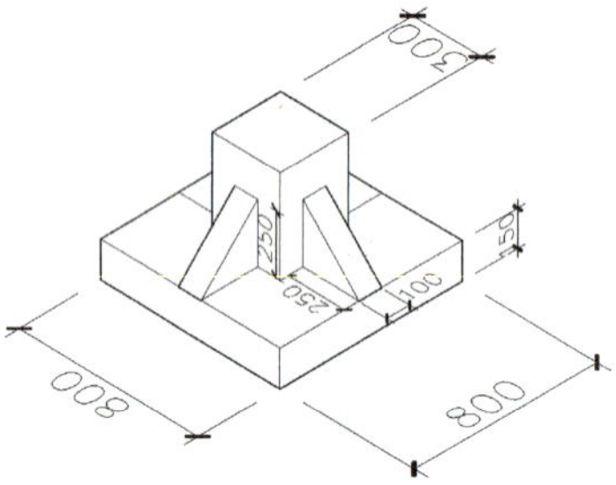 | 矩形、面域、拉伸、布尔和、阵列 | |
| 5-3 | 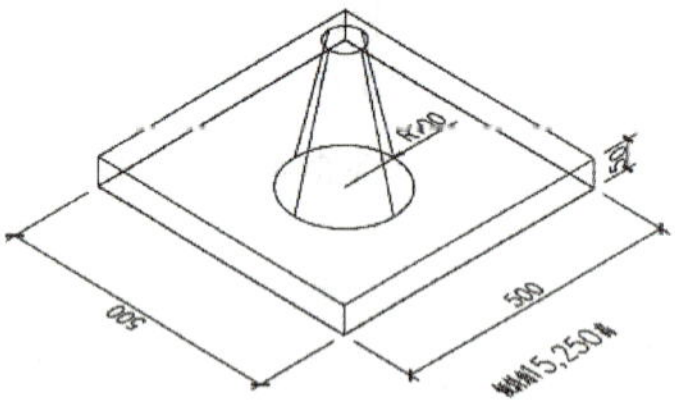 | 矩形、圆、拉伸、布尔和 | |
| 5-4 | 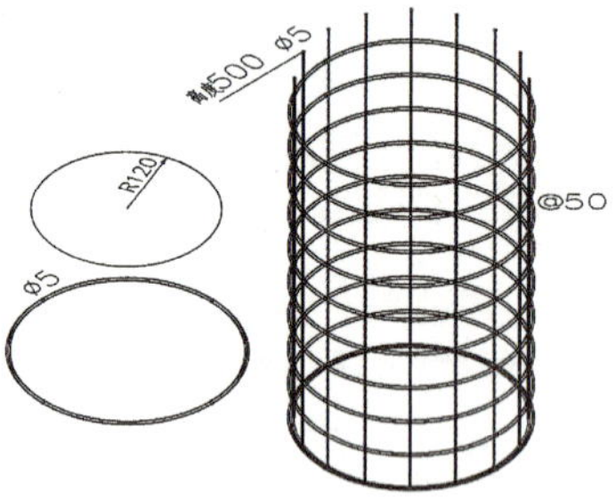 | 圆、偏移、旋转网格、拉伸、圆环、楔形、阵列、复制 | |
| 5-5 | 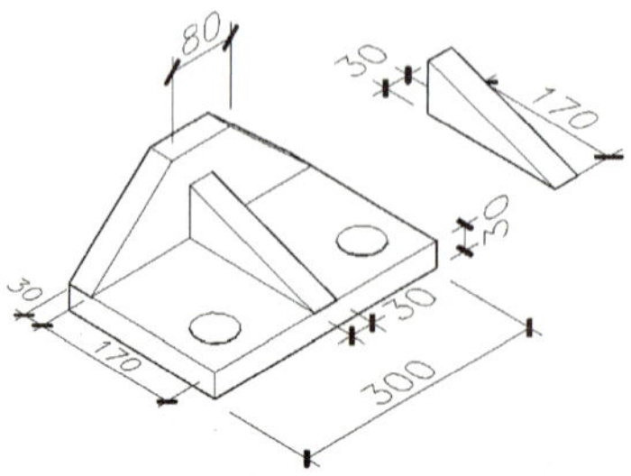 | 立方体、圆柱体、布尔减、楔形 | |

续表

| 序号 | 图形 | 操作 | 二维码 |
|---|---|---|---|
| 5-6 | | ELEV参数设置、多段线、圆柱体、三维阵列 | |

AutoCAD提供了强大的三维绘图功能，利用这些功能可以绘制出立体图形，使一些在二维图形中无法表达的内容清晰地展现在屏幕上。三维绘图对形成更完整的设计概念、进行更合理的设计决策是十分必要的。本章仍以宿舍楼为例学习绘制建筑三维图形的基本方法和技巧。

# 5.1 准备工作

### 1. 空间概念的建立

三维图形和二维图形的区别是：三维图形是在三维空间上绘制的，每个对象的定位点坐标除了 $X$ 和 $Y$ 方向的数值外，还有 $Z$ 方向的数值，而二维图形只有 $X$ 和 $Y$ 方向的数值，$Z$ 方向的数值为0。

### 2. 准备图层

首先，为三维图形新建一个图形文件并将其命名为“宿舍楼模型”，然后执行菜单栏中的【格式】|【图层】命令，打开【图层特性管理器】对话框，创建【墙】、【勒脚】、【玻璃】、【门窗框】、【台阶】、【填充】和【阳台】等图层，如图5.1所示。

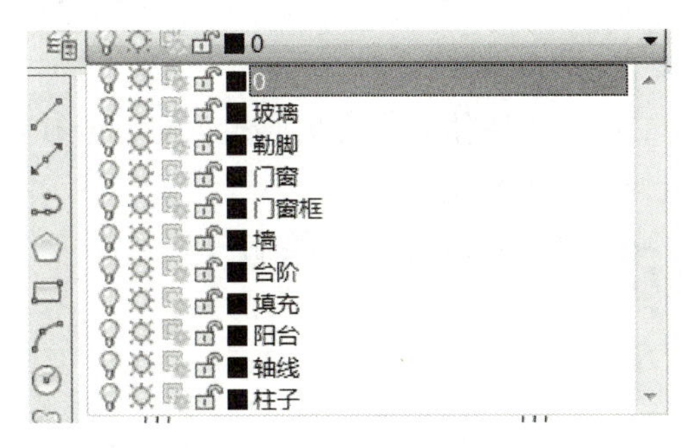


图5.1 准备图层

### 3. 准备平面图

(1) 打开项目1图1.107所示的图形文件。

(2) 将图形文件内除【墙】、【室外】和【轴线】外的其他图层冻结。

(3) 执行菜单栏中的【编辑】|【复制】命令，在选择对象提示下，输入“ALL”后按

Enter 键，再次按 Enter 键结束命令。

(4) 执行菜单栏中的【窗口】|【宿舍楼三维模型】命令，将“宿舍楼三维模型”图形文件切换为当前文件，然后执行菜单栏中的【编辑】|【粘贴】命令（组合键 Ctrl+V），在指定插入点提示下，单击屏幕上任意一点作为图形的插入点。

(5) 双击滚轮执行【范围缩放】命令。

(6) 删除散水后将【室外】图层关闭，并把【阳台】图层设为当前层，绘出阳台平面轮廓，结果如图 5.2 所示。

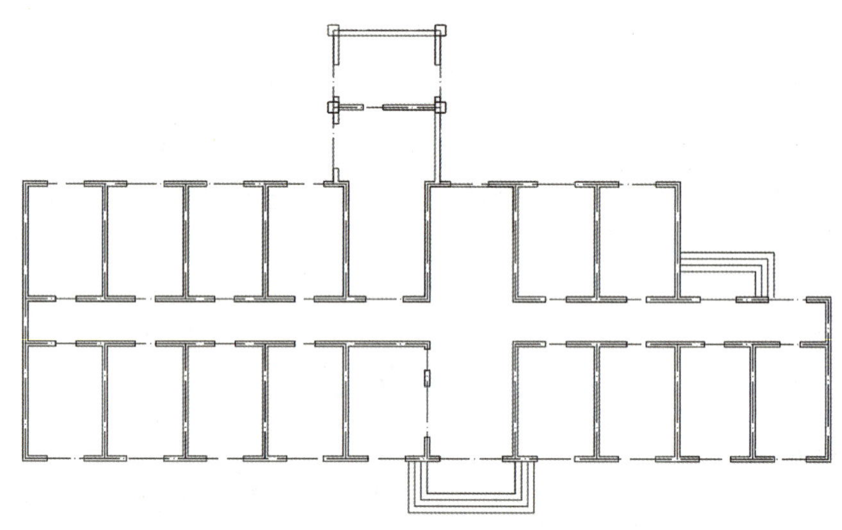

图 5.2 修改后的宿舍楼平面图

这样，通过跨文件复制，将宿舍楼平面图引入到“宿舍楼模型”图形文件中并加以修改。下面以该平面图为基础，建立宿舍楼标准层模型。

## 5.2 建立墙体的模型

### 1. 对三维墙体的理解

三维墙体是通过改变二维平面墙体的高度生成的，即给带有宽度的二维多段线定义厚度，将图形沿 *Z* 轴方向拉伸，下面举例说明。

(1) 首先，在绘图区域用【多段线】命令绘制一条宽度为 240mm，长度为 1800mm 的多段线，如图 5.3 所示。

图 5.3 带有宽度的多段线

（2）在命令行无命令的状态下选择该多段线，则出现两个冷夹点。

（3）执行菜单栏中的【修改】|【特性】命令，打开【对象特性管理器】对话框，把该对话框中的【厚度】选项修改为“1200”并按 Enter 键确认，如图 5.4 所示。

（4）关闭对话框，按 Esc 键取消夹点。

（5）执行菜单栏中的【视图】|【三维视图】|【西南等轴测】命令来观察图形，结果如图 5.5 所示。

图 5.4 改变多段线的厚度

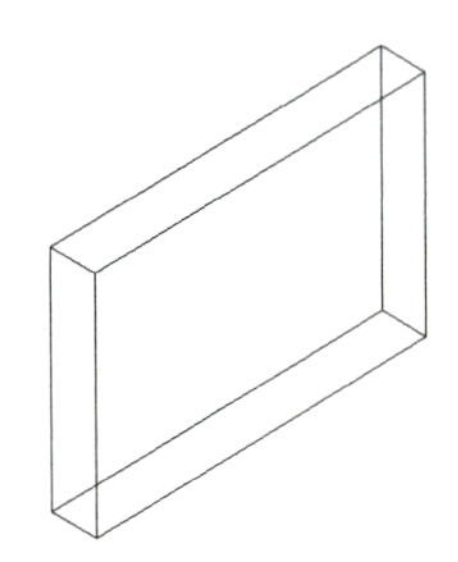

图 5.5 带有宽度和厚度的多段线

**特别提示**

在 AutoCAD 中，称 *Z* 轴方向的尺寸为厚度，*Y* 轴方向的尺寸为宽度，*X* 轴方向的尺寸为长度。

### 2. 建立宿舍楼墙体的模型

1）建立勒脚部分墙体的模型

（1）打开图 5.2 所示的图形文件，并设定【勒脚】图层为当前层，关闭【阳台】和【室外】图层。

（2）执行菜单栏中的【视图】|【三维视图】|【西南等轴测】命令，并用【窗口缩放】命令将视图调整图 5.6 所示的状态。

（3）打开【对象捕捉】，并启动【多段线】命令。

① 在**指定起点**提示下，捕捉图 5.6 中所示的 A 点作为多段线的起点。

② 在**指定下一个点或［圆弧(A)/半宽(H)/长度(L)/放弃(U)/宽度(W)］**提示下，输入“W”后按 Enter 键。

③ 在**指定起点宽度<0.0000>**提示下，输入“240”后按 Enter 键。

④ 在**指定端点宽度<240.0000>**提示下，按 Enter 键执行尖括号内的默认值

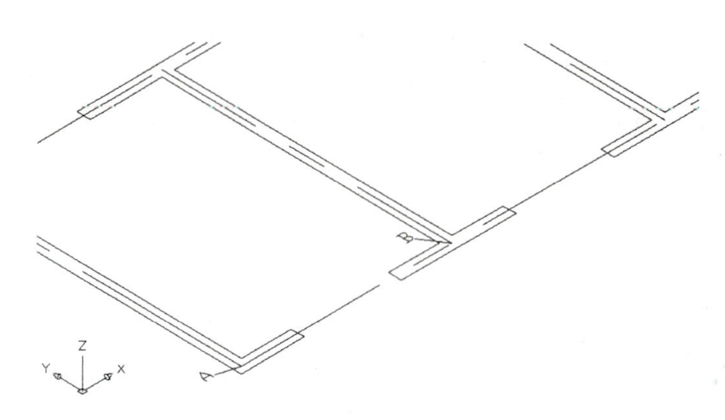


图 5.6 西南等轴测视图

“240.0000”。这样，将多段线的宽度由“0”改为“240”。

⑤ 在指定下一点或［圆弧(A)/闭合(C)/半宽(H)/长度(L)/放弃(U)/宽度(W)］提示下，捕捉如图 5.6 中所示的 B 点作为多段线的终点，按 Enter 键结束命令。结果绘制出一条宽度为 240mm 的二维多段线，如图 5.7 所示。

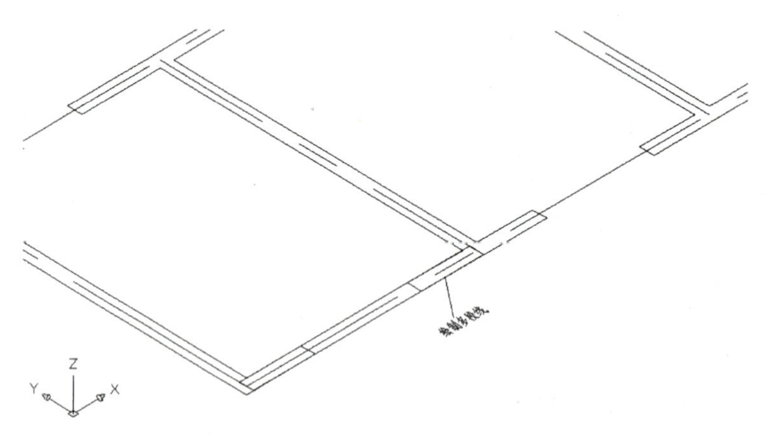


图 5.7 绘制带有宽度的多段线

(4) 利用【对象特性管理器】将多段线厚度修改为“600”，结果如图 5.8 所示。

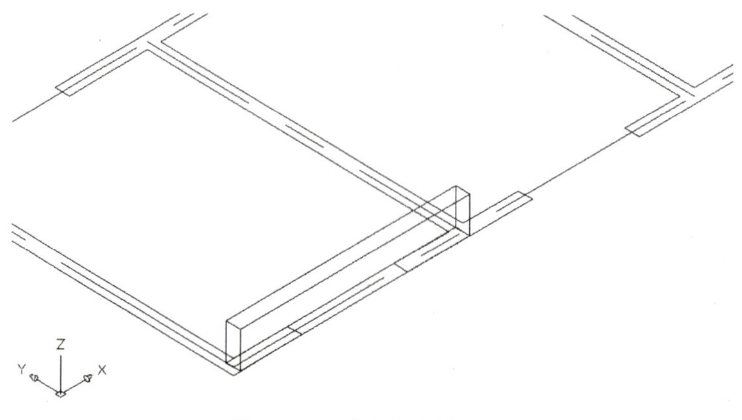


图 5.8 改变多段线的厚度

(5) 用相同的方法生成其他勒脚部分的墙体，结果如图 5.9 所示。

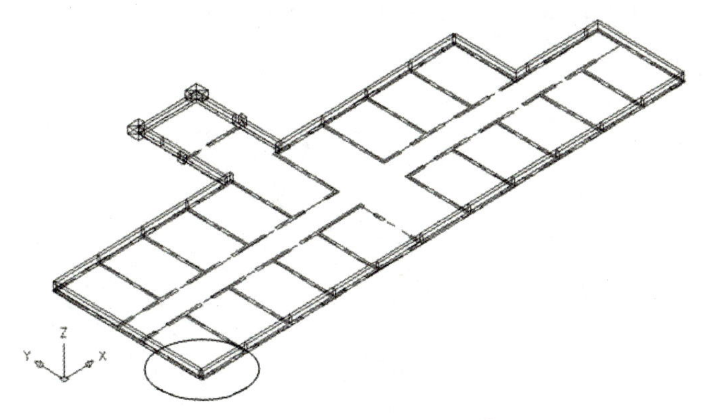


图 5.9 生成勒脚部位的墙

(6) 将图 5.9 内圈定的部分放大，结果如图 5.10 所示，可以发现在建筑的转角处存在缺口，需用【编辑多段线】命令将转角两侧的墙体连接在一起。

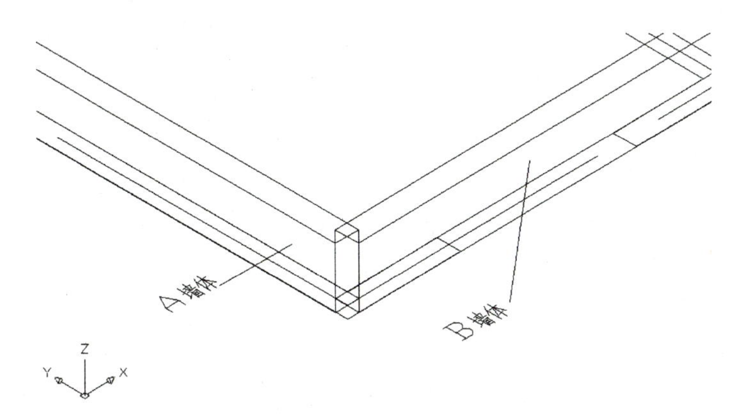


图 5.10 墙的转角处

(7) 启动【编辑多段线】命令。

① 在选择多段线或［多条(M)］提示下，选择图 5.10 所示的 A 墙体。

② 在输入选项［闭合(C)/合并(J)/宽度(W)/编辑顶点(E)/拟合(F)/样条曲线(S)/非曲线化(D)/线型生成(L)/放弃(U)］提示下，输入“J”后按 Enter 键。

③ 在选择对象提示下，选择图 5.10 内的 B 墙体，按 Enter 键结束命令，结果如图 5.11 所示。

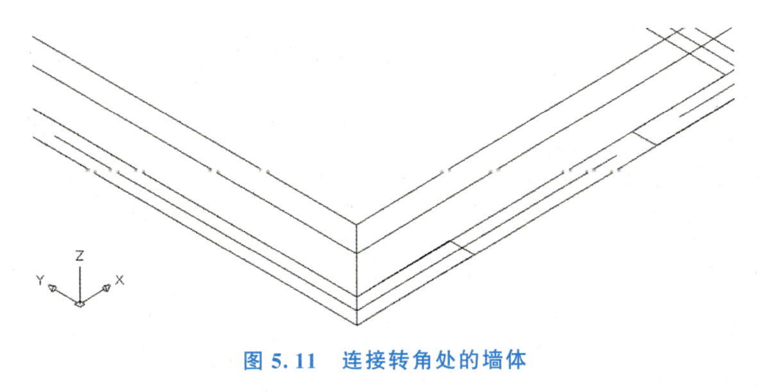


图 5.11 连接转角处的墙体

2）建立底层窗下部墙体的模型

将当前层切换为【墙】图层，然后用相同的方法建立底层窗下部墙体的模型，其高度为 900mm，结果如图 5.12 所示。

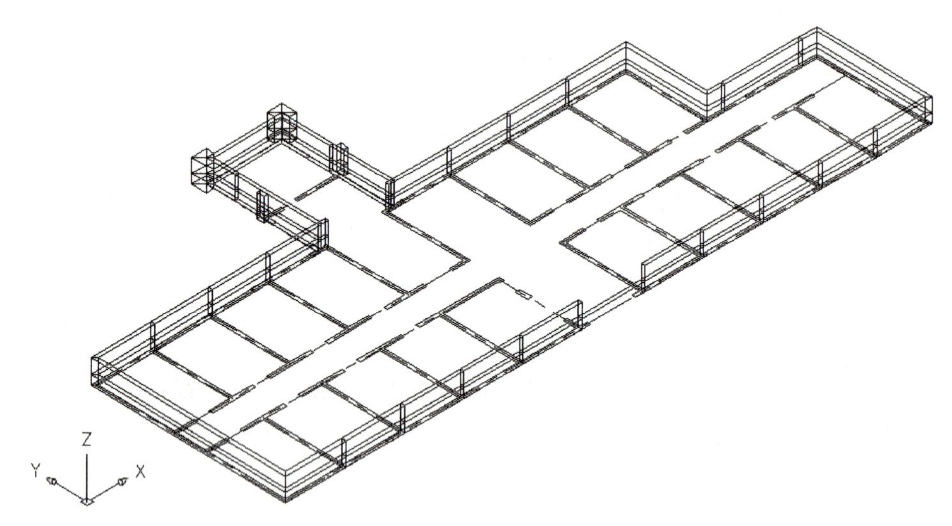


图 5.12　绘制底层窗下部的墙体

**特别提示**

为便于以后复制三维墙体，将勒脚部位的墙体绘制在【勒脚】图层上，将其他的墙体都绘制在【墙】图层上。

3）建立窗间墙体的模型

窗间墙体也可以用上述拉伸多段线的方法绘制，但是比较复杂，这里利用【ELEV】命令和【多段线】命令建立窗间体二维模型。

(1) 修改 ELEVATION 系统变量。

① 在命令行输入“ELEV”后按 Enter 键。

② 在指定新的默认标高<0.0000>提示下，按 Enter 键，表示当前标高为“0”，即多段线的起点设在 *XY* 平面上。

③ 在指定新的默认厚度<0.0000>提示下，输入“1800”，表示当前厚度为“1800”，即窗间墙的高度。

(2) 启动【多段线】命令。

① 在指定起点提示下，捕捉如图 5.13 中所示的 A 点作为多段线的起点。由于当前线宽为“240”，所以不需修改线的宽度。

② 在指定下一点或 [圆弧(A)/闭合(C)/半宽(H)/长度(L)/放弃(U)/宽度(W)]提示下，捕捉如图 5.13 中所示的 B 点作为多段线的终点，按 Enter 键结束命令，结果如图 5.14 所示。

注意，A 点为起点（其标高位于距离 *XY* 平面 1500mm 处），B 点为终点（其标高位于 *XY* 平面上）。

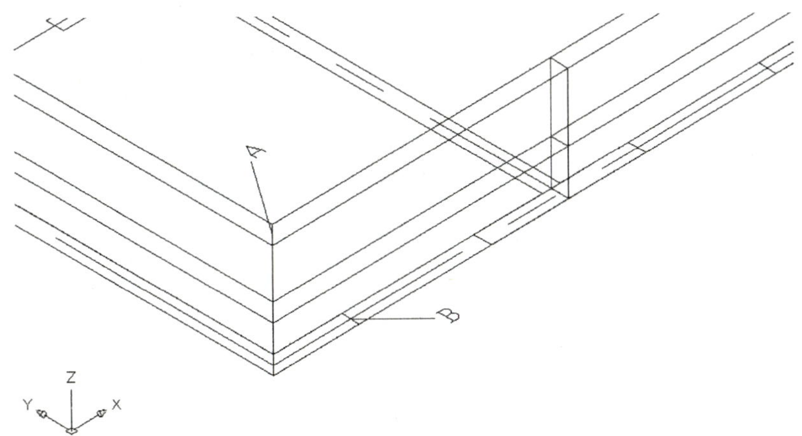


图 5.13　多段线起点和终点的位置

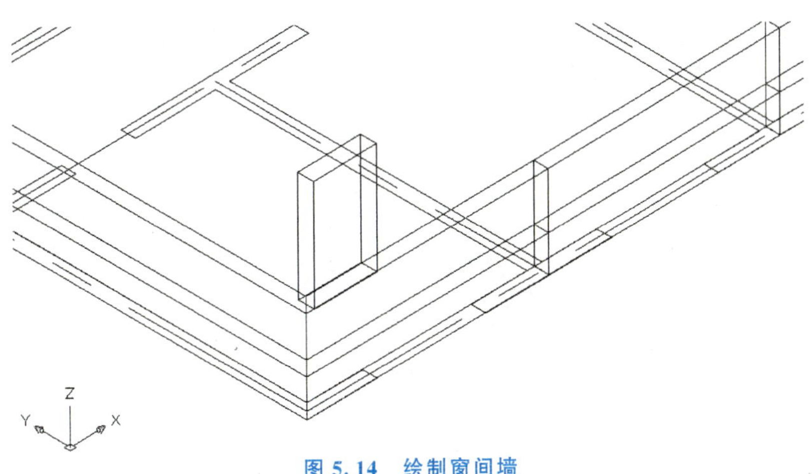


图 5.14　绘制窗间墙

**特别提示**

图 5.13 中的 A 点和 B 点并不在一个水平面上，但绘制出的多段线的起点和终点却在一个水平面上，这是因为【多段线】命令是一个二维绘图命令，多段线的 Z 坐标值是由起点的坐标值决定的，所以多段线的终点并不与 B 点相重合，这是绘制三维模型时的一个技巧。

③ 用【多段线】命令绘制其他的窗间墙，结果如图 5.15 所示。

4）建立窗上部墙体的模型

（1）用【ELEV】命令绘制窗上部墙体。

① 在命令行输入“ELEV”后按 Enter 键。

② 在**指定新的默认标高<0.0000>**提示下，按 Enter 键，表示当前标高为“0”，即多段线的起点设在 XY 平面上。

③ 在**指定新的默认厚度<0.0000>**提示下，输入“600”，表示当前厚度为 600mm，即窗上部墙体的高度。

（2）启动【多段线】命令，此时当前线宽仍为“240”。

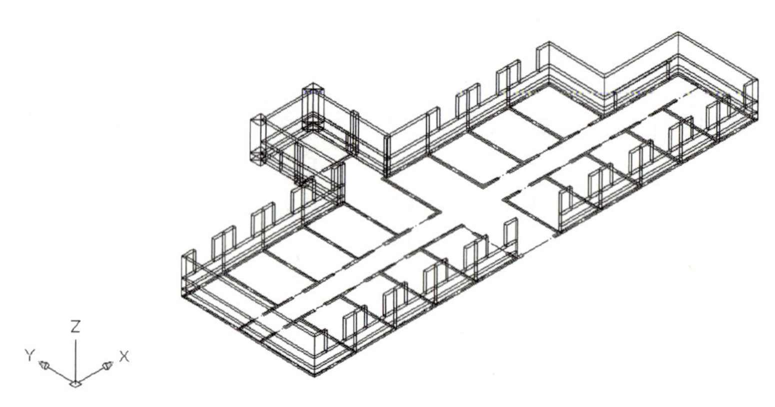


图 5.15　绘制其他窗间墙

① 在**指定起点**提示下，捕捉宿舍楼的任一个转角点。

② 在**指定下一点或［圆弧(A)/闭合(C)/半宽(H)/长度(L)/放弃(U)/宽度(W)］**提示下，依次捕捉宿舍楼的其他转角点，最后输入“C”后按 Enter 键结束命令，结果如图 5.16 所示。

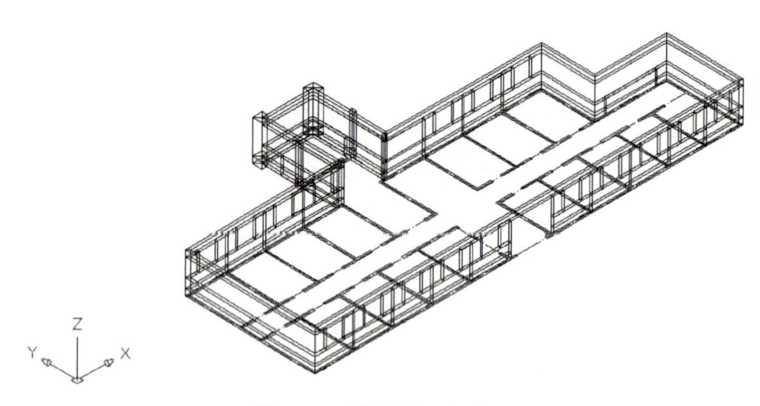


图 5.16　绘制窗上部墙体

## 5.3　建立窗户的模型

在建筑模型中，窗户包括窗框和玻璃，这两部分也是用【多段线】命令分别绘制的。由于窗框和 *XY* 平面相互垂直，所以无法在 *XY* 平面内绘制，需要改变坐标系，使当前坐标系和窗框平面相一致，因此需要先学习改变用户坐标系。

### 5.3.1　坐标系的概念

(1) 世界坐标系。世界坐标系（World Coordinate System，WCS）是 AutoCAD 的基本坐标系统，是由 3 个相互垂直并且相交的坐标轴 *X*、*Y* 和 *Z* 组成。在绘制和编辑图形过程中，WCS 是默认坐标系统，该坐标系统是固定的，其坐标原点和坐标轴方向都不能被改变。

**特别提示**

在绘制二维图形时，WCS 完全可以满足用户的要求，在 *XY* 平面上绘制二维图形时，只需输入 *X* 轴和 *Y* 轴坐标，*Z* 轴坐标由 AutoCAD 自动赋值为“0”。

（2）用户坐标系。AutoCAD 还提供了可改变的用户坐标系（User Coordinate System，UCS）以方便用户绘制三维图形，使用户可以重新定义坐标原点的位置，在二维和三维空间里根据自己的需要设定 *X*、*Y* 和 *Z* 的旋转角度，以方便三维模型的绘制。默认状态下，UCS 和 WCS 是重合的。

## 5.3.2 建立窗框模型

### 1. 打开图形

将当前层切换为【门窗框】图层，并打开图 5.16 所示的图形文件，用【窗口缩放】命令将视图调整至图 5.17 所示的状态。

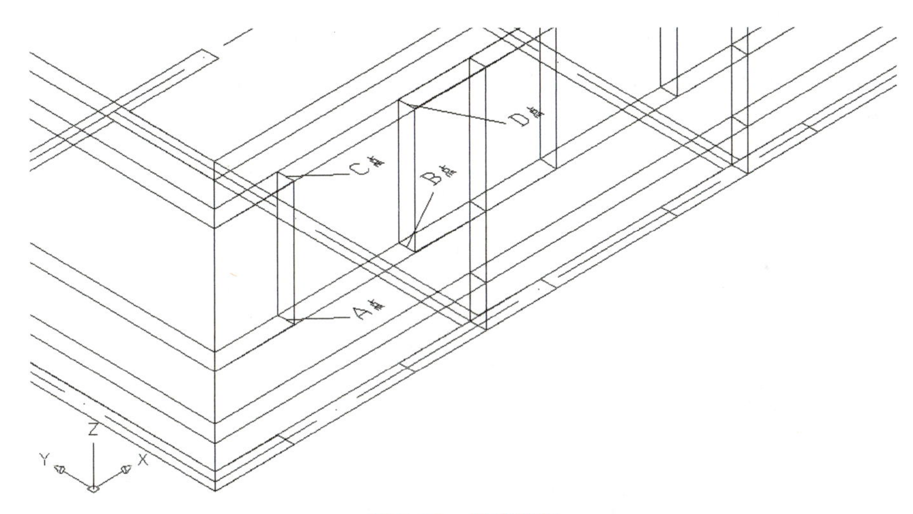


图 5.17 调整视图

### 2. 改变用户坐标系

（1）在命令行输入“UCS”后按 Enter 键，执行【UCS】命令设置当前用户坐标系。

① 在**指定 UCS 的原点或［面(F)/命名(NA)/对象(OB)/上一个(P)/视图(V)/世界(W)/X/Y/Z/Z 轴(ZA)］<世界>**提示下，输入“3”，表示用 3 点来定义用户坐标系。

② 在**指定新原点<0，0，0>**提示下，用端点捕捉如图 5.17 所示的 A 点作为新用户坐标的原点。

③ 在**在正 X 轴范围上指定点<202，281，150>**提示下，用端点捕捉如图 5.17 所示的 B 点，那么 A 点和 B 点的连线即为新用户坐标系的 *X* 轴，其方向为由 A 点到 B 点。

④ 在**在 UCS XY 平面的正 Y 轴范围上指定点<261，282，150. >**提示下，再次用端点捕捉如图 5.17 所示的 C 点，则 A 点和 C 点的连线即为新用户坐标系的 *Y* 轴，其方向为由 A 点到 C 点。

新的用户坐标系如图 5.18 所示，其 $XY$ 平面与窗框平面一致，原点在窗洞口的左下角点，$Z$ 轴方向指向窗框平面外面。

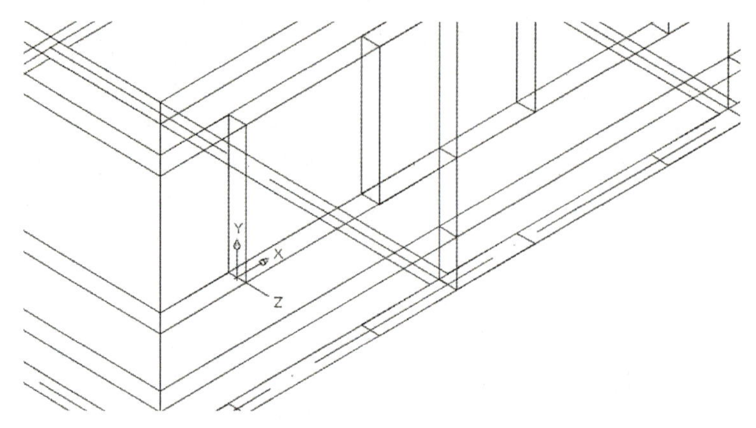


图 5.18 定义用户坐标系

**特别提示**

要确定 $X$、$Y$ 和 $Z$ 轴的正轴方向，可将右手背对着屏幕放置，拇指指向 $X$ 轴的正方向，伸出食指和中指，食指指向 $Y$ 轴的正方向，中指所指的方向即是 $Z$ 轴的正方向，如图 5.19 所示。

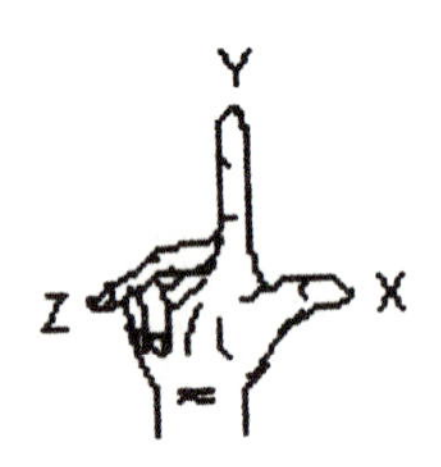


图 5.19 右手定则

(2) 按 Enter 键重复【UCS】命令。

① 在输入选项［新建(N)/移动(M)/正交(G)/上一个(P)/恢复(R)/保存(S)/删除(D)/应用(A)/? /世界(W)］<世界>提示下，输入“S”以选择【保存】选项，表示要把刚才定义的用户坐标系保存。

② 在输入保存当前 UCS 的名称或［?］提示下，输入“窗框”，表示该用户坐标系的名称为“窗框”。

### 3. 建立窗框模型

1）修改 ELEVATION 系统变量

启动【ELEV】命令，新的默认标高仍设定为“0”，新的默认厚度设定为“80”，表示窗框的厚度（$Z$ 轴方向尺寸）为 80mm。

2）建立窗洞口四周的边框模型

(1) 启动【多段线】命令。

（2）在指定起点提示下，捕捉如图 5.17 所示的 B 点作为多段线的起点。

（3）在指定下一个点或［圆弧(A)/半宽(H)/长度(L)/放弃(U)/宽度(W)］提示下，输入“W”后按 Enter 键。

（4）在指定起点宽度<0.0000>提示下，输入“160”后按 Enter 键。

（5）在指定端点宽度<160.0000>提示下，按 Enter 键执行尖括号内的默认值“160.0000”。

（6）在指定下一点或［圆弧(A)/闭合(C)/半宽(H)/长度(L)/放弃(U)/宽度(W)］提示下，依次捕捉如图 5.17 所示的 A 点、C 点和 D 点。

（7）在指定下一点或［圆弧(A)/闭合(C)/半宽(H)/长度(L)/放弃(U)/宽度(W)］提示下，输入“C”后按 Enter 键结束命令。结果生成如图 5.20 所示的“窗框”，其宽度为 160mm，厚度为 80mm。

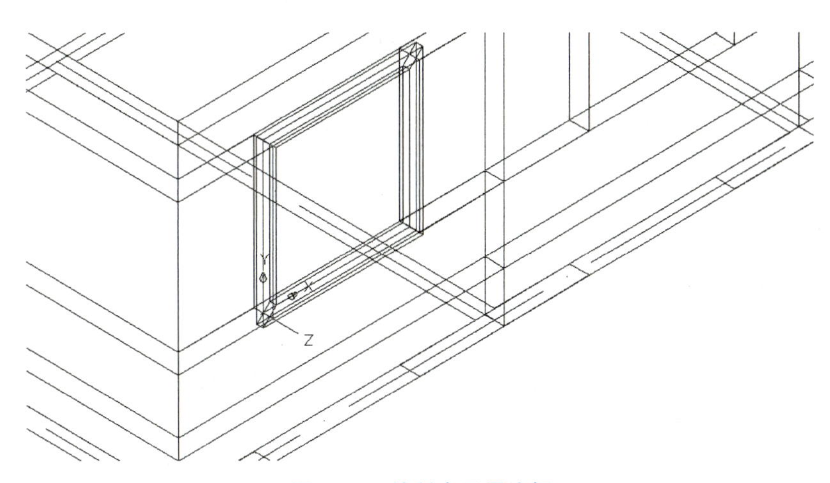


图 5.20　绘制出四周边框

**特别提示**

由于是沿着窗洞口的外边界绘制多段线的，所以宽度为 160mm 的窗框只有 80mm 露在外面，另一半则在墙内。

### 4. 建立窗中间窗框的模型

（1）启动【多段线】命令。

（2）在指定起点提示下，捕捉已绘制的上边框的中点作为多段线的起点。

（3）在指定下一个点或［圆弧(A)/半宽(H)/长度(L)/放弃(U)/宽度(W)］提示下，输入“W”后按 Enter 键。

（4）在指定起点宽度<0.0000>提示下，输入“80”后按 Enter 键。

（5）在指定端点宽度<80.0000>提示下，按 Enter 键执行尖括号内的默认值“80.0000”。

（6）在指定下一点或［圆弧(A)/闭合(C)/半宽(H)/长度(L)/放弃(U)/宽度(W)］提示下，捕捉已绘制的下边框的中点作为多段线的终点，然后按 Enter 键结束命令，结果如图 5.21 所示。

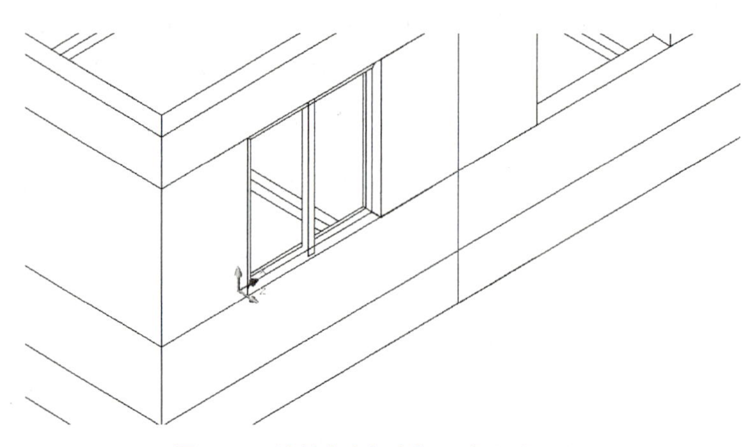

图 5.21　绘制出中间窗框（消隐后图形）

**特别提示**

执行菜单栏中的【视图】|【消隐】命令，可以将三维视图中被遮挡的对象隐藏起来，只显示那些不被遮挡的对象。

## 5.3.3 建立玻璃模型

在建模时，将“玻璃”作为一个面来处理，同样用到【多段线】命令，但是这里需要将坐标系恢复到世界坐标系。

### 1. 打开图形

将当前层切换为【玻璃】图层，并打开图 5.21 所示的图形文件。

### 2. 修改坐标系

(1) 在命令行输入“UCS”后按 Enter 键，执行【UCS】命令修改坐标系。

(2) 在输入选项［新建(N)/移动(M)/正交(G)/上一个(P)/恢复(R)/保存(S)/删除(D)/应用(A)/?/世界(W)］<世界>提示下，输入“W”后按 Enter 键，表示将当前坐标系恢复到世界坐标系，如图 5.22 所示。

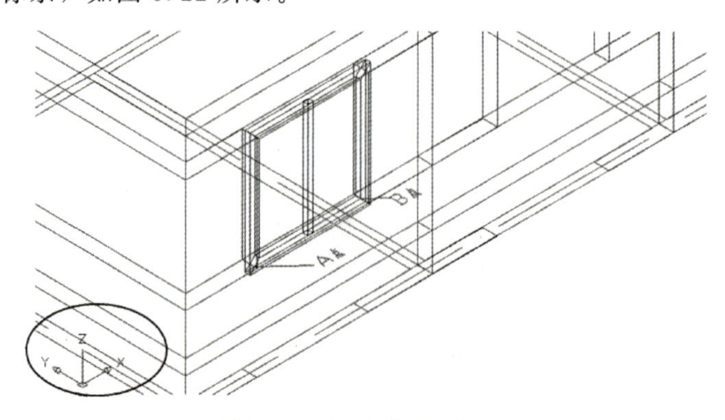

图 5.22　恢复世界坐标系

### 3. 修改 ELEVATION 系统变量

启动【ELEV】命令，新的默认标高仍设定为“0”，新的默认厚度设定为“1800”，表示玻璃的厚度（*Z* 轴方向尺寸）为 1800mm。

### 4. 建立玻璃模型

执行【多段线】命令。

（1）在**指定起点**提示下，捕捉如图 5.22 所示的 A 点。

（2）在**指定下一个点或［圆弧(A)/半宽(H)/长度(L)/放弃(U)/宽度(W)］**提示下，输入“W”后按 Enter 键。

（3）在**指定起点宽度<80.0000>**提示下，输入“0”后按 Enter 键。

（4）在**指定端点宽度<0.0000>**提示下，按 Enter 键执行尖括号内的默认值“0.0000”，表示“玻璃”只是一个面，没有宽度。

（5）在**指定下一点或［圆弧(A)/闭合(C)/半宽(H)/长度(L)/放弃(U)/宽度(W)］**提示下，捕捉图 5.22 所示的 B 点。

（6）按 Enter 键结束命令，结果如图 5.23 所示，生成的“玻璃”只是带有 1800mm 厚的多段线的线框。

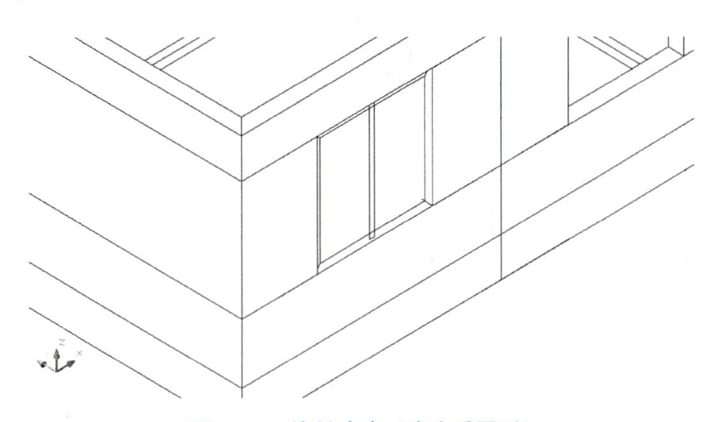

图 5.23　绘制玻璃（消隐后图形）

### 5. 移动窗框和玻璃

为了更明确地表示窗框、玻璃和墙之间的关系，以及将来渲染时能够产生足够的阴影，下面将“窗框”和“玻璃”向后移动 80mm。

（1）启动【移动】命令。

（2）在**选择对象**提示下，选择前面绘制的“窗框”和“玻璃”，并按 Enter 键进入下一步。

（3）在**指定基点或［位移(D)］<位移>**提示下，在绘图区域任意单击一点作为移动的基点。

（4）在**指定基点或［位移(D)］<位移>：指定第二个点或<使用第一个点作为位移>**提示下，输入“@0，80，0”，表示将“窗框”和“玻璃”向 Y 轴正方向移动 80mm。

（5）按 Enter 键结束命令，结果如图 5.24 所示。

用同样的方法可以建立其他开间的窗和门的模型，尺寸相同时还可以用【复制】、【阵列】或【镜像】命令复制模型，结果如图 5.25 所示。

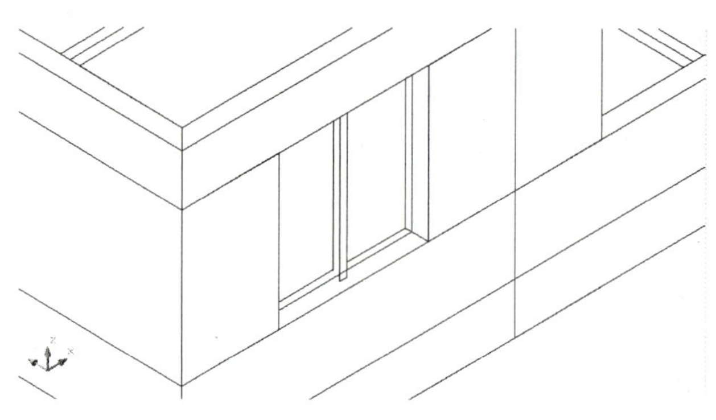

图 5.24　移动窗户模型

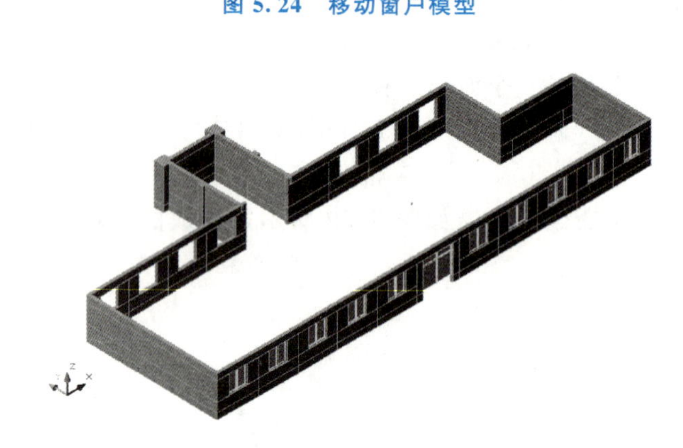

图 5.25　其他开间窗和门（着色后的图形）

## 5.3.4　复制墙、柱和门窗模型

使用【阵列】命令复制墙、柱和门窗模型。

(1) 执行菜单栏中的【工具】|【快速选择】命令，打开【快速选择】对话框，按照图 5.26 所示设置该对话框，然后单击【确定】按钮关闭对话框，结果所有三维墙体均被选中，如图 5.27 所示。

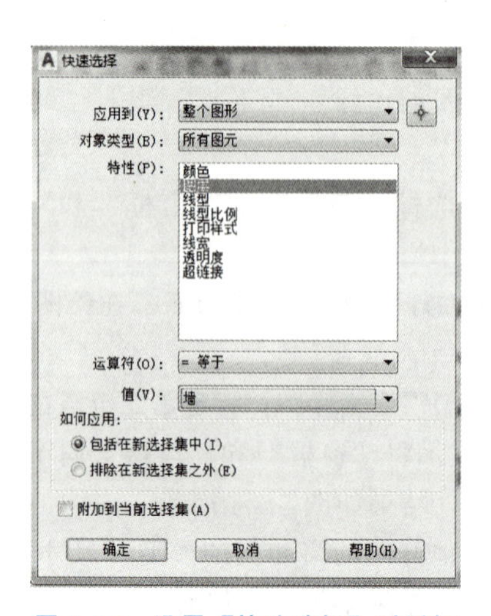


图 5.26　设置【快速选择】对话框

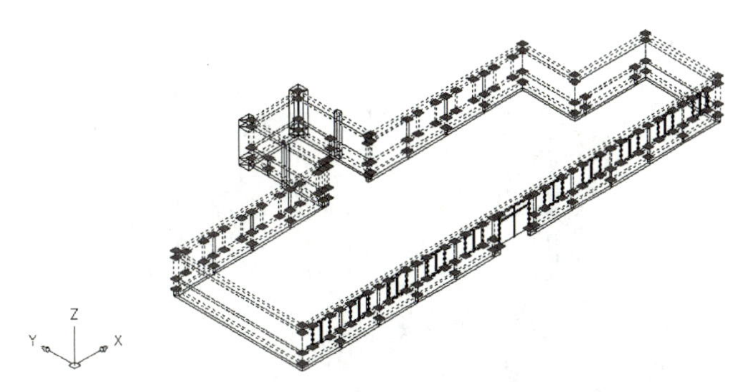

图 5.27 利用【快速选择】对话框选择首层墙

(2) 重复【快速选择】命令，按照图 5.28 所示设置对话框，然后单击【确定】按钮关闭对话框，这样就选中了所有的门窗框模型。

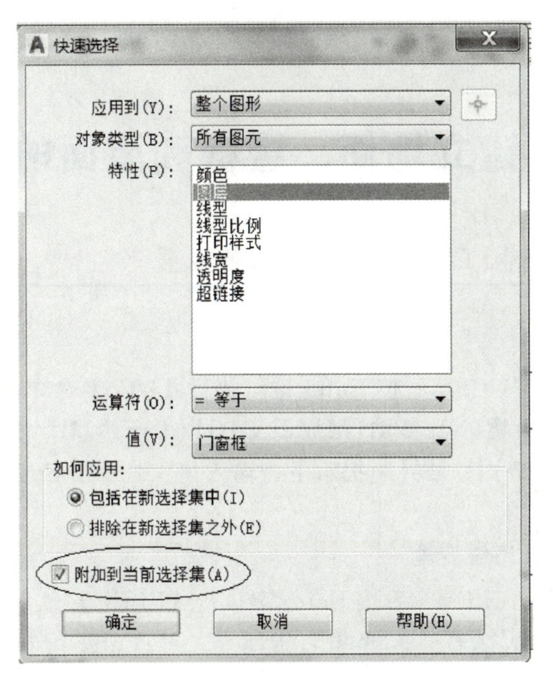


图 5.28 利用【快速选择】对话框选择门窗框

(3) 重复使用【快速选择】命令，依次选择柱子和玻璃模型。

(4) 单击【绘图】工具栏上的【阵列】图标，打开【阵列】对话框，如图 5.29 设置对话框参数，结果如图 5.30 所示。

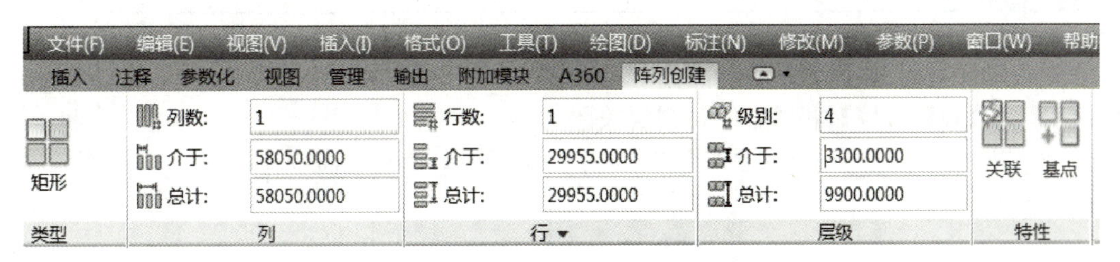


图 5.29 设置阵列对话框

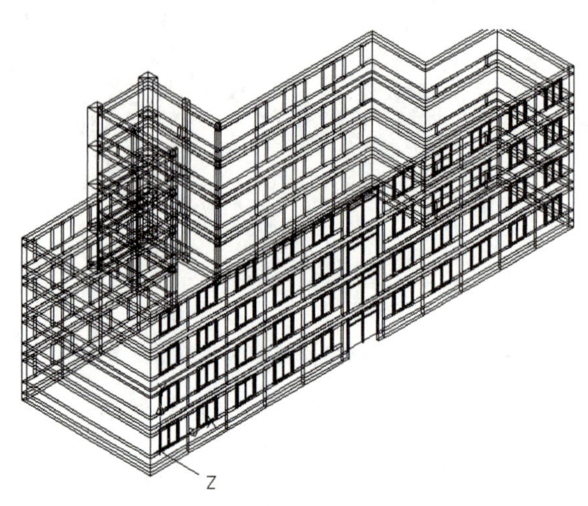


图 5.30　阵列生成二～四层模型

# 5.4　建立地面、楼板和屋面的模型

## 5.4.1　修改 UCS 和 ELEVATION 系统变量

### 1. 修改坐标系

（1）在命令行输入“UCS”后按 Enter 键，执行【UCS】命令。

（2）在输入选项［新建(N)/移动(M)/正交(G)/上一个(P)/恢复(R)/保存(S)/删除(D)/应用(A)/？/世界(W)］＜世界＞提示下，输入“W”后按 Enter 键，表示将恢复到世界坐标系。

### 2. 修改 ELEVATION 系统变量

（1）在命令行输入“ELEV”后按 Enter 键执行【ELEV】命令。

（2）在指定新的默认标高＜0.0000＞提示下，按 Enter 键执行尖括号内的默认值“0.0000”。

（3）在指定新的默认厚度＜80.0000＞提示下，输入“0”后按 Enter 键，表示当前厚度为 0mm。

## 5.4.2　改变当前层和视图

（1）改变当前层：创建【屋面】图层并将其设为当前层，然后将【柱】、【门窗框】、【玻璃】、【勒脚】、【墙】和【轴线】图层关闭。

（2）执行菜单栏中的【视图】|【三维视图】|【俯视】命令，将视图调整为俯视图状态，结果如图 5.31 所示。

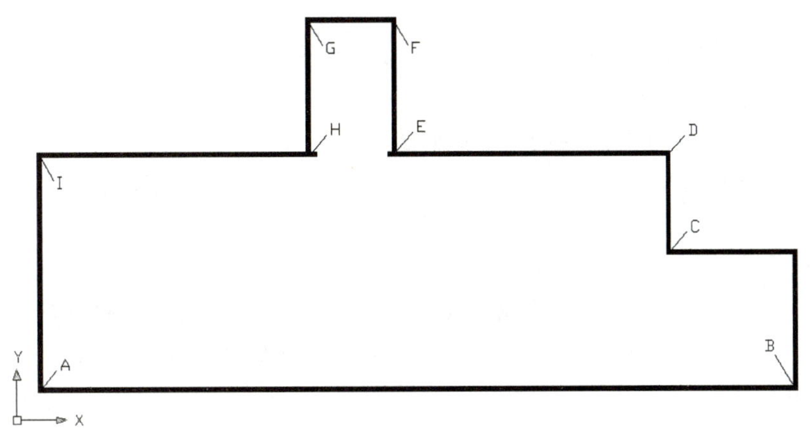


图 5.31 调整视图为俯视图

## 5.4.3 建立模型

### 1. 绘制地面、楼板和屋面轮廓

(1) 启动【多段线】命令。

(2) 在**指定起点**提示下，捕捉图 5.31 所示的 A 点作为多段线的起点。

(3) 在**指定下一个点或 [圆弧(A)/半宽(H)/长度(L)/放弃(U)/宽度(W)]**提示下，输入“W”。

(4) 在**指定起点宽度<80.0000>**提示下，输入“0”。

(5) 在**指定端点宽度<0.0000>**提示下，输入“0”。

(6) 在**指定下一点或 [圆弧(A)/闭合(C)/半宽(H)/长度(L)/放弃(U)/宽度(W)]**提示下，依次捕捉图 5.31 中的 B、C、D、E、F、G、H 和 I 点。

(7) 在**指定下一点或 [圆弧(A)/闭合(C)/半宽(H)/长度(L)/放弃(U)/宽度(W)]**提示下，输入“C”后按 Enter 键。

(8) 将【墙】图层关闭，结果如图 5.32 所示。

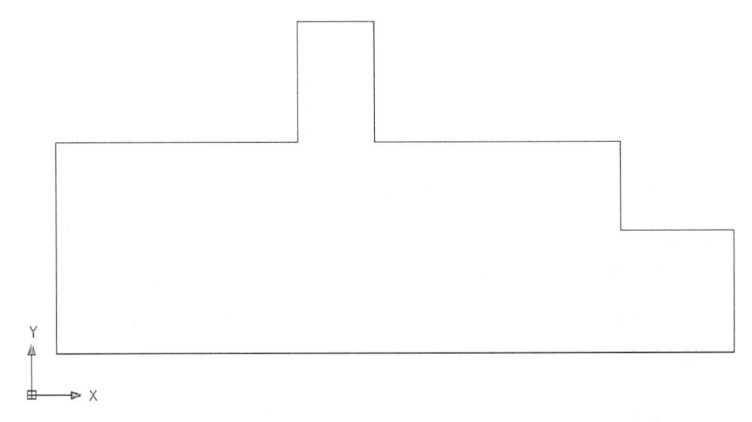


图 5.32 绘制屋面的轮廓

### 2. 绘制轮廓

将刚才绘制的屋面的轮廓向外偏移120mm后擦除源对象。

### 3. 将多段线变成面域

（1）单击【绘图】工具栏上的【面域】图标。

（2）在选择对象提示下，选择多段线绘制的屋面轮廓，按Enter键结束命令。

**特别提示**

宽度为“0”的多段线绘制的图形相当于用金属丝所折成的几何图形，只有轮廓信息，没有内部信息；面域则相当于一张具有几何形状的纸，存有内部信息，如图5.33所示。

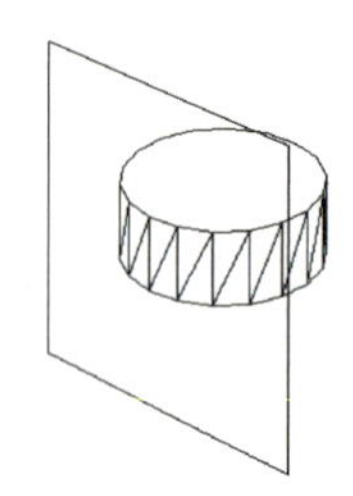

（a）宽度为“0”的多段线绘制的图形

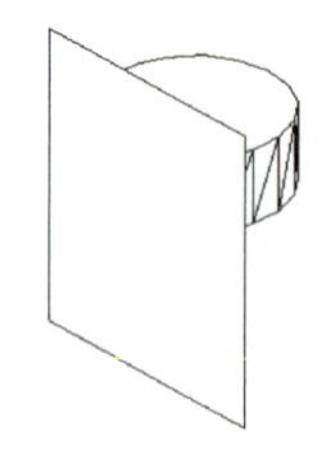

（b）面域

图5.33　多段线和面域的区别

### 4. 拉伸地面、楼板和屋面

（1）执行菜单栏中的【视图】|【三维视图】|【西南等轴测】命令，将视图调整为轴测视图状态，结果如图5.34所示。

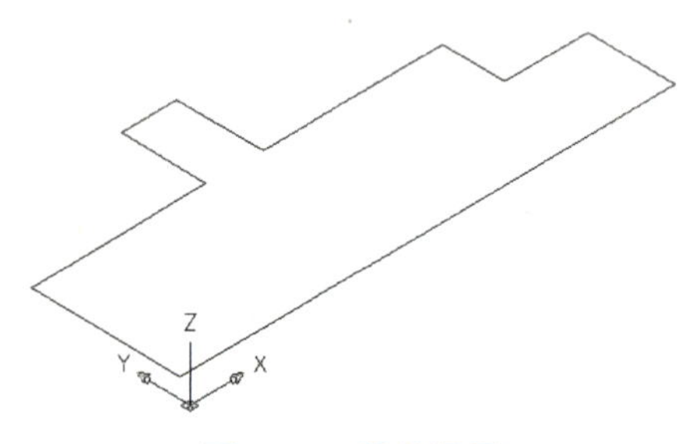


图5.34　调整视图

（2）执行菜单栏中的【绘图】|【实体】|【拉伸】命令。

① 在选择对象提示下，选择图5.34中由多段线变成的面域。

② 在指定拉伸高度或［路径(P)］提示下，输入“100”，指定将面域向上拉伸100mm。

③ 在指定拉伸的倾斜角度＜0＞提示下，输入“0”，结果如图5.35所示。

### 5. 移动形成屋面

（1）启动【移动】命令。

（2）在选择对象提示下，选择拉伸后的图形。

（3）在指定基点或［位移(D)］＜位移＞提示下，在绘图区域单击任意一点作为【移

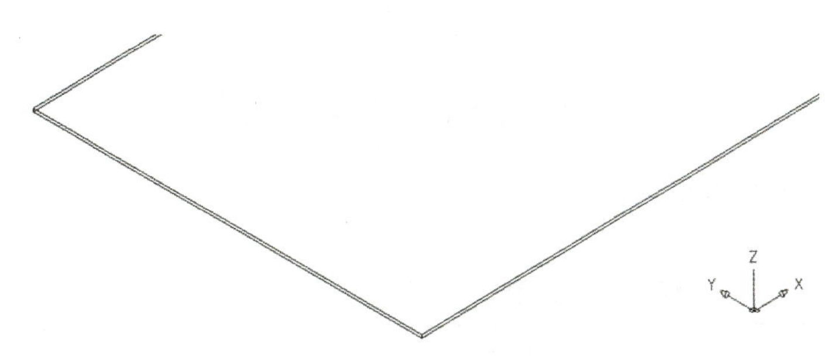

图 5.35　拉伸屋面板

动】命令的基点。

(4) 在指定第二个点或<使用第一个点作为位移>提示下，输入“@0，0，13700”。

(5) 将【墙】、【勒脚】、【门窗框】、【玻璃】和【柱子】图层打开，结果如图 5.36 所示。

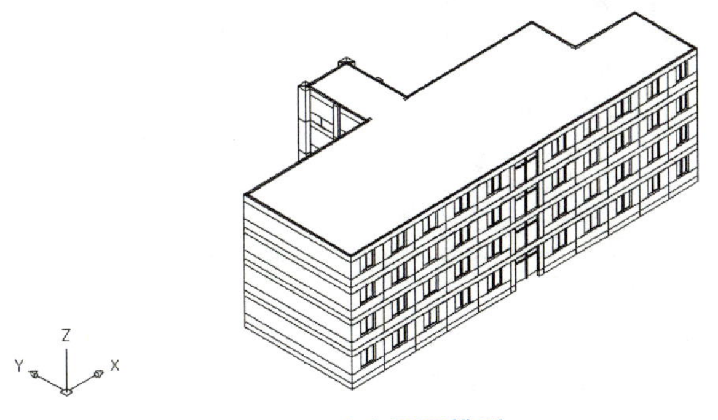

图 5.36　建立屋面模型

6. 利用屋面阵列生成地面和楼板

将坐标系切换到【窗】坐标系，然后启动【阵列】命令，阵列参数设为 4 行、1 列、行偏移距离－3300mm。

## 5.4.4 建立女儿墙的模型

关闭【屋面】图层，在命令行无命令的状态下选择顶层窗上部的墙体，然后执行菜单栏中的【修改】|【特性】命令，打开【对象特性管理器】，将厚度由“600”修改为“1200”，结果如图 5.37 所示。

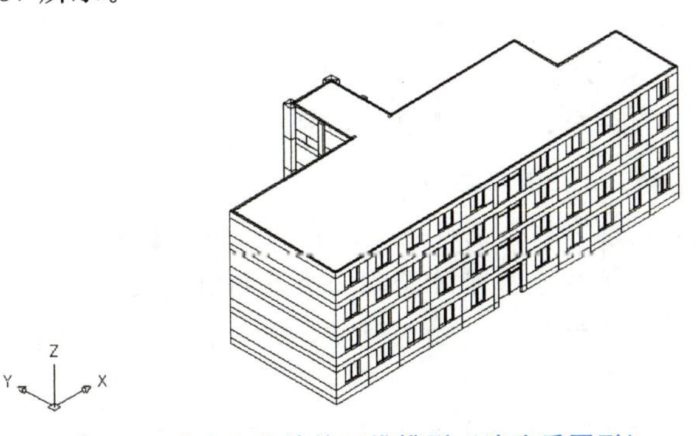

图 5.37　建立女儿墙的三维模型（消隐后图形）

# 5.5 建立阳台模型

下面用【多段线】命令建立阳台模型。

## 5.5.1 绘制二层阳台的挑梁和封边梁

### 1. 创建新图层

将【阳台】图层打开并创建新图层【阳台 1】，同时将【阳台 1】图层设为当前层，如图 5.38 所示。注意，当前坐标系为世界坐标系。

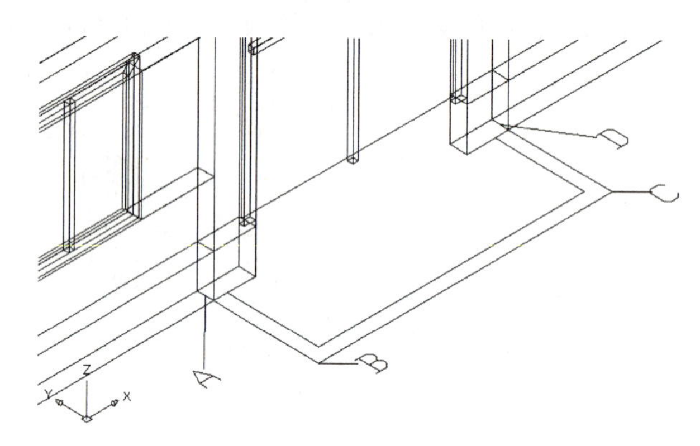


图 5.38　打开【阳台】图层

### 2. 绘制二层阳台的挑梁和封边梁

(1) 执行【ELEV】命令，设置默认标高为“0”，设置默认厚度为“300”。

(2) 启动【多段线】命令。

(3) 在**指定起点**提示下，捕捉如图 5.38 所示的 A 点作为多段线的起点。

(4) 在**指定下一个点或［圆弧(A)/半宽(H)/长度(L)/放弃(U)/宽度(W)］**提示下，输入“W”后按 Enter 键。

(5) 在**指定起点宽度＜0.0000＞**提示下，输入“200”。

(6) 在**指定端点宽度＜200.0000＞**提示下，按 Enter 键执行尖括号内的值“200.0000”。

(7) 在**指定下一点或［圆弧(A)/闭合(C)/半宽(H)/长度(L)/放弃(U)/宽度(W)］**提示下，依次捕捉如图 5.38 所示的 B、C 和 D 点。

(8) 按 Enter 键结束命令，关闭【阳台】图层，结果如图 5.39 所示。

### 3. 将二层的挑梁和封边梁移动就位

(1) 在命令行输入“M”后按 Enter 键，启动【移动】命令。

(2) 在**选择对象**提示下，选择刚才绘制的挑梁和封边梁。

(3) 在**指定基点或［位移(D)］＜位移＞**提示下，在绘图区域单击任意一点作为移动的基点。

(4) 在**指定第二个点或＜使用第一个点作为位移＞**提示下，输入“@0＜0，3900”，

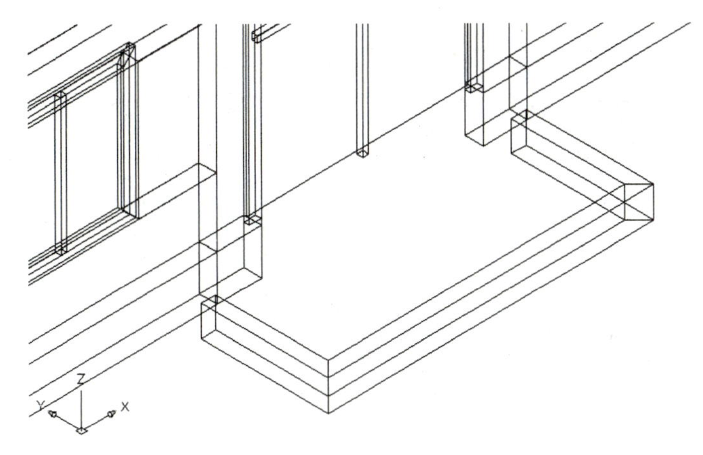


图 5.39 绘制阳台下部的挑梁和封边梁

表示将挑梁和封边梁向 $Z$ 轴正方向移动 3900mm（3900＝3300＋600），结果如图 5.40 所示。

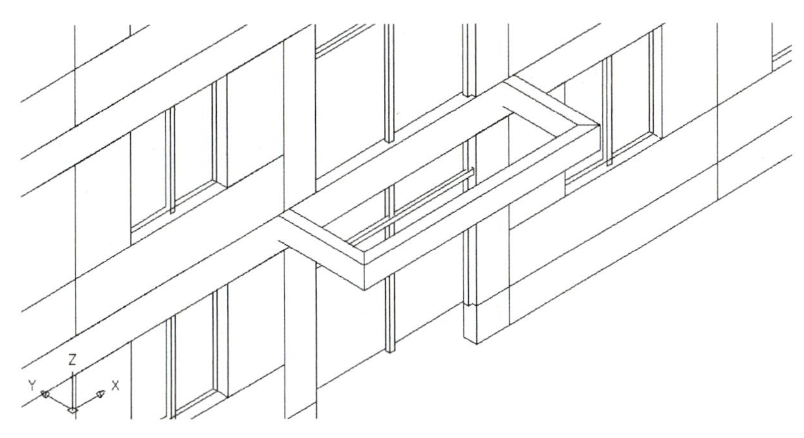


图 5.40 将二层阳台的挑梁和封边梁移动就位

**特别提示**

"@0<0，3900"也是极坐标的一种形式，表示在三维空间上的相对位置，其中"@0<0"与二维极坐标表示形式一样，"3900"表示 $Z$ 轴的位移距离，所以"@0<0，3900"就表示相对于基点在 $XY$ 平面上移动 0mm，向 $Z$ 轴正方向移动 3900mm 位置的点。

## 5.5.2 复制生成二层阳台的扶手

（1）启动【复制】命令。

（2）在选择对象提示下，选择如图 5.40 所示的挑梁和封边梁。

（3）在指定基点或［位移(D)］<位移>提示下，在绘图区域单击任意一点作为复制的基点。

(4) 在指定第二个点或<使用第一个点作为位移>提示下，输入“@0<0，1100”，表示将挑梁和封边梁向 $Z$ 轴正方向移动 1100mm(1100=900+200)，结果如图 5.41 所示。

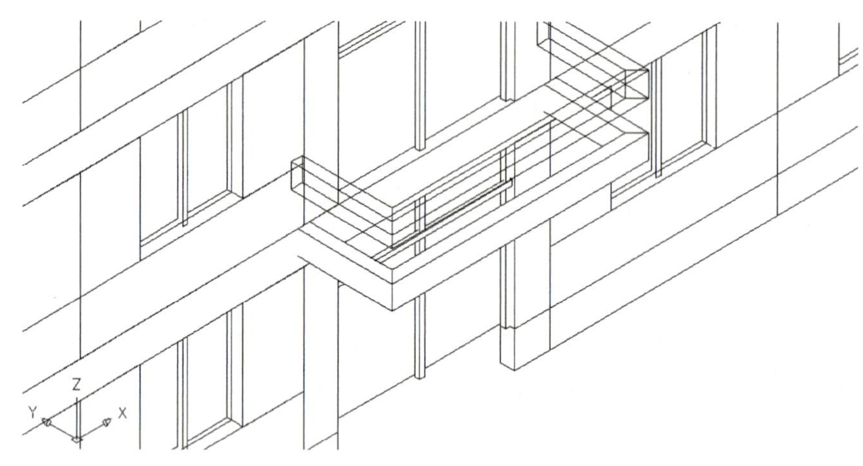


图 5.41 复制生成阳台扶手

(5) 修改阳台扶手的高度。

① 在命令行无命令的状态下，选中复制生成的阳台扶手，则出现冷夹点。

② 执行菜单栏中的【修改】|【特性】命令，打开【对象特性管理器】对话框，将厚度由“300”修改为“200”，结果如图 5.42 所示。

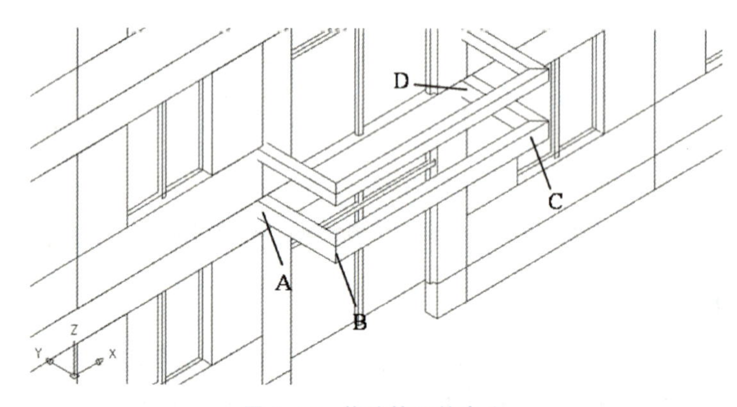


图 5.42 修改扶手的高度

这样就利用多段线的绘制命令及三维空间上的【移动】、【复制】和【特性修改】命令，生成了阳台的挑梁、封边梁和扶手。

## 5.5.3 绘制阳台板

为了在渲染建筑模型时不漏光，下面需要绘制阳台板。阳台板是一个规则的长方形，所以可以在【窗】坐标系下绘制一条宽度为“0”、厚度为阳台挑出的长度的多段线。这里用绘制三维面的方法绘制阳台板。

三维面是由 3 个或 4 个顶点组成的，每个顶点的 $Z$ 坐标可以不同，也就是说三维面是空间上的面，而不像带有厚度的多段线生成的面，即与 $XY$ 平面相垂直平面上的二维面。所以，绘制三维面时不必考虑当前坐标系的状态。

（1）执行菜单栏中的【绘图】|【建模】|【网格】|【三维面】命令。

（2）在**指定第一点或［不可见(I)］**提示下，捕捉图 5.42 所示的端点 A。

（3）在**指定第二点或［不可见(I)］**提示下，捕捉图 5.42 所示的端点 B。

（4）在**指定第三点或［不可见(I)］＜退出＞**提示下，捕捉图 5.42 所示的端点 C。

（5）在**指定第四点或［不可见(I)］＜创建三侧面＞**提示下，捕捉图 5.42 所示的端点 D。

（6）按 Enter 键结束命令，结果图 5.43 所示。

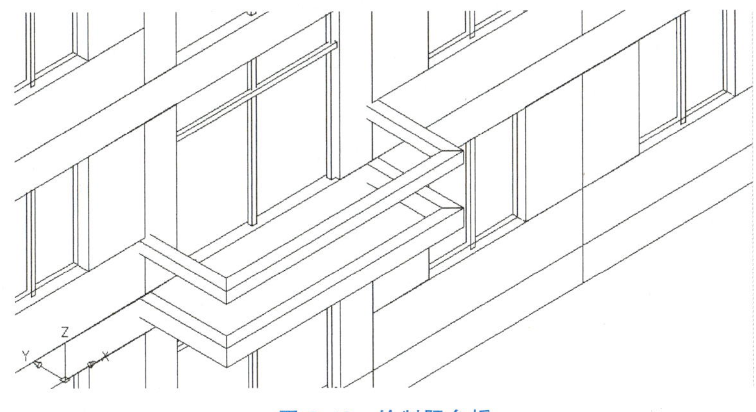


图 5.43　绘制阳台板

## 5.5.4　绘制阳台“花瓶”形状的栏杆

阳台栏杆的模型是一个特殊的“花瓶”形状的三维对象，可以认为其是由花瓶纵断面图形的一半，围绕中心纵轴线旋转一周而形成的回转体。通常把花瓶纵断面图形的一半称为轨迹曲线，中心纵轴称为旋转轴。

因此可以借用【旋转曲面】命令，通过轨迹曲线围绕旋转轴旋转一周，从而生成阳台“花瓶”形状的栏杆，然后通过【三维旋转】命令将其旋转到垂直状态。

### 1. 复制“花瓶”图形

（1）保持当前图层仍为【阳台 1】图层。继续绘制图 5.43，同时打开项目 3 中图 3.53 所示的图形文件，然后执行菜单栏中的【窗口】|【垂直平铺】命令，使打开的两个图形文件呈垂直平铺显示状态，结果如图 5.44 所示。

（2）将图 3.53 所示的“花瓶”设为当前图形，在命令行无命令的状态下选中图中的“花瓶”，“花瓶”变虚并显示出冷夹点。

（3）将十字光标放到任意一条虚线上（注意不能放在冷夹点上），按住鼠标左键并缓缓地移动光标，会发现所选择的花瓶图形随着光标的移动而移动。

（4）继续按住左键并将图形放到图 5.43 所示的窗口中，松开左键，这时选择的花瓶

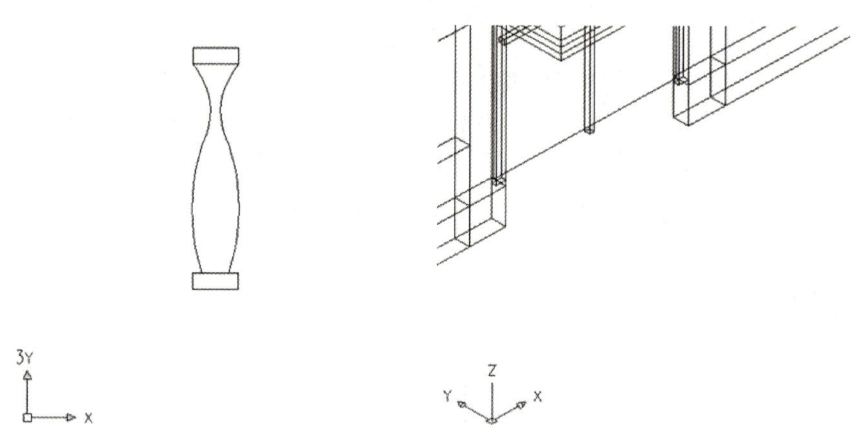


图 5.44　垂直平铺窗口

图形被复制到该图形中，结果如图 5.45 所示，关闭图 3.53 所示的图形文件。

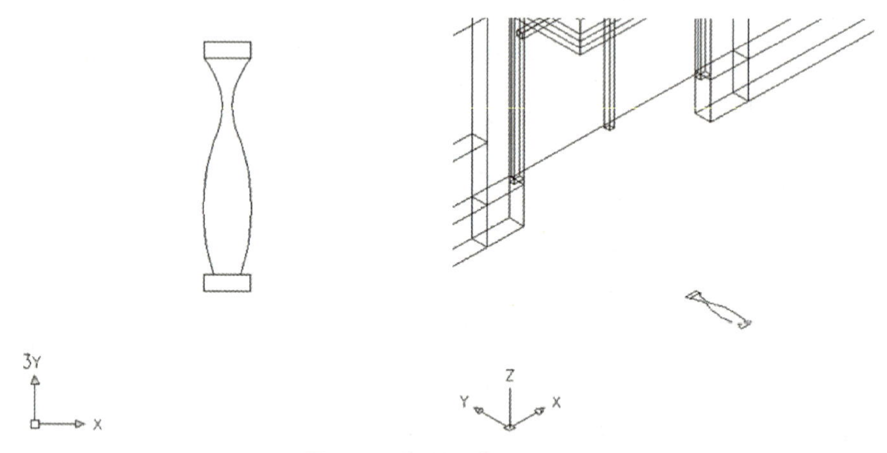


图 5.45　复制“花瓶”图形

### 2. 修改 ELEVATION 系统变量

执行【ELEV】命令，设置默认标高为“0”，默认厚度为“0”。

### 3. 绘制旋转轴

(1) 启动【多段线】命令。

(2) 在**指定起点**提示下，选择如图 5.46 所示的 A 点（“花瓶”底部的中点）。

(3) 在**当前线宽为 200.0000，指定下一个点或 [圆弧(A)/半宽(H)/长度(L)/放弃(U)/宽度(W)]**提示下，打开【正交】功能并将光标向 *Y* 轴正方向拖动，在高于“花瓶”的位置单击，按 Enter 键结束命令，结果如图 5.46 所示。

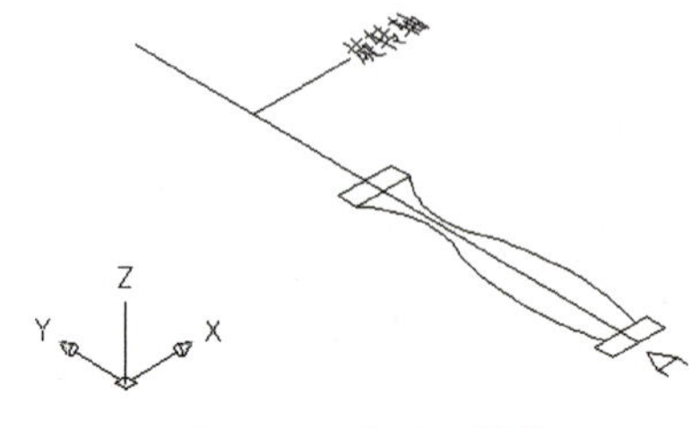


图 5.46　绘制旋转轴

#### 4. 修整“花瓶”

(1) 用【修剪】和【删除】命令将“花瓶”修整至图 5.47 所示效果。

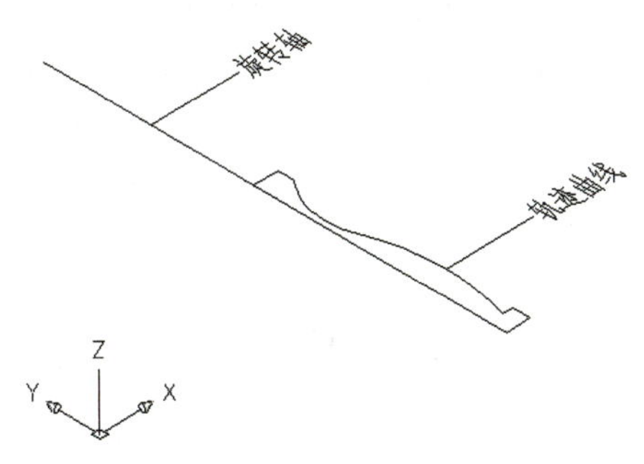


图 5.47 绘制旋转轴并修整“花瓶”

(2) 启动【编辑多段线】命令。

(3) 在选择多段线或 [多条(M)]提示下，单击选择组成半个花瓶的圆弧。

(4) 在选定的对象不是多段线是否将其转换为多段线? <Y>提示下，按 Enter 键执行尖括号内的“Y”，表示要将其转换为多段线。

(5) 在输入选项 [闭合(C)/合并(J)/宽度(W)/编辑顶点(E)/拟合(F)/样条曲线(S)/非曲线化(D)/线型生成(L)/放弃(U)]提示下，输入“J”按 Enter 键。

(6) 在选择对象提示下，选择图 5.47 中的组成半个花瓶的其他图元，按 Enter 键结束命令。

这样，就用【编辑多段线】命令将组成“花瓶”的圆弧和直线连接成了整体。

#### 5. 通过旋转网格生成的“花瓶”模型

(1) 执行菜单栏中的【绘图】|【建模】|【网格】|【旋转网格】命令。

(2) 在选择要旋转的对象提示下，选择半个“花瓶”为旋转对象。

(3) 在选择定义旋转轴的对象提示下，选择图 5.47 中的旋转轴作为旋转网格的旋转轴。

(4) 在指定起点角度<0>提示下，输入“0”，表示从 0°开始旋转。

(5) 在指定包含角 (+=逆时针，−=顺时针)<360>提示下，输入“360”，表示将围绕旋转轴旋转 360°，生成如图 5.48 所示的“花瓶”，它是由网络面组成的。

**特别提示**

系统变量 SURFTAB1 控制着回转体的曲面光滑程度，SURFTAB1 值越大曲面越光滑，默认状态下的 SURFTAB1 值为 6，如图 5.47 所示的是 SURFTAB1 为 36 时生成的花瓶。

#### 6. 使用【三维旋转】命令旋转“花瓶”

刚才通过旋转曲面生成的“花瓶”是水平放置的，需使用【三维旋转】命令将其改为垂直状态。

(1) 执行菜单栏中的【修改】|【三维操作】|【三维旋转】命令。

(2) 在选择对象提示下，选择图 5.48 中的“花瓶”模型。

(3) 在**指定轴上的第一个点或定义轴依据［对象(O)/最近的(L)/视图(V)/X 轴(X)/Y 轴(Y)/Z 轴(Z)/两点(2)］**提示下，输入“X”，表示将围绕 X 轴进行旋转。

(4) 在**指定 X 轴上的点<0，0，0>**提示下，捕捉图 5.48 所示的旋转点。

(5) 在**指定旋转角度或［参照(R)］**提示下，输入“90”，表示将逆时针旋转 90°，结果如图 5.49 所示。

**特别提示**

在三维空间中，围绕某坐标轴进行旋转的正方向是符合右手定则的。比如，将右手大拇指指向 X 轴的正向，其他 4 根手指握向掌心，那么这 4 根手指的握旋方向就是围绕 X 轴进行旋转的正方向。

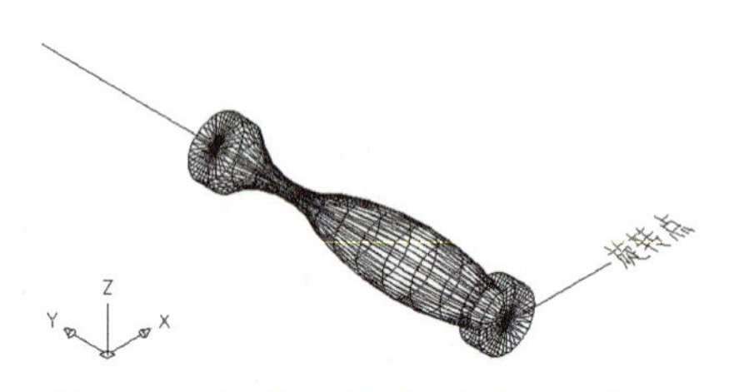


图 5.48 使用旋转网格生成的“花瓶”

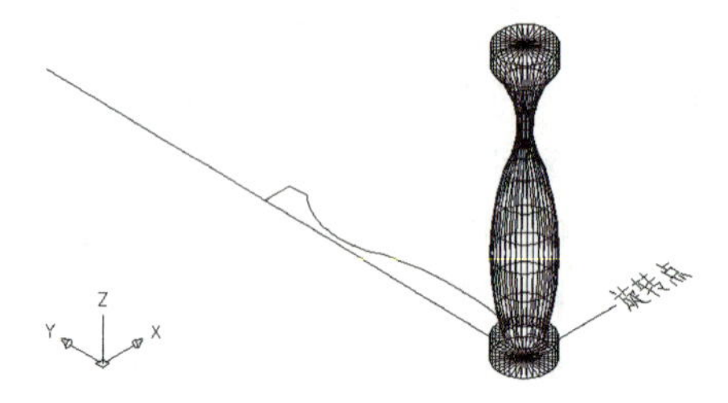


图 5.49 使用【三维旋转】命令旋转后的“花瓶”

(6) 将旋转轴和轨迹曲线删除。

### 7. 移动“花瓶”到合适的位置

(1) 执行菜单栏中的【视图】|【视口】|【两个视口】命令，在**输入配置选项［水平(H)/垂直(V)］<垂直>**提示下，按 Enter 键执行尖括号内的默认值“垂直”，表示将要垂直平铺两个视口，结果如图 5.50 所示。

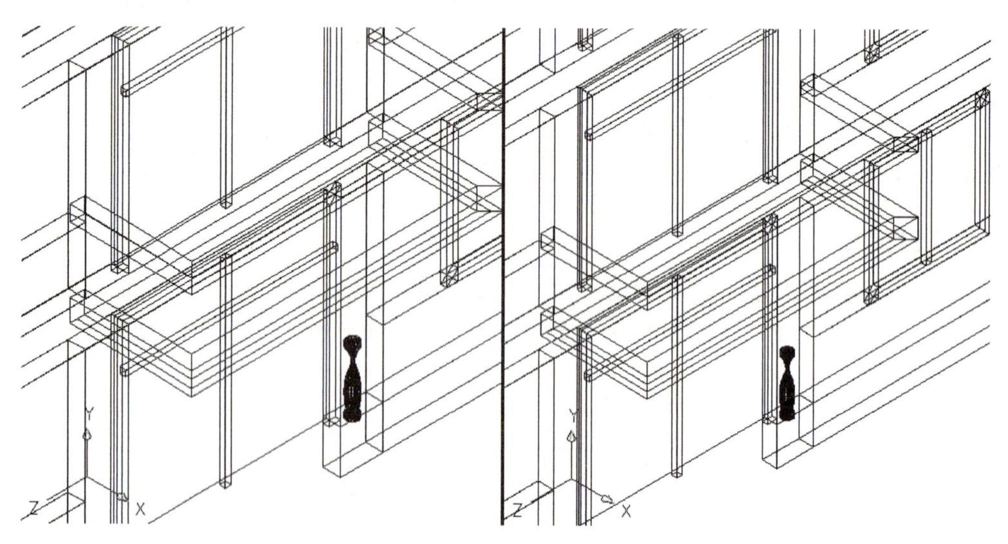


图 5.50 垂直平铺两个视口

特别提示

如果设定两个以上的视口，粗实线圈住的视口即为当前视口。

(2) 在左视口内单击，将其设为当前视口，然后执行菜单栏中的【视图】|【三维视图】|【左视图】命令，将视图调整为左视状态。

(3) 在右视口内单击，将其设为当前视口，然后执行菜单栏中的【视图】|【三维视图】|【主视图】命令，将视图调整为前视状态，结果如图 5.51 所示。

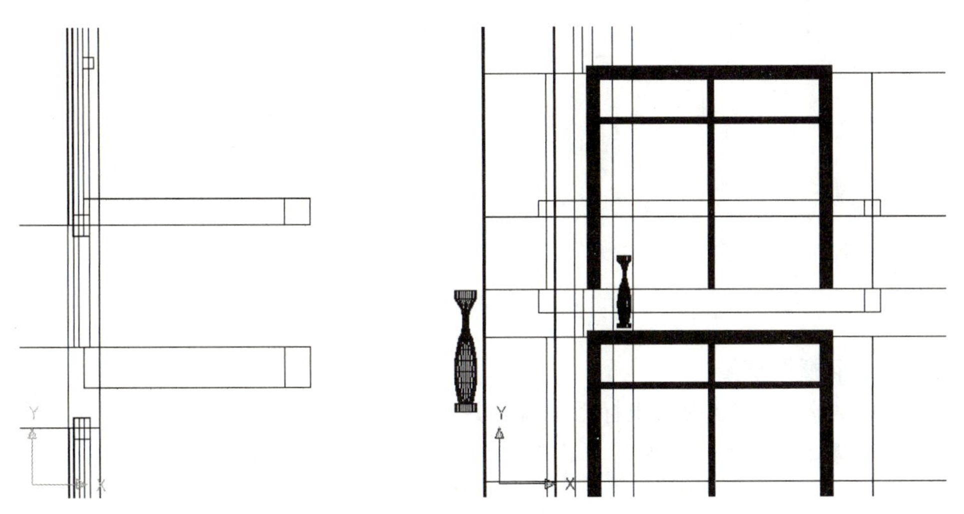

图 5.51 调整左右视口内的视图显示

(4) 左视图内显示“花瓶”的前后和上下位置关系，主视图内显示“花瓶”的左右和上下位置关系。用【移动】命令并结合两个视口的位置关系，将“花瓶”的位置调整至图 5.52 所示的状态。

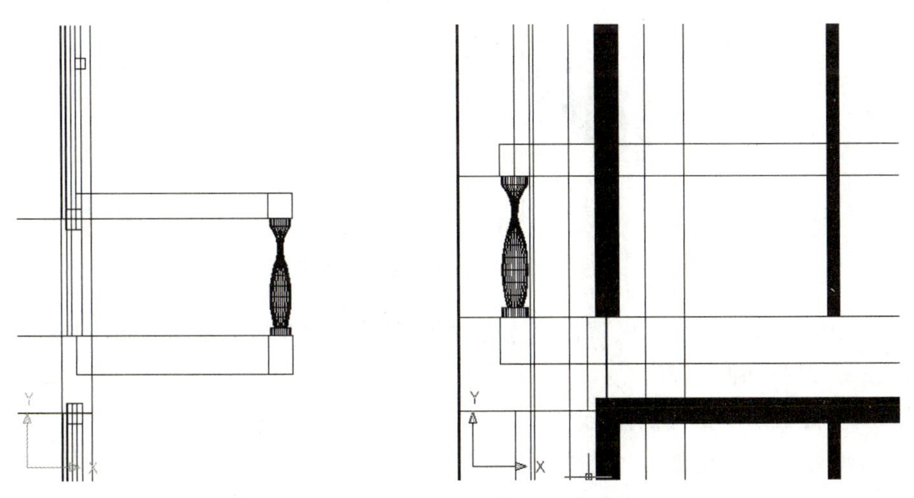

图 5.52 将“花瓶”放到合适的位置

(5) 执行菜单栏中的【视图】|【视口】|【合并】命令。

① 在**选择主视口<当前视口>**提示下，按 Enter 键，表示选择当前视口。

② 在**选择要合并的视口**提示下，在另外一个视口内单击，这样又将两个视口合并为一个视口。

(6) 执行菜单栏中的【视图】|【三维视图】|【西南等轴测】命令，结果如图 5.53 所示。

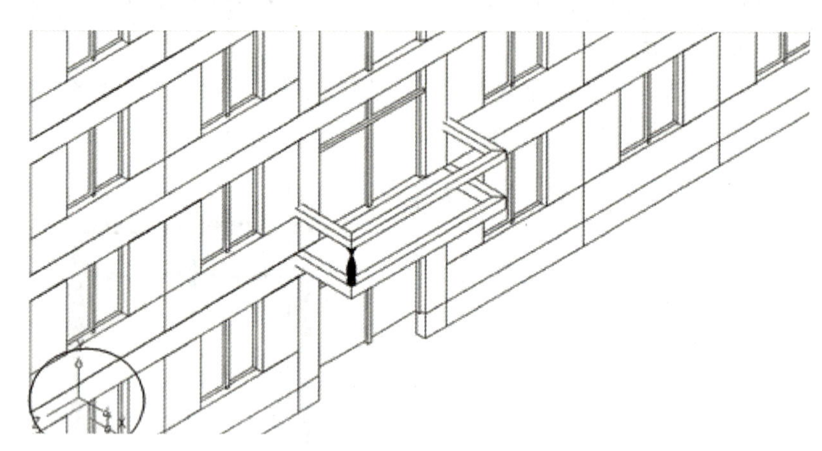

图 5.53 “花瓶”的三维视图

### 8. 阵列“花瓶”模型

(1) 注意观察图 5.53 内的坐标系，需将其调整为世界坐标系。

(2) 执行【阵列】命令，阵列参数设定为 1 行、12 列、列偏移距离 381mm，结果如图 5.54 所示。

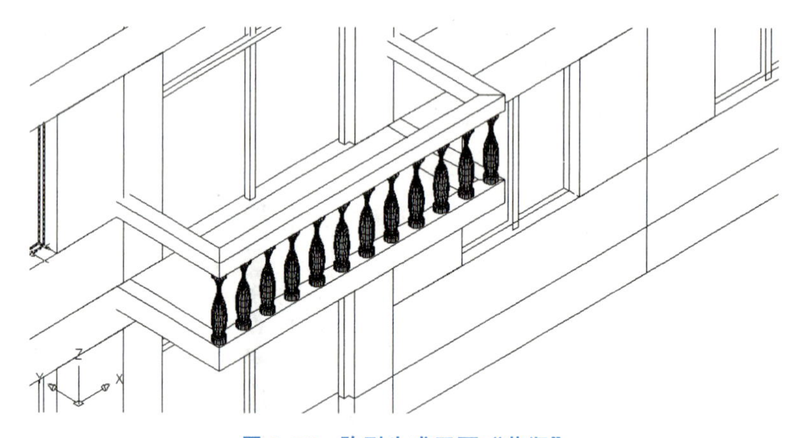

图 5.54 阵列生成正面“花瓶”

(3) 用相同的方法阵列生成阳台两侧的“花瓶”，阵列参数设定为 5 行、1 列、行偏移距离 360mm，结果如图 5.55 所示。

### 9. 阵列生成三层和四层的阳台

(1) 将世界坐标系设置为当前坐标系。

(2) 执行菜单栏中的【工具】|【快速选择】命令。

(3) 按照图 5.56 所示设定【快速选择】对话框。

(4) 单击【确定】按钮关闭对话框，组成阳台的所有图元均被选中。

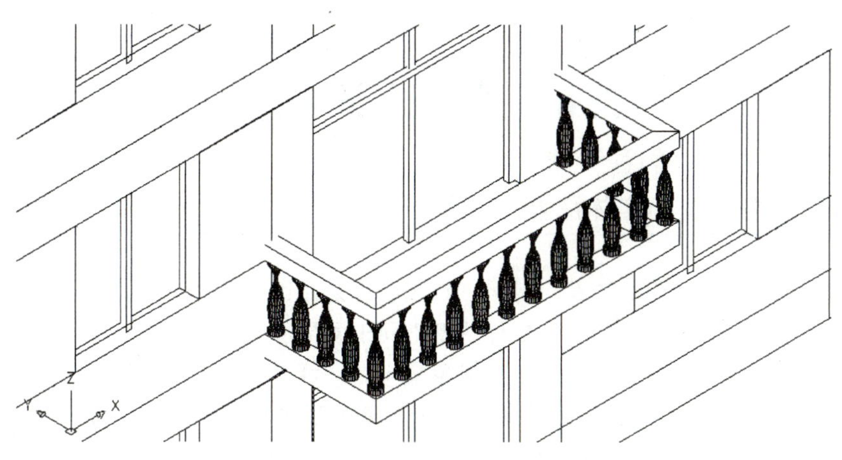


图 5.55 阵列生成两侧“花瓶”

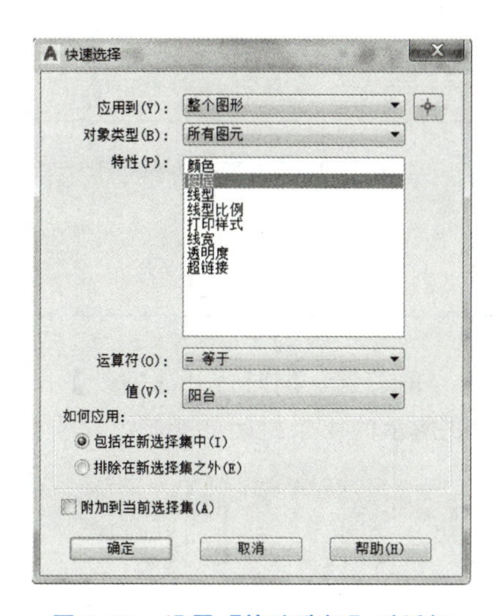


图 5.56 设置【快速选择】对话框

(5) 启动【阵列】命令，阵列参数设定为 1 行、1 列、3 层、层偏移距离 3300mm，结果如图 5.57 所示。

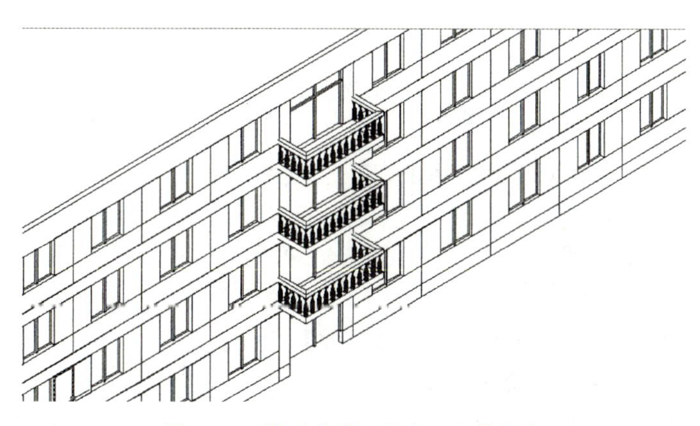

图 5.57 阵列生成 3 层和 4 层的阳台

# 5.6 建立台阶模型

## 5.6.1 网络造型和实体造型的区别

前文所述的建立三维墙、三维门窗及三维阳台都是用网格造型的方法，生成的三维对象是由许多面组成的，没有内部信息。实体造型不同于网格造型，使用实体造型生成的三维对象被当成一个具体的具有物理属性的单独对象来应用。可以利用【建模】工具（图5.58）建立长方体、圆柱体及圆锥体等实体，也可拉伸二维图形形成实体。另外AutoCAD还提供了布尔运算功能，利用此功能可以对两个以上的实体进行合并、修剪等编辑操作，布尔运算是组合实体生成复杂实体的重要方法。

图5.58 【建模】工具栏

## 5.6.2 准备工作

(1) 将【台阶】图层设为当前图层，同时打开【室外】图层。

(2) 将台阶修改成图5.59所示的4个封闭的矩形。

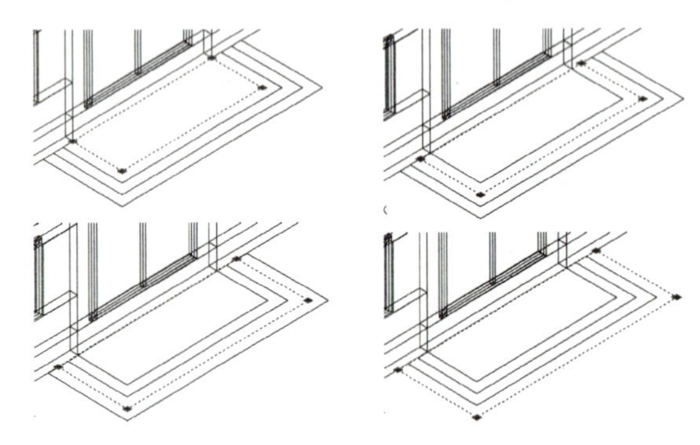

图5.59 修改平面台阶

(3) 将当前坐标系切换到世界坐标系。

## 5.6.3 建立台阶模型

(1) 执行菜单栏中的【绘图】|【建模】|【拉伸】命令。

① 在选择对象提示下，选择最内侧的矩形。

② 在指定拉伸高度或［路径(P)］提示下，输入“600”，表示向Z轴正方向拉伸600mm。

③ 在指定拉伸的倾斜角度<0>提示下，按 Enter 键，表示拉伸的倾斜角度为“0”，结果如图 5.60 所示。

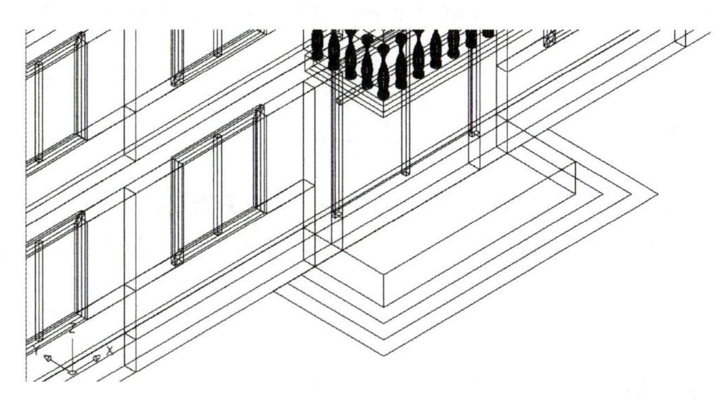

图 5.60 拉伸最内侧的矩形

（2）用相同的方法拉伸 3 个矩形：中间的 2 个矩形分别向 Z 轴正方向拉伸 450mm 和 300mm，最外侧的矩形向 Z 轴正方向拉伸 150mm，结果如图 5.61 所示。

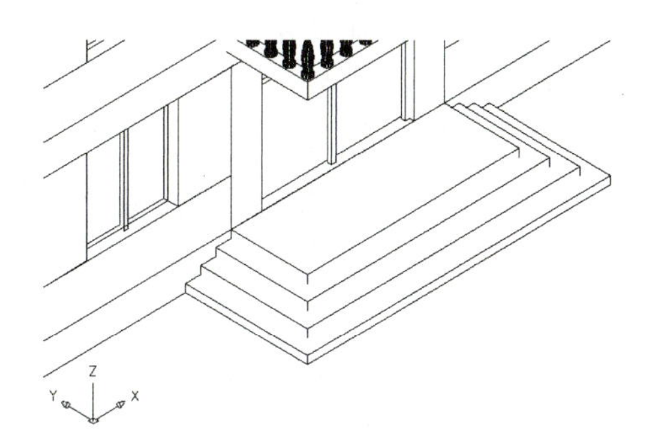

图 5.61 被拉伸后的台阶

## 5.6.4 进行布尔运算

（1）执行菜单栏中的【修改】|【实体编辑】|【合并】命令，进行布尔运算。

（2）在选择对象提示下，选择刚才拉伸的全部台阶。

（3）按 Enter 键结束命令，结果如图 5.62 所示。对比图 5.61 和图 5.62 中台阶显示的区别。

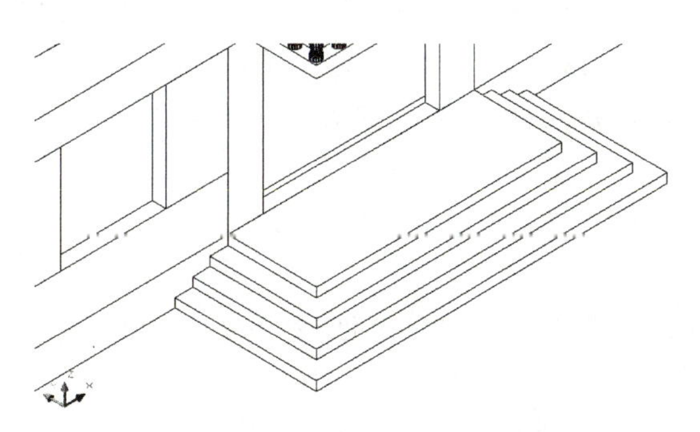

图 5.62 进行布尔运算后的台阶

# 5.7　建立窗台线和窗眉线模型

## 5.7.1　准备工作

(1) 将当前坐标系切换到【窗】坐标系，并将【墙】图层设为当前图层。

(2) 使用【ELEV】命令修改 ELEVATION 系统变量：设置默认标高为“0”，设置默认厚度为“120”。

## 6.7.2　建立窗台线和窗眉线模型

### 1. 建立底层窗台线模型

(1) 启动【多段线】命令。

(2) 在**指定起点**提示下，捕捉图 5.63 中所示的 A 点作为多段线的起点。

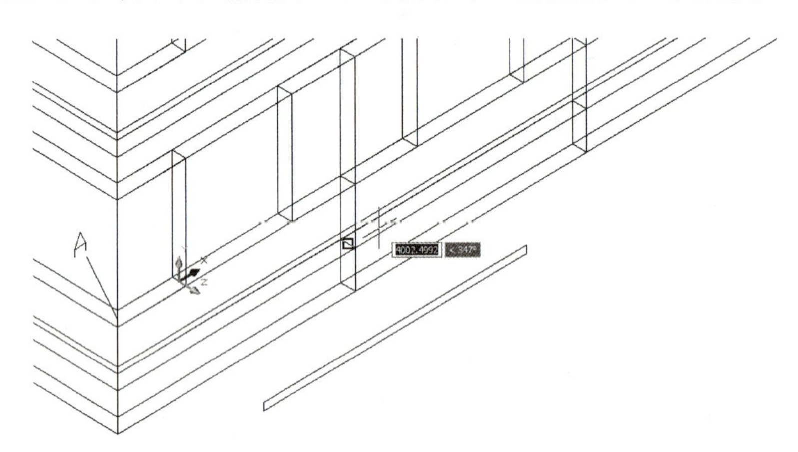


图 5.63　捕捉 A 点作为多段线的起点

(3) 在**指定下一个点或［圆弧(A)/半宽(H)/长度(L)/放弃(U)/宽度(W)］**提示下，输入“W”后按 Enter 键。

(4) 在**指定起点宽度＜0.0000＞**提示下，输入“120”。

(5) 在**指定端点宽度＜120.0000＞**提示下，按 Enter 键执行尖括号内的值。

(6) 在**指定下一点或［圆弧(A)/闭合(C)/半宽(H)/长度(L)/放弃(U)/宽度(W)］**提示下，打开【正交】功能，将光标向 $X$ 轴的正方向拖动，输入“20220”，表示该窗台线长度为 20220mm。

(7) 按 Enter 键结束命令，结果如图 5.64 所示。

### 2. 移动底层窗台线模型

(1) 将底层窗台线模型向 $Z$ 轴正方向移动 120mm。

① 启动【移动】命令。

② 在**选择对象**提示下，选择刚才建立的窗台线模型。

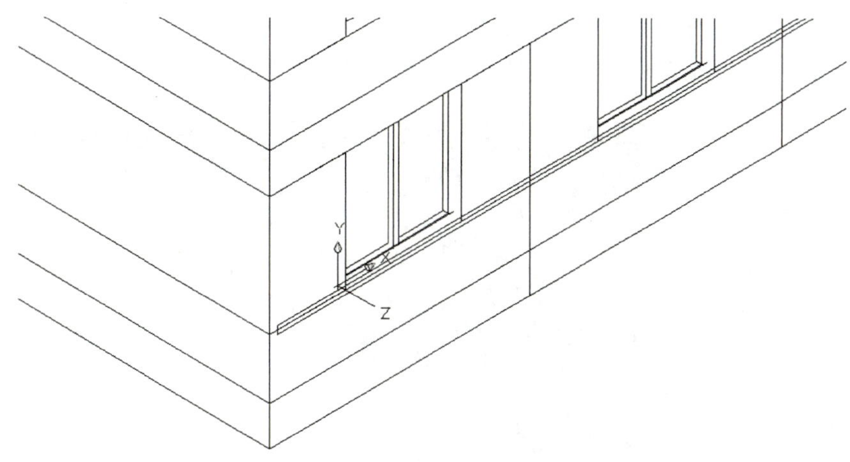


图 5.64 绘制窗台模型

③ 在指定基点或［位移(D)］<位移>提示下，在绘图区域单击任意一点作为移动的基点。

④ 在指定基点或［位移(D)］<位移>:指定第二个点或<使用第一个点作为位移>提示下，输入“@0，0，120”，表示将窗台线模型向 $Z$ 轴正方向移动 120mm，结果如图 5.65 所示。

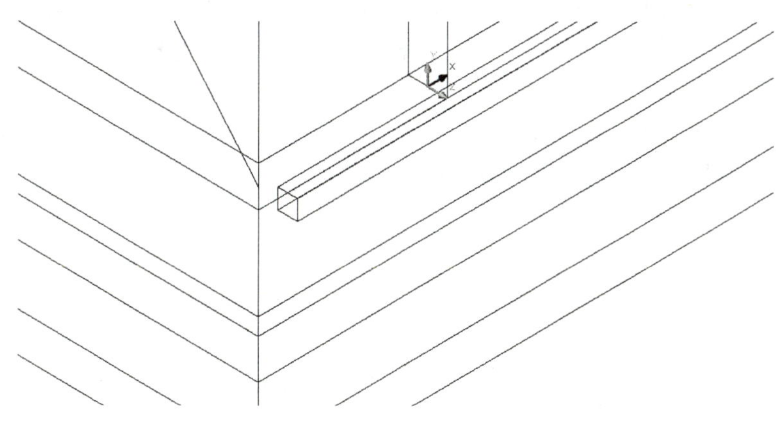

图 5.65 向 Z 轴正方向移动 120mm 后的窗台线

(2) 用【移动】命令将窗台线模型向 $X$ 轴负方向移动 120mm，结果如图 5.66 所示。

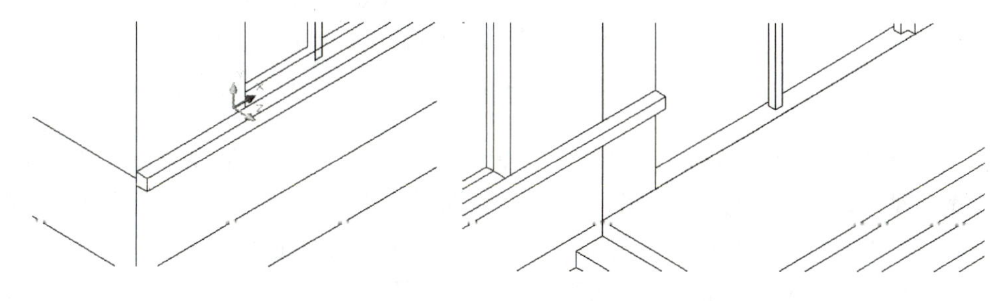

图 5.66 向 X 轴负方向移动 120mm 后的窗台线模型

### 3. 建立其他窗台线模型和窗眉线模型

用相同的方法生成其他窗台线模型和窗眉线模型，结果如图 5.67 所示。

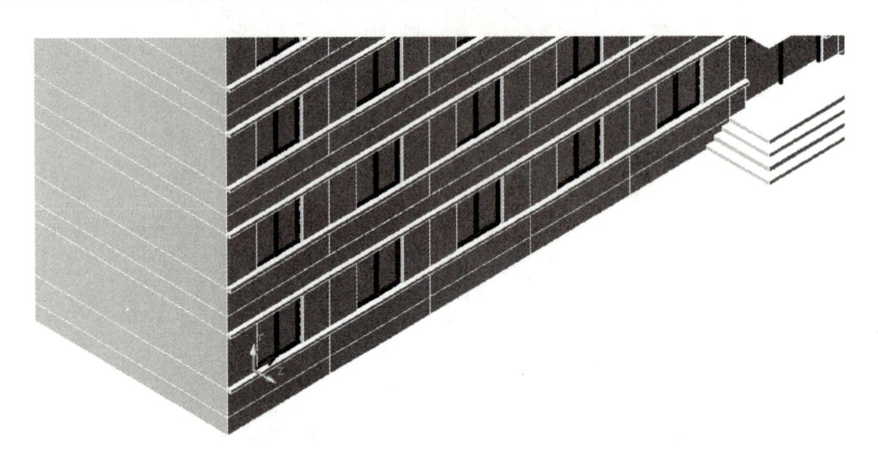

图 5.67　建立窗台线模型和窗眉线模型

## 5.8　选择视觉样式

由于三维图形的线比较多，有时很难分辨图形元素之间的空间关系，因此，AutoCAD 提供了几种三维对象视觉样式，选择合适的视觉样式对观察三维图形以及对三维效果显示有很大的帮助。

执行菜单栏中的【视图】|【视觉样式】命令，AutoCAD 2018 提供了 10 种视觉样式，如图 5.68 所示。

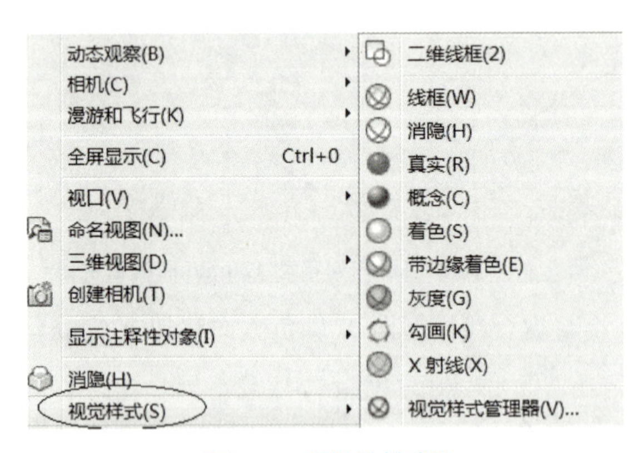


图 5.68　【视觉样式】

【二维线框】显示方法是用直线和曲线显示对象轮廓线；【线框】显示方法也是用直线和曲线显示对象轮廓线，与二维线框不同的是坐标系的图标显示为三维着色形式；【消隐】是将三维对象中观察不到的线隐藏起来，而只显示那些前面无遮挡的对象，这种限制方法符合实际观察对象的情况；【着色】可以对对象的面着色，使对象的边平滑化，并显示已附着到对象的材质；【概念】同样可以对对象着色，不同的是着色使用古氏样式（照亮区域使用暖色调，阴影区域使用冷色调），可以更方便地查看模型的细节。

## 5.9 生成透视图

绘制三维图形都是在轴测视图中操作的，当对模型进行渲染时，需要带有透视效果的透视图，这样就需要设置合适的三维视点。

### 1. 建立地平面模型

为了使图 5.67 所示的建筑模型在渲染时能够产生阴影，这里需要建立地平面模型。

(1) 执行菜单栏中的【视图】|【三维视图】|【俯视图】命令，并用【实时缩放】命令调整视图，结果如图 5.69 所示。

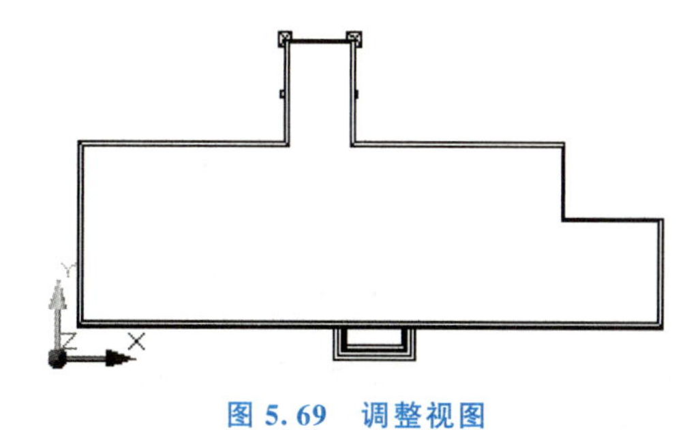

图 5.69 调整视图

(2) 启动【矩形】命令，绘制如图 5.70 所示的矩形。

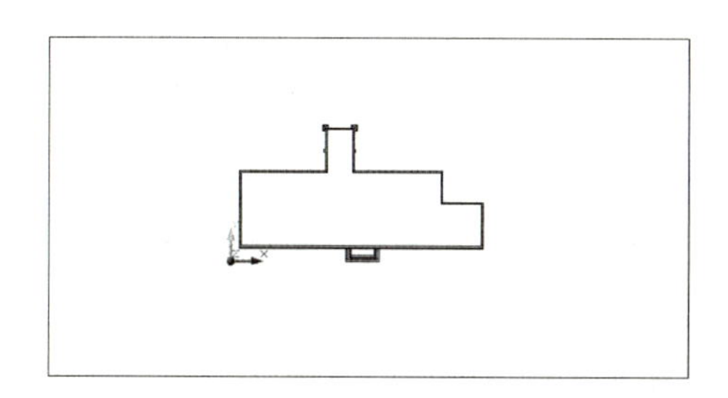

图 5.70 绘制矩形

(3) 由于矩形属于多段线，只有轮廓信息而没有内部信息，所以需要将矩形变成面域。启动【面域】命令（快捷键 REG)，在选择对象提示下，选择矩形后按 Enter 键结束命令。

(4) 执行菜单栏中的【视图】|【三维视图】|【西南等轴测】命令，将视图调整至轴测图状态，结果如图 5.71 所示。

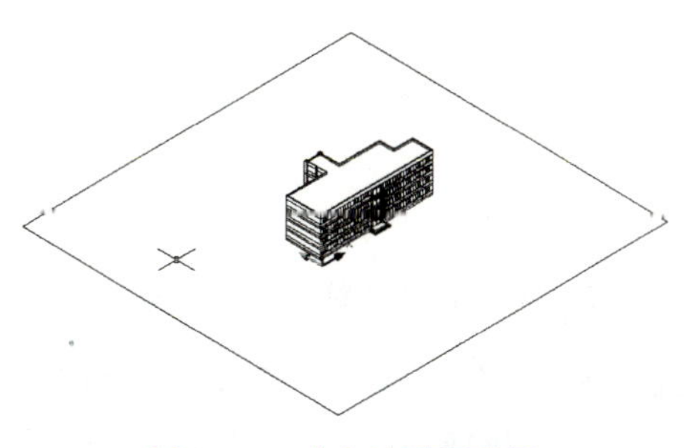

图 5.71 建立地平面模型

## 2. 设置三维视点

（1）在命令行输入“DVIEW”后按 Enter 键，执行【DVIEW】命令设置三维视点。

（2）在**选择对象或＜使用 DVIEWBLOCK＞**提示下，按 Enter 键，表示将 AutoCAD 的三维建筑实例作为设置三维视点时显示的目标对象，结果如图 5.72 所示。

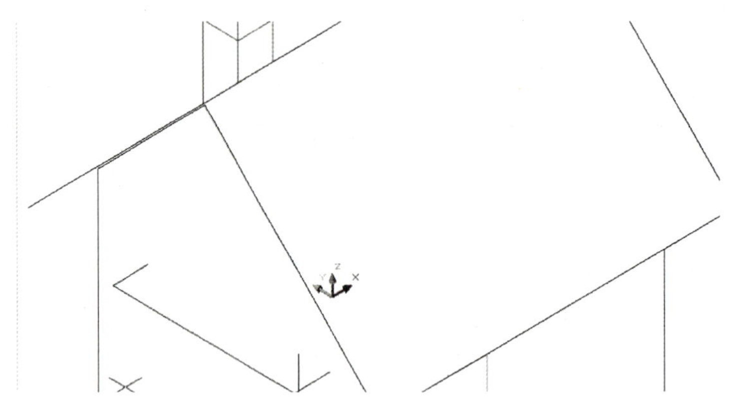

**图 5.72　显示的目标对象**

（3）在**输入选项［相机(CA)/目标(TA)/距离(D)/点(PO)/平移(PA)/缩放(Z)/扭曲(TW)/剪裁(CL)/隐藏(H)/关(O)/放弃(U)］**提示下，输入“D”以选择【距离】选项，表示将改变视点和目标对象的距离，此时绘图区域上方出现一个表示视点距离的滑动条，如图 5.73 所示。

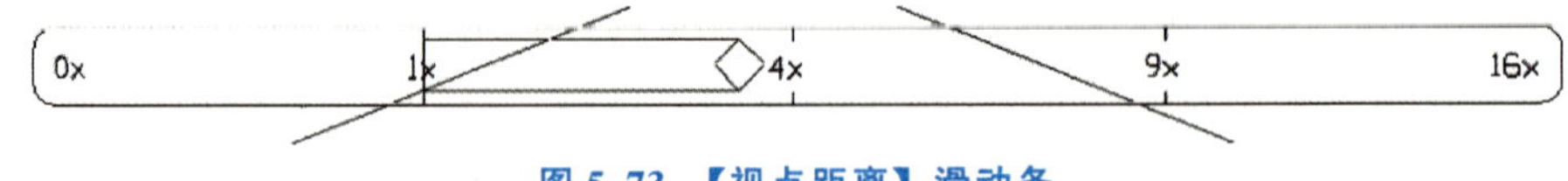


**图 5.73　【视点距离】滑动条**

（4）在**指定新的相机目标距离＜20.0000＞**提示下，输入“200000”，表示视点到目标对象的距离为 200000mm，结果如图 5.74 所示。

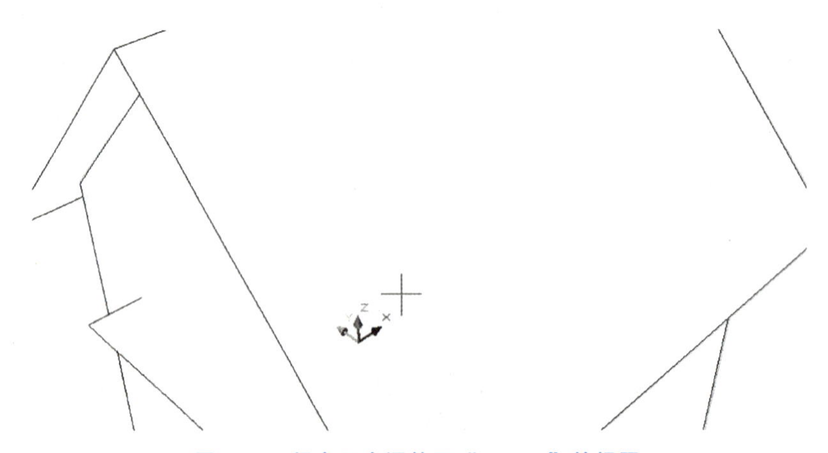

**图 5.74　视点距离调整至“200000”的视图**

（5）在**输入选项［相机(CA)/目标(TA)/距离(D)/点(PO)/平移(PA)/缩放(Z)/扭曲(TW)/剪裁(CL)/隐藏(H)/关(O)/放弃(U)］**提示下，输入“CA”，选择相机（视点）的位置。

（6）在指定相机位置，输入与 XY 平面的角度，或［切换角度单位(T)］<35.2644>提示下，移动光标使视点向下移动，以人眼的高度来观察模型，结果如图 5.75 所示。

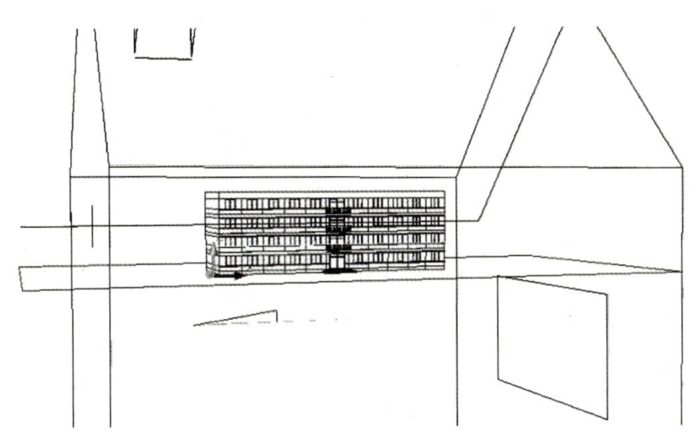

图 5.75 改变视点位置

（7）按 Enter 键结束命令。

在透视图中，除使用【DVIEW】命令调整视点的位置和透视角度外，还可以使用【三维动态观察】命令。下面用该命令将视图调整至图 5.76 所示的效果。

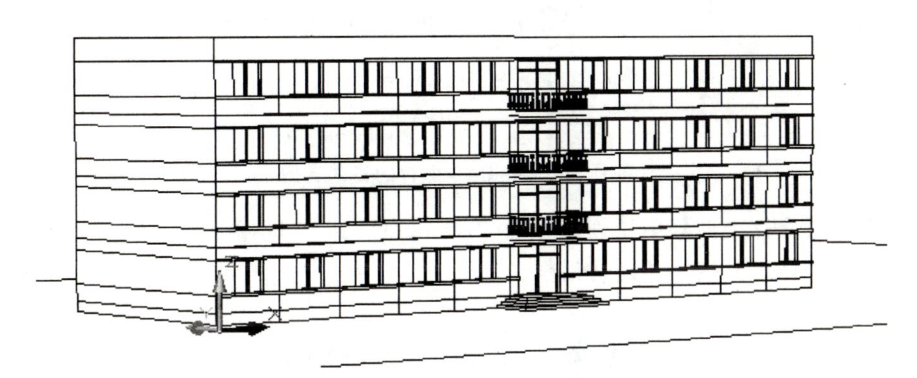

图 5.76 用【三维动态观察】调整后的模型

特别提示

在透视图中，AutoCAD 不能定位在三维绘图空间单击的点，所以不能在透视图中进行任何鼠标操作，也不能用【实时缩放】和【平移】命令进行视图缩放。

## 5.10 模型的格式转换

有时需要在 AutoCAD 与其他软件之间进行图形数据交换，比如将 AutoCAD 中的建筑模型转换到 3ds Max 软件中，以求更精细更逼真的渲染效果。不同的软件有其独特的文件格式，针对不同格式的文件，AutoCAD 提供了不同的数据输入和输出方法。

**模型转换成 DXF 格式**

DXF 格式是 AutoDesk 公司开发的一种图形文件格式，是图形数据交换领域的一种标准格式，有很多软件能够输入和输出 DXF 格式。

(1) 执行菜单栏中的【视图】|【三维视图】|【西南等轴测】命令，使视图成为轴测视图。

(2) 执行菜单栏中的【文件】|【另存为】命令，在弹出的【图形另存为】对话框中打开【文件类型】下拉列表，里面有 AutoCAD R12/LT2～AutoCAD 2018 共 7 个版本的 DXF 格式，如图 5.77 所示。

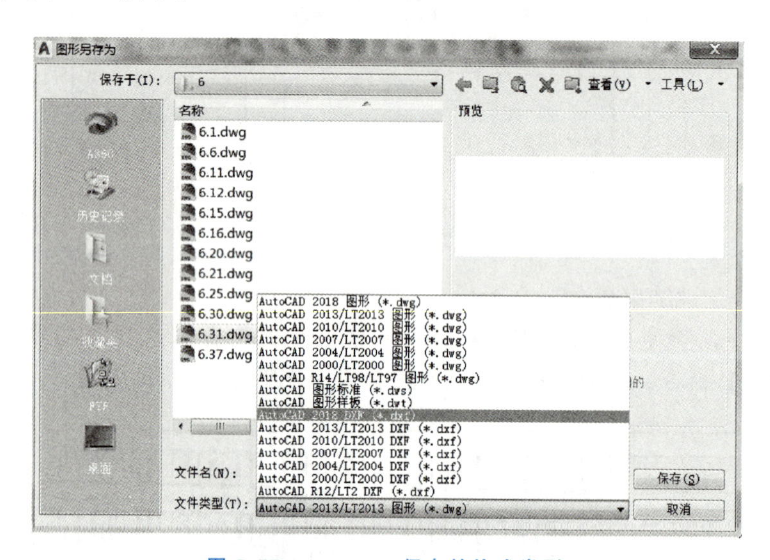


图 5.77 AutoCAD 保存的格式类型

(3) 选择【保存类型】下拉列表中的“AutoCAD 2018 DXF（*.dxf)”选项。

(4) 单击【确定】按钮关闭对话框。

## 本章小结

本章主要介绍了通过绘制带有宽度和厚度的多段线来绘制三维墙体的最基本的方法和技巧，其中用【多段线】命令设置其宽度，用【ELEV】命令设置其厚度，这种方法在建筑构件的建模中经常被使用。

本章还介绍了用户坐标系（UCS）的概念以及在用户坐标系下绘制窗框等图形的方法。用户坐标系在三维绘图中是一个非常重要的概念，学习中要掌握用户坐标系的定义方法以及用户坐标系和世界坐标系之间的切换方法。

通过阳台的绘制，学习了【三维面】、【旋转网格】和【三维旋转】等命令，这些也是创建模型的基本命令。另外，通过台阶的绘制介绍了常用的通过拉伸二维图形生成三维实体的方法，以及通过布尔运算功能组合实体的方法。

为了便于观察建模效果，本章还讲述了对三维对象设置视觉样式的方法。

本章还介绍了透视图的生成和模型格式的转换方法。

## 上机指导

### 上机操作一：创建长方体

【操作目的】

创建三维实体。

【操作内容】

(1) 执行菜单栏中的【绘图】|【实体】|【长方体】命令，创建长方体。

(2) 在命令行提示下任选一个长方形的角点然后输入“L”。

(3) 在命令行提示下指定长方体的长度为100mm，宽度为30mm，高度为50mm。

(4) 执行菜单栏中的【视图】|【三维视图】|【西南等轴测】命令。

### 上机操作二：创建圆锥体

【操作目的】

创建三维实体。

【操作内容】

(1) 将ISOLINES系统变量值设为“20”。

(2) 执行菜单栏中的【绘图】|【实体】|【圆锥体】命令，创建圆锥体。

(3) 将圆锥体的底面半径设为50mm。

(4) 将圆锥体的高度设为200mm。

(5) 执行【选择视图】|【三维视图】|【西南等轴测】命令。

### 上机操作三：拉伸实体

【操作目的】

练习【EXTRUDE】命令。

【操作内容】

(1) 绘制图5.78所示图形。

(2) 将图中的矩形和圆变成面域。

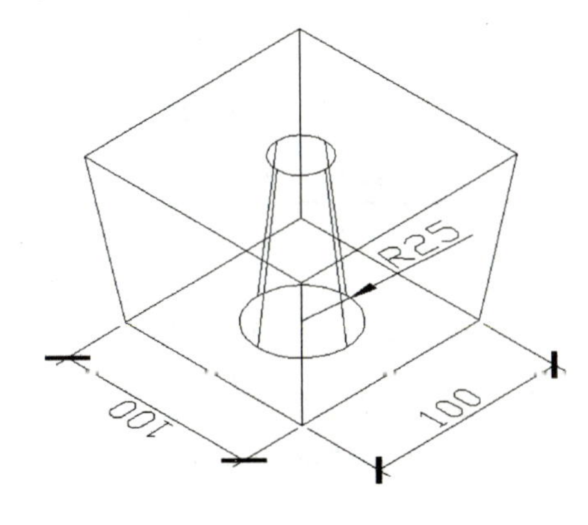


图5.78 拉伸实体

(3) 执行菜单栏中的【修改】|【实体编辑】|【差集】命令。

(4) 选择圆为删除的面域。

(5) 执行菜单栏中的【绘图】|【实体】|【拉伸】命令。

(6) 拉伸高度为70mm，倾斜角度为－7°。

(7) 执行菜单栏中的【视图】|【三维视图】|【西南等轴测】命令。

## 上机操作四：创建三维曲面造型

【操作要求】

练习使用【曲面造型】和【修改】命令绘制相应的曲面。

【操作内容】

使用【曲面造型】和【修改】命令绘制图5.79所示的3个旋转曲面。

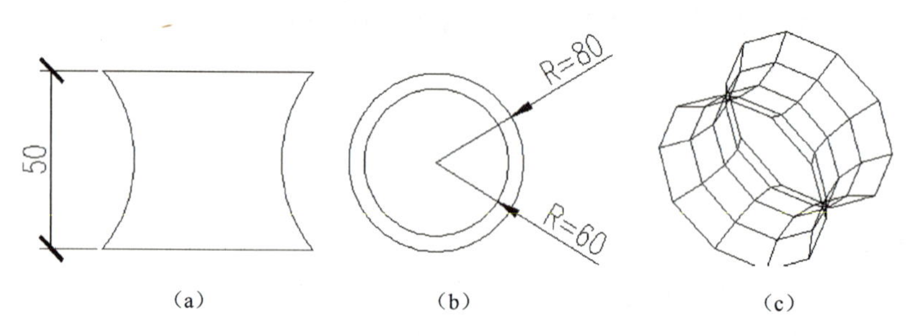


图5.79 创建三维曲面造型

## 上机操作五：三维实体的消隐、着色和渲染

【操作要求】

练习使用【消隐】、【着色】和【渲染】命令观察图形，设置点光源和平行光源。

【操作内容】

(1) 创建图5.80所示的实体造型，显示其正等测投影，实体材质为白色金属，设置平行光源，实体各个面交线要能分辨清楚。

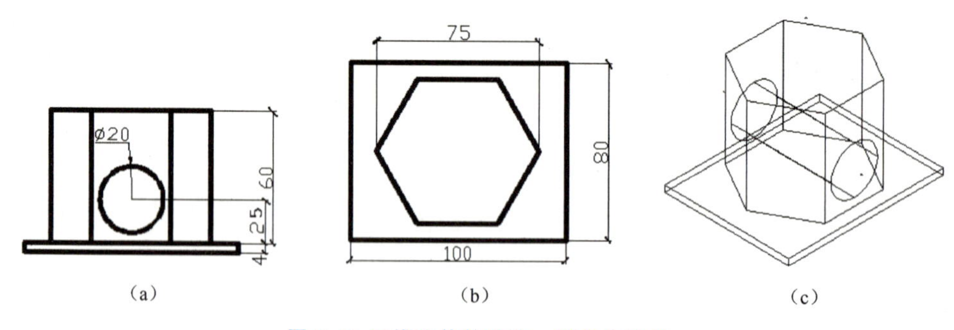


图5.80 三维实体的消隐、着色和渲染

(2) 创建图5.80所示的实体造型，显示其正等测投影，实体六棱柱的材质为红色塑料，底板的材质为白色玻璃，设置位于实体的左、前和上方的白色点光源，要求能看到圆孔的底部。

(3) 对第(1)和(2)步创建的实体进行消隐和着色观察。

# 习　题

## 一、单选题

1. 在 AutoCAD 中，$Z$ 轴方向的尺寸称为（　　）。

A. 厚度　　B. 长度　　C. 高度

2. 多段线的 $Z$ 坐标值是由（　　）的坐标值决定的。

A. 中点　　B. 起点　　C. 终点

3. 系统变量 SURFTAB1 控制着回转体的曲面光滑程度，SURFTAB1（　　）曲面越光滑。

A. 越大　　B. 越小　　C. 位于中间值

4. 网格造型和实体造型的区别为网格造型没有（　　）。

A. 内部信息　　B. 外部信息　　C. 内部和外部信息

5. 用户（　　）在透视图中进行鼠标操作。

A. 不能　　B. 能　　C. 不一定

## 二、简答题

1. 简述【ELEV】命令的作用。
2. 简述【快速选择】对话框中【附加到当前选择集】复选框的作用。
3. 简述多段线和面域的区别。
4. 根据右手定则，在三维空间中围绕某坐标轴进行旋转的正方向是怎样确定的？
5. 如果设定两个以上的视口，应如何设定当前视口？

# 第二部分

## 工作手册

# 项目 6 常用命令

## 6.1 绘图命令

### 1. 直线

【直线】命令快捷键为 L。在 AutoCAD 中，直线是由起点和终点确定的，可以用十字光标在屏幕上直接点取或使用键盘输入起点和终点坐标的方法绘制直线。【直线】命令操作要点如下。

（1）启动【直线】命令后，在指定第一个点提示下，可以点取或输入直线的起点；此时直接按 Enter 键，程序默认将上次绘制的直线或圆弧的终点作为当前所要绘制的直线的起点。

（2）在同一次执行【直线】命令过程中，连续画两条以上的直线时，命令行会提示指定下一点或［闭合（C）/放弃（U）］，此时输入“C”按 Enter 键，可将最后端点和最初起点连线。

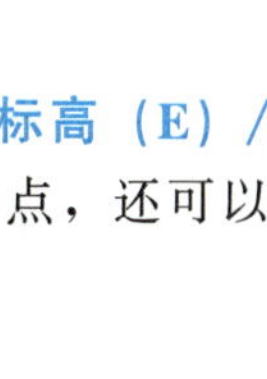
直线

【直线】命令操作示例见本书第 30 页。

### 2. 矩形

【矩形】命令快捷键为 REC。在 AutoCAD 中，矩形的位置和大小是由矩形对角线上的两个点来确定的，可以用十字光标直接在屏幕上点取或使用键盘输入对角线上两个点的坐标的方法绘制矩形。【矩形】命令操作要点如下。

（1）启动【矩形】命令后，命令行提示指定第一个角点或［倒角（C）/标高（E）/圆角（F）/厚度（T）/宽度（W）］，此时除了可以点取或输入矩形的第一个角点，还可以设置矩形参数。

（2）图 6.1 所示为矩形参数三维示意，具体含义如下。

矩形

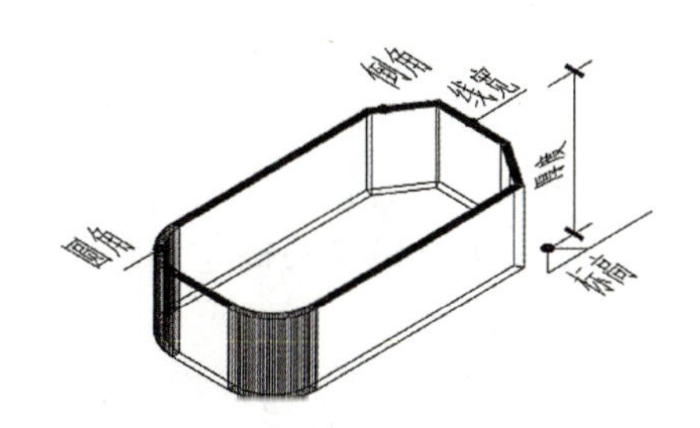


图 6.1　矩形参数

①【倒角】设置矩形四个角的倒角值。

②【标高】设置三维空间内矩形底面的标高。

③【圆角】设置矩形的四个角为圆角，并确定圆角半径大小。

④【厚度】设置矩形厚度，即 $Z$ 轴方向的高度。

⑤【宽度】设置矩形多段线的宽度。

【矩形】命令操作示例见本书第 44 页。

### 3. 多段线

【多段线】命令快捷键为 PL。在 AutoCAD 中，多段线是由若干直线和圆弧连接而成的折线或曲线。组成多段线的线段及圆弧是一个整体，可以统一进行编辑，可以有不同的线宽。【多段线】命令操作要点如下。

（1）启动【多段线】命令后，命令行提示**指定下一点［圆弧（A）/闭合（C）/半宽（H）/长度（L）/放弃（U）/宽度（W）］**，此时除了可以点取或输入多段线的起点，还可以设置多段线参数。

（2）设置多段线参数的目的如下。

①【圆弧】用于绘制圆弧形多段线，方法包括【角度】（指定起点、角度和端点）、【圆心】（指定起点、圆心和端点）、【方向】（指定起点、方向和端点）等。

②【闭合】用于闭合多段线。注意，只有执行【闭合】选项才能使多段线完全封闭，否则即使起点与终点重合，该多段线也不是闭合多段线。

③【半宽】用于指定多段线宽度的半值，详见【宽度】参数。

④【长度】通过指定要绘制的多段线的长度的方法绘制多段线。AutoCAD 程序默认按照上一线段线的方向绘制；若上一段线是圆弧，将绘制出与圆弧相切的多段线。

⑤【放弃】取消刚刚绘制的一段多段线。

⑥【宽度】通过指定多段线的起点宽度和端点宽度来设置多段线的宽度值。起点宽度值均以上一次输入的值为缺省值，而终点宽度值则以起点宽度为缺省值。

（3）绘制完成的多段线图形为一个整体，多段线图形执行【分解】命令后不再是多段线，也不再是整体，如矩形分解后变成 4 条直线。在 AutoCAD 中能绘制出具有整体关系图形的命令还有：【矩形】、【多边形】、【多线】、【图块】、【图案填充】、【尺寸标注】、【多行文字】、【表格】等，利用【分解】命令均可以打破它们的整体关系。

【多段线】命令操作示例见本书第 59 页。

### 4. 圆

【圆】命令快捷键为 C。在 AutoCAD 中，绘制圆的方法有以下 6 种。

（1）【圆心、半径】通过指定圆心和半径的方式绘制圆，如图 6.2 中圆 Ⅰ 所示。

（2）【圆心、直径】通过指定圆心和直径的方式绘制圆，如图 6.2 中圆 Ⅰ 所示。

（3）【两点】通过指定圆直径的两个端点来确定圆的大小及位置，如图 6.2 中圆 Ⅲ 所示。

（4）【三点】通过指定圆周上的任意三个点来确定圆的大小及位置，如图 6.2 中圆 Ⅱ 所示。

（5）【相切、相切、半径】通过指定圆与两个已绘制图形的相切点以及圆的半径绘制圆，该圆为两个图形的公切圆，如图 6.2 中圆 Ⅴ 所示。

（6）【相切、相切、相切】通过指定圆与 3 个已绘制图形的相切点绘制圆，该圆为 3 个图形的公切圆，如图 6.2 中圆Ⅳ所示。

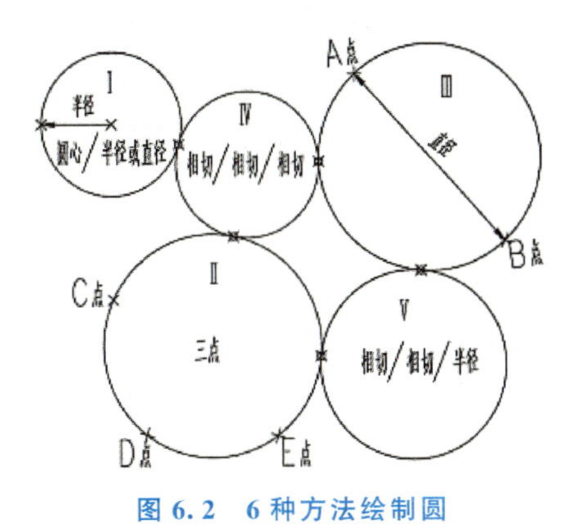


图 6.2　6 种方法绘制圆

【圆】命令操作示例见本书第 135、168、169 页。

5. 圆弧

【圆弧】命令快捷键为 A。AutoCAD 有 11 种绘制圆弧的方法。在这些方法中，圆弧是由起点、方向、圆弧上的点、圆心角角度、终点、弦的长度等控制要素来确定的。

（1）【三点】通过指定圆弧的起点、第二点和终点绘制圆弧，如图 6.3 所示。圆弧的方向由起点到终点的方向确定。

（2）【起点、圆心、端点】通过指定圆弧的起点、圆心和端点绘制圆弧，如图 6.4 所示。圆弧的起点和圆心的位置确定以后，圆弧的半径就可以确定。端点决定圆弧的长度。AutoCAD 程序默认逆时针绘制圆弧。

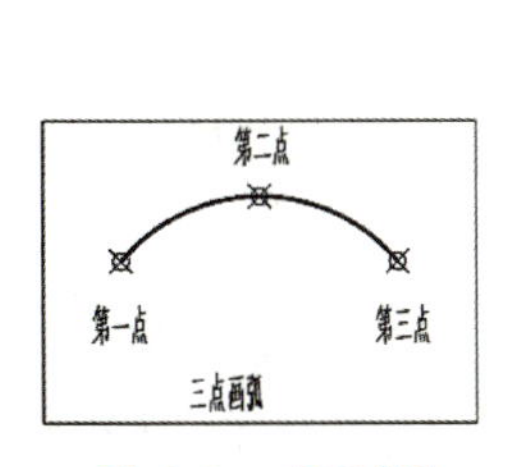


图 6.3　【三点】

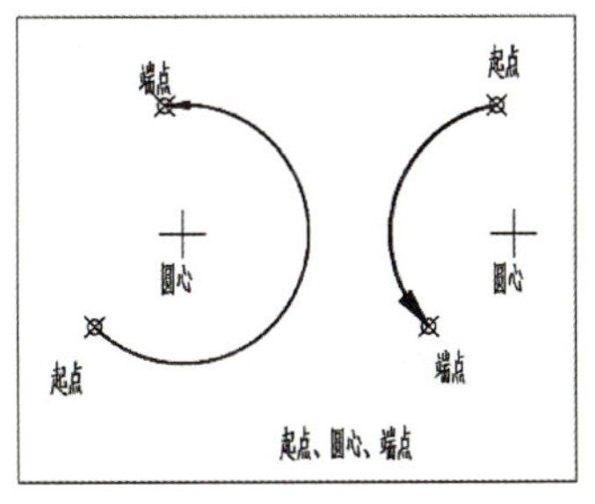
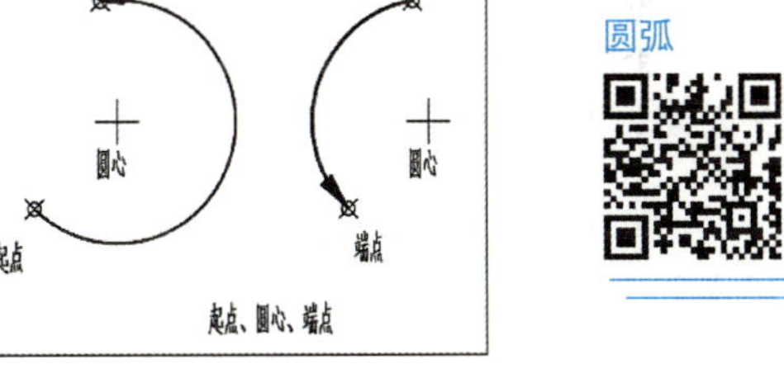


图 6.4　【起点、圆心、端点】

（3）【起点、圆心、角度】通过指定圆弧的起点、圆心及其所对应的圆心角角度绘制圆弧。圆心角为正值时，逆时针绘制圆弧；圆心角为负值时，顺时针绘制圆弧，如图 6.5 所示。

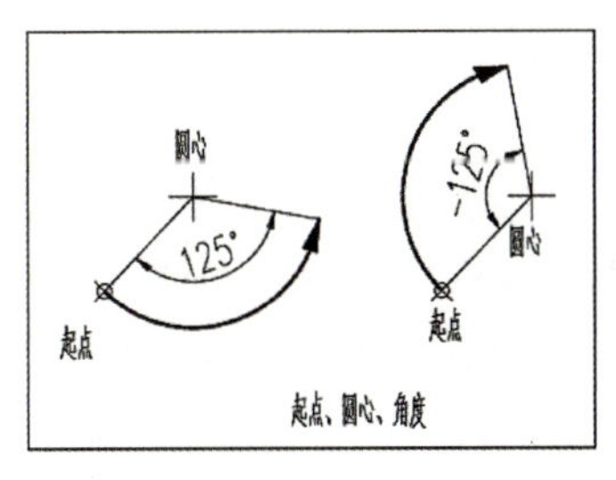


图 6.5　【起点、圆心、角度】

（4）【起点、圆心、长度】通过指定圆弧的起点、圆心及连接圆弧的两个端点的弦的长度绘制圆弧。沿逆时针方向画弧时，若弦长为正值，则得到与弦长对应的短圆弧，反之得到长圆弧，如图 6.6 所示。

（5）【起点、端点、角度】通过指定圆弧的起点、端点和圆心角角度绘制圆弧，如图 6.7 所示。

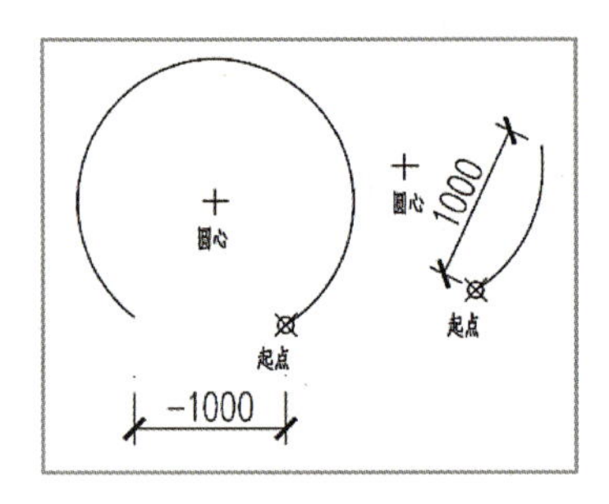


图 6.6 【起点、圆心、长度】

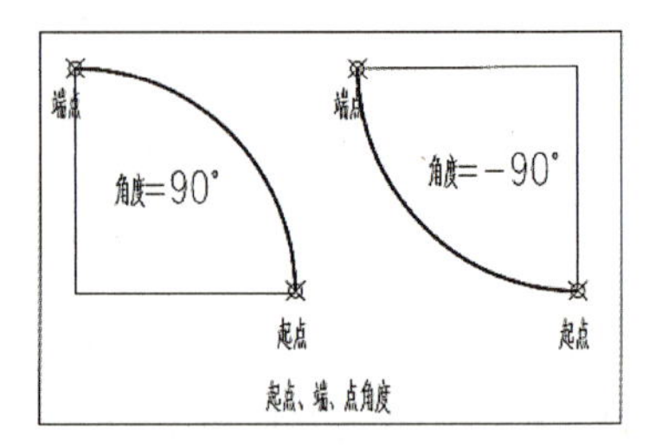


图 6.7 【起点、端点、角度】

（6）【起点、端点、半径】指定起点、端点、半径方式，只能沿逆时针方向绘制圆弧。若半径值为正，则得到起点和终点之间的短圆弧，反之得到长圆弧，如图 6.8 所示。

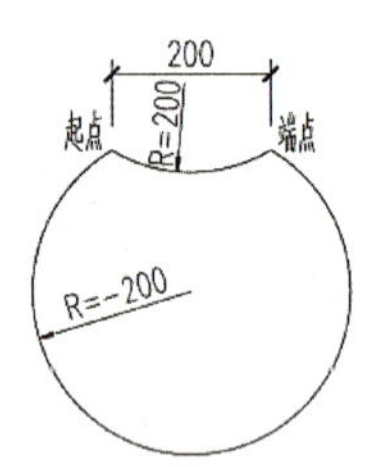


图 6.8 【起点、端点、半径】

（7）【起点、端点、方向】通过指定圆弧的起点、端点及圆弧的切线方向绘制圆弧。圆弧在起点与给出的方向相切，再结合起点和终点的位置确定，如图 6.9 所示。

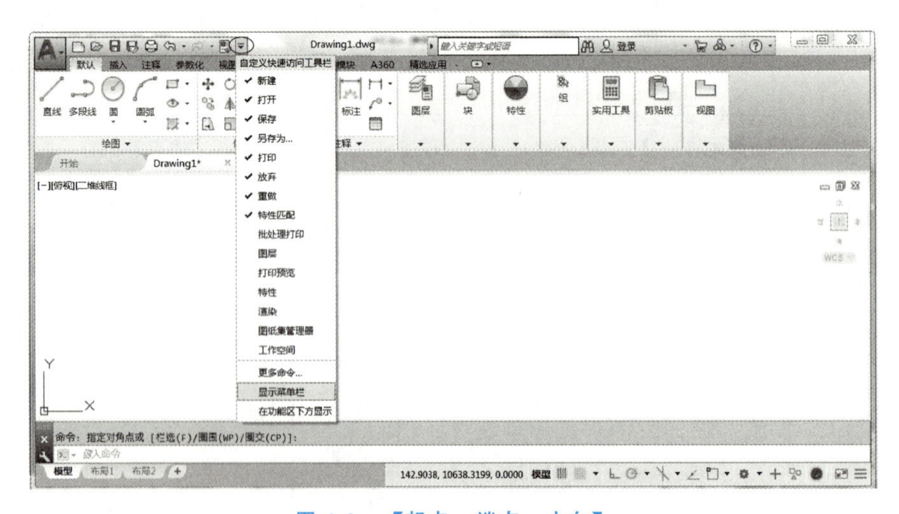


图 6.9 【起点、端点、方向】

（8）除了上述 7 种绘制弧线的方法，还有【圆心、起点、端点】、【圆心、起点、角度】、【圆心、起点、长度】、【连续】4 种方法，不再一一赘述。

【圆弧】命令操作示例见本书第 174 页。

### 6. 点

在 AutoCAD 中绘制点，需要先执行【格式】|【点样式】命令设置点的样式，再执行【绘图】|【点】命令绘制点。

（1）设置点样式操作要点如下。

①【点大小】文本框中输入的数值决定点的大小，如图 6.10 所示。

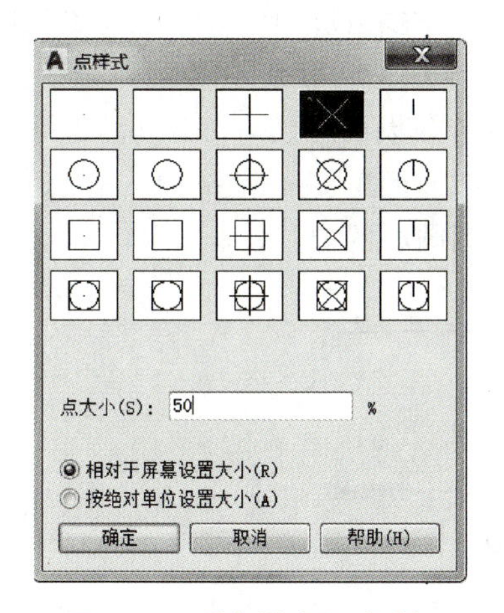

图 6.10 【点样式】对话框

②【相对于屏幕设置大小】单选框用于设置点的相对尺寸，选中时，【点大小】输入“50”，点的大小相对屏幕尺寸变化，是屏幕设置尺寸的 50%。

③【用绝对单位设置大小】单选框用于设置点的绝对尺寸，选中时，【点大小】输入“50”，则点的大小是 50 个单位长度（图形单位设为公制时为 50mm），不随屏幕尺寸变化。

（2）绘制点的 4 种操作方法。

① 执行【单点】命令，每次绘制一个点，快捷键为 PO。

② 执行【多点】命令，每次执行可绘制多个点，无快捷键。

③ 执行【定数等分】命令，可对某个图形按一定数量等分插点（或块），快捷键为 DIV。

④ 执行【定距等分】命令，可对某个图形按一定距离等分插点（或块），快捷键为 ME。

【点样式】命令操作示例见本书第 175 页。【点】命令操作示例见本书第 176 页。

### 7. 多边形

【多边形】命令快捷键为 POL。AutoCAD 使用【多边形】命令绘制的默认为正多边形，可以绘制出最多由 1024 条边构成的正多边形，包括由边长确定正多边形，内接法绘制正多边形，外切法绘制正多边形 3 种方法。

启动【多边形】命令后，根据命令行输入要绘制的正多边形边数，按 Enter 键，命令行提示**指定多边形的中心点或［边（E）］**，此时输入“E”按 Enter 键，即可通过点取或输入正多边形一条边的两个端点的坐标绘制正多边形，即由边长确定正多边形。或者在指定多边形的中心点或［边（E）］提示下，点取或输入正多边形中心点，命令行提示输入选项［内接于圆（I）/外切于圆（C）］，此时输入“I”或“C”按Enter键，分别对应内接法绘制正多边形或外切法绘制正多边形。

① 由边长确定正多边形需要两个参数：正多边形的边数和边长。

② 内接法绘制正多边形的原理是：假想一个圆，正多边形内接于该圆，即绘制出的正多边形的每一个顶点都落在这个圆周上，如图6.11所示。执行【多边形】命令并不会绘制出该圆。内接法绘制正多边形需要3个参数：一是边数；二是内接圆半径，即正多边形中心至每个顶点的距离；三是正多边形的中心位置，也是内接圆圆心的位置。

③ 外切法绘制正多边形的原理是：假设一个圆，正多边形与之外切，即正多边形的各边均在假设圆之外，且各边与假设圆相切，如图6.12所示。执行【多边形】命令并不会绘制出该圆。外接法绘制正多边形需要3个参数：一是边数；二是外切圆半径；三是正多边形的中心位置，也是外切圆圆心的位置。

多边形

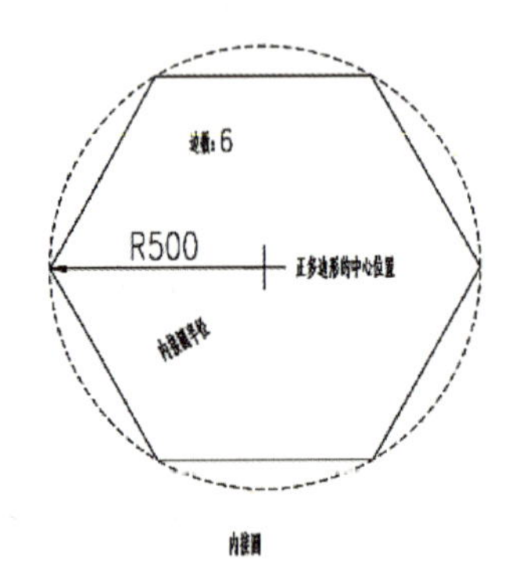


图6.11　内外切法绘制正多边形

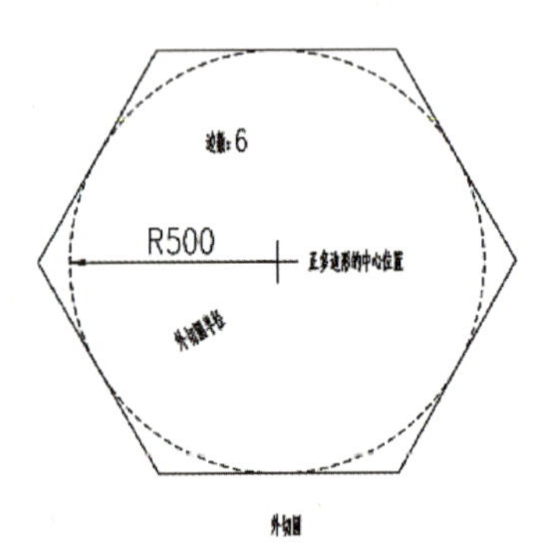


图6.12　外切法绘制正多边形

【多边形】命令操作示例见本书第205页。

## 6.2　修改命令

### 1. 修剪

【修剪】命令快捷键为TR。【修剪】命令利用边界对图形对象进行修剪，如图6.13所示。

修剪

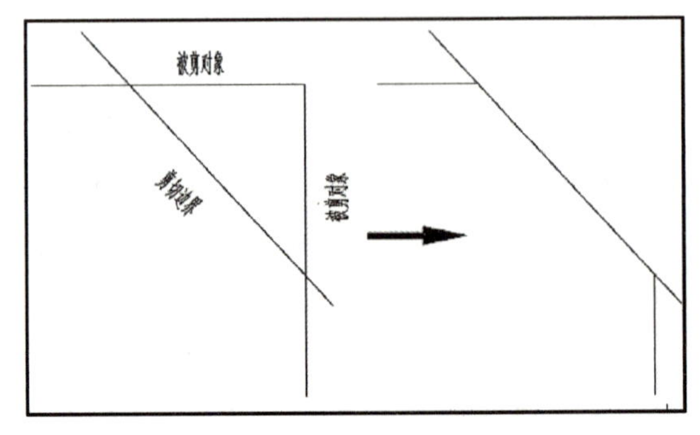


图6.13　修剪命令

(1) 启动【修剪】命令，并选择剪切边界后，任务栏提示选择要修剪的对象，或［栏选（F）/窗交（C）/投影（P）/边（E）/删除（R）/放弃（U）］，此时除了可以选择被修剪的对象，还可以进行以下操作。

①【栏选】和【窗交】是同时选择多个被修剪的对象的方法，具体操作方法详见本书0.5节。

②【投影】是三维图形编辑中，通过投影剪切实体的方法。

③【边】是指延伸剪切边界。如果延伸，被修剪的对象与边界的延长线相交部分也会被修剪，如图6.14所示。

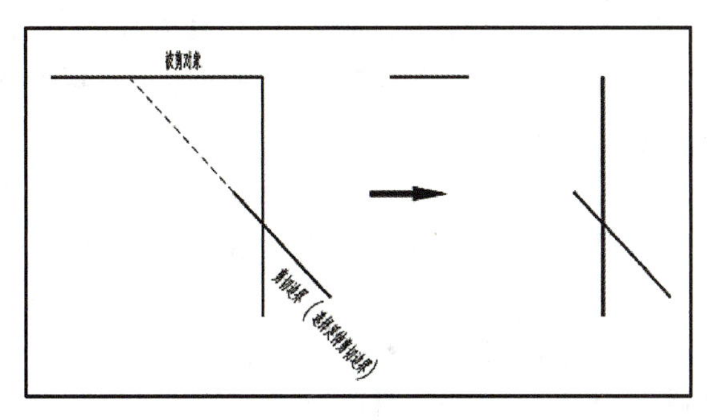


图 6.14 延伸剪切边界

④【删除】是指删除被选择的对象。

⑤【放弃】是指取消刚做的修剪。

(2) 使用【修剪】命令可以修剪尺寸标注线，被修剪尺寸标注线的会自动更新其尺寸标注文本。尺寸标注文本不能作为剪切边界。

(3) 图案填充、单行文字文本和多行文字文本等均可作为剪切边界，但不能作为被剪切对象。

【修剪】命令操作示例见本书第34页。

## 2. 复制

【复制】命令快捷键为CO。在AutoCAD中，复制应首先选择被复制对象，然后确定复制出图形的位置，如图6.15所示。

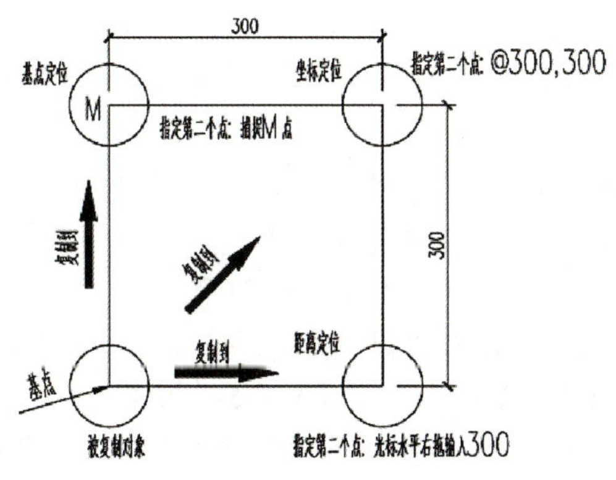


图 6.15 复制命令

（1）执行【复制】命令，选择复制对象后，命令行提示指定基点或［位移（D）/模式（O）］<位移>，此时可点取或输入复制基点坐标，或输入“D”按Enter键，采用位移定位。

（2）命令行提示指定第二个点或［阵列（A）］<使用第一个点作为位移>，输入“A”按Enter键，可以进行阵列复制，如图6.16所示。

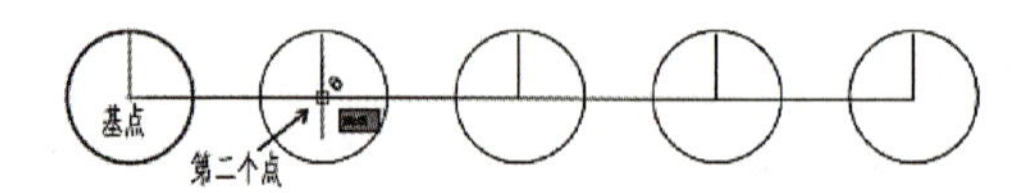


图6.16 阵列复制

① 在输入要进行阵列的项目数提示下，输入“5”按Enter键。

② 在指定第二个点或［布满（F）］提示下，捕捉第二个点按Enter键。

【复制】命令操作示例见本书第45页。

### 3. 倒角

【倒角】命令快捷键为CHA。在AutoCAD中，倒角是指在水平和垂直线直角转折处绘制一条斜线。

（1）启动【倒角】命令后，命令行提示选择第一条直线或［放弃（U）/多段线（P）/距离（D）/角度（A）/修剪（T）/方式（E）/多个（M）］，各选项含义如下。

①【放弃】用于取消刚选择的直线。

②【多段线】指选择多段线为修改对象，多段线倒角后仍然是多段线。

③【距离】指确定第一和第二倒角距离，即命令内的第一条直线和第二条直线倒角距离。

④【角度】通过指定第一条直线的倒角长度和角度进行倒角，如图6.17所示。

⑤【修剪】指确定倒角后的修剪状态，有修剪模式和不修剪模式，如图6.17所示。

⑥【方式】指确定倒角方式，包括距离和角度。

⑦【多个】用于对多个对象进行倒角。

（2）【倒角】命令只能对直线、多段线和多边形进行倒角，不能对圆弧、椭圆弧倒角。

【倒角】命令操作示例见本书第49页。

### 4. 圆角

【圆角】命令快捷键为F。在AutoCAD中，圆角是指使一个指定半径的圆弧与两个对象相切。

（1）启动【圆角】命令后，命令行提示选择第一个对象或［放弃（U）/多段线（P）/半径（R）/修剪（T）/多个（M）］，各选项含义如下。

①【半径】指确定圆角半径，缺省半径值为“0”。

②【修剪】指确定圆角后的修剪状态，有修剪模式和不修剪模式，如图6.17所示。

【放弃】、【多段线】、【多个】的含义与【倒角】命令相同。

（2）【圆角】命令中，【半径】决定了圆角弧度的大小，如果圆角半径为“0”，AutoCAD将延伸或剪切两个所选取的实体，使之形成一个直角；若圆角半径特别大，以至于所选的两实体之间容纳不下这么大的圆弧，AutoCAD无法对两实体进行圆角。

（3）两条平行线可以倒圆角，此时无论圆角半径多大，AutoCAD 将自动在指定的第一对象端点画一个半圆，半圆的直径为两平行线垂直距离，如图 6.18 所示。

【圆角】命令操作示例见本书第 49 页。

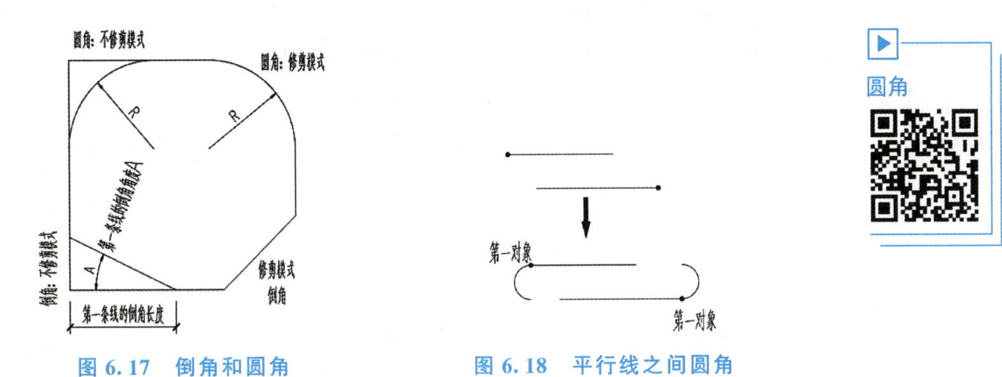


图 6.17　倒角和圆角

图 6.18　平行线之间圆角

### 5. 阵列

【阵列】命令快捷键为 AR。启动【阵列】命令，选择要阵列的对象后，命令行提示选择对象：输入阵列类型［矩形（R）/路径（PA）/极轴（PO）］<矩形>，此时可以选择 3 种阵列方式。

（1）【矩形】是指按照网格行列排布的方式复制对象。行数及列数计算时包括源对象本身。向上阵列时，行间距为正值；向下阵列时，行间距为负值；向右阵列时，列间距为正值；向左阵列时，列间距为负值，如图 6.19 所示。

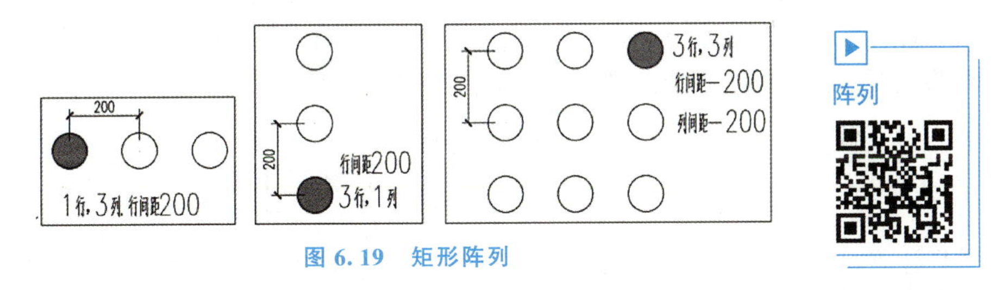


图 6.19　矩形阵列

（2）【路径】是指沿着选中路径（路径应为多段线）等距创建阵列，如图 6.20 所示。

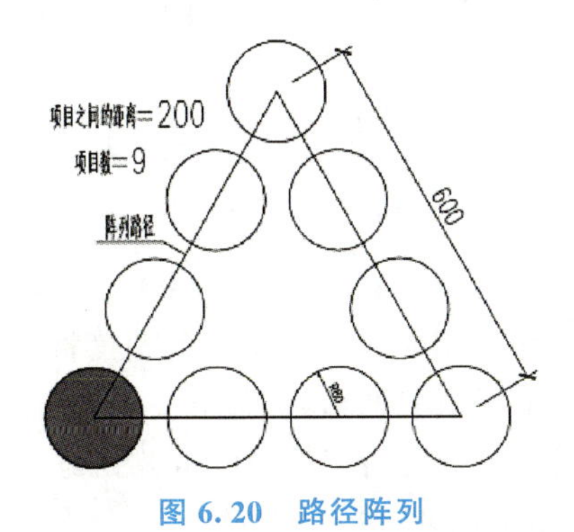


图 6.20　路径阵列

（3）【极轴】是指通过围绕指定的极轴复制选定对象创建阵列。进行极轴阵列时，需设置参数，现以围绕圆心进行环形阵列（图 6.21）为例讲解以下参数含义。

①【阵列的中心点】是指选定被阵列对象围绕的阵列中心点，环形阵列时为圆心。

②【项目】是指确定环形阵列时等间距复制的项目总数。

③【项目间角度】是指环形阵列中确定项目总数后，再确定的项目间角度（即对象之间相邻的圆角）。确定了项目总数和项目间角度，填充角度也随之确定。

④【填充角度】是指等间距环形阵列对象所占圆周对应的圆心角。

⑤【旋转项目】选择“Y”，是指旋转复制阵列对象，阵列后每个对象的方向均朝向环形阵列的中心；选择“N”，是指平移复制阵列对象，阵列后每个对象均保持原来的方向。

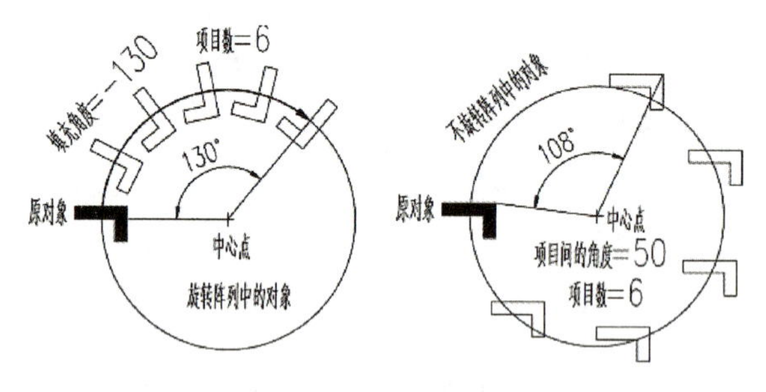


图 6.21　环形阵列

【阵列】命令操作示例见本书第 54 页。

### 6. 旋转

【旋转】命令快捷键为 RO。【旋转】命令的功能是使对象围绕基点进行旋转或旋转复制，其旋转角度逆时针为正，顺时针为负。

（1）启动【阵列】命令后，要先选定基点，执行旋转命令后基点的位置不动。

（2）在**指定旋转角度，或［复制（C）/参照（R）］<0>**提示下，选择【复制】，可以将旋转对象复制到指定旋转位置，如图 6.22 所示。

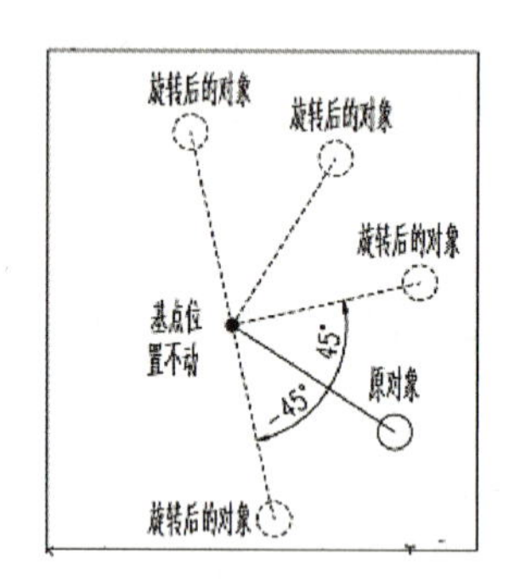


图 6.22　旋转复制

（3）在**指定旋转角度，或［复制（C）/参照（R）］<0>**提示下，选择【参照】，可根据参考角度和新角度之差确定的对象实际应旋转的角度进行旋转。

如图 6.23 所示，以直线 AC 为例进行参照旋转。首先选择 D、B 两点，指定参照角；再选择 D、E 两点，指定新角度，即可将直线 AC 旋转到与 DE 平行的位置。

【旋转】命令操作示例见本书第 62 页。

### 7. 比例缩放

【比例缩放】命令快捷键为 SC。【比例缩放】命令的功能是将对象按统一比例缩小或

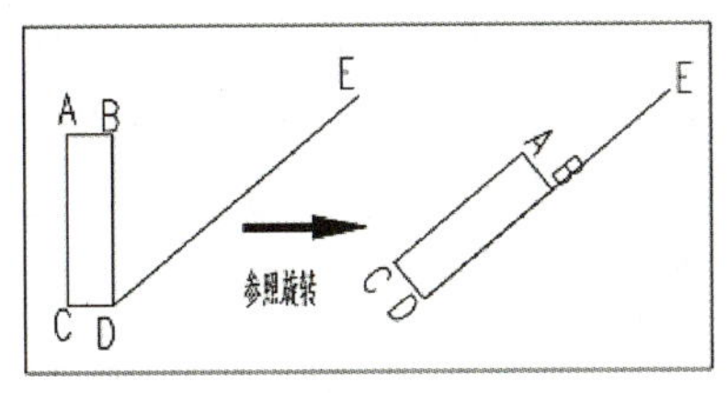


图 6.23 参照旋转

放大。执行【比例缩放】命令包含 3 步：选择对象、确定基点及输入比例因子。

(1) 比例因子＝新的尺寸/旧的尺寸，因此比例因子大于 1 时为放大图形，比例因子小于 1 时为缩小图形。

(2) 对象将相对于缩放的基点位置进行缩放，即对象被缩放后基点的位置不变，如图 6.24 所示。

(3) 与【旋转】命令相似，执行【比例缩放】命令，选择对象并指定基点后，可选择【复制】，复制出缩放对象；也可选择【参照】，进行参照缩放。

当不知道比例因子值时，可利用参照缩放（即相对比例缩放），利用新尺寸和参照尺寸的比值进行缩放，如图 6.25 所示。

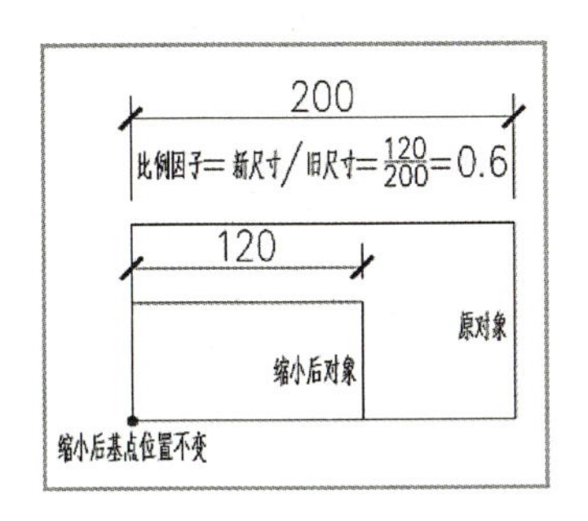


图 6.24 缩放复制图

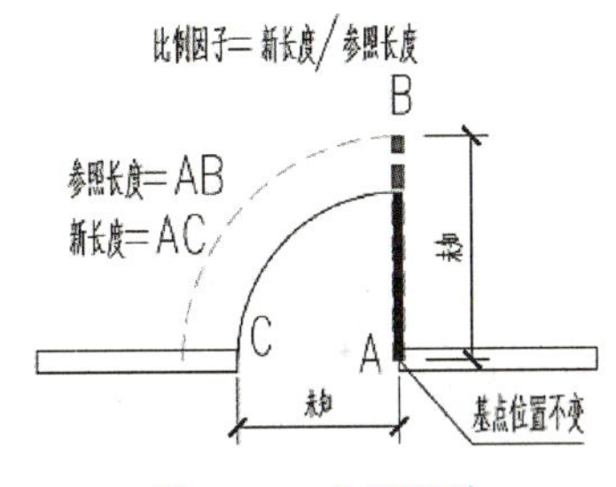


图 6.25 参照缩放

【比例缩放】命令操作示例见本书第 63 页。

### 8. 镜像

【镜像】命令快捷键为 MI。在 AutoCAD 中，镜像是指通过选择对象及确定镜像线的位置进行对称翻转对象或对称翻转复制对象。

(1) 启动【镜像】命令，选择要镜像的对象后，在命令行的提示下，通过指定镜像线的第一点和第二点确定镜像线。镜像线是一条命令过程中的辅助线，结束命令后看不到此线。镜像线的位置会影响镜像结果，如图 6.26 所示。

(2) 在要删除源对象吗？[是 (Y) /否 (N)] <否>提示下，执行“Y”将对称翻转对象；执行“N”将对称翻转复制对象。

【镜像】命令操作示例见本书第 64 页。

### 9. 多段线编辑

【多段线编辑】命令快捷键为 PE。【多段线编辑】命令可以修改多段线特性，也可以把独立的首尾相连的多条线合并成一条多段线。

(1) 启动【多段线编辑】命令，命令行提示选择多段线或 [多条 (M)]，此时可选择一条需要编辑的多段线，或输入“M”按 Enter 键，选择多条要编辑的多段线。

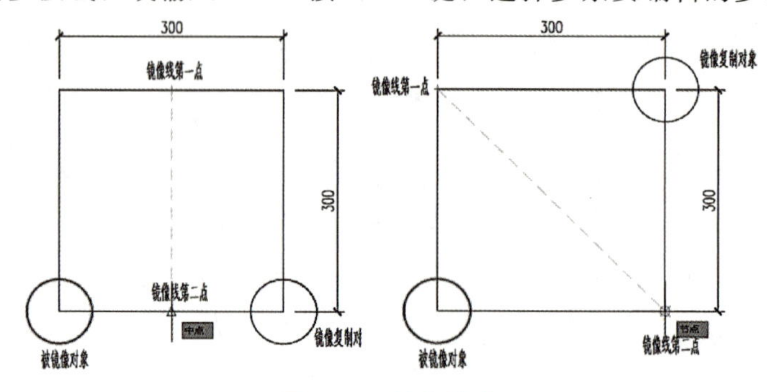


图 6.26　镜像命令

(2) 选择要编辑的多段线后，可对多段线的以下特性进行编辑。

①【闭合】是指将一条未闭合的多段线闭合。当编辑已闭合多段线时，该项为【打开】，指将一条闭合的多段线打开。

②【合并】是指将首尾相连的直线、圆弧或者多段线编辑为一条多段线。

③【宽度】用于改变多段线的宽度。

④【拟合】是指利用数学上的曲线拟合方法，将多段线生成光滑拟合曲线，如图 6.27 所示。

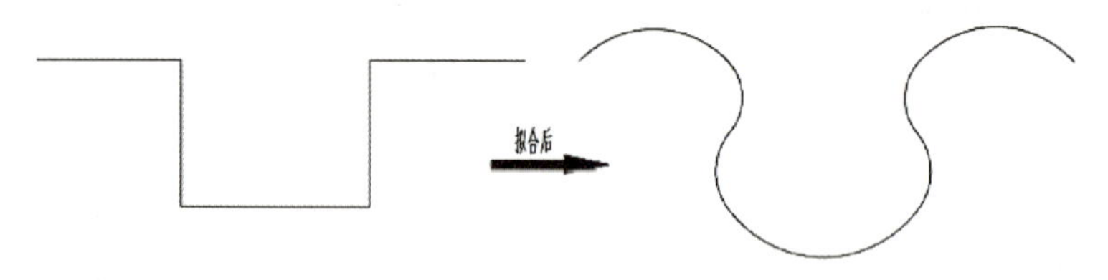


图 6.27　拟合多段线

⑤【样条曲线】是指以多段线的顶点为控制点生成样条曲线，多段线的顶点决定了样条曲线的路径，如图 6.28 所示。

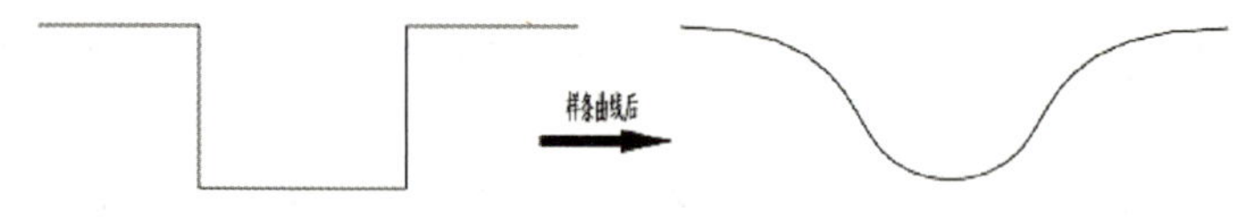


图 6.28　生成样条曲线

⑥【非曲线化】是指将执行过【拟合】或【样条曲线】的多段线各段拉直，但顶点不会改变，即还原多段线，如图 6.29 所示。

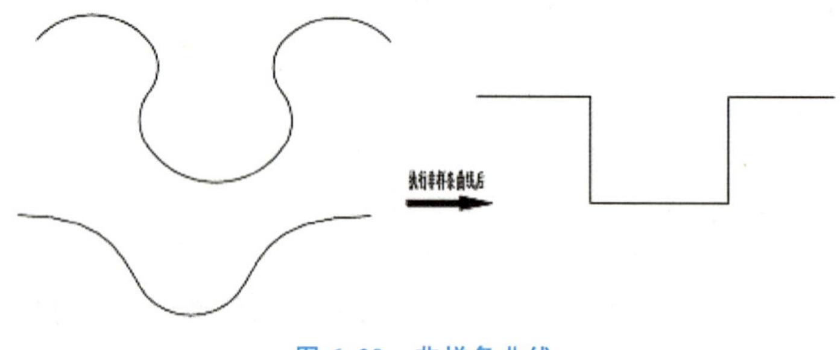


图 6.29　非样条曲线

⑦【线型生成】的开关，可以控制多段线为虚线或中心线等非实线型的多段线角点的连续性，效果如图 6.30 所示。

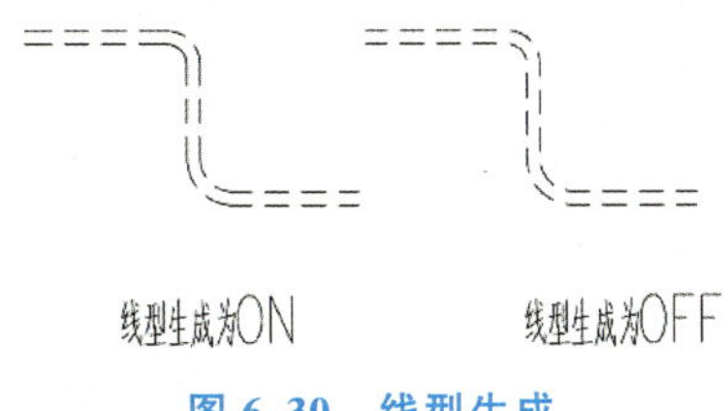


图 6.30 线型生成

【多段线编辑】命令操作示例见本书第 75 页。

### 10. 移动

【移动】命令快捷键为 M。执行【移动】命令要首先选择移动对象，然后确定移动对象新的位置。【移动】命令操作方法与【复制】命令相似，如图 6.31 所示。

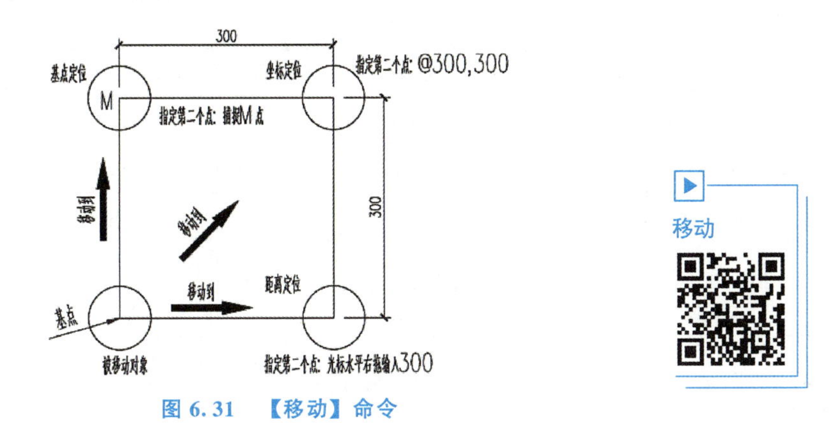


图 6.31 【移动】命令

【移动】命令操作示例见本书第 167 页。

## 6.3 常用命令快捷键

AutoCAD 常用命令快捷键如表 6－1 所示。

表 6－1 AutoCAD 常用命令快捷键

| 序号 | 命　　令 | 快捷键 | 命令说明 | 序号 | 命　　令 | 快捷键 | 命令说明 |
|---|---|---|---|---|---|---|---|
| 1 | LINE | L | 直线 | 39 | DIMLINEAR | DLI | 线性标注 |
| 2 | XLINE | XL | 参照线 | 40 | DIMCONTINUE | DCO | 连续标注 |
| 3 | MLINE | ML | 多线 | 41 | DIMBASELINE | DBA | 基线标注 |
| 4 | PLINE | PL | 多段线 | 42 | DIMALIGNED | DAL | 对齐标注 |
| 5 | POLYGON | POL | 多边形 | 43 | DIMRADIUS | DRA | 半径标注 |
| 6 | RECTANG | REC | 矩形 | 44 | DIMDIAMETER | DDI | 直径标注 |
| 7 | ARC | A | 圆弧 | 45 | DIMANGULAR | DAN | 角度标注 |

续表

| 序号 | 命　　令 | 快捷键 | 命令说明 | 序号 | 命　　令 | 快捷键 | 命令说明 |
|---|---|---|---|---|---|---|---|
| 8 | CIRCLE | C | 圆 | 46 | DIMARC | DAR | 弧长标注 |
| 9 | SPLINE | SPL | 样条曲线 | 47 | DIMCENTER | DCE | 圆心标注 |
| 10 | ELLIPSE | EL | 椭圆 | 48 | QLEADER | LE | 引线标注 |
| 11 | INSERT | I | 插入图块 | 49 | DIMQ | | 快速标注 |
| 12 | MAKE BLOCK | B | 创建块 | 50 | DIMEDIE | | 编辑标注 |
| 13 | WRITE BLOCK | W | 写块 | 51 | DIMTEDIT | | 编辑标注文字 |
| 14 | POINT | PO | 点 | 52 | DIMSTYLE | | 标注更新 |
| 15 | HATCH | H | 填充 | 53 | DIMSTYLE | D | 标注样式 |
| 16 | REGION | REG | 面域 | 54 | HATCHEDIT | HE | 编辑填充 |
| 17 | TEXT | DT | 单行文本 | 55 | PEDIT | PE | 编辑多段线 |
| 18 | MTEXT | T | 多行文本 | 56 | SPLINEDIT | SPE | 编辑样条曲线 |
| 19 | ERASE | E | 删除 | 57 | MLEDIT | | 编辑多线 |
| 20 | COPY | CO | 复制 | 58 | ATTEDIT | ATE | 编辑属性 |
| 21 | MIRROR | MI | 镜像 | 58 | BATTMAN | | 块属性管理器 |
| 22 | OFFSET | O | 偏移 | 60 | DDEDIT | ED | 编辑文字 |
| 23 | ARRAY | AR | 阵列 | 61 | LAYER | LA | 图层管理 |
| 24 | MOVE | M | 移动 | 62 | MATCHPROP | MA | 特性匹配 |
| 25 | ROTATE | RO | 旋转 | 63 | PROPERTIES | CH | 对象特性 |
| 26 | SCALE | SC | 比例缩放 | 64 | NEW | Ctrl＋N | 新建文件 |
| 27 | STRETCH | S | 拉伸 | 65 | OPEN | Ctrl＋O | 打开文件 |
| 28 | TRIM | TR | 修剪 | 66 | SAVE | Ctrl＋S | 保存文件 |
| 29 | EXTEND | EX | 延伸 | 67 | UNDO | U | 回退一步 |
| 30 | BREAK | BR | 打断 | 68 | PAN | P | 平移 |
| 31 | JOIN | J | 合并 | 69 | ZOOM＋D | Z＋D | 动态缩放 |
| 32 | CHAMFER | CHA | 倒角 | 70 | ZOOM＋W | Z＋W | 窗口缩放 |
| 33 | FILLET | F | 圆角 | 71 | ZOOM＋P | Z＋P | 前一视图 |
| 34 | EXPLODE | X | 分解 | 72 | ZOOM＋E | Z＋E | 范围缩放 |
| 35 | LIMITS | | 图形界限 | 73 | DIST | DI | 测量距离 |
| 36 | COPYCLIP | Ctrl＋C | 跨文件复制 | 74 | AREA | | 测量面积 |
| 37 | PASTCLIP | Ctrl＋V | 跨文件粘贴 | 75 | MEASURE | ME | 定距等分 |
| 38 | 帮助 | F1 | 打开帮助主页 | 76 | DIVIDE | DIV | 定数等分 |

# 项目 7 软件功能

## 7.1 设置工作界面

为了方便使用，可将 AutoCAD 2018 程序默认的【草图与注释】工作界面修改成适用于更多版本 AutoCAD 的经典工作界面，包括以下关键步骤。

### 1. 显示菜单栏

打开【自定义快速访问工具栏】，选择【显示菜单栏】。

### 2. 关闭功能区

单击【工具】|【选项板】|【功能区】，关闭功能区。

### 3. 调出工具栏

单击【工具】|【工具栏】|【AutoCAD】，依次调出【标准】、【样式】、【图层】、【绘图】、【修改】等常用工具栏。

### 4. 保存工作界面

将设置好的工作界面保存为“AutoCAD 经典”工作界面。

设置工作界面操作详见本书第 3 页。

## 7.2 创建新图形

使用快捷键 Ctrl+N 创建新图形，选择“acadiso. dwt”或用户自制模板进入新图形，不要选择“acad. dwt”，否则插入图块时创建的图形单位与当前图形使用的单位不一致，将导致插入图块出现错误。两种文件的图形单位区别如图 7.1 所示。

创建新图形操作详见本书第 22 页。

## 7.3 图层的功能

AutoCAD 用图层来管理和控制复杂图形，原理是将不同属性的图形分别置于不同的图层上，方便对相同属性的图形统一管理。一个图层就像一张透明的图纸，在不同图层上分别绘制不同的图形，再将透明图层叠加起来，得到的就是完整图形。

图层通过【图层特性管理器】管理，启动快捷键为 LA，也可以单击【格式】|【图层】启动。

在【图层特性管理器】中可以控制图层的颜色、线宽、线型等，还可以控制图层显示的开关、冻结及锁定等特性。正在使用的图层为当前层，只能在当前层上绘制图形。

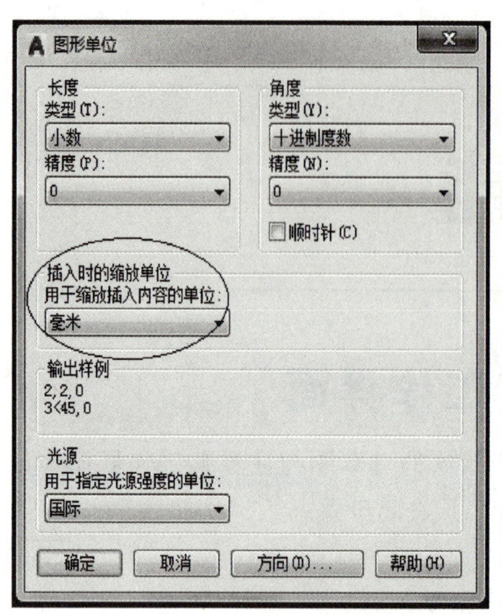


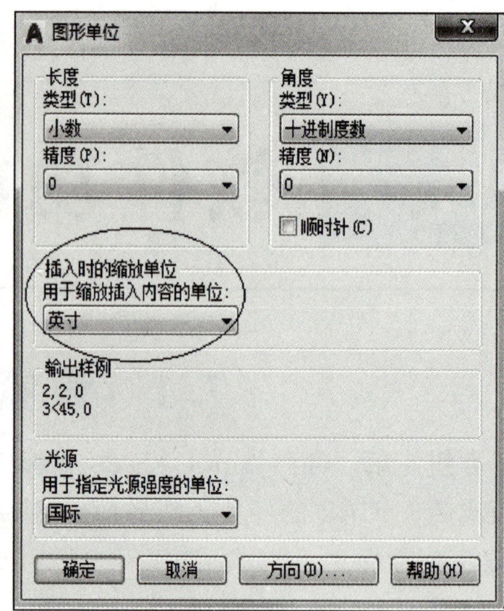


图 7.1 “acadiso.dwt”和“acad.dwt”文件的图形单位区别

图层显示控制有开关、冻结及锁定，三者之间的区别如下。

### 1. 开关

(1) 关闭图层与其他图层的图形能够一起执行【重生成】或【重画】命令。

(2) 关闭图层不能被显示或打印。

(3) 执行【编辑】|【全部选择】命令，隐藏图层上的图形会被选中。

### 2. 冻结

(1) 冻结图层不能与文件图形一起执行【重生成】或【重画】命令，因此可以提高图形重生成的速度

(2) 冻结图层不能被显示或打印。

(3) 执行【编辑】|【全部选择】命令，冻结图层上的图形不会被选中。

锁定：

### 3. 锁定

(1) 锁定图层与其他图层的图形可以一起执行【重生成】或【重画】命令。

(2) 锁定后的图层可以显示并打印，但不能被编辑或选择。

(3) 执行【编辑】|【全部选择】命令，锁定图层上的图形会被选中。

图层的功能介绍详见本书第 27 页。

## 7.4 对象特性管理器

【对象特性管理器】是对图形特性进行查询及修改的工具，启动快捷键为 PR。

每个对象都具有常规特性，包括其图层、颜色、线型、线型比例、线宽等。此外，对象还具有自身特有的特性。例如圆的特有特性包括圆心坐标、半径、直径、周长和面积等。图 7.2 所示的【对象特性管理器】中显示的是【文字】特性，包括内容、样式、注释性、对正、高度、旋转、宽度因子、倾斜及文字对齐坐标等特有特性。

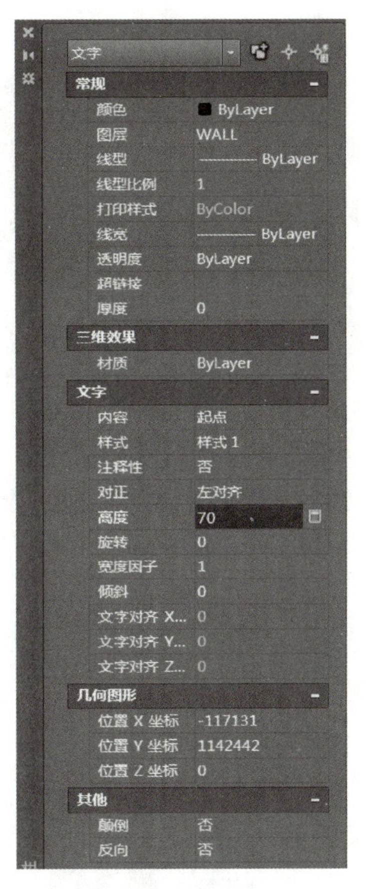


图 7.2 文字的特性

如果选定了单个对象，在【对象特性管理器】中可以查看并更改该对象的全部特性；如果选定了多个对象，在【对象特性管理器】中只能查看并更改它们的常规特性。

利用【对象特性管理器】换图层操作示例详见本书第 51 页。

## 7.5 特性匹配

AutoCAD 创建的图形都带有自身特性，如颜色、线型及图层等。同时 AutoCAD 还提供了一个【特性匹配】命令，可以把一个对象的特性复制给另外一个或一组对象，快捷键为 MA。如批量换图层，批量更改文字样式及高度等。在图 7.3 所示的【特性设置】对话框内可以设置要复制的特性。

【特性匹配】命令操作示例详见本书第 51 页。

## 7.6 自动追踪

AutoCAD 的自动追踪功能包含两种追踪方式：【极轴追踪】和【对象捕捉追踪】，功能开关的快捷键分别为 F10 和 F11。使用自动追踪功能时，会出现临时的对齐虚线，来精

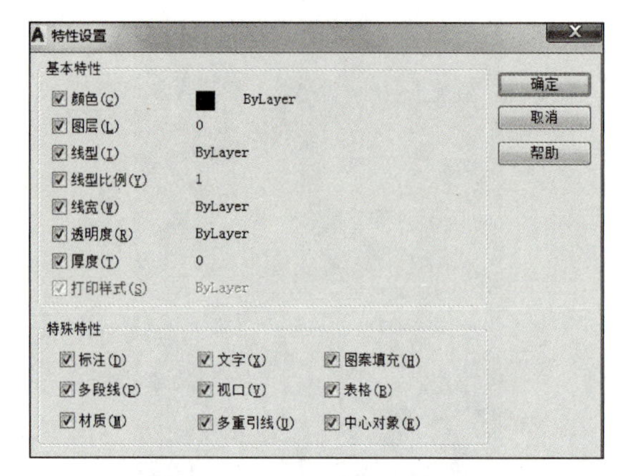


图 7.3 【特性设置】对话框

确定位。【极轴追踪】用于绘制特定角度上的图形，如图 7.4 所示。而【对象捕捉追踪】与【对象捕捉】配合使用，可用于绘制与某个特征点有相应关系的图形，如图 7.5 所示。

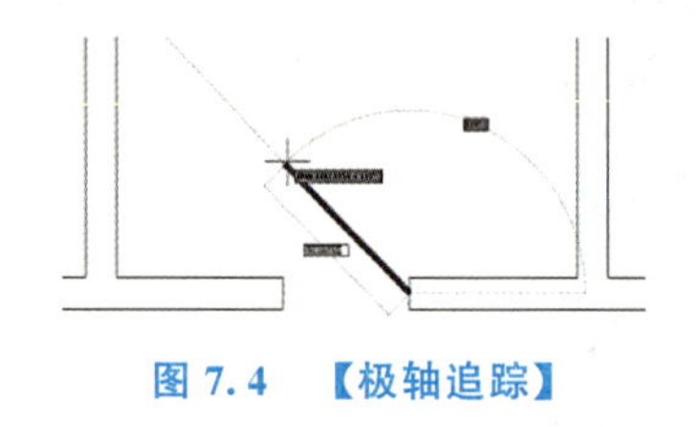

图 7.4 【极轴追踪】

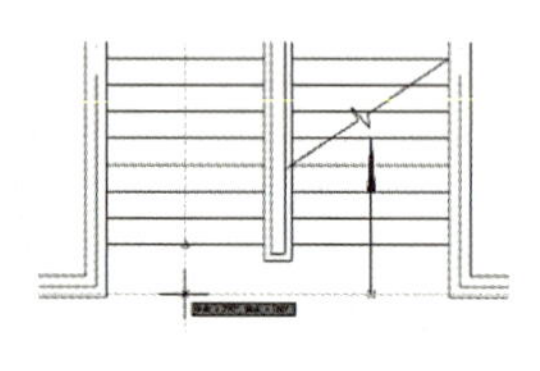

图 7.5 【对象捕捉追踪】

自动追踪功能示例详见本书第 51 页。

## 7.7 出图比例、文字标注、尺寸标注和注释性功能

### 1. 出图比例

图 7.6 所示的图纸中，图形部分按 1∶1 的比例（实际尺寸）绘制。标注部分（也称注释部分）的按照 GB/T 50001—2017 中规定的尺寸，按出图比例（平面图、立面图及剖面图常用的出图比例为 1∶100）放大绘制，即 1∶100 的图需放大 100 倍。打印时，再将整张图纸缩小 100 倍，即可得到出图比例为 1∶100 的图纸。

出图比例的详细讲解见本书第 88 页。

### 2. 文字

绘制图纸时，标注文字的步骤包括：建立文字样式、输入文字、修改文字样式。

（1）建立文字样式。

执行【格式】|【文字样式】命令，在弹出的【文字样式】对话框中，通过单击【新建】按钮建立文字样式。

① 建立文字样式时，既可以选择 Windows 系统字体文件，也可以选择 AutoCAD 软件自带的 SHX 文件。SHX 文件分为两种：字形文件和符号形文件。

字形文件用于书写文本或符号，如 txt. shx 等，部分字形文件大字体用于书写中文文本，如 gbcbig. shx 等。

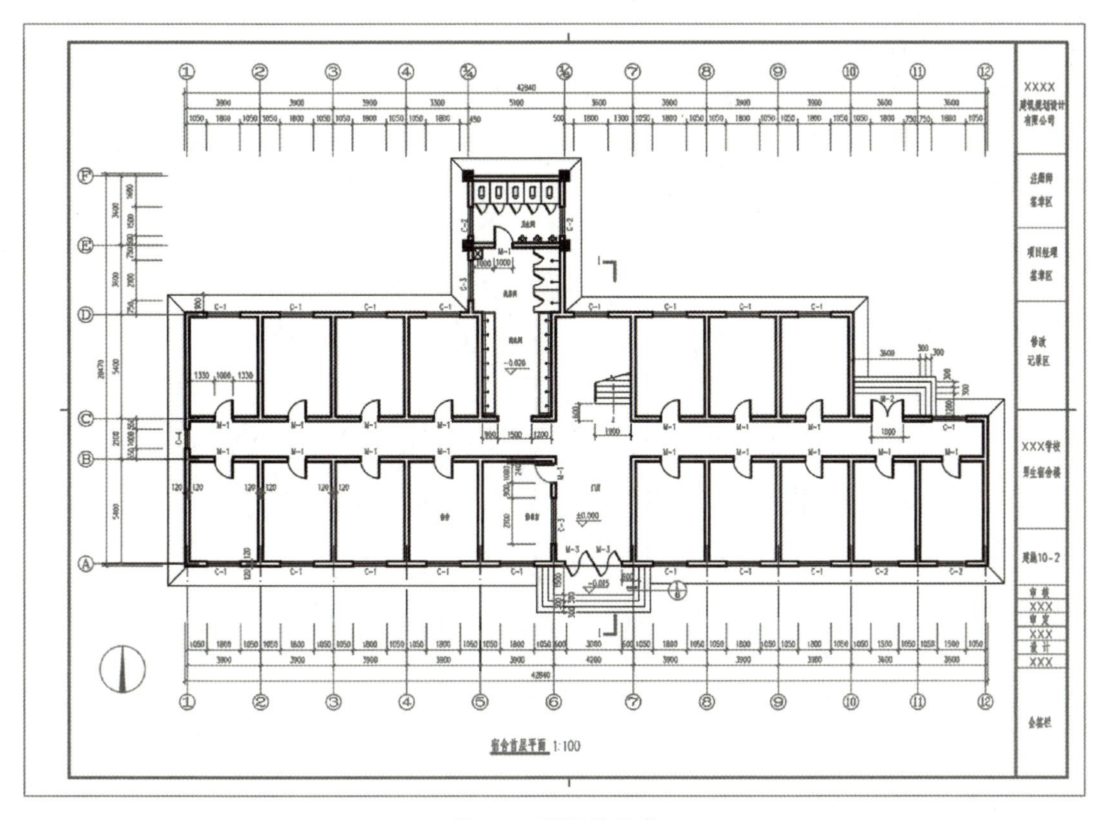


图 7.6　图纸的组成

符号形文件用于输入特殊符号、图形等，如文字样式的字体设为 tssdeng. shx 时，输入“%%130”显示为一级钢筋符号“ф”，输入“%%132”显示为三级钢筋符号“ф”。

②【文字样式】对话框中的文字【高度】设为“0”，启动【单行文字】命令后系统会提示输入文字高度。

③【文字样式】对话框中的【宽度因子】是指文字的宽高比。

(2) 输入文字。

输入文字的方法包括【单行文字】和【多行文字】两种。【单行文字】命令的快捷键为 DT，【多行文字】命令的快捷键为 T。【多行文字】可以理解为带段落特性的【单行文字】，可以执行【分解】命令删除段落特性使其变成【单行文字】。

(3) 修改文字样式。

① 可以修改字体、字高、文字的图层等。

② 修改文字样式的方法：【多行文字】双击可进入编辑状态，输入快捷键 PR 启动【对象特性管理器】，输入快捷键 MA 执行【特性匹配】命令。

③ 如果文字样式设置不正确，输入的字符会显示“?”。

### 3. 尺寸标注

绘制图纸时，尺寸标注的步骤包括：建立标注样式、在图中标注尺寸、修改尺寸标注。

(1) 建立标注样式。

执行【格式】|【标注样式】命令，在弹出的【标注样式】对话框中，通过单击【新建】

按钮建立标注样式。

（2）在图中标注尺寸。

在图中标注尺寸时，常用标注尺寸命令的使用示意见图 7.7。

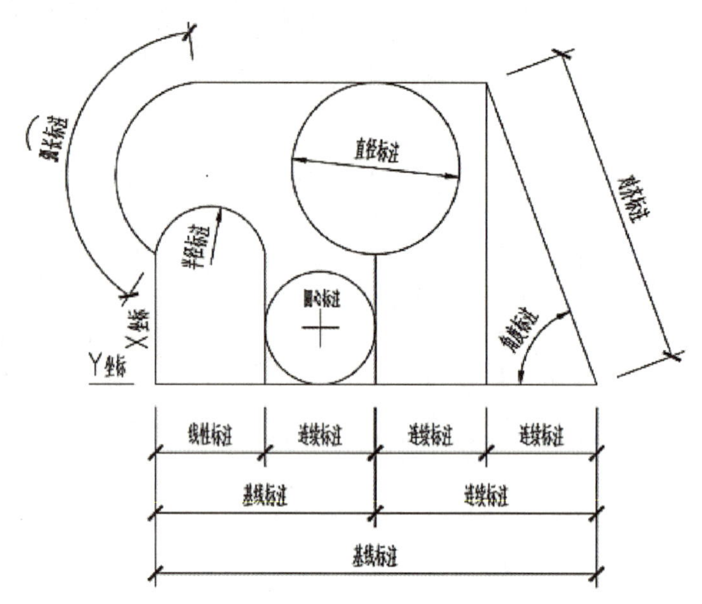


图 7.7　标注尺寸命令的使用

（3）修改尺寸标注。

① 修改内容：尺寸标注的数值，尺寸标注数值的位置，标注样式，图层，拉伸、修剪或打断尺寸线。

② 修改方法：夹点编辑，双击尺寸标注数值，输入“ED”按 Enter 键，执行【编辑】命令，输入“PR”按 Enter 键，启动【对象特性管理器】，输入“MA”按 Enter 键，执行【特性匹配】命令。

③ 非注释性标注样式应按出图比例选中【标注样式】对话框中【调整】选项卡的【使用全局比例】，并输入全局比例因子，1∶100 的出图比例输入“100”，1∶50 的出图比例输入“50”。

### 4. 注释性功能

（1）理解注释性功能。

理解注释性功能

在 AutoCAD 中，设定注释性比例后，文字样式和标注样式的参数设定不需再按出图比例进行放大，AutoCAD 会自动根据我们设定的注释性比例将其放大，如设定注释性比例为 1∶100，AutoCAD 会自动将文高、尺寸起止符号等放大 100 倍。

（2）设定注释性文字样式。

① 执行【格式】|【线型】命令，打开【线型管理器】对话框，该对话框中的【全局比例因子】为 1，【当前对象的缩放比例】为 1。

② 设定全局注释性比例。将状态栏的【当前视图的注释比例】设为【1∶100】。

③ 设定注释性文字样式。选择菜单栏中的【格式】|【文字样式】命令，则打开了【文

字样式】对话框。如前文所述建立文字样式，勾选【注释性】复选框，文字【高度】设定为“0”。

④ 将创建的注释性文字样式置为当前，启动【单行文字】或【多行文字】命令标注文字，在**指定图纸高度**提示下，输入标准规定的文字高度（一般文字字高为 3.5mm，图名字高为 5～7mm）。

（3）设定注释性标注样式。

① 执行【格式】|【标注样式】命令，打开【标注样式管理器】对话框。

② 建立注释性标注样式，如前文所述建立标注样式，【调整】选项卡内，勾选【注释性】复选框。

（4）修改注释性比例（以文字样式为例）。

① 执行【修改】|【特性】命令，打开【特性】对话框。

② 如图 7.8 所示，选中文字“2ϕ10”，单击【注释性比例】旁边的按钮，弹出【注释对象比例】对话框。单击【添加】按钮，弹出【将比例添加到对象】对话框，如图 7.9 所示。选择“1∶100”，单击【确定】关闭对话框。此时【注释对象比例】对话框内有 1∶100 和 1∶50 两个比例，将 1∶50 删除后，单击【确定】关闭对话框。

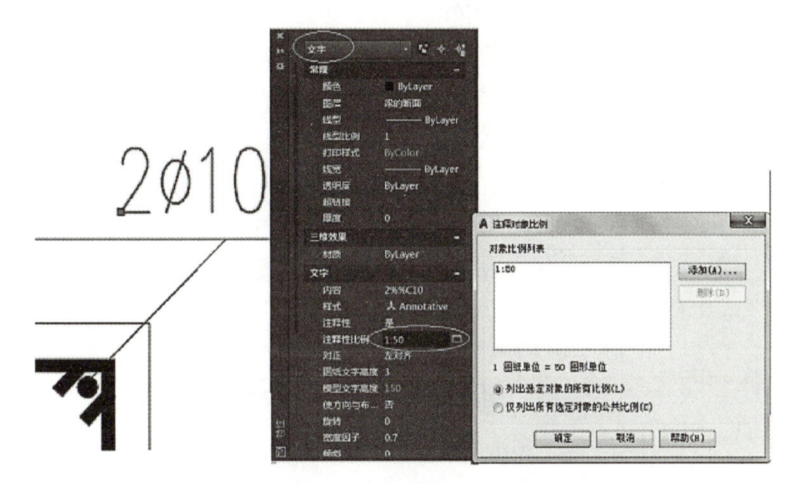


图 7.8 【特性】及【注释对象比例】对话框

图 7.9 比例添加到对象

AutoCAD 注释性功能详细讲解见本书第 241 页。

## 7.8　清理

【清理】命令用于清除文件中没有使用的图块、图层、多线样式、尺寸标注样式及文字样式等，释放它们所占据的磁盘空间。

执行【清理】命令，可以输入“PURGE”按 Enter 键，也可以单击【文件】|【绘图实用程序】|【清理】，弹出如图 7.10 所示的【清理】对话框，逐个选择要清理的对象。

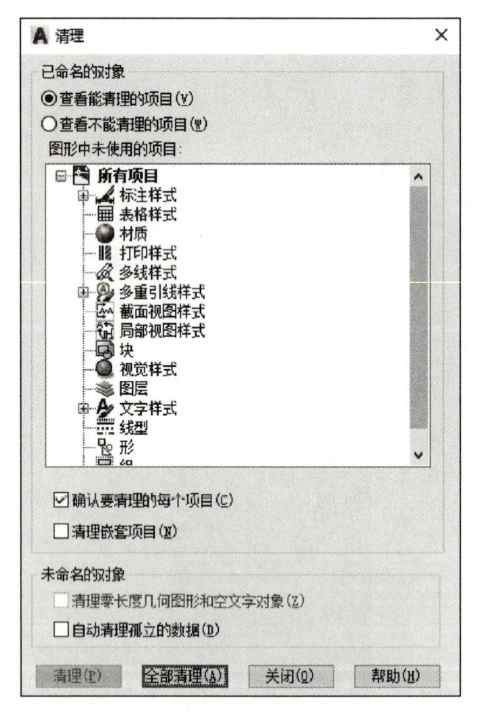


图 7.10　【清理】对话框

【清理】命令操作示例见本书第 210 页。

## 7.9　快速选择

单击【工具】|【快速选择】，弹出【快速选择】对话框，如图 7.11 所示。【快速选择】对话框中各项含义如下。

（1）【应用到】：包含“整个图形”和“当前选择”两个选项，表示当前快捷过滤功能应用于全部图形文件还是当前选择区域。

（2）【对象类型】：可选择的对象类型包括“图案填充”“多段线”“直线”“圆”“文字”和“所有图元”等。

（3）【特性】：给出了【对象类型】中对象类型所拥有的特性，包括“颜色”“图层”“线型”“线型比例”“线宽”和“打印样式”等。

(4)【运算符】：指定在【特性】中选择对象属性的过滤范围。

(5)【值】：指定在【特性】中选择参数的属性值，如红色（“颜色”特性）、轴线（“图层”特性）、HIDDEN（“线型”特性）等。

(6)【包括在新选择集中】：符合快速选择设定条件的对象将被选中。

(7)【排除在新选择集之外】：不符合快速选择设定条件的对象将被选中。

(8)【附加到当前选择集】：即追加选择，将【排除在新选择集之外】或【排除在新选择集之外】选中的对象追加到已有的选择集中。

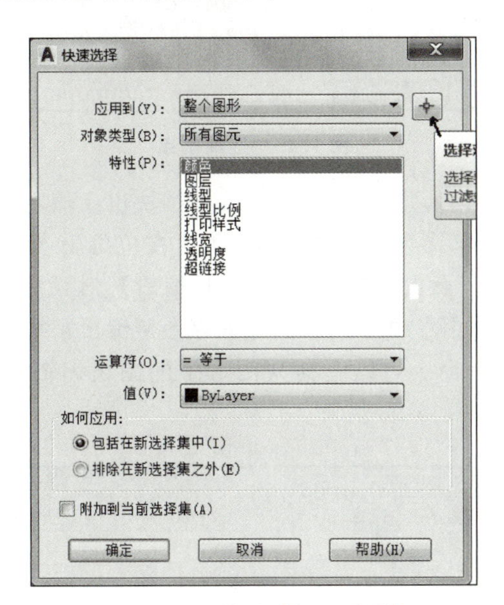

图7.11 【快速选择】对话框

【快速选择】命令操作示例见本书第272页。

# 7.10 编辑图块

已经制作好的图块或已经插入图形的图块不用分解也可以编辑，编辑方法如下。

(1) 单击【工具】|【块编辑器】，弹出【编辑块定义】对话框，选择要编辑的图块。

① 修改属性：修改图形、换图层、修改线型、修改比例等。

② 增加属性：单击【定义属性】按钮，弹出【定义属性】对话框，可以为图块追加属性。如图7.12所示。

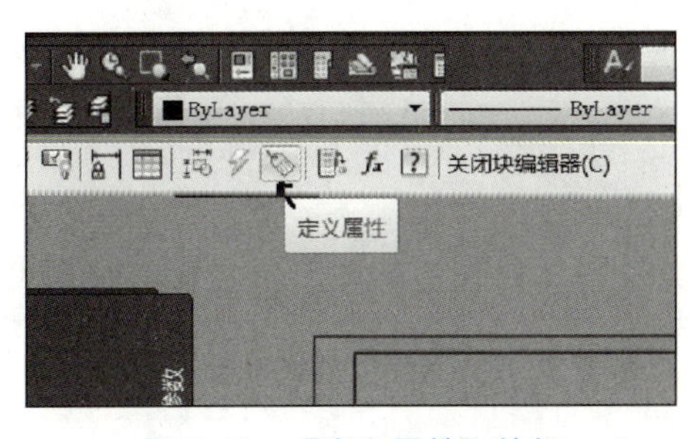

图7.12 【定义属性】按钮

③ 修改图块的基点：单击【块编写选项板】的基点，在指定参数位置提示下，确定新的基点位置，如图 7.13 所示。

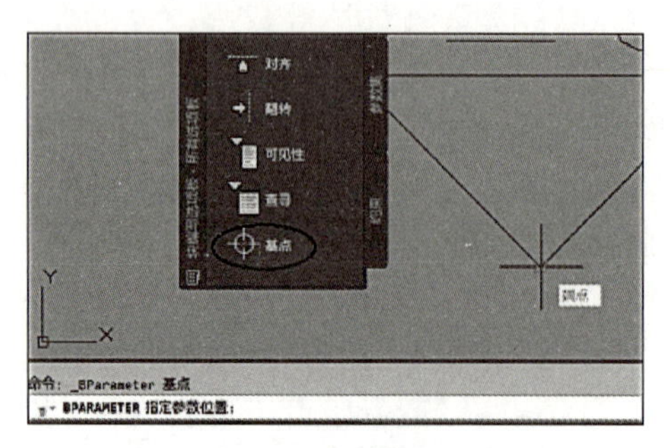


图 7.13　选择基点

图块库内的图块被编辑后，图形中已经插入的图块也会随之改动。

(2) 单击【工具】|【外部参照和块在位编辑】|【在位编辑参照】。在选择参照提示下，选择图形中已插入的图块，此时系统弹出【参照编辑】对话框，如图 7.14 所示，单击【确定】按钮。修改后单击如图 7.15 所示的【保存参照编辑】按钮。

利用【在位编辑参照】命令对已经插入图形中的图块编辑后，图块库内的图块随之改动。

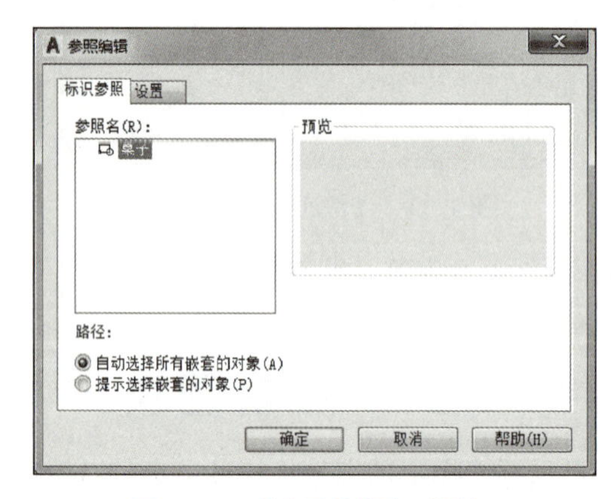


图 7.14　【参照编辑】对话框

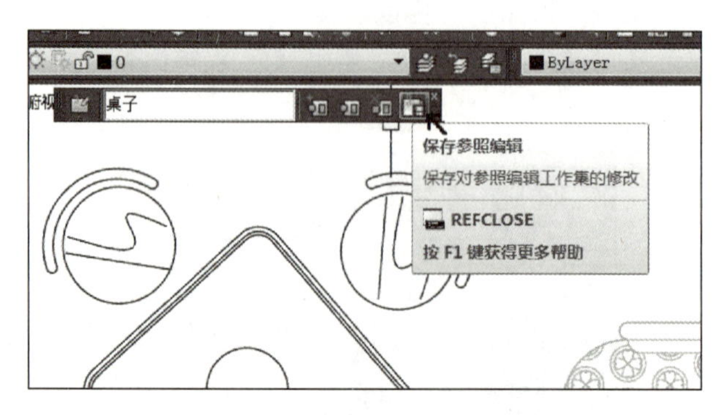


图 7.15　【保存参照编辑】按钮

# 项目 8 制图方法

## 8.1 建筑施工图制图方法

### 1. 绘制轴网

(1) 通过【图层特性管理器】建立【轴线】图层，加载线型为 CENTER2。

(2) 单击【格式】|【线型】或输入“LT”按 Enter 键，弹出【线型管理器】对话框，设置【全局比例因子】修改线型出图比例。也可通过注释性功能实现。

(3) 将【轴线】图层设为当前层，同时检查是否被隐藏或冻结。

(4) 用【直线】和【偏移】等命令绘制轴线。

(5) 用【修剪】和【延伸】等命令修改轴线。

绘制轴网操作示例见本书第 27 页。

### 2. 绘制墙体

(1) 将【墙】图层设为当前层。

(2) 单击【绘图】|【多线】或输入“ML”按 Enter 键，用【多线】命令绘制墙。

(3) 单击【修改】|【对象】|【多线】或输入“MLED”按 Enter 键，弹出【多线编辑】对话框，选中的【T 形打开】修改墙。

(4) 修改【多线】命令的参数时可以直接单击参数（如单击【对正】）进行修改。

(5) 如果忘记将【墙】图层设为当前层，可以将已经绘制的墙换到墙图层上。

(6) 由于多线不能用【偏移】、【倒角】等命令修改，需要将墙体进行分解，执行【分解】命令后的多线变成直线。

(7) 绘制完成的墙体如果看不到，请检查当前图层是否被隐藏或冻结。

绘制墙体操作示例见本书第 38 页。

### 3. 绘制柱

(1) 将【柱】图层设为当前层。

(2) 用【矩形】命令绘制柱。

(3) 用【复制】命令批量绘制柱，复制时选择柱的中心点为基点。

(4) 如果【柱】图层被锁定，将不能复制。

(5) 执行【复制】、【旋转】、【比例缩放】、【拉伸】命令，以及制作图块时都要选择基点，基点一定要选择正确。

(6) 采用【捕捉自】或【定义坐标基点】的方法确定图形位置，包括平面图中的柱、楼梯扶手及立面图中的窗、门。【定义坐标基点】的方法是利用几何图形的特征点（即夹点）作为相对坐标的基点。如果相对坐标的基点不在几何图形的特征点，可以采用【捕捉自】的方法。

绘制柱操作示例见本书第 44 页。

### 4. 坐标的输入

（1）相对直角坐标的输入形式为“@X，Y”。

（2）相对极坐标的输入形式为“@长度<角度”，其中角度逆时针为正，顺时针为负。

（3）注意：相对直角坐标和相对极坐标的输入均应采用英文。

坐标的输入操作示例见本书第 42 页。

### 5. 绘制散水

（1）用【偏移】命令将外墙外线向外偏移出散水线。

（2）用【圆角】命令或【倒角】命令进行修角。

（3）用【特性匹配】命令，将散水线的图层换到【室外】图层。

绘制散水操作示例见本书第 49 页。

### 6. 开门窗洞口

（1）用【直线】、【偏移】、【修剪】等命令在墙上开第一个门窗洞口。

（2）用【阵列】命令复制出其他门窗洞口，需要修改的参数有【关联】、【行数】、【间距】、【列数】。

（3）在 AutoCAD 2018 中打开【阵列】对话框的方法：首先打开【工具】|【自定义】|【编辑程序参数（acad. pgp）】，然后在弹出的 acad. pgp 文件搜索找到“AR”一栏，将“ARRAY”改成“ARRAYCLASSIC”，保存后关闭文档，重新启动计算机。打开 AutoCAD 2018，再次执行【阵列】命令，就可以打开【阵列】对话框。

开门窗洞口操作示例见本书第 53 页。

### 7. 绘制门窗

（1）绘制窗。

单击【格式】|【多线样式】或输入 MLST 后按 Enter 键，弹出【多线样式】对话框，建立【WINDOW】多线样式。用【WINDOW】多线样式绘制一扇窗，再用【复制】或【阵列】命令绘制出其他窗。

除了用【多线】命令，平面图中还可以通过用【直线】命令和插入图块的方法绘制窗。

（2）绘制门。

平明图中，门是由门扇和门的轨迹线组成，门扇是有一定宽度的直线，轨迹线是线宽为 0 的圆弧，可使用【多段线】命令绘制。

平面图中【多段线】命令绘制的图形有：门、台阶、楼梯的上下行指示箭头等。

绘制门窗操作示例见本书第 55 页。

### 8. 绘制台阶

使用【多段线】命令绘制出的台阶的各级边缘线是整体，可以整体向外偏移。

绘制台阶操作示例见本书第 66 页。

### 9. 绘制标准层楼梯

（1）绘制标准层楼梯过程中，可通过夹点编辑复制踏步线。

(2) 用【多段线】命令绘制楼梯上下行指示箭头。

(3) 用【打断】命令将楼梯折断线折断并删除中间线段。

绘制标准层楼梯操作示例见本书第 68 页。

#### 10. 整理平面图

(1) 平面图中被剖的墙体应为中粗线，这里利用【多段线编辑】命令将墙线连接成整体并加粗。

(2) 使用【拉伸】命令改变洞口的长度，必须窗交选择对象，【拉伸】命令不更改那些位于窗口外的端点的位置。如果图形全部位于窗口内，只能移动图形。

整理平面图操作示例见本书第 75 页。

#### 11. 插入阳台栏杆

(1) 用【定距插点】或【定数插点】等分用于栏杆定位的直线。

(2) 单击【工具】|【绘图设置】，在弹出的【草图设置】对话框中勾选【对象捕捉】选项卡中的【节点】，用于捕捉点被等分的直线上的点。

(3) 将绘制的栏杆编辑成图块，图块的基点选在栏杆下部中点，捕捉等分点插入。

插入阳台栏杆操作示例见本书第 175 页。

#### 12. 图案填充

(1) 图案填充的图案类型有：【预定义】、【用户定义】和【自定义】。

(2) 剖面图中剖断面轮廓内应填充相应的图案以表示构件使用的材料，GB/T 50001—2017 规定的材料图例和图案填充的对应关系如图 8.1 所示。

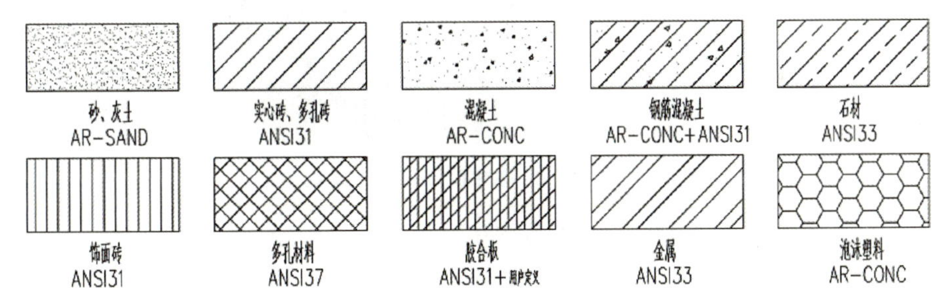


图 8.1 材料图例和图案填充的对应关系

图案填充操作示例见本书第 181 页。

## 8.2 结构施工图制图方法

结构施工图与建筑施工图的 AutoCAD 制图操作基本相同，本节仅说明建筑施工图的制图方法中未讲解的被遮挡构件和构件配筋的制图方法。

#### 1. 绘制现浇板被遮挡的梁线

现浇板下部边梁的外边线是实线，其他梁线被板遮挡，应当画成虚线，有两种处理方法。

(1) 线型特性选择【Bylayer】：Bylayer 意思是“随层”，即线型与其所在图层设定的线形一致，如图 8.2 所示。此时需建立【虚线】图层，将该图层线型选为 HIDDEN，将

【虚线】图层设为当前层再绘制被遮挡的梁线。

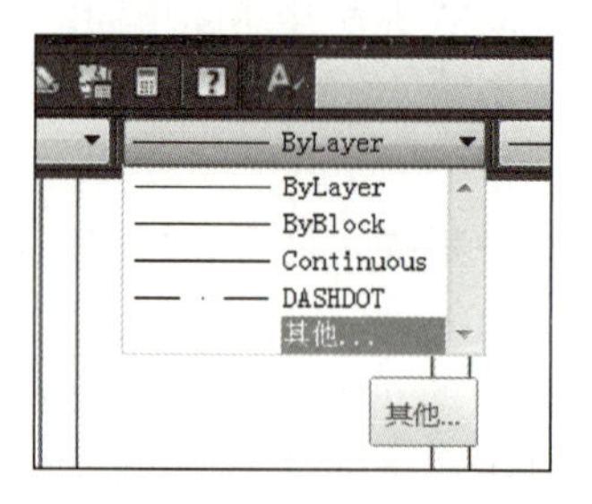


图 8.2　线型选择【Bylayer】

(2) 线型特性独立于图层：在【梁】图层上继续绘制被遮挡的梁线，此时梁线线型为【梁】图层的 Continoues 线型。选中要修改的梁线，在【对象特性管理器】中将其线型改为 HIDDEN，并设置虚线的线型比例，如图 8.3 所示。再用用【特性匹配】命令将其他被遮挡的梁线改成虚线。

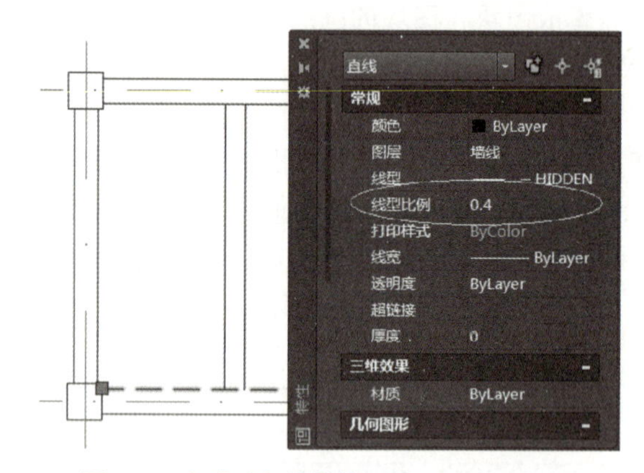


图 8.3　在【对象特性管理器】中设置线型

完整的绘制现浇板操作示例见本书第 230 页。

### 2. 绘制柱的配筋图

一般用【多段线】命令绘制配筋。现以图 8.4 所示柱截面配筋图为例说明配筋的绘制方法。

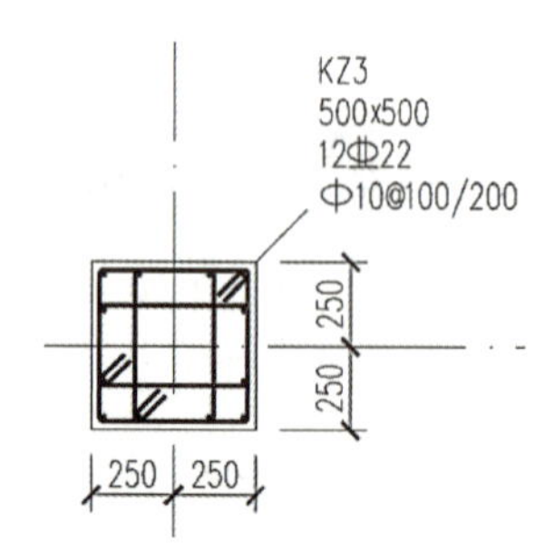


图 8.4　柱截面配筋图

(1) 绘制尺寸为 500mm×500mm 的矩形，用【偏移】命令将矩形向内偏移“25”（保护层＋箍筋直径/2＝20＋10/2＝25）和“16”（箍筋直径/2＋柱受力筋直径/2＝10/2＋22/2＝16），分别得到箍筋和纵筋的中心线，如图 8.5 所示。

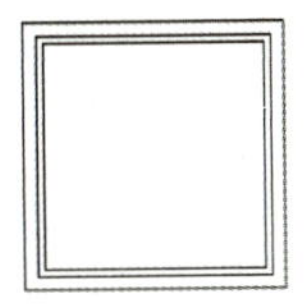

图 8.5　柱轮廓线、箍筋和纵筋的中心线

（2）单击【格式】|【点样式】，设置点样式，如图 8.6 所示。

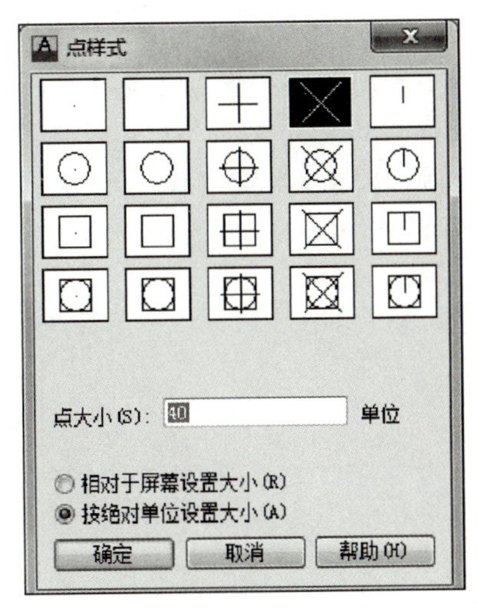


图 8.6　设置点样式

（3）单击【工具】|【绘图设置】，在弹出的【草图设置】对话框勾选【对象捕捉】选项卡中的【节点】，如图 8.7 所示。

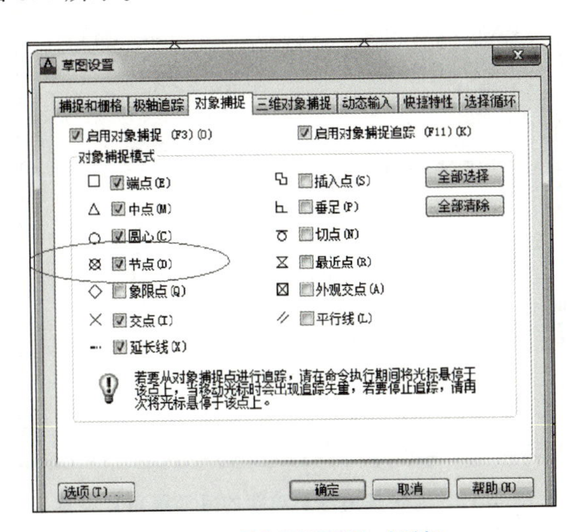


图 8.7　【草图设置】对话框

（4）单击【绘图】|【点】|【定数等分】，将柱纵向钢筋的中心线等分成 16 等份。

（5）单击【绘图】|【圆环】，设定内径为“0”，外径为“22”，绘制柱纵向钢筋后删除等分点，如图 8.8 所示。

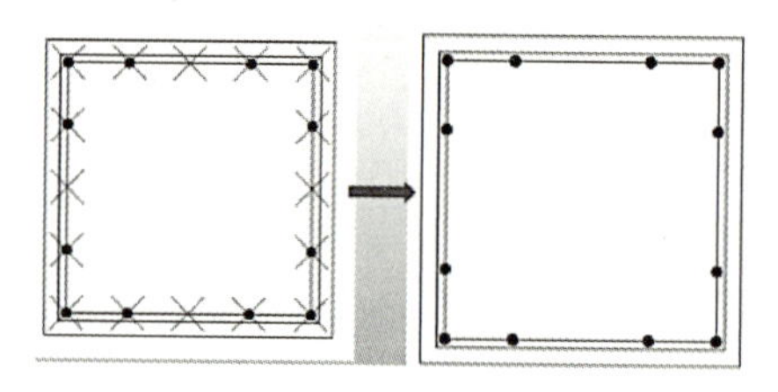

图 8.8　绘制柱纵向钢筋

（6）绘制箍筋边框线。

① 打开【正交】和【对象追踪】功能，执行【多段线】命令。

② 在**指定起点**提示下，选择图 8.9 所示的 A 点，设置多段线线宽为箍筋直径 10mm。

③ 在**指定下一个点或［圆弧（A）/半宽（H）/长度（L）/放弃（U）/宽度（W）］**提示下，分别点选图 8.10 所示的 B、C、D 及 E 点，闭合多段线。

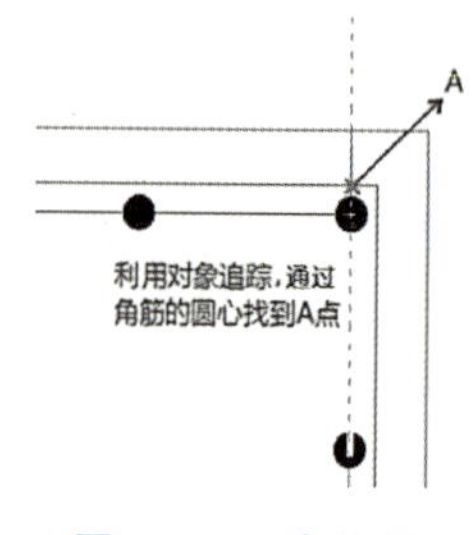


图 8.9　A 点位置

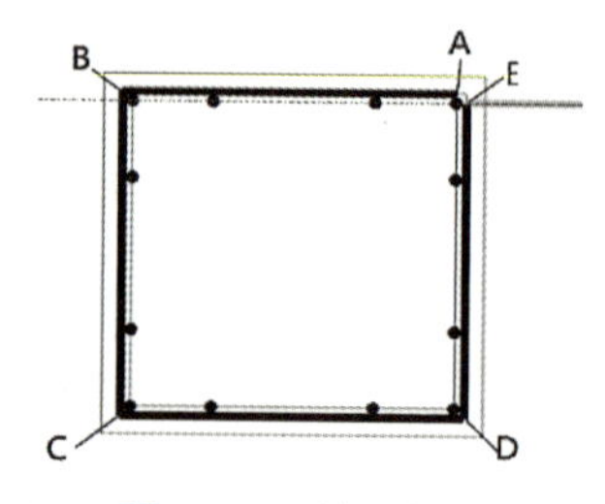


图 8.10　绘制箍筋

④ 打开【极轴追踪】功能，【增量角】选“45”，如图 8.11 所示。

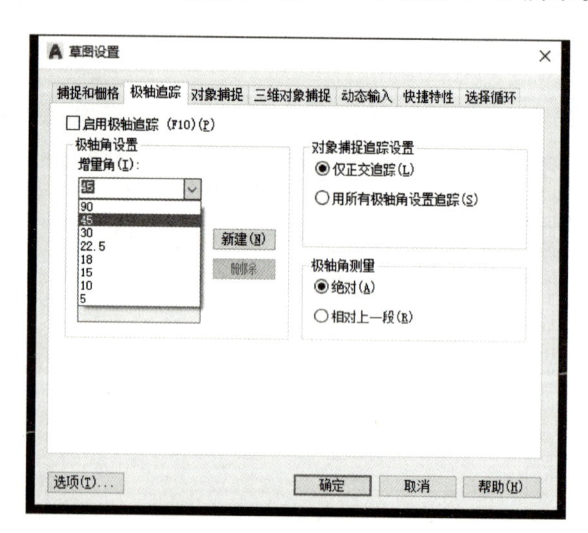


图 8.11　【极轴追踪】功能的【增量角】设置

（7）绘制箍筋弯钩。

① 再次执行【多段线】命令，绘制箍筋 135 弯钩。

② 在指定下一个点或［圆弧（A）/半宽（H）/长度（L）/放弃（U）/宽度（W）］提示下，输入“A”按Enter键，输入“CE”按Enter键，再一次输入“A”按Enter键，输入包含角135°。

③ 在指定下一个点或［圆弧（A）/半宽（H）/长度（L）/放弃（U）/宽度（W）］提示下，输入“L”按Enter键，沿45°方向拖出虚线，输入“100”（10×箍筋直径=10×10=100）按Enter键结束命令，结果如图8.12所示。

④ 执行【多段线】命令，在指定起点提示下，选择图8.13所示的M点，线宽为箍筋直径10mm。

⑤ 在指定下一个点或［圆弧（A）/半宽（H）/长度（L）/放弃（U）/宽度（W）］提示下，输入“A”按Enter键，输入“CE”按Enter键，再一次输入“A”按Enter键，输入包含角-135°，结果如图8.14所示。

图8.12 绘制箍筋弯钩长度

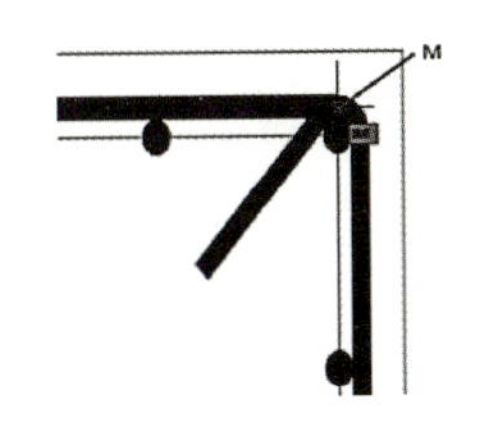

图8.13 箍筋弯钩起点

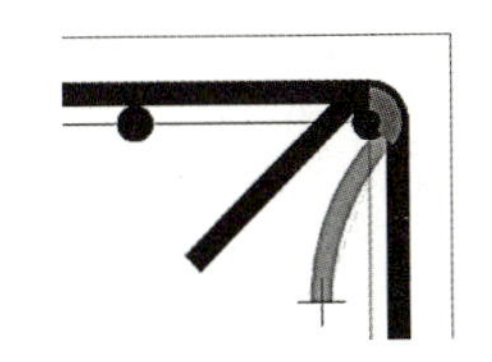
图8.14 绘制箍筋弯钩圆弧

⑥ 在指定下一个点或［圆弧（A）/半宽（H）/长度（L）/放弃（U）/宽度（W）］提示下，输入“L”按Enter键，打开【极轴追踪】功能，沿45°方向拖出虚线，输入“100”按Enter键结束命令，结果如图8.15所示。

（8）借助辅助线绘制如图8.16所示的小箍筋，或将已绘制出的大箍筋复制后用【拉伸】命令将左右间距缩小209mm。

（9）将大小箍筋倒【圆角】，选择【修剪】模式，圆角半径为16mm。

（10）绘制柱轮廓的任一对角线，在命令行无命令的状态下选中小箍筋和对角线并将对角线的中间夹点单击为红色。按两次Enter键后，命令行显示滚动到【旋转】命令。在指定旋转角度或［基点（B）/复制（C）/放弃（U）/参照（R）/退出（X）］提示下，输入“C”按Enter键，再输入“90”按Enter键，将小箍筋旋转90°复制。按两次Esc键取消夹点，结果如图8.17所示。

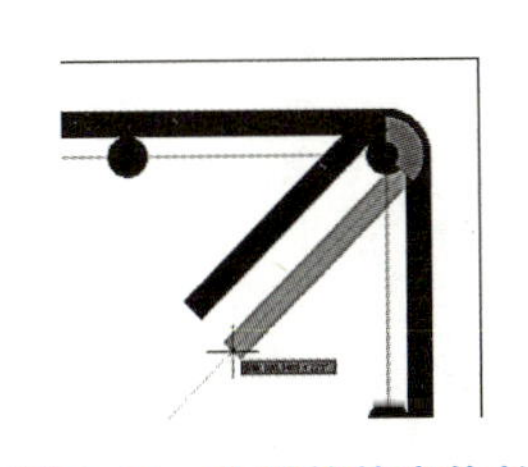
图8.15 绘制箍筋弯钩长

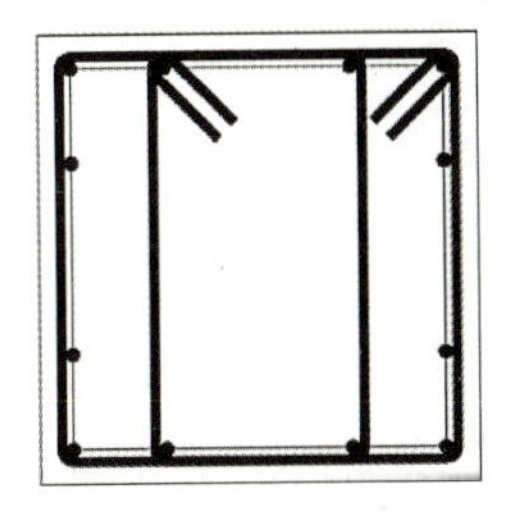
图8.16 绘制小箍筋

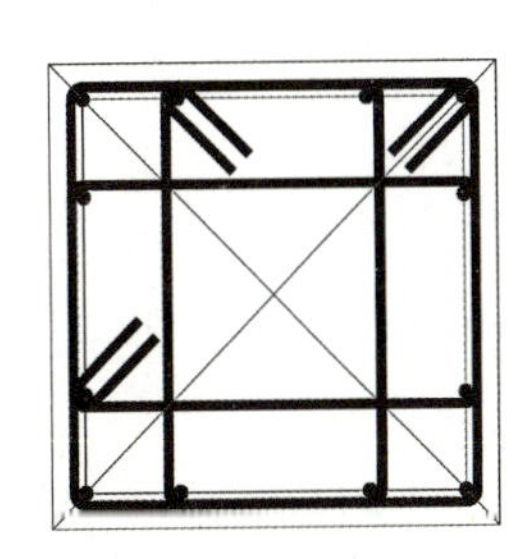
图8.17 夹点编辑旋转复制出小箍筋

（11）删除对角线，标注柱的截面尺寸及配筋。

# 附录 附图

# 参 考 文 献

敖仕恒，邹宇航，杨剑飞，2006. AutoCAD 2006 中文版建筑设计实例精讲 [M]. 北京：人民邮电出版社.

龙马高新教育，2018. AutoCAD 2018 从入门到精通 [M]. 北京：北京大学出版社.

莫章金，毛家华，2013. 建筑工程制图与识图 [M]. 3 版. 北京：高等教育出版社.